冶金工业出版社

普通高等教育"十四五"规划教材

磁电选矿

（第3版）

主　编　袁致涛　王常任
副主编　卢冀伟　卢东方　陈禄政
　　　　郭小飞　史长亮　白丽梅

北　京
冶金工业出版社
2025

内 容 提 要

本书主要阐述了磁电选矿的基本原理和基本理论，系统介绍了磁电选矿设备的结构、工作原理和应用，磁电选矿设备的磁系或电极结构参数，磁电选矿设备用的材料及其特性，磁路计算的基本知识，以及磁、电分析和测量仪器。此外，本书还着重介绍了有关国内几种主要类型铁矿石的选矿实践。

本书为高等院校选矿及相关专业的教材，也可供冶金、建材、煤炭、化工和地质等领域从事选矿科研、设计、生产的研究人员和工程技术人员参考。

图书在版编目（CIP）数据

磁电选矿／袁致涛，王常任主编. -- 3 版 . -- 北京 ：
冶金工业出版社，2025. 1. --（普通高等教育"十四五"
规划教材）. -- ISBN 978-7-5240-0100-3

Ⅰ. TD924

中国国家版本馆 CIP 数据核字第 2025SU2935 号

磁电选矿（第 3 版）

出版发行 冶金工业出版社		**电 话**	(010)64027926
地 址 北京市东城区嵩祝院北巷 39 号		**邮 编**	100009
网 址 www. mip1953. com		**电子信箱**	service@ mip1953. com

责任编辑 杨 敏 美术编辑 彭子赫 版式设计 郑小利
责任校对 葛新霞 责任印制 窦 唯
三河市双峰印刷装订有限公司印刷
1986 年 5 月第 1 版，2011 年 6 月第 2 版，2025 年 1 月第 3 版，2025 年 1 月第 1 次印刷
787mm×1092mm 1/16；20.5 印张；495 千字；312 页
定价 55.00 元

投稿电话 (010)64027932 投稿信箱 tougao@cnmip. com. cn
营销中心电话 (010)64044283
冶金工业出版社天猫旗舰店 yjgycbs. tmall. com
（本书如有印装质量问题，本社营销中心负责退换）

第 3 版前言

《磁电选矿》于 1986 年首次出版，2011 年修订再版（第 2 版）。该书自出版以来，深受矿物加工领域广大师生和科技工作者的喜爱，作为高等院校矿物加工工程专业四年制的教材，被国内多所高等院校选作"磁电分选"课程的教材或研究生入学考试的参考书，并被研究院所从事磁电分选工作的科研人员选作基础参考书。

磁选作为固体物料分选的主要方法之一，目前依然是黑色金属矿石主要的选矿方法，在世界各地被广泛应用。近些年来，向非铁领域拓展成为磁选发展的主要研究方向，更强磁场强度和更高磁场梯度的磁场分选发展迅速，例如超导磁选机国产化及工业应用推广目前取得了很大进步，但在第 2 版中未涉及相应内容；同时，编者在授课过程当中发现第 2 版中个别地方仍存在着一些错误和不足，因此，综合读者反馈的修改意见以及编者发现的问题，决定对第 2 版进行修订，修改错误，除旧增新，出版第 3 版。

第 3 版共分为两篇。第 1 篇为磁选，第 2 篇为电选。每篇在章节结构上与前两版基本保持一致。磁选内容包括磁选的基本原理，矿物的磁性，弱、强磁场磁选设备，磁选设备用的磁性材料及其特性，弱、强磁场磁选设备的磁系结构参数，回收磁力的计算，磁路计算，超导磁选，磁流体分选，磁力分析与磁测量仪器，磁选的实践应用；电选内容包括矿物的电性质，电选机的电场，电选的基本理论，电选机和电选的实践应用。

本次修订邀请了相关院校从事磁电分选教学和研究工作的人员参与编写，编写人员为：东北大学袁致涛、王常任（第 1、2、6、9、10 章），东北大学卢冀伟（第 3、11、14、16 章），中南大学卢东方（第 4、7 章），昆明理工大学陈禄政（第 5、12 章），辽宁科技大学郭小飞（第 13、17 章），河南理工大学史长亮（第 8、15 章），华北理工大学白丽梅（第 18 章、附录），东北大学李丽匣、孟庆有参与了部分章节的编写。袁致涛对全书作了统一整理和修改。

本书列入东北大学"十四五"教材建设规划和资源与土木工程学院矿业学

科教材建设规划，在编写工作和出版经费方面得到了大力支持和帮助；修订工作还得到了东北大学矿物工程系相关教师的支持和帮助，在此一并致以诚挚的谢意。

由于编者水平所限，书中难免存在不足之处，希望广大读者批评指正。

编　者

2024 年 5 月

第 2 版前言

最近 10 余年来，有关铁矿石的选矿技术，尤其是针对贫矿及难选矿分选的研究取得了令人瞩目的进展。就磁选领域而言，回收弱磁性铁矿物的高梯度磁选机的成功应用，进一步提高了赤铁矿选别指标。随着高性能磁性材料的出现与普及，磁选设备向大型化与永磁化方向发展，新型磁选设备不断出现，为资源利用效率的提高和选厂的节能降耗提供了新途径。

本书是在东北大学王常任教授所主编的《磁电选矿》（冶金工业出版社，1986）的基础上，进行一定的修订而完成的。重点对磁选生产实践这一部分内容做了详细的补充，介绍了国内几种主要类型铁矿石的选别工艺，使读者在掌握理论基础知识的同时也基本了解国内具有代表性的铁矿生产流程。

本书共分为两篇。第 1 篇为磁选，内容包括磁选的基本原理，矿物的磁性，弱、强磁场磁选设备，磁选设备用的磁性材料及其特性，弱、强磁场磁选设备的磁系结构参数，回收磁力的计算，磁路计算，超导磁选，磁流体分选，磁力分析和磁测量仪器，磁选的实践应用；第 2 篇为电选，内容包括矿物的电性质、电选机的电场、电选的基本理论、电选机、电选的实践应用。

参加本书编写的有东北大学袁致涛（第 1~4 章）、北方重工冯泉（第 5 章）、河北联合大学张锦瑞、白丽梅（第 6~9 章）、广西大学马少健（第 10~13 章）、东北大学于福家（第 14~18 章），袁致涛对全书作了统一整理。由于编者水平所限，书中难免存在不足之处，敬请读者批评指正。

本书的最终完成得到了东北大学魏德洲、王常任老师的大力支持，在此表示感谢。

编　者
2011 年 1 月

第1版前言

本书是遵循冶金工业部所属高等院校本科四年制选矿专业的"磁电选矿"课程教学大纲编写的，考虑到当前磁电选矿的发展和需要，对大纲内容进行了充实。

本书内容共分为两大部分。第一部分为磁选，第二部分为电选。书中主要阐述了磁电选矿的基本原理和基本理论；系统介绍了磁电选矿设备的结构、工作原理和应用以及磁电选矿设备的磁系或电极结构参数；还介绍了磁电选矿设备用的材料及其特性，磁路计算的基本知识以及磁、电分析和测量仪器；列举了有关磁电选矿实践方面的资料和数据。

本书的第一、二、三、五、六、七、八、九、十一和第十三章（第一、二、五和第六节）由东北工学院王常任同志编写，第四、十、十二和第十三章（第三和第四节）由北京钢铁学院刘承宪同志编写，第十四、十五、十六、十七和第十八章由中南工业大学刘永之同志编写。本书由东北工学院王常任同志主编。中南工业大学孙仲元、武汉钢铁学院蒋朝澜和东北工学院郑龙熙等三名同志对书稿中主要篇章进行了详细审阅和校核；东北工学院施素芬同志为编者编写第二、三和第十三章提供了资料，在此表示感谢。

本书可作为冶金工科高等院校选矿专业的教学用书，也可供冶金、建材、煤炭、化工和地质等部门从事选矿科研、设计、生产的工程技术人员参考。

由于编者水平有限，书中缺点和错误在所难免，敬请读者批评指正。

编　者
1985 年 3 月

目　　录

第1篇　磁　　选

第2篇　电　选

第1篇 磁 选

磁选是在不均匀磁场中利用矿物之间的磁性差异而使不同矿物实现分离的一种选矿方法。该法比较简单而又有效。关于磁选法的原理，虽然有许多方面还未充分了解，但磁选法在当今的选矿领域和其他领域中却占有重要地位。磁选法广泛地应用于黑色金属矿石的选别，有色金属矿石和稀有金属矿石的精选，重介质选矿中介质的回收，从非金属矿物原料中除去含铁杂质，排出铁物保护破碎机和其他设备，从冶炼生产的钢渣中回收废钢以及从生产和生活污水中除去污染物等。

磁选是处理铁矿石的主要选矿方法。按用磁选法选别磁铁矿石的规模来说，磁选法在我国、俄罗斯、美国、加拿大、瑞典和挪威等国家占有重要地位。我国铁矿石资源丰富，目前保有的铁矿石探明储量居世界前列，但贫矿占80%左右，富矿仅占20%左右，而富矿中又有5%由于含有害杂质不能直接冶炼。因此，铁矿石中的80%以上需要选矿。就世界范围来说也大体如此。铁矿石经过选矿以后，提高了品位，降低了二氧化硅和有害杂质的含量，给以后的冶炼过程带来许多好处。根据我国的生产实践统计，铁精矿品位每提高1%，高炉利用系数可增加2%~3%，焦炭消耗量可降低1.5%，石灰石消耗量可减少2%。

许多有色金属矿物和稀有金属矿物具有不同程度的磁性，而另一些则没有。采用单独的重选法和浮选法不能获得合格精矿，需要结合磁选和其他方法才能获得合格精矿。例如，钨矿重选所得黑钨粗精矿中，一般含有锡和其他一些有用成分。锡在钨的冶炼过程中是有害杂质，利用黑钨矿具有弱磁性和锡石无磁性这一特点采用磁选法进行处理后，可除去含锡杂质，获得合格的钨精矿。

在重介质选矿中使用磁铁矿和硅铁作为介质，在重介质选矿对轻、重产品进行脱介后的洗水中有一部分磁铁矿和硅铁，通过磁选法可回收并再用。

非金属矿物原料的选矿中，在许多情况下都伴随有除铁的问题，磁选成为一个重要的作业。例如，高岭土中铁是一种有害杂质，含铁高时，高岭土的白度、耐火度和绝缘性都降低，严重影响制品的质量。含铁杂质除去1%~2%时，白度一般可提高2~4个单位。许多国家应用高梯度磁分离装置除去高岭土中的含铁杂质，均获得了良好的效果。

很早以来，人们就用干式磁选选别蓝晶石、石英、红电气石、长石、霞石闪长岩，主要是用弱磁场磁选机除去强磁性矿物，用强磁场磁选机除去非磁性产品中的弱磁性矿物（如赤铁矿）。

进入选矿厂中的矿石常含有铁物，它易损坏细碎破碎机，为了保护破碎机不受损坏，在破碎机的给矿皮带上方装有悬吊磁铁以吸出矿石中的铁物。

在冶炼生产的过程中会产生大量钢渣，通过干式磨矿和干式弱磁选可以回收钢渣，这在国内外已有生产实例。

应用高梯度磁分离或结合其他方法可以处理生产和生活污水以除去其中的污物。目前世界各国正在进行广泛深入的研究，有的已应用于工业中。比较常见的是用高梯度磁分离器处理钢厂废水以除去其中的磁性铁杂质。

中国最早发现磁现象，在公元前一千多年就利用磁石的极性发明了指南针。在 17～18世纪，人们进行了用手提式永久磁铁从锡石和其他稀有金属精矿中除铁的初次尝试。但是，工业上开始应用磁选法选别磁铁矿石是在 19 世纪末，美国和瑞典制造出第一批用于干选磁铁矿石的电磁筒式磁选机。

20 世纪初，磁铁矿石的磁选在瑞典得到较大的发展，出现了湿式筒式磁选机，它是现代化磁选机的原形，可以成功和经济地湿选细粒的磁铁矿石。到了 21 世纪，随着磁性材料的发展，结合选矿设备的大型化，湿式筒式磁选机向着大规格的方向发展。目前，国内部分厂家已生产出了 $\phi1.5\ m \times 4.5\ m$ 的磁选机，其处理量可达 240 t/h 以上，并已成功用于生产实践。

19 世纪末，为了磁选弱磁性矿石，美国制造出闭合型电磁系的强磁场带式磁选机。之后为了同一目的，苏联和其他一些国家又制造出强磁场盘式、辊式和鼓式磁选机。上述几种磁选机共同的缺点是选别空间小，处理能力低。20 世纪 60 年代，琼斯（Jones）型强磁选机首先在英国问世。这是强磁场磁选机的一个重要突破。这种磁选机在两原磁极间隙中成功地充填了多层的聚磁介质板，大大增加了选别空间，因而处理能力大大提高。

近二十多年来，磁选得到了较大的发展，出现了一些新的磁选工艺和新的磁选设备。高梯度磁选是 20 世纪 70 年代发展起来的一项磁选新工艺。它能有效地回收磁性很弱、粒度很细的磁性矿粒，为解决品位低、粒度细、磁性弱的氧化铁矿石的选别开辟了新途径。它不仅用于选别矿石，还可用于选别许多其他细粒和微细粒物料。尤其以 Slon 立环脉动高梯度磁选机为代表，为中国贫赤铁矿的选矿技术的发展做出了重大贡献。高梯度磁选新工艺在环境保护领域也有广泛的应用前景，将来可能成为全球性的环境保护的重要方法之一。

磁流体选矿也是磁选新工艺。它（包括磁流体静力分选和磁流体动力分选）是以特殊的流体（如顺磁性溶液、铁磁性胶粒悬浮液和电解质溶液）作为分选介质，利用流体在磁场或磁场和电场的联合作用下产生的"加重"作用，按矿物之间的磁性和密度的差异或磁性、导电性和密度的差异，使不同矿物实现分离的一种新的选矿方法。当矿物之间磁性差异小而密度或导电性差异较大时，采用磁流体选矿可以有效地分选。国内外已进行了一些有关磁流体静力分选应用于金刚石选矿的试验研究工作。结果表明，它可以作为金刚石选矿中的精选方法之一。

将超导技术用于选矿领域，研制出了超导电磁选机。这种磁选机采用超导材料做线圈，在极低的温度（绝对零度附近）下工作。线圈通入电流后可在较大的分选空间内产生 1600 kA/m（20000 Oe）以上的强磁场，并且线圈不消耗电能，磁场长时间不衰减。这种磁选机的体积小，重量轻，磁场强度大，分选效果好，是用于工业生产的较理想的设备。美国 Eriez 公司已成功生产了工业超导磁选机，我国正在进行超导电磁选机的研制工作。江苏旌凯中科超导高技术有限公司已成功制造出 JKS-F-600 超导磁选机并成功应用于生产实践。这种磁选机可用于选别矿石特别是稀有金属矿石以及从非金属矿物原料中除去含铁杂质等。

1 磁选的基本原理

1.1 磁选的基本条件和方式

磁选是在磁选设备的磁场中进行的。被选矿石给入磁选设备的分选空间后，受到磁力和机械力（包括重力、离心力、水流动力等）的作用。磁性不同的矿粒受到不同的磁力作用，沿着不同的路径运动（见图 1-1）。因为矿粒运动的路径不同，所以分别接取时就可得到磁性产品和非磁性产品（或是磁性强的产品和磁性弱的产品）。进入磁性产品中的磁性矿粒的运动路径由作用在这些矿粒上的磁力和所有机械力合力的比值来决定。进入非磁性产品中的非磁性矿粒的运动路径由作用在它们上面的机械力的合力来决定。因此，为了保证把被分选矿石中磁性强的矿粒和磁性弱的矿粒分开，必须满足以下条件：

$$f_{1磁} > \sum f_{机} > f_{2磁} \qquad\qquad (1\text{-}1)$$

式中　$f_{1磁}$——作用在磁性强的矿粒上的磁力；

　　$\sum f_{机}$——与磁力方向相反的所有机械力的合力；

　　$f_{2磁}$——作用在磁性弱的矿粒上的磁力。

这一公式不仅说明了不同磁性矿粒的分离条件，同时也说明了磁选的实质，即磁选是利用磁力和机械力对不同磁性矿粒的不同作用而实现的。

磁力和机械力对不同磁性矿粒的不同作用与矿石的分选方式有关，见图 1-2。从图中可以看出，矿粒在不同的情况下按磁性分离的路径也不同。第一种情况对于磁性差别较大的矿粒分离效果很好（见图 1-2 (a)），而对于磁性相近的矿粒由于磁性与非磁性矿流的路径相近，分选难以控制（见图 1-2 (b)）；后两种情况（见图 1-2 (c)(d) 和图 1-2 (e)(f)）对磁性相近的难选矿石分离效果较好，因为在非磁性部分排出的地方，磁铁表面仅是吸出和吸住个别的被非磁性部分机械混杂的磁性矿粒，而大部分的磁性矿粒在这以前就已经被分离出去了。

因此，$f_{磁} > f_{机}$ 保证了磁性矿粒被吸到磁极上，在分离磁性差别较大的易选矿石时，能够顺利地分出磁性部分，但在分离磁性差异小的难选矿石时，如要获得高质量的磁性部分，就需要很好地调整各种磁性矿粒的磁力和机械力关系，使之能有选择性的分离，才能得到良好的效果。

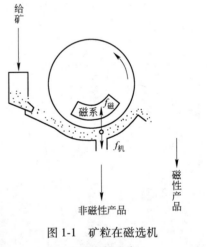

图 1-1　矿粒在磁选机
中分离的示意

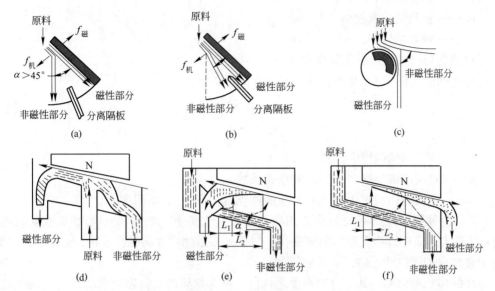

图 1-2 矿粒在不同情况下按磁性分离的示意

（a）（b）磁性矿粒偏离；（c）（d）磁性矿粒吸住；（e）（f）磁性矿粒吸出

1.2 与磁选有关的磁场的基本概念和磁量

1.2.1 磁场、磁感应强度、磁化强度、磁化率

磁场是物质的特殊状态，并显示在载电导体或磁极的周围。磁选时在磁场中作用着吸引力（对顺磁性和铁磁性颗粒）和排斥力（对逆磁性或同极性的硬磁性颗粒）。

磁选时起作用的物理力场有磁力场、重力场和离心力场等，它们同样是物质性质的特殊形式。描述磁选设备分选空间某点的磁场用磁感应强度 B_0，在 SI 单位制中单位为 T（Wb/m²）。

任何物质都存在着分子电流。分子电流和被它包围面积的乘积称为分子电流的磁矩，即：

$$\boldsymbol{m}_i = i\Delta S \tag{1-2}$$

式中　$\boldsymbol{m}_i$——磁矩，A·m²；

　　　i——分子电流，A；

　　　ΔS——电流包围的面积，m²。

物质进入磁化场后分子电流便或多或少地取向于磁化场方向，结果产生一个附加磁场叠加在磁化场上，从而改变了磁化场。

某一体积物质的合成磁矩 $\boldsymbol{m}$ 等于分子电流磁矩 $\boldsymbol{m}_i$ 的矢量和，即：

$$\boldsymbol{m} = \sum \boldsymbol{m}_i \tag{1-3}$$

单位体积物质的磁矩称为物质的磁化强度，即：

$$\boldsymbol{M} = \frac{\mathrm{d}\boldsymbol{m}}{\mathrm{d}V} \tag{1-4}$$

式中　**M**——磁化强度，A/m；

　　　m——物质的合成磁矩，$A \cdot m^2$；

　　　V——物质的体积，m^3。

磁化强度是描写物质磁化程度的物理量。

磁化场的磁场强度 H_0 和 **B**、**M** 之间存在如下关系：

$$B = \mu H_0 \tag{1-5}$$

$$M = \kappa H_0 \tag{1-6}$$

式中　**B**——物质内的磁感应强度，T；

　　　μ——物质的磁导率（或物质的导磁系数），H/m；

　　　κ——物质的体积磁化率（或物质的体积磁化系数），无因次。

κ 是一个和物质性质有关的重要的磁性系数，它是表示物质被磁化难易程度的物理量。κ 值越大，表明该物质越容易被磁化。对于大多数物质如弱磁性矿物，κ 是一个常数，只有少数物质如强磁性矿物，κ 不是常数。

物质的体积磁化率与其本身的密度之比值，称为物质的质量磁化率（或物质的比磁化率，m^3/kg），即：

$$\chi = \frac{\kappa}{\rho} \tag{1-7}$$

式中　ρ——物质的密度，kg/m^3。

由 **B** 和 H_0、**M** 关系式（$B = \mu_0(H_0 + M)$）可得出 μ（H/m）和 κ 的关系为：

$$\mu = \mu_0(1 + \kappa) \tag{1-8}$$

式中　μ_0——真空的磁导率（$\mu_0 = 4\pi \times 10^{-7}$ Wb/(m·A) 或 H/m）。

1.2.2　在无电流的自由空间内矢量 H 的旋度

下面讨论由带电流的导体、线圈和磁极所产生的外磁场。设有二维磁场 **H**，在场中作一条包围点 $M(x, y)$ 的闭合曲线 l。设 l 所围区域的面积为 ΔS，当 l 收缩到点 $M(x, y)$ 时，极限为：

$$\lim_{l \to M} \frac{\oint H \cdot \mathrm{d}l}{\Delta S}$$

存在，则称此极限为磁场强度 **H** 在点 $M(x, y)$ 的旋度，即：

$$\mathrm{rot}H = \lim_{l \to M} \frac{\oint H \cdot \mathrm{d}l}{\Delta S} \tag{1-9}$$

在直角坐标系中上式可写成：

$$\mathrm{rot}H = \frac{\partial H_y}{\partial x} - \frac{\partial H_x}{\partial y} \tag{1-10}$$

式中　H_x，H_y——磁场强度 **H** 在 x 轴和 y 轴上的分量。

因为在外磁场内无电流，所以有：

$$\text{rot}\boldsymbol{H} = \frac{\partial H_y}{\partial x} - \frac{\partial H_x}{\partial y} = 0 \tag{1-11}$$

1.2.3　在无电流的自由空间内磁感应强度 B 的散度

在二维磁场 $\boldsymbol{B}$ 中作包围点 $M(x, y)$ 的闭合曲面 S，S 包围的区域为 Ω，Ω 的体积为 ΔV。当 Ω 收缩到点 $M(x, y)$ 时，极限为：

$$\lim_{\Omega \to M} \frac{\oiint \boldsymbol{B} \cdot \text{d}S}{\Delta V}$$

存在，则称此极限为磁感应强度 $\boldsymbol{B}$ 在点 $M(x, y)$ 的散度，即：

$$\text{div}\boldsymbol{B} = \lim_{\Omega \to M} \frac{\oiint \boldsymbol{B} \cdot \text{d}S}{\Delta V} \tag{1-12}$$

在直角坐标系中上式可写成：

$$\text{div}\boldsymbol{B} = \frac{\partial B_x}{\partial x} + \frac{\partial B_y}{\partial y} \tag{1-13}$$

式中　B_x，B_y——磁感应强度 $\boldsymbol{B}$ 在 x 轴和 y 轴上的分量。

因为经过任何一个不包含磁量和电流的闭合曲面的全部磁通等于零，所以有：

$$\text{div}\boldsymbol{B} = \mu_0 \left(\frac{\partial H_x}{\partial x} + \frac{\partial H_y}{\partial y} \right) = 0 \tag{1-14}$$

亦即：

$$\text{div}\boldsymbol{B} = \mu_0 \text{div}\boldsymbol{H} = 0 \tag{1-15}$$

由上式得出：

$$\text{div}\boldsymbol{H} = \frac{\partial H_x}{\partial x} + \frac{\partial H_y}{\partial y} = 0 \tag{1-16}$$

这样看来，在没有磁量也没有电流的磁场中，磁场的基本方程是：

$$\text{rot}\boldsymbol{H} = 0$$

和
$$\text{div}\boldsymbol{H} = 0 \tag{1-17}$$

它说明这种场是无旋场和无散场。

按照现代关于磁场性质的概念，表征磁场最基本的量是磁感应强度，但是在现在许多书中仍然习惯用磁场强度来表示磁场。

还要说明的是，以后在没有原则性意义的地方，$\boldsymbol{H}$、$\boldsymbol{B}$ 和 $\boldsymbol{M}$ 等物理量就不用矢量形式表示了。

1.3　回收磁性矿粒需要的磁力

磁场有均匀磁场和非均匀磁场。如果磁场中各点的磁场强度相同，则此磁场是均匀磁场，否则就是非均匀磁场。磁场非均匀性是通过磁极适当的磁场强度、形状、尺寸和排列产生的。典型的均匀磁场和非均匀磁场如图 1-3 所示。磁场的非均匀性用导数 $\dfrac{\mathrm{d}H}{\mathrm{d}l}$ 表示，它表示在某点沿 l 方向上磁场强度 H 对距离的变化率。如磁场强度 H 方向相同，则这个量在 H 变化率最大的方向上称为磁场梯度，用 grad H 表示。

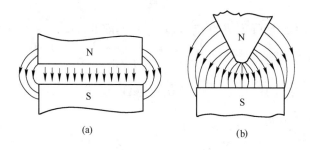

图 1-3　两种不同的磁场
（a）均匀磁场（中间部分）；（b）非均匀磁场

矿粒在不同磁场中受到不同的作用。在均匀磁场中它只受到转矩的作用，转矩使它的最长方向取向于磁力线的方向（稳定）或垂直于磁力线的方向（不稳定）；在非均匀磁场中它除受转矩外，还受磁力的作用，顺磁性和铁磁性矿粒受磁引力作用，逆磁性矿粒受排斥力作用。正是由于这种力的存在，才有可能将磁性矿粒从实际上认为是无磁性的矿粒中分出。

作用在磁选机磁场中磁性物质颗粒（磁性矿物颗粒）上的磁力，可由它在磁化时所获得的位能来确定，而磁性物质颗粒磁化时所获得的位能用下式求出：

$$U = -\int_{V} \frac{\mu_0 \kappa H^2}{2} \mathrm{d}V \tag{1-18}$$

式中　U——被磁化颗粒的磁位能；

μ_0——真空的磁导率；

κ——颗粒的物质体积磁化率；

$\mathrm{d}V$——颗粒的体积元；

H——颗粒体积中的磁场强度（即决定颗粒磁化状态的磁场强度，在 SI 单位制中单位为 A/m，1 A/m = $4\pi \times 10^{-3}$ Oe）。

根据力学定律，作用在颗粒上的力可用带负号的 U 的梯度表示，因此作用在颗粒上的磁力又可写成：

$$f_{磁} = -\operatorname{grad}U = \operatorname{grad}\int_{V} \frac{\mu_0 \kappa H^2}{2}\mathrm{d}V \tag{1-19}$$

式中，负号表示磁力 $f_{磁}$ 吸引颗粒所做的功导致位能的降低。

将符号 grad 括在积分式中，并假定体积磁化率在颗粒所占的范围内是常数，则得：

$$f_磁 = \mu_0 \kappa \int_V H \mathrm{grad} H \mathrm{d}V \qquad (1\text{-}20)$$

颗粒尺寸不大时，可假定在它所占据的体积内 $H\mathrm{grad}H$ 的变化不大。这样，$H\mathrm{grad}H$ 可以移到积分号外，于是磁力 $f_磁$ 将写为：

$$f_磁 = \mu_0 \kappa V H \mathrm{grad} H \qquad (1\text{-}21)$$

式中　V——颗粒的体积。

如果所有单位都采用 SI 单位制，则磁力 $f_磁$ 单位为牛顿，$1\ \mathrm{N} = 10^5\ \mathrm{dyn}$。

对于强磁性物体颗粒来说，它进入磁场（或称外磁场）后，物体颗粒本身也产生磁场，方向和外磁场方向相反，致使物体颗粒内部的磁场强度低于外磁场强度。降低程度与物体颗粒的磁性和形状等因素有关，此问题在第 2 章详细讨论。因此，作用在磁性物体颗粒上的磁力不同于上式，应是：

$$f_磁 = \mu_0 \kappa_0 V H_0 \mathrm{grad} H_0 \qquad (1\text{-}22)$$

式中　$f_磁$——作用在磁性物体颗粒上的磁力，N；

　　　κ_0——物体的体积磁化率（或物体的体积磁化系数），无因次；

　　　H_0——外磁场强度，A/m。

在磁选研究中经常用比磁力（N/kg）。它是作用在单位质量颗粒上的磁力，即：

$$F_磁 = \frac{f_磁}{m} = \frac{\mu_0 \kappa_0 V H_0 \mathrm{grad} H_0}{\rho V}$$

$$= \mu_0 \chi_0 H_0 \mathrm{grad} H_0 \qquad (1\text{-}23)$$

式中　m——颗粒的质量，kg；

　　　ρ——颗粒的密度，$\mathrm{kg/m^3}$；

　　　χ_0——颗粒的物体比磁化率（或物体质量磁化系数），$\chi_0 = \dfrac{\kappa_0}{\rho}$，$\mathrm{m^3/kg}$；

$H_0 \mathrm{grad} H_0$——磁场力，$\mathrm{A^2/m^3}$。

磁场力 $H_0 \mathrm{grad} H_0$ 在数值上等于 $\mu_0 \chi_0 = 1\ \mathrm{H \cdot m^2/kg}$ 时的比磁力。这种假定值 $H_0 \mathrm{grad} H_0$ 便于表示磁选机非均匀磁场的磁场特性，因为对于非均匀磁场仅用磁场强度来表示是不够的，还必须考虑磁场梯度。

由式（1-23）可看出，作用在磁性矿粒上的比磁力 $F_磁$ 大小决定于磁性矿粒本身的磁性 χ_0 值和磁选机的磁场力 $H_0 \mathrm{grad} H_0$ 值。分选 χ_0 值高的矿物如强磁性矿物时，磁选机的磁场力 $H_0 \mathrm{grad} H_0$ 相对可以小些，而分选 χ_0 值低的矿物如弱磁性矿物时，磁场力 $H_0 \mathrm{grad} H_0$ 就应很大。

必须指出，在利用式（1-22）和式（1-23）时一般均采用相当于矿粒重心那一点的 $H_0 \mathrm{grad} H_0$。严格来说，只有在 $H_0 \mathrm{grad} H_0$ 等于常数时才是正确的。一般说来，磁选机磁场的 $H_0 \mathrm{grad} H_0$ 不是常数，矿粒尺寸越小，这种假设所引起的误差也越小。对于尺寸相当大的矿粒，为了更正确地计算其比磁力 $F_磁$，理论上可以先将矿粒分成很小的体积，先对每个小体积进行个别计算，然后用积分法求出总的比磁力 $F_磁$，这实际上很难做到。

如把强磁性矿块紧贴或靠近磁系，则此矿块实际所受到磁力要比按式（1-23）计算出的大。产生这种情况的主要原因是强磁性矿块增加了磁极间气隙的磁导和使磁场发生很强的畸变，致使磁场强度和磁场非均匀性均有所提高。尽管如此，计算强磁性矿块所受的磁力还可以应用式（1-23），不过得引入一个修正系数 α。该系数考虑了矿粒的平均直径和磁系极距的比值。修正系数见表 1-1。

表 1-1　式（1-23）计算比磁力时引入的修正系数 α 值

矿粒平均直径 d/极距 l	<0.05	0.05~0.2	>0.2
修正系数 α	1.1	1.5	2~2.5

从前述可知，为了回收磁性矿粒，必须使作用在其上的磁力大于作用在其上的、与磁力方向相反的所有机械力的合力，即

$$f_{磁} = \mu_0 \kappa_0 V H_0 \mathrm{grad} H_0 > \sum f_{机} \qquad (1\text{-}24)$$

在通常情况下，准确计算出 $\sum f_{机}$ 值是比较困难的，多是根据磁选机的类型并结合实践（包括试验）来估算出 $\sum f_{机}$ 值。

2 矿物的磁性

2.1 矿物按磁性的分类

磁性是物质最基本的属性之一。磁现象范围是广泛的，它从微观世界中的元粒子的磁性扩展到宇宙物体的磁性。自然界中各种物质都具有不同程度的磁性，但是绝大多数物质的磁性都很弱，只有少数物质才有显著的磁性。

物质的磁性理论在近代物理学和固体物理中根据物质结构的量子力学的概念有论述。正如所述的那样，就磁性来说，物质可分为三类：顺磁性物质、逆磁性物质和铁磁性物质。可以把物质的磁性看成是具有电能的粒子（带电电核和电子）运动的结果。顺磁性物质在磁化场中呈现微弱的磁性。顺磁性主要是决定于单个电子的旋转磁矩。铁磁性物质在磁化场中呈现强磁性。铁磁性是分布在物质结晶格子结点上的大量顺磁性原子交换作用的结果。逆磁性物质在磁化场中呈现微弱的磁性。逆磁性是由于磁场中电子轨道的进动过程的结果。但是，只有在磁化场不存在原子本身磁矩等于零才显出逆磁性。在其余条件下，逆磁性则被顺磁性和铁磁性效应所掩盖。

此外，自然界还存在着反铁磁性物质和亚铁磁性物质。铁磁性物质由于原子交换作用而使原子磁矩平行排列，而反铁磁性物质与铁磁性物质相反，原子磁矩反平行排列，正好相互抵消。亚铁磁性物质是离子磁矩反平行排列，但由于离子磁矩不相等，所以只抵消一部分，还剩余一部分。

铁磁性物质、亚铁磁性物质和反铁磁性物质，在一定温度以上表现为顺磁性。由于反铁磁性物质的涅耳温度很低，所以在通常室温情况下，也可把反铁磁性物质列入顺磁性物质一类。亚铁磁性物质的宏观磁性大体上与铁磁性物质相类似，从应用观点看，也可把它列入铁磁性物质一类。

在门捷列夫元素周期表的所有已知元素中，有 3 个元素（Fe、Ni、Co）有明显的铁磁性；有 55 个元素有顺磁性，其中的 32 个元素（Sc、Ti、V、Cr、Mn、Y、Mo、Tc、Ru、Rh、Pd、Ta、W、Re、Os、Ir、Pt、Ce、Pr、Nd、Sm、Eu、Gd、Tb、Dy、Ho、Er、Tm、Yb、U、Pu 和 Am）在它们所生成的化合物中也保存这一性质。另外的 16 个元素（Li、O、Na、Mg、Al、Ca、Ga、Sr、Zr、Nb、Sn、Ba、La、Lu、Hf 和 Th）在纯态时是顺磁性的，但在化合物状态时是逆磁性的。其余 7 个元素（N、K、Cu、Rb、Cs、Au 和 Tl）在化合物中是顺磁性的（N 和 Cu 在纯态时是微逆磁性的）。

典型的顺磁性、逆磁性和铁磁性物质的磁化强度和磁化场强度之间的关系如图 2-1 所示。顺磁性和逆磁性物质保持着简单的直线关系，而铁磁性物质的情况比较复杂，磁化强度开始变化很快，然后趋于平缓，最后达到磁饱和。值得注意的是，当磁化场强度相当小时，磁化强度就趋于饱和值了。

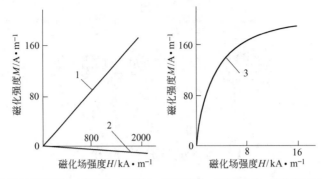

图 2-1　典型的顺磁性、逆磁性（石英）和铁磁性（磁铁矿）矿物的磁化强度曲线
1—顺磁性矿物；2—逆磁性矿物；3—铁磁性矿物

　　在磁选实践中，矿物不按上述分类法进行分类，而是按工艺分类法进行分类。这是因为磁选机不能回收逆磁性矿物和磁化率很低的顺磁性矿物。

　　根据磁性，按比磁化率大小把所有矿物分成强磁性矿物、弱磁性矿物和非磁性矿物。

　　强磁性矿物的物质比磁化率 $\chi > 3.8 \times 10^{-5}$ m^3/kg（或 CGSM 制中 $\chi > 3 \times 10^{-3}$ cm^3/g），在磁场强度 H_0 达 120 kA/m（约 1500 Oe）的弱磁场磁选机中可以回收。属于这类矿物的主要有磁铁矿、磁赤铁矿（γ-赤铁矿）、钛磁铁矿、磁黄铁矿和锌铁尖晶石等。这类矿物大都属于亚铁磁性物质。

　　弱磁性矿物的物质比磁化率 $\chi = 7.5 \times 10^{-6} \sim 1.26 \times 10^{-7}$ m^3/kg（或 CGSM 制中 $\chi = 6 \times 10^{-4} \sim 10 \times 10^{-6}$ cm^3/g），在磁场强度 H_0 为 800~1600 kA/m（10000~20000 Oe）的强磁场磁选机中可以回收。属于这类的矿物最多，如大多数铁锰矿物——赤铁矿、镜铁矿、褐铁矿、菱铁矿、水锰矿、硬锰矿、软锰矿等；一些含钛、铬、钨矿物——钛铁矿、金红石、铬铁矿、黑钨矿等；部分造岩矿物——黑云母、角闪石、绿泥石、绿帘石、蛇纹石、橄榄石、石榴石、电气石、辉石等。这类矿物大都属于顺磁性物质，也有属于反铁磁性物质。

　　非磁性矿物的物质比磁化率 $\chi < 1.26 \times 10^{-7}$ m^3/kg（或 CGSM 制中 $\chi < 10 \times 10^{-6}$ cm^3/g）。在目前的技术条件下，不能用磁选法回收。属于这类的矿物很多，如部分金属矿物——方铅矿、闪锌矿、辉铜矿、辉锑矿、红砷镍矿、白钨矿、锡石、金等；大部分非金属矿物——自然硫、石墨、金刚石、石膏、萤石、刚玉、高岭土、煤等；大部分造岩矿物——石英、长石、方解石等。这类矿物有些属于顺磁性物质，也有些属于逆磁性物质（方铅矿、金、辉锑矿和自然硫等）。

　　应当指出的是，矿物的磁性受很多因素影响，不同产地不同矿床的矿物磁性往往不同，有时甚至有很大的差别。这是由于它们在生成过程的条件不同，杂质含量不同，结晶构造不同等所引起。另外，各类磁性矿物和非磁性矿物的物质比磁化率范围的规定，特别是弱磁性矿物和非磁性矿物的界限规定不是极其严格的，后者将随着磁选技术的发展，磁选机的磁场力的提高会不断地降低，所以上述分类是大致的。对于一个具体的矿物，其磁性大小应通过矿物磁性测定才能准确得出。

　　各种常见矿物的物质比磁化率值列于附表 1 中。

2.2　强磁性矿物的磁性

2.2.1　磁铁矿的磁性

磁铁矿、磁赤铁矿、钛磁铁矿和磁黄铁矿等都属于强磁性矿物，它们都具有强磁性矿物在磁性上的共同特性。由于磁铁矿是典型的强磁性矿物，又是磁选的主要对象，所以这里重点介绍磁铁矿的磁性研究。

2.2.1.1　磁铁矿的磁化过程

磁铁矿是一种典型的铁氧体，属于亚铁磁性物质。铁氧体的晶体结构主要有三种类型：尖晶石型、磁铅石型和石榴石型。尖晶石型铁氧体的化学分子式为 XFe_2O_4，其中 X 代表二价金属离子，常见的有 Fe^{2+}、Co^{2+}、Ni^{2+}、Ca^{2+}、Mg^{2+}、Zn^{2+}、Cd^{2+}、Mn^{2+}等。磁铁矿的分子式为 Fe_3O_4，还可写成 $Fe^{2+}Fe_2^{3+}O_4$，它是属于尖晶石型的铁氧体。

图 2-2 示出了我国某矿山磁铁矿的比磁化强度、比磁化率与磁化场强度的关系。

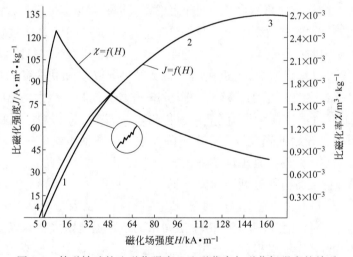

图 2-2　某磁铁矿的比磁化强度、比磁化率与磁化场强度的关系

从图中磁化曲线 $J=f(H)$ 可以看出，磁铁矿在磁化场 $H=0$ 时，比磁化强度 $J=0$。随着磁化场 H 的增加，磁铁矿的比磁化强度 J 开始时缓慢增加（见 0—1 段），随后便迅速增加（见 1—2 段），之后又变为缓慢增加（见 2—3 段）。直到磁化场 H 增加而比磁化强度 J 不再增加时，比磁化强度 J 达最大值。此点称为磁饱和点，用 J_{max} 表示（$J_{max} \approx 135 \ A \cdot m^2/kg$）。再降低磁化场 H，比磁化强度 J 随之减小，但并不是沿着原来的曲线（0—1—2—3），而是沿着高于原来的曲线（3—4）下降。当磁化场 H 减小到 0 时，比磁化强度 J 并不下降为 0，而保留一定的数值，这一数值称为剩磁，用 J_r 表示（$J_r \approx 5 \ A \cdot m^2/kg^{-1}$）。这种现象称为磁滞。如要消除矿物的剩磁 J_r，需要对磁铁矿施加一个反方向的退磁场。随着外加的反方向的退磁场逐渐增大，比磁化强度 J 沿着曲线 4—5 段下降，直到 $J=0$。消除剩磁 J_r 所施加的退磁场强度称为矫顽力，用 H_c 表示（$H_c \approx 1.7 \ kA/m$ 或 21 Oe）。

从比磁化率 $\chi = f(H)$ 看出，磁铁矿的比磁化率 χ 不是一个常数，而是随着磁化场 H 的变化而变化的。开始时，随磁化场 H 的增加比磁化率 χ 迅速增大，在磁化场 H 达 8 kA/m（或 100 Oe）时，χ 达最大值，$\chi_{max} \approx 2.50 \times 10^{-3}$ m^3/kg（或 0.207 cm^3/g）。之后，再增加磁化场 H，比磁化率 χ 下降。不同的矿物，比磁化率 χ 不同，χ 达到最大值所需要的磁化场 H 不同，它们所具有的剩磁 J_r 和矫顽力 H_c 也不同。即使是同一矿物，例如都是磁铁矿，化学组成都是 Fe_3O_4，由于它们的生成特性（如晶格构造、晶格中有无缺陷、类质同象置换等）不同，它们的 χ、J_r 和 H_c 也不相同。附表 2 列出了我国一些矿山处理的强磁性矿物的比磁化率实测数据，可供应用参考。

2.2.1.2 磁铁矿的磁化本质

磁铁矿属于亚铁磁性物质，是由许多磁畴组成的。相邻磁畴的自发磁化方向不同，它们之间存在着一过渡层，称为磁畴壁。磁化时磁畴和磁畴壁的运动是磁铁矿产生磁性的内在根据。所以磁铁矿在磁化过程中所表现出来的特性，可用磁畴理论加以解释。在没有磁化场即 $H = 0$ 时，组成磁铁矿的各磁畴无规则地排列（见图 2-3（a）），总磁矩等于零，此时 $J = 0$，矿物不显出磁性（图 2-2 中曲线的原点 $H = 0$，$J = 0$）。当有磁化场作用，但磁化场 H 较低时，自发磁化方向与磁化场方向相近的磁畴因磁化场作用而扩大；自发磁化方向与磁化场方向相差很大的磁畴则缩小（见图 2-3（b））。这一过程是通过磁畴壁的逐渐移动实现的。这时矿物的总磁矩不等于零，此时 $J \neq 0$，矿物开始显出磁性（相当于图 2-2 中磁化曲线 0—1 段），J 缓慢增加，χ 迅速增大。当磁化场 H 增加到一定值时，磁畴壁就以相当快的速度跳跃式移动，直到自发磁化方向与磁化场方向相差很大的磁畴被吞并，产生一个突变（见图 2-3（c），相当于图 2-2 中磁化曲线 1—2 段），J 增加很快，χ 从迅速增加经过最大值而下降，开始下降较快，后来下降缓慢。从表面上看 1—2 段曲线是光滑的，实际上 J 的增加是不连续的，是由许多跳跃式的突变组成的。因此它是一个不可逆过程。再增大磁化场 H，磁畴方向便逐渐转向磁化场方向（见图 2-3（d）），直到所有磁畴的方向都转向与磁化场方向相同为止。这时磁化达到饱和（相当于图 2-2 中磁化曲线 2—3 段），J 达最大值。降低磁化场 H 时，由于磁畴壁的不可逆跳跃式移动以及在它内部含有杂质及其组成不均性等对磁畴壁移动产生阻抗，磁畴壁不能恢复到原来的位置，因而产生了磁滞现象。

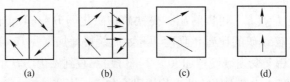

(a)   (b)   (c)   (d)

图 2-3   在磁化场作用下磁畴的运动情况

从磁畴在磁化过程中的运动情况可知，在磁化过程中，磁化前期，是以磁畴壁移动为主，后期是以磁畴转动为主。在一般情况下，图 2-2 中磁化曲线 0—1—2 段是磁畴壁移动起主要作用，2—3 段则是磁畴转动起主要作用。磁畴在运动过程中，磁畴壁移动所需要的能量较小，磁畴转动所需要的能量较大。

2.2.1.3 磁铁矿的磁性特点

概括说来，磁铁矿的磁性特点有：

（1）磁铁矿的磁性不是来自其单个原子磁矩的转动，而是来自其磁畴壁移动（逐渐移动或跳跃式移动）和磁畴转动，且在很大程度上磁畴壁的移动起决定作用。因此，磁铁矿的磁化强度和磁化率很大，存在着磁饱和现象，且在较低的磁化场强度作用下就可以达到磁饱和。

（2）由于磁畴运动的复杂性，使磁铁矿的磁化强度、磁化率和磁化场强度之间具有曲线关系。磁化率不是一个常数，是随磁化场强度的变化而变化。其磁化强度除与矿物性质有关外，还与磁化场变化历史有关。

（3）磁铁矿存在着磁滞现象，当它离开磁化场后，仍保留一定的剩磁。

（4）磁铁矿的磁性与其形状和粒度有关（以后详述）。

2.2.2 钛磁铁矿和焙烧磁铁矿的磁性

表 2-1 列出了由不同产地的磁铁矿石和钛磁铁矿石选出的精矿的磁性（TFe 含量达到 60% 的为钛磁铁矿石）。从表 2-1 可看出，钛磁铁矿的比磁化率比磁铁矿的低，而其矫顽力比磁铁矿的要高。这也被许多发表的文献所证实。

对人工磁铁矿和磁赤铁矿的磁性研究要比天然磁铁矿少。表 2-2 列出了天然磁铁矿和人工磁铁矿、磁赤铁矿样品的磁性特征。

从表 2-2 可看出，天然磁铁矿、人工磁铁矿和磁赤铁矿的比磁化率的差别不是特别明显。主要的差别是矫顽力，人工磁铁矿的矫顽力最大，而天然磁铁矿的最小，磁赤铁矿的介于中间。

人工磁铁矿矫顽力大给焙烧矿石磨矿分级回路前的矿浆的脱磁带来一定困难，且易在恒定磁场磁选机的磁场中形成稳定的磁链，磁性产品中容易夹杂些非磁性颗粒。

2.2.3 磁黄铁矿和硅铁的磁性

磁黄铁矿（FeS_{1+x}；$0 < x \leqslant 1/7$）在自然界中以不同的变态存在，按其磁性，磁黄铁矿或属于弱磁性矿物，或属于强磁性矿物。根据研究资料介绍，六方硫铁矿（FeS）是弱磁性的，$0 < x \leqslant 0.1$ 的变态磁黄铁矿也是弱磁性的，而 $0.1 < x \leqslant 1/7$ 的变态磁黄铁矿是强磁性的。

对磁黄铁矿的磁性研究比较少。图 2-4 示出了磁黄铁矿的磁化强度、比磁化率与磁化场强度的关系。磁黄铁矿的矫顽力 H_c（见图 2-4）高达 9.6 kA/m（120.9 Oe），而最大的和剩余的磁化强度很低，分别为 2.5×10^3 A/m 和 1.0×10^3 A/m。

磁黄铁矿的比磁化率在磁化场强度为 24 kA/m 时最大，为 7×10^{-5} m^3/kg。实践证明，尽管磁黄铁矿的比磁化率比磁铁矿低得很多，它的纯颗粒也能被回收到弱磁场（80~120 kA/m 或 1000~1500 Oe）磁选机的磁性产品中。例如在一般的弱磁场磁选机中很成功选别富的硫化铜镍矿石（粒度 -50+6 mm），把磁黄铁矿和与其共生的镍黄铁矿、黄铜矿分到磁精矿中。

表 2-1　由不同产地磁铁矿和钛磁铁矿得到的精矿的磁性特征

产地	含量（质量分数）/%					磁化强度 M/kA·m^{-1}		矫顽力 H_c/kA·m^{-1}	比磁化率 χ /m^3·kg^{-1}	相对比磁化率 χ' /m^3·kg (%Fe$_3$O$_4$)$^{-1}$
	TFe	FeO	Fe$_3$O$_4$	以Fe$_3$O$_4$存在的Fe	TiO$_2$	最大	剩余			
俄罗斯①	69.9	28.6	92.3	66.8	—	80.5	20.0	3.84	6.85×0^{-4}	0.0743×10^{-4}
瑞典②	69.8	29.0	93.5	67.7	—	386.0	—	—	8.06×.0^{-4}	0.0862×10^{-4}
中国②	67.8	26.3	85.0	61.5	—	86.5	16.4	2.67	7.72×10^{-4}	0.0908×10^{-4}
俄罗斯①	60.0	30.6	59.0	42.8	15.0	22.0	13.0	8.0	1.96×10^{-4}	0.0332×10^{-4}
中国①	60.5	30.2	79.2	57.4	7.0	37.3	12.3	4.32	3.28×10^{-4}	0.0415×10^{-4}

① 磁化是在 H_{max}=80 kA/m 下进行的，而确定 M_{max} 是在 H=24 kA/mF 下进行的。
② 磁化是在 H_{max}=96 kA/m 下进行的。

表 2-2　由不同产地得到的天然磁铁矿和人工磁铁矿、磁赤铁矿的磁性特征

样品名称	粒度/mm	密度 ρ /kg·m^{-3}	含量（质量分数）/%				磁化强度 M /kA·m^{-1}		矫顽力 H_c /kA·m^{-1}	比磁化率 χ /m^3·kg^{-1}
			TFe	FeO	Fe$_3$O$_4$	γ-Fe$_2$O$_3$	最大	剩余		
1. 天然磁铁矿①	-1.08+0.12	4.8×10^3	67.4	24.2	78.2	—	196.0	22.3	3.2	5.67×10^{-4}
2. 还原假象磁铁矿得到的人工磁铁矿①	-1.08+0.12	4.7×10^3	68.2	25.1	79.1	—	189.0	60.5	10.3	5.57×10^{-4}
3. 焙烧菱铁矿得到的人工磁铁矿①	-1.08+0.12	4.0×10^3	60.8	微量	—	86.8	119.0	42.5	9.6	4.12×10^{-4}
4. 天然磁铁矿②	-0.15	4.9×10^3	69.9	28.6	92.3	—	80.5	19.0	5.8	6.85×10^{-4}
5. 还原褐铁矿得到的人工磁铁矿②	-0.15	4.2×10^3	57.8	19.5	62.8	—	45.7	23.0	10.4	4.52×10^{-4}
6. 样品5氧化为磁赤铁矿（γ-Fe$_2$O$_3$）	-0.15	4.0×10^3	56.2	1.9	6.1	56.7	55.0	20.0	9.2	5.73×10^{-4}

① 磁化是在 H_{max}=72 kA/m 下进行的。
② 最大磁化强度 M_{max} 和比磁化率 χ 是在磁化 H_{max}=80 kA/m 下得到的，而剩余磁化强度 M_r 和矫顽力 H_c 是在磁化 H=80 kA/m 下得到的。

硅铁具有强磁性，作为重介质可用于重介质选矿。研究表明，某厂生产的细磨的硅铁的粒度为 -0.38 mm，约含 79%Fe（质量分数），13.4%Si，5%Al 和 2.5%Ca。它的比磁化率 $\chi \approx 4 \times 10^{-4}$ m³/kg（3.2×10^{-2} cm³/g）。当 Fe 含量降低到 40%，相应 Si 含量提高到 53% 时，硅铁的比磁化率要降低很多，为 8×10^{-5} m³/kg（0.64×10^{-2} cm³/g）。

研究还表明，硅铁的磁化强度随其中的 Si 含量（质量分数）的提高而显著下降（见图 2-5）。在 Si 含量不超过 30% 的条件下，硅铁在弱磁场磁选机中能得到很好的回收。硅铁的比磁化率和磁铁矿一样，也随其粒度的减小而降低（以后详细介绍）。

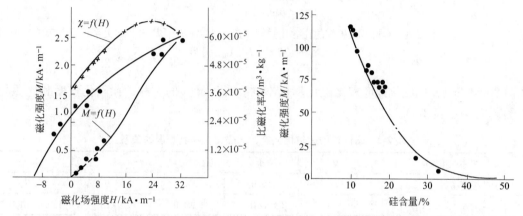

图 2-4　强磁性磁黄铁矿的磁化强度、
比磁化率与磁化场强度的关系

图 2-5　硅铁的磁化强度和其中硅含量的关系

在场强近于 64 kA/m（800 Oe）场中磁化时硅铁的矫顽力为 0.8~1.0 kA/m（10~12.5 Oe），而剩余磁化强度为 8~12 A/m。

粒状硅铁的退磁比磨细的困难得多，这可能是由于颗粒的形状为球形和其矫顽力大所致。

2.3　影响强磁性矿物磁性的因素

影响强磁性矿物磁性的因素很多，其中主要有磁化场的强度、颗粒的形状、颗粒的粒度、强磁性矿物的含量和矿物的氧化程度等。关于磁化场的强度对磁性的影响可见第 2.2.1 节，这里不再重复，下面着重介绍后几个因素的影响。这里仍以磁铁矿为对象进行介绍。

2.3.1　颗粒形状的影响

强磁性矿粒的磁性不仅取决于磁化场的强度和以前的磁化状态，还取决于它的形状。图 2-6 示出了组成相同、含量相同而形状不同的磁铁矿的比磁化强度、比磁化率和其形状间的关系。

从图 2-6 可看出，长条形矿粒和球形矿粒在相同的磁化场中被磁化时，所显示出的磁性不同。长条形矿粒的比磁化强度和比磁化率都比球形矿粒的大，即 $J_1 > J_2$，$\chi_{01} > \chi_{02}$。此外，组成相同、含量相同而长度不同的同一种磁铁矿（圆柱形），在同一磁化场作用

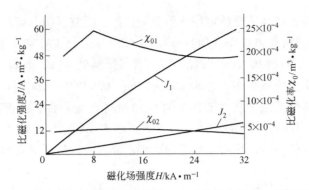

图 2-6　不同形状矿粒的比磁化强度、比磁化率和磁化场强度的关系

J_1，χ_{01}—长条形；J_2，χ_{02}—球形

下（80 kA/m），比磁化强度和比磁化率也不同。长度越大的矿粒，比磁化强度和比磁化率也越大（见表 2-3）。

表 2-3　磁铁矿的比磁化强度、比磁化率和其长度的关系

样本长度/cm	2	4	6	8	28
比磁化强度 $J/A \cdot m^2 \cdot kg^{-1}$	32.1	55.0	59.9	63.9	96.4
比磁化率 $\chi_0/m^3 \cdot kg^{-1}$	40.1×10^{-5}	63.8×10^{-5}	74.9×10^{-5}	79.9×10^{-5}	120.6×10^{-5}

上述事实表明，组成相同、含量相同而形状不同的矿粒在相同的磁化场磁化时，显示出不同的磁性。球形矿粒或相对尺寸小些的矿粒磁性较弱，而长条形或相对尺寸大些的矿粒磁性较强。可见，矿粒的形状或相对尺寸对矿粒的磁性有影响。

矿粒本身的形状或相对尺寸之所以对其磁性有影响是因为它们磁化时本身产生了退磁场，而退磁场与矿粒形状或相对尺寸有密切关系。

将一个形状为椭圆体的磁铁矿石放入场强为 H_0 的均匀磁化场中时，则在磁铁矿石的两端产生磁极（虚构的磁量为 $+m$ 和 $-m$），这些磁极将产生自己的磁场（见图 2-7），称为附加磁场 H'，从而空间各处的总磁场强度 H 是磁化场 H_0 和矿石端面上的磁荷产生的附加磁场 H' 的矢量和，即：

$$H = H_0 + H' \tag{2-1}$$

如图 2-7 所示，设磁化场 H_0 的方向是自左向右的，而附加磁场 H' 的方向是自右向左的。这样一来，矿石内部的总磁场 $H = H_0 + H'$ 的数值实际上是二者相减，即：

$$H = H_0 - H' \tag{2-2}$$

因而 $H < H_0$，即磁场被削弱了。所以通常把矿石内部的这个与磁化场 H_0 方向相反的附加磁场 H' 称为退磁场（或称为消磁场）。

如果退磁场 H' 大了，就需要增大外加的磁化场 H_0，才能在矿石内部产生同样大小的总磁场 H。这就是说，退磁场越大，矿石就越不容易磁化，退磁场总是不利于矿石磁化的。下面进一步介绍，究竟什么因素影响着退磁场的大小。

根据研究，矿粒在均匀场中磁化时，它所产生的退磁场强度 H' 与矿粒的磁化强度 M 成正比，即：

$$H' = NM \tag{2-3}$$

式中　N——和矿粒形状有关的比例系数，称为退磁因子（或退磁系数）。

不同形状物体的退磁因子列于表2-4中。

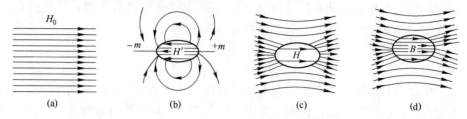

图 2-7　强磁性椭圆体在磁场中磁化
（a）均匀磁化场；（b）退磁场；（c）总磁场；（d）磁感矢量场

表 2-4　椭圆体、圆柱体和棱柱体的退磁因子

尺寸比 m ($l/\sqrt{S}$)	退磁因子 N				
	椭圆体	圆柱体	棱柱体，其底为		
			1:1	1:2	1:4
10	0.020	0.018	0.018	0.017	0.016
8	0.033	0.024	0.023	0.023	0.022
6	0.051	0.037	0.036	0.034	0.032
4	0.086	0.063	0.060	0.057	0.054
3	0.104	0.086	0.083	0.080	0.075
2	0.174	0.127			
1	0.334	0.279			

表中所示的数值是以 $l/\sqrt{S}$ 为函数的退磁因子 N 值。l 是和磁化场方向一致的物体长度，而 S 是垂直于磁化场方向的物体断面积。$l/\sqrt{S}$ 称为尺寸比，用 m 表示。从表2-4中数据可以看出，随着尺寸比 m 的增加，退磁因子 N 逐渐减小。当物体的尺寸比 m 很小时，物体的几何形状对退磁因子 N 值有很大的影响，但这种影响随着物体的尺寸比 m 的增大而逐渐减小。例如，$m>10$ 时，椭圆体、圆柱体和各种棱柱体的退磁因子 N 值很相近。因此，从广义上讲，影响退磁因子 N 大小的因素首先是物体的尺寸比，而不是物体的形状。在 SI 单位制中，$0<N<1$，而在 CGSM 单位制中，$0<N<4\pi$。

实际上矿粒的几何形状是不规则的，另外，磁选设备的磁场是不均匀的，矿粒受不均匀场磁化，所以表中所列数据只能用来近似确定矿粒的退磁因子 N 值。生产中的矿粒或矿块，一般都是在某一方向稍长些，它的尺寸比 m 近似于 2，退磁因子 N 平均可取为0.16（CGSM 制中为 2）。

对应于作用在矿粒上的磁化场（外磁场）和总磁场（内磁场）的概念，磁化率分成物体的和物质的两大类。具有一定形状的矿粒（或矿物）的磁性强弱，用物体体积磁化率 κ_0 或物体比磁化率 χ_0 表示。

$$\kappa_0 = \frac{M}{H_0},\ \chi_0 = \frac{\kappa_0}{\rho}$$

但由于矿粒形状或尺寸比对磁性的影响，使同一种矿物，由于形状或尺寸比不同，在同等大小的外部磁化场中磁化时，具有不同的物体体积磁化率和物体比磁化率。为了便于表示、比较和评定矿物的磁性，必须消除形状或尺寸比的影响。此时表示矿物磁性的磁化率不采用磁化强度与外部磁化场强度的比值，而采用磁化强度与作用在矿粒内部的总磁场（内磁场）强度的比值。这一比值就是物质体积磁化率。

$$\kappa = \frac{M}{H}, \; \chi = \frac{\kappa}{\rho}$$

显然，矿物只要组成、含量相同，不管形状或尺寸比如何，在同等大小的总磁场中磁化时，就应有相同的物质体积磁化率和物质比磁化率。一般在进行矿物磁化率测定时都将矿物样品制成长棒形，并使其尺寸比很大，以消除退磁因子 N 和退磁场 H' 的影响。这样作用在矿物上的总磁场 H 与已知外部磁化场 H_0 相等。这样，只要知道外部磁化场 H_0、矿物的磁化强度 M 和矿物的密度 ρ 就可以求出物质体积磁化率和物质比磁化率。知道了矿物的物质磁化率后，不同形状或尺寸比的矿物的物体磁化率就可计算出来。κ_0 和 κ，χ_0 和 χ 的关系如下：

$$\kappa_0 = \frac{M}{H_0} = \frac{M}{H + H'} = \frac{\kappa H}{H + N\kappa H} = \frac{\kappa}{1 + N\kappa} \tag{2-4}$$

$$\chi_0 = \frac{\kappa_0}{\rho} = \frac{1}{\rho} \frac{\kappa}{1 + N\kappa} = \frac{\chi\rho}{\rho(1 + N\chi\rho)} = \frac{\chi}{1 + N\rho\chi} \tag{2-5}$$

物体的退磁因子 $N = 0.16$ 时，它的物体体积磁化率 κ_0 和物质体积磁化率 κ 的关系如图 2-8 所示。

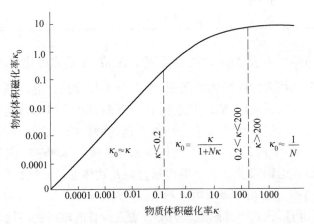

图 2-8　$N = 0.16$ 时物体体积磁化率 κ_0 和物质体积磁化率 κ 的关系

从图 2-8 可看出，当 κ 值较小时（如 $\kappa < 0.2$），$\kappa_0 = f(\kappa)$ 曲线的倾斜约为 45°，物体体积磁化率 κ_0 和物质体积磁化率 κ 几乎一样（$\kappa_0 \approx \kappa$）。当 κ 值较大时（$0.2 < \kappa < 200$），物体体积磁化率 κ_0 和物质体积磁化率 κ 之间存在复杂关系（$\kappa_0 = \kappa/(1 + N\kappa)$）。当 κ 值更大时（$\kappa > 200$），$\kappa_0 = f(\kappa)$ 曲线几乎平行于横坐标，物体体积磁化率 κ_0 接近于一常数（$\kappa_0 \approx 1/N$）。

通常分选磁铁矿石是在场强 80～120 kA/m（1000～1500 Oe）的磁选机上进行。如果磁铁矿颗粒的 $N = 0.16$，$\kappa = 4$，该颗粒的物体体积磁化率 $\kappa_0 = 2.44$。

2.3.2 颗粒粒度的影响

矿粒的粒度对强磁性矿物的磁性有明显的影响。图 2-9 示出了磁铁矿的比磁化率、矫顽力和其粒度的关系。

从图 2-9 可看出，粒度大小对磁性的影响是比较显著的。随着磁铁矿的粒度的减小，它的比磁化率随之减小，而矫顽力随之增加。这种关系在粒度小于 40 μm 时表现得很明显，而在粒度小于 20~30 μm 时就更明显。

上述关系可用磁畴理论来解释。前面已经指出，磁铁矿的磁性是由它内部的磁畴运动产生的。研究认为，粒度大的矿粒的磁性是由磁畴壁的移动和磁畴转动产生的，其中以磁畴壁移动为主。随着粒度的减小，每个矿粒中包含的磁畴数在减少，磁化时，磁畴壁的移动相对减少，磁畴转动逐渐起主导作用。当粒度减少到单磁畴状态时，就没有磁畴壁移动了，此时矿粒的磁性完全是由磁畴的转动产生的。磁畴转动所需的能量比磁畴壁移动要大得多，所以，随着粒度的减小，磁铁矿的比磁化率也就减小，矫顽力在增加。

2.3.3 强磁性矿物含量的影响

研究连生体的磁性对了解选矿厂入选矿石和精矿的磁性是必要的。连生体的磁性和其中强磁性矿物的含量、连生体中非磁性夹杂物的形状与排列方式、分选介质的种类以及磁化场强度等有关。

含有弱磁性或非磁性矿物的磁铁矿连生体的比磁化率实际上仅取决于其中磁铁矿的百分含量。这是因为弱磁性矿物的比磁化率比磁铁矿的小得多。例如有较高比磁化率（$\chi \approx 9 \times 10^{-6}$ m³/kg）的假象赤铁矿，它的比磁化率都比磁铁矿的比磁化率（$\chi = 8 \times 10^{-4}$ m³/kg）小很多，而其他弱磁性矿物的比磁化率就更小了，甚至只有磁铁矿的几百分之一。

图 2-10 示出了磁铁矿连生体的比磁化率与其中磁铁矿含量间的关系。从图 2-10 可看出，连生体的比磁化率随其中磁铁矿含量的增加而增加，但不是成正比关系增加，而是开始时增大较慢，当磁铁矿含量大于 50% 以后增大很快。

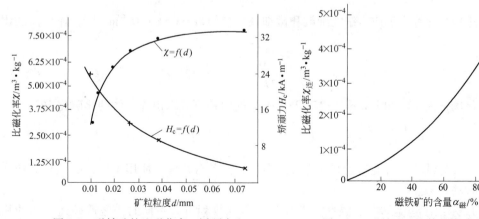

图 2-9　磁铁矿的比磁化率、矫顽力和
其粒度的关系（磁化场强 160 kA/m）

图 2-10　磁铁矿连生体的比磁化率
与其中磁铁矿含量间的关系

一些研究者提出了计算磁铁矿连生体比磁化率的公式。

在磁化场强为 80~120 kA/m（1000~1500 Oe）时存在以下关系：

$$\kappa' = \frac{\kappa_{\text{连}}}{\kappa_0} = 10^{-4}\alpha_{\text{磁}}^2 \tag{2-6}$$

式中　κ'——连生体的相对体积磁化率；

$\quad\quad\kappa_{\text{连}}$——连生体的体积磁化率；

$\quad\quad\kappa_0$——纯磁铁矿颗粒的体积磁化率；

$\quad\quad\alpha_{\text{磁}}$——连生体中磁铁矿的含量，%。

由式（2-6）得出连生体的体积磁化率：

$$\kappa_{\text{连}} = 10^{-4}\alpha_{\text{磁}}^2 \kappa_0 \tag{2-7}$$

连生体的密度和连生体中磁铁矿的含量间有如下的关系：

$$\rho_{\text{连}} = 10^{-2}\alpha_{\text{磁}}(\rho_1 - \rho_2) + \rho_2 \tag{2-8}$$

式中　$\rho_{\text{连}}$——连生体的密度，kg/m^3；

$\quad\quad\rho_1$——磁铁矿的密度，kg/m^3；

$\quad\quad\rho_2$——脉石矿物（如石英、硅酸盐等）的密度，kg/m^3。

在多数磁铁矿石中，$\rho_1 \approx 5\times10^3$ kg/m^3，$\rho_2 \approx 2.8\times10^3$ kg/m^3，此时式（2-8）可写成：

$$\rho_{\text{连}} = 22(127 + \alpha_{\text{磁}}) \tag{2-9}$$

由式（2-7）、式（2-9）和 $\chi_0 = \dfrac{\kappa_0}{\rho_1} = 5\times10^{-4}$（m^3/kg），得出连生体的比磁化率：

$$\chi_{\text{连}} = \frac{\kappa_{\text{连}}}{\rho_{\text{连}}} = \frac{10^{-4}\alpha_{\text{磁}}^2 \kappa_0}{22(127 + \alpha_{\text{磁}})} = \frac{10^{-4}\alpha_{\text{磁}}^2 \rho_1 \chi_0}{22(127 + \alpha_{\text{磁}})}$$

$$\approx 1.13 \times 10^{-5} \times \frac{\alpha_{\text{磁}}^2}{127 + \alpha_{\text{磁}}} \quad (\text{m}^3/\text{kg}) \tag{2-10}$$

对于磁选机磁场中形成磁链的细粒和微细粒，它的 $\chi_0 \approx \chi = 8\times10^{-4}$ m^3/kg，连生体的比磁化率为：

$$\chi_{\text{连}} \approx 1.8 \times 10^{-5} \frac{\alpha_{\text{磁}}^2}{127 + \alpha_{\text{磁}}} \quad (\text{m}^3/\text{kg}) \tag{2-11}$$

在磁化场强为 10~20 kA/m（125~250 Oe）时可用下式求出连生体的比磁化率：

$$\chi_{\text{连}} = \left(\frac{\alpha_{\text{磁}} + 27}{127}\right)^3 \chi_0 = 2.44 \times 10^{-10}(\alpha_{\text{磁}} + 27)^3 \quad (\text{m}^3/\text{kg}) \tag{2-12}$$

上述公式与试验结果能够较好地吻合。但是它们各有特殊的应用条件，因此只能作为我们应用时的参考。

图 2-11 示出了连生体中非磁性夹杂物的形状和排列方式不同时，磁铁矿连生体的相对体积磁化率及其中磁铁矿体积分数的关系。图 2-11 中曲线 1 夹杂物的形状为椭圆体，它的长轴平行于磁化场的方向；曲线 2 夹杂物的形状为球形；曲线 3 夹杂物的形状也为椭圆

体，但它的长轴垂直于磁化场的方向。从图 2-11 看出，在相同的磁铁矿体积分数下，连生体中非磁性夹杂物的形状和排列情况对连生体的体积磁化率有很大的影响。因为非磁性夹杂物的形状和它们在连生体中的排列情况可以很不同，所以应当实际测定所研究磁铁矿连生体在不同体积分数磁铁矿时的相对体积磁化率。

磁铁矿连生体的相对比磁化率（$\chi_{连}/\chi_0$）取决于磁化场强度和连生体的粒度。研究结果表明，随着磁化场强的提高和粒度的减小，磁铁矿连生体的相对比磁化率与其中磁铁矿质量分数的关系曲线弯曲程度变小。图 2-12 示出了不同磁化场强 48 kA/m（600 Oe，曲线 1）、4.8 kA/m（60 Oe，曲线 2）时，粒度为 -0.4+0.28 mm 的磁铁矿连生体的相对比磁化率与其中磁铁矿质量分数的关系。从图看出，随着磁化场强的提高，曲线变成不太弯曲。

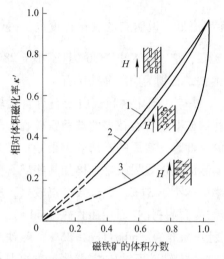

图 2-11　磁铁矿连生体的相对体积磁化率
与其中磁铁矿体积分数的关系

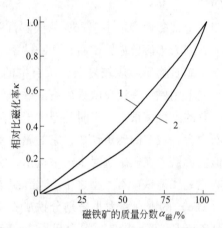

图 2-12　粒度为 -0.4+0.28 mm 的磁铁矿连生体的
相对比磁化率与其中磁铁矿质量分数的关系

在实际分选介质中分选强磁性矿物和非磁性矿物的混合物，与连生体类似，整个被分选的混合物的磁化率不仅取决于强磁性矿物的含量，还取决于分选介质的种类。图 2-13 示出了磁铁矿与石英混合物的比磁化率和其中磁铁矿体积分数的关系。从图可看出，干选磁铁矿与石英的混合物时，混合物的比磁化率与其中磁铁矿含量的关系类似于磁铁矿连生体的情况。而湿选磁铁矿与石英混合物时，比磁化率和磁铁矿含量间的关系为直线关系，即为正比关系。

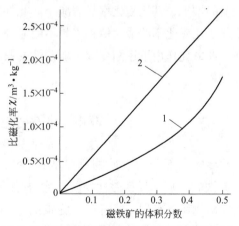

图 2-13　磁铁矿石英混合物的比磁化率和其中
磁铁矿体积分数的关系

1—磁铁矿与石英的干式混合物；2—磁铁矿与石英的悬浮液

2. 3. 4　矿物氧化程度的影响

磁铁矿在矿床中经长期氧化作用以后，局部或全部变成假象赤铁矿（结晶外形仍为磁铁矿，而化学成分已经变成赤铁矿了）。随着磁铁矿氧化程度的增加，矿物磁性要发生较大的变化，即磁铁矿的磁性减弱。

如矿床的矿石物质组成较简单，铁矿石中硅酸铁、硫化铁、铁白云石等含量（质量分数）小于 3%，主要的铁矿物又为磁铁矿、赤铁矿和褐铁矿，可采用磁性率法即用矿石中的 FeO 含量和全铁（TFe）含量的百分比$\left(\dfrac{w(\mathrm{FeO})}{w(\mathrm{TFe})} \times 100\% \right)$来反映铁矿石的磁性。纯磁铁矿的磁性率$= \dfrac{56+16}{56 \times 3} \times 100\% = 42.8\%$。铁矿石的磁性率值低，说明它的氧化程度高、磁性弱。工业上把磁性率不小于 36% 的铁矿石划为磁铁矿石，把磁性率小于 36% 且不小于 28% 的铁矿石划为半假象赤铁矿石，把磁性率小于 28% 的铁矿石划为假象赤铁矿石。

对于矿石物质组成较复杂，矿石中的硅酸铁、菱铁矿、硫化铁和铁白云石等含量较多，不能采用磁性率法反映铁矿石的磁性。例如某些铁矿石中含有较多的硅酸铁矿物、菱铁矿，它的磁性率很高，有时甚至大于纯磁铁矿石的磁性率，实际的磁选效果很差；又如铁矿石中含有较多的磁黄铁矿，它的磁性率不高，实际的磁选效果很好；再如某些矿石中的半假象赤铁矿在弱磁选时也可被选出，它的磁性率虽然小于 37%，磁选效果仍较好，所以可将它划属磁铁矿石类型之中。遇到组成复杂的铁矿石最好用矿石中磁性铁（mFe）对全铁（TFe）的占有率大小来划分铁矿石的类型，划分标准为：mFe/TFe ≥ 85%，磁铁矿石；15% < mFe/TFe < 85%，混合矿石；mFe/TFe ≤ 15%，赤铁矿石。磁性铁对全铁的占有率可简称为磁铁率。

对不同氧化程度的磁铁矿石的比磁化率与磁化场强的关系的研究表明，随着磁铁矿石氧化程度的增加，其比磁化率显著减小。此外，从 $\chi = f(H)$ 曲线的形状来看，随着氧化程度的增加，比磁化率的最大值越来越不明显，曲线越来越接近于直线。这说明强磁性的磁铁矿在长期氧化作用下逐渐变成了弱磁性的假象赤铁矿。氧化过程是磁铁矿磁性由量变到质变的过程。

2. 4　弱磁性矿物的磁性

自然界中大部分天然矿物都是弱磁性的，它们大都属于顺磁性物质，只有个别矿物（如赤铁矿）属于反铁磁性物质。纯的弱磁性矿物的磁性比强磁性矿物弱得多，而且没有强磁性矿物所具有的一些特点，例如：

（1）弱磁性矿物的比磁化率为一常数，与磁化场强度、本身形状和粒度等因素无关，只与矿物组成有关；

（2）弱磁性矿物没有磁饱和现象和磁滞现象，它的磁化强度与磁化场强度之间的关系呈直线关系。

如弱磁性矿物中含有强磁性矿物，即使是少量也会对其磁性和其磁性特点产生一定甚至是较大的影响。

对弱磁性矿物的磁性，目前只对弱磁性锰矿物和铁矿物的磁性有较多的研究。

锰矿石的特点是矿物组成比较复杂。例如氧化锰矿石的锰矿物为硬锰矿（锂硬锰矿、钾硬锰矿）、软锰矿、锰土等，还有褐铁矿、微量或少量磁赤铁矿等。脉石矿物为大量黏土、石英、砂质灰岩等。又如碳酸锰矿石的锰矿物为菱锰矿、锰方解石或含锰方解石、钙菱锰矿，以及铁菱锰矿等，还有黄铁矿（或白铁矿）。脉石矿物为黏土、石英、方解石和炭质页岩等。锰矿石的组成复杂使其磁性显出复杂特点。

图 2-14 示出了某地氧化锰矿的比磁化率与其品位间的关系。

从图 2-14 可看出，随着锰品位的提高，氧化锰矿石的比磁化率增加。锰品位增加 4~8 倍，比磁化率相应上升 1.78~3 倍。比较曲线可知，影响比磁化率变化因素主要取决于锰矿物中含铁量多少。

研究表明，当磁化场强大于 1040 kA/m（13000 Oe）时，它们（$w(Fe)>10\%$ 和 $w(Fe)<10\%$ 的氧化锰矿石）之间的比磁化率差值越来越小。这告诉我们，试图利用锰矿物间的比磁化率差异选别这种矿石，将含不同锰品位的矿物分离是无法实现的。

某地氧化锰矿中的锰矿物的比磁化率与磁化场强间的关系如图 2-15 所示。

从图 2-15 可看出，氧化锰矿中的锰矿物的比磁化率随着磁化场强的增加，开始时降低快些，后来降低很慢。这与矿石中含有强磁性铁矿物有密切关系。不过，从比磁化率和磁化场强间的关系来看（比磁化率波动范围不大），该矿物还显出弱磁性矿物的磁性特点。这是因为矿石中铁含量不高所致。

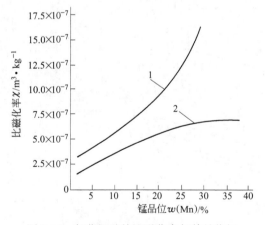

图 2-14　氧化锰矿的比磁化率与其品位间
的关系（磁化场强 1040 kA/m）
1—$w(Fe)>10\%$ 的氧化锰矿石；
2—$w(Fe)<10\%$ 的氧化锰矿石

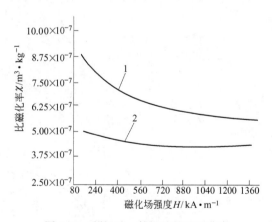

图 2-15　硬锰矿、软锰矿的比磁化率
与磁化场强间的关系
1—硬锰矿（锰品位为 54.26%）；2—软锰矿
（锰品位为 58.13%）（含铁均小于 10%）

某地锰精矿的比磁化率与其颗粒形状和粒度的关系如图 2-16 和图 2-17 所示。可以看出，锰矿物的比磁化率基本与颗粒的形状和粒度无关。

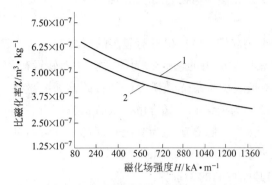

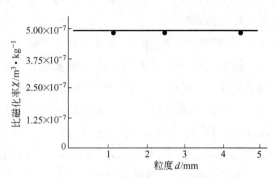

图 2-16 不同形状的锰矿的比磁化率
与磁化场强的关系

1—块状锰矿（含 Mn38.08%）；

2—球状锰矿（含 Mn20.11%）

图 2-17 锰精矿的比磁化率与其粒度的关系

 纯赤铁矿的磁性比较简单，正如前所述的那样，它不具有强磁性矿物的磁性特点。天然赤铁矿石有些含有少量的磁铁矿或磁赤铁矿，这样就使得天然赤铁矿石的磁性显出某些特点。图 2-18 示出了澳大利亚的 New-man、Hamersley、Gold-Worthy 产的，巴西某地产的和中国东鞍山产的天然赤铁矿石的比磁化强度与磁化场强度的关系。

 从图 2-18 可看出，在高场强的一侧，各地赤铁矿石的比磁化强度 J 都包含用 $J \approx J_0 + \chi H$ 表示的强磁性饱和比磁化强度 J_0 和同磁化场强成比例的比磁化率 χ 和磁化场强 H 的乘积的高值。各地赤铁矿石的 J_0 和 χ 值（根据高场强一侧的直线部分的外引线和纵坐标相交的点与直线部分的斜率求出的结果）列于表 2-5 中。

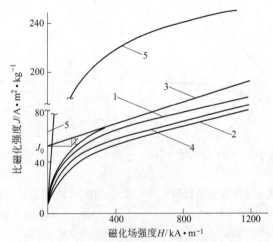

图 2-18 不同产地的赤铁矿石的比磁化强度
与磁化场强度的关系

1~3—澳大利亚的赤铁矿石；4—巴西的赤铁矿石；

5—中国的赤铁矿石

表 2-5　赤铁矿的化学组成、寄生比磁化强度和比磁化率

试　样	品位/%		$J_0/\text{A} \cdot \text{m}^2 \cdot \text{kg}^{-1}$	$\chi/\text{m}^3 \cdot \text{kg}^{-1}$
	TFe	FeO		
澳大利亚（New-man）	61.43	0.44	53.6	4.21×10^{-7}
澳大利亚（Hamersley）	61.54	0.31	40.8	4.48×10^{-7}
澳大利亚（Gold-Worthy）	60.97	0.25	54.4	5.19×10^{-7}
巴西	69.72	0.56	44.8	4.16×10^{-7}
中国（东鞍山）	31.10	1.30	212	4.02×10^{-7}

从表 2-5 可以了解到，实验用的天然赤铁矿石的磁化表现总是服从于寄生强磁性的特征 $J = J_0 + \chi H$，而且 J_0 值不仅可能是 Fe_2O_3 的寄生强磁性，还包括其他共存的强磁性矿物的磁化，χ 值接近于 α-Fe_2O_3 的 χ 值。

从表 2-5 中化学分析结果也推断出天然赤铁矿都含有一些 FeO，含有磁铁矿。

图 2-19 示出了澳大利亚 Gold-Worthy 产的赤铁矿石的不同粒级的磁性测定结果。从中可看出，比磁化率值几乎和粒度无关，而是一定值，可是，强磁性饱和比磁化强度值，如粒度减小，则有些上升的趋势。

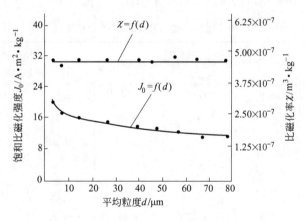

图 2-19　赤铁矿的强磁性饱和比磁化强度
和比磁化率与粒度的关系

α-Fe_2O_3 的寄生强磁性产生的主要原因认为可能是在稠密的六方构造的 C 面内呈反铁磁性排列的 Fe^{3+} 的自旋磁矩不完全反平行，而在面内相互成 $0.25°$ 左右的角（自旋-交换的模型）。因此在异方性小的 C 面内的方向产生较 C 轴方向为大的强磁性成分，即强磁性饱和比磁化强度值。

弱磁性和强磁性矿物连生体的比磁化率可近似地由式（2-10）~式（2-12）求出，而弱磁性和非磁性矿物连生体的比磁化率，因为它们的比磁化率不取决于磁化场强和颗粒形状，所以可由下式求出：

$$\chi_{\text{连}} = \frac{\gamma_1 \chi_1 + \gamma_2 \chi_2 + \cdots + \gamma_n \chi_n}{\gamma_1 + \gamma_2 + \cdots + \gamma_n} = \sum_{i=1}^{n} \gamma_i \chi_i \qquad (2\text{-}13)$$

式中　γ_i——弱磁性或非磁性矿物的含量，小数表示（$\sum \gamma_i = 1$）；

　　　χ_i——弱磁性或非磁性矿物的比磁化率，m^3/kg。

我国一些矿山所处理的弱磁性矿物的比磁化率测定数据列于附表3中，供参考。

2.5　矿物磁性对磁选过程的影响

矿物磁性对磁选过程有一定的影响。

应回收到磁性产品中的矿粒的磁化率决定磁选机（弱磁场的或强磁场的）磁场强度的选择。

细粒或微细粒的磁铁矿或其他强磁性矿物（如硅铁、磁赤铁矿、磁黄铁矿）进入磁选机的磁场时，沿着磁力线取向形成磁链或磁束。细的磁链的退磁因子比单个颗粒的小得多，而它的磁化率或磁感应强度却比单个颗粒高得多。在磁选机磁场中形成的磁链对回收微细的磁性颗粒，特别是湿选时有好的影响。这是因为磁链的磁化率高于单个磁性颗粒的磁化率，而且在磁场比较强的区域方向上，水介质对磁链的运动阻力，小于单独颗粒的阻力。

生产实践也证明，磁铁矿粒在磁选过程中很少以单个颗粒出现，而绝大多数是以磁链存在的。这可以由磁铁矿精矿的沉降分析结果来证实，见表2-6。

表 2-6　磁铁矿磁选精矿的沉降分析结果

级别/mm	未经处理的磁选精矿（保留磁聚状态）			经氧化处理的磁选精矿（矿粒以单颗粒状态存在）		
	γ/%	TFe/%	Fe 分布/%	γ/%	TFe/%	Fe 分布/%
+0.1	17.66	60.3	18.04	3.81	33.4	2.25
-0.1+0.074	21.45	54.3	20.18	9.36	36.2	5.98
-0.074+0.061	53.55	61.6	57.06	18.66	67.2	22.12
-0.061+0.054	0.89	40.7	0.63	9.70	61.2	10.47
-0.054+0.044	3.06	34.6	1.84	10.21	56.4	10.16
-0.044+0.020	1.62	30.4	0.86	30.11	56.4	29.96
-0.020+0.010	0.61		0.99	13.00	60.2	13.81
-0.010	1.16	32.3	0.99	5.15	57.7	5.25
计	100.00	57.77	100.00	100.00	56.67	100.00

从表2-6可看出：在未经处理的仍保留磁聚状态的精矿中，-0.061 mm 级别的产率占7.44%，且该级别的铁品位较低，而经过氧化处理的以单颗粒状态存在的精矿中，-0.061 mm 级别的产率则提高为68.17%，且该级别的铁品位较高。这是由于细粒磁铁矿相互吸引形成磁团分布在粗级别中造成的。

形成的磁链对磁性产品的质量有坏的影响，这是因为非磁性颗粒特别是微细的非磁性颗粒混入磁链中而使磁性产品的品位降低。

磁选强磁性矿石或矿物时,除了颗粒的磁化率外,起重要作用的还有颗粒的剩磁和矫顽力。正是由于它们的存在,使得经过磁选机或磁化设备磁场的强磁性矿石或精矿,从磁场出来后常常保存自己的磁化强度,结果细粒和微细粒颗粒形成磁团或絮团。这种性质被应用于脱泥作业以加速强磁性矿粒的沉降。为了这个目的,在脱泥前把矿浆在专门的磁化设备中进行磁化处理或就在脱泥设备(如磁洗槽)中的磁场直接进行磁化。

磁团聚的坏作用除表现在影响磁性产品的质量外,还表现在磁选的中间产品的磨矿分级上。在采用阶段磨矿阶段选别流程时,由于一部分磁链或磁团进入分级机溢流中使分级粒度变粗,影响第二段磨矿分级作业的分级效果,使分选指标下降。因此在第二段磨矿分级作业前对先前的经过磁选设备或磁化设备磁场的强磁性物料(中间产品)须安装破坏矿浆磁团聚的脱磁设备。在过滤前,对微细磁性精矿脱磁,可以降低滤饼水分和提高过滤机的处理能力。

细粒或微细粒的弱磁性矿石或矿物进入磁选机的磁场时不形成磁链或磁束。由于它的磁化率或磁感强度较低,致使磁选回收率不够高(在强磁场磁选机中分选时)。使用高梯度强磁选机,磁选回收率有较大幅度的提高。

磁铁矿石是由高比磁化率的强磁性磁铁矿和具有仅为其数值百分之一左右的低比磁化率的脉石矿物(石英、角闪石和方解石等)所组成。当它们都充分单体分离时,磁铁矿矿粒和脉石矿粒的比磁化率之比,不小于400~800,这与磁铁矿的高比磁化率相结合,就决定了强磁性磁铁矿石的磁选过程效率很高。而磁铁矿与脉石矿物的连生体和相当纯净的磁铁矿矿粒分离时,效率就低得多,因它们的比磁化率之比只是个位数。

按近似计算,连生体的比磁化率和连生体中磁铁矿的百分含量成正比,连生体中脉石矿物的比磁化率与磁铁矿比较,可以忽略不计,这样,如纯净磁铁矿矿粒的比磁化率设为1,则它与磁铁矿含量不同的连生体的比磁化率之比见表2-7。

表2-7 纯净磁铁矿粒的比磁化率(设为1)与磁铁矿连生体的比磁化率之比(计算值)

连生体中磁铁矿的含量/%	分离矿粒的比磁化率之比
90	1.1
70	1.4
50	2.0
30	3.3
10	10.0

从表2-7中看出,如将含有50%以上磁铁矿的连生体与纯净的磁铁矿矿粒分离,有很大困难,因为分离成分的比磁化率之比很小。此外,磁铁矿形成的磁链也易夹杂磁铁矿含量较高的连生体。

表2-8示出了某厂磁铁精矿显微镜观察结果。从观察结果看出:在精矿中以单体状态存在的脉石是比较少的,而以连生体状态存在的磁铁矿却是比较多的。因此,可以认为连生体不易被磁选分离,且也是影响精矿质量的主要因素。

表 2-8　磁铁精矿显微镜观察结果

-0.074 mm 含量 /%	精矿品位 TFe/%	各种颗粒所占的百分数/%				
		单体磁铁矿	单体石英	连 生 体		
				富连生体 $\left(>\frac{1}{2}\right)$	贫连生体 $\left(<\frac{1}{2}\right)$	包裹体
85	64.08	43.78	8.36	19.60	22.56	5.70
85	63.94	58.90	5.90	总共 35.20		
71	58.35	55.79	5.89	总共 38.32		

在恒定磁场的磁选机中，无论干选或湿选法分离相当纯的磁铁矿矿粒和连生体，效率都不高。为了提高分离效率，或采用旋转交变磁场的磁选机，或结合其他选矿方法（如浮选法）以除去磁选精矿中的连生体和单体的脉石。

选别弱磁性矿石时，如所用的强磁场磁选机（如下面给矿的辊式磁选机）的磁场力分布很不均匀，被分离成分的比磁化率的最小比值不得低于 4~5。低于此值时，磁性产品将含有较多的连生体。如磁选机的磁场力分布均匀些，就能在被分离成分的比磁化率之比较小的条件下（2.5 或 3），选别弱磁性矿石。

磁铁矿石受到氧化作用而磁性减弱，氧化程度越深，磁性越弱。磁铁率 mFe/TFe ≥ 85% 的磁铁矿石用磁选法处理，可以获得良好的选别效率；mFe/TFe = 85%~15% 的混合矿石，应采用磁选结合其他选别方法；mFe/TFe ≤ 15% 的赤铁矿石，应采用磁选结合其他选别方法或采用单一浮选法处理。

3　弱磁场磁选设备

磁选设备的结构多种多样，分类方法也比较多。通常根据以下一些特征来分类。

（1）根据磁场强度和磁场力的强弱可分为：

1）弱磁场磁选机。磁极表面的磁场强度 H_0 为 $72\sim120$ kA/m，磁场力（$H\mathrm{grad}H$）$_0$ 为 $(3\sim6)\times10^{11}$ $\mathrm{A^2/m^3}$，用于分选强磁性矿石。

2）强磁场磁选机。磁极表面的磁场强度 H_0 为 $800\sim1600$ kA/m，磁场力（$H\mathrm{grad}H$）$_0$ 为 $(3\sim12)\times10^{13}$ $\mathrm{A^2/m^3}$，用于分选弱磁性矿石。

（2）根据分选介质可分为：

1）干式磁选机。在空气中分选，主要用于分选大块、粗粒的强磁性矿石和细粒弱磁性矿石。当前也力图用于分选细粒强磁性矿石。

2）湿式磁选机。在水或磁性液体中分选。主要用于分选细粒强磁性矿石和细粒弱磁性矿石。

（3）根据磁性矿粒被选出的方式可分为：

1）吸出式磁选机。被选物料给到距工作磁极或运输部件一定距离处，磁性矿粒从物料中被吸出，经过一定时间才吸在工作磁极或运输部件表面上。这种磁选机一般精矿质量较好。

2）吸住式磁选机。被选物料直接给到工作磁极或运输部件表面上，磁性矿粒被吸住在工作磁极或运输部件表面上。这种磁选机一般回收率较高。

3）吸引式磁选机。被选物料给到距工作磁极表面一定距离处，磁性矿粒被吸引到工作磁极表面的周围，在本身的重力作用下排出成为磁性产品。

（4）根据给入物料的运动方向和从分选区排出选别产品的方法可分为：

1）顺流型磁选机。被选物料和非磁性矿粒的运动方向相同，而磁性矿粒偏离此运动方向。这种磁选机一般不能得到高的回收率。

2）逆流型磁选机。被选物料和非磁性矿粒的运动方向相同，而磁性产品的运动方向与此方向相反。这种磁选机一般回收率较高。

3）半逆流型磁选机。被选物料从下方给入，而磁性矿粒和非磁性矿粒的运动方向相反。这种磁选机一般精矿质量和回收率都比较高。

（5）根据磁性矿粒在磁场中的行为特征可分为：

1）有磁翻动作用的磁选机。在这种磁选机中，由磁性矿粒组成的磁链在其运动时受到局部或全部破坏。这有利于精矿质量的提高。

2）无磁翻动作用的磁选机。在这种磁选机中，磁链不受到破坏，这有利于回收率的提高。

（6）根据排出磁性产品的结构特征可分为：圆筒式、圆锥式、带式、辊式、盘式、环式等。

（7）根据磁场类型可分为：

1）恒定磁场磁选机。磁选机的磁源为永久磁铁和直流电磁铁、螺线管线圈。磁场强度的大小和方向不随时间变化。

2）旋转磁场磁选机。磁选机的磁源为极性交替排列的永久磁铁，它绕轴快速旋转。磁场强度的大小和方向随时间变化。

3）交变磁场磁选机。磁选机的磁源为交流电磁铁。磁场强度的大小和方向随时间变化。

4）脉动磁场磁选机。磁选机的磁源为同时通直流电和交流电的电磁铁。磁场强度的大小随时间变化，而其方向不变化。

磁选机最基本的分类是根据磁场或磁场力的强弱和排出磁性产品的结构特征进行的。

3.1　干式弱磁场磁选机

干式弱磁场磁选机有电磁的和永磁的两种，由于后者有许多独特之处，如结构简单、工作可靠和节省电耗等，所以，它应用广泛。下面着重介绍这种磁选机。

3.1.1　CT 型永磁磁力滚筒（或称磁滑轮）

3.1.1.1　设备结构

这种磁选机的设备结构如图 3-1 所示。它的主要部分是一个回转的多极磁系、套在磁系外面的用不锈钢非导磁材料制的圆筒。磁系包角为 360°。磁系和圆筒固定在同一个轴上。

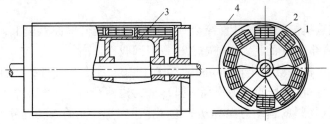

图 3-1　CT 型永磁磁力滚筒
1—多极磁系；2—圆筒；3—磁导板；4—皮带

永磁磁力滚筒应与皮带配合使用，可单独装成永磁带式磁选机，也可装在皮带运输机头部作为传动滚筒。

3.1.1.2　磁系和磁场特性

磁系的极性采用圆周方向 NS 交替排列。磁场特性如图 3-2 所示。

这种磁选机的技术性能见表 3-1。

3.1.1.3　分选过程

矿石均匀地给在皮带上，当矿石经过磁力滚筒时，非磁性或磁性很弱的矿粒在离心力和重力作用下脱离皮带面，而磁性较强的矿粒受磁力作用被吸在皮带上，并由皮带带到磁力滚筒的下部，当皮带离开磁力滚筒伸直时，由于磁场强度减弱而落于磁性产品槽中。

操作时，为了控制产品的产率和质量，主要是调节装在磁力滚筒下面的分离隔板的位置。

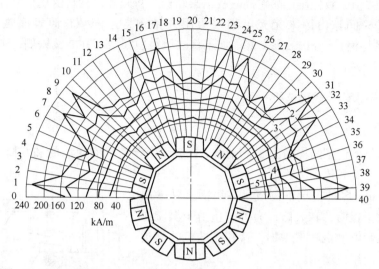

图 3-2　磁系圆周方向排列的磁场强度曲线（半周图）（皮带宽度 $B = 800$ mm）

1—距离磁系表面 0 mm；2—距离磁系表面 10 mm；3—距离磁系表面 30 mm；

4—距离磁系表面 50 mm；5—距离磁系表面 80 mm

表 3-1　CT 型永磁磁力滚筒的技术性能

型　号	筒体尺寸 $D \times L/\mathrm{mm} \times \mathrm{mm}$	相应的皮带宽度 B/mm	筒表磁场强度 $/\mathrm{kA \cdot m^{-1}}$（Oe）	入选粒度 $/\mathrm{mm}$	处理能力 $/\mathrm{t \cdot h^{-1}}$	重量/kg
CT-66	630×600	500	120（1500）	10～75	110	724
CT-67	630×750	650	120（1500）	10～75	140	851
CT-89[1]	800×950	800	120（1500）	10～100	220	1600
CT-811[1]	800×1150	1000	124（1550）	10～100	280	1850
CT-814[1]	800×1400	1200	124（1550）	10～100	340	2150
CT-816[1]	800×1600	1400	124（1550）	10～100	400	2500

[1]应用钕铁硼磁性材料，筒体表面磁感应强度可达到 240～480 kA/m。

皮带速度应根据入选矿石的磁性强弱选定。当从强磁性矿石中选富矿时，皮带速度可大些，以保证脉石和中矿能够快速被抛掉；当分选的是磁性弱些的矿石时，皮带速度应小些，以保证中矿不被抛掉。对于粒度小于 10 mm 的矿石，应铺开成薄层，皮带速度也应小些。

3.1.1.4　应用

这种磁选机可用在磁铁矿选厂粗碎或中碎后的粗选作业中，选出部分废石，以减轻下段作业的负荷，降低选矿成本，提高选矿指标；可用在富磁铁矿冶炼前的分选作业中，矿石经中碎后给入该磁选机，用以选出大部分废石，提高入炉品位，降低冶炼成本，提高冶炼指标；用在赤铁矿石还原闭路焙烧作业中，没有充分还原的矿石（生矿）经该机分选后返回再焙烧，控制焙烧矿质量，降低选矿成本，提高选矿回收率；用在铸造行业中旧型砂的除铁、电力工业中的煤炭除铁，以及其他行业中夹杂铁磁物体物料的提纯。

实践表明，这种磁选机不适于处理鞍山式类型的贫磁铁矿石，这是因为该机的磁场强度值达不到需要值，致使尾矿品位高。我国某磁选厂将磁极顶材料由锶铁氧体改为铈钴铜永磁合金，磁极间隙由原来无充填物改为用铈钴铜合金充填，筒表面磁场强度可达 171 kA/m（平均值），分选效果良好。如果将磁极材料换成高性能钕铁硼，则筒表面磁场强度可达 280 kA/m 以上。

3.1.2　CTG 型永磁筒式磁选机

3.1.2.1　设备结构

这种磁选机的设备结构如图 3-3 所示。它主要由辊筒（有单筒的和双筒的两种）、磁系、选箱、给矿机和传动装置组成。

辊筒由 2 mm 厚的玻璃钢制成且在筒面上粘一层耐磨橡胶。由于辊筒的转数高，为了防止由于涡流作用使辊筒发热和电动机功率增加，这种磁选机的筒皮不采用不锈钢而用玻璃钢。

磁系由锶铁氧体永磁块组成。磁系的极数多，极距小（有 30 mm、50 mm 和 90 mm 三种）。磁系包角为 270°。磁系的磁极沿圆周方向极性交替排列，沿轴向极性一致。

选箱用泡沫塑料密封。在选箱的顶部装有管道，与除尘器相连，使选箱内处于负压状态工作。

单筒磁选机的选别带长度可通过挡板位置进行调整，双筒磁选机可通过磁系的定位角度（磁系偏角）以适应不同选别流程的需要（进行精选或扫选）。

CTG 型永磁筒式磁选机的技术性能见表 3-2。CTG-69/5 永磁筒式磁选机的磁场特性见图 3-4。

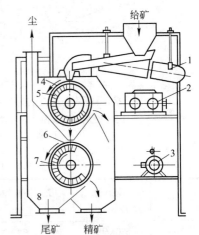

图 3-3　CTG 型永磁筒式磁选机

1—电振给矿机；2—无级调速器；3—电动机；4—上辊筒；5，7—圆缺磁系；6—下辊筒；8—选箱

表 3-2　CTG 型永磁筒式磁选机的技术性能

型号	极距 /mm	选箱 形式	给矿 粒度 /mm	入选 允许湿度 /%	筒表面 场强 /kA·m⁻¹	筒体 转速 /r·min⁻¹	处理 能力 /t·h⁻¹	电动机 功率 /kW	机器 重量 /t	外形尺寸 /mm×mm×mm
CTG-69/3	30	两产品	0.5~0	≤1	84	150~300	3~5	2.2	2.52	2000×1650×1980
CTG-69/5	50	两产品	1.5~0	≤2	92	150~300	5~10	2.2	2.60	2000×1650×1980
2CTG-69/9	90	两产品	5~0	≤3	100	75~150	10~15	2.2	2.60	2000×1650×1980
CTG-69/3/3	30/30	两产品	0.5~0	≤1	84	150~300	3~5	2.2/2.2	4.0	2000×1650×2880
2CTG-69/5/5	50/50	两产品	1.5~0	≤2	92	150~300	5~10	2.2/2.2	4.1	2000×1650×2880
2CTG-69/9/9	90/90	两产品	5~0	≤3	100	75~150	10~15	2.2/2.2	4.1	2000×1650×2880
2CTG-69/3/5	30/50	三产品	0.5~0	≤1	84/92	150~300/ 150~300	3~5	2.2/2.2	4.1	2000×1650×2880
CTG-69/5/9	50/90	三产品	1.5~0	≤2	92/100	150~300/ 75~150	5~10	2.2/2.2	4.1	2000×1650×2880

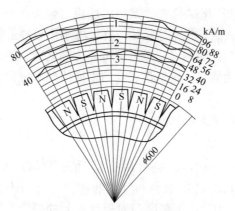

图 3-4　CTG-69/5 永磁筒式磁选机径向磁场特性（φ600 mm×900 mm）
1—筒表面；2—距筒面 5 mm；3—距筒面 10 mm

3.1.2.2　分选过程

磨细的干矿粒由电振给矿机先给到上辊筒进行粗选（见图 3-3）。磁性矿粒吸在筒面上被带到无极区（磁系圆缺部分）卸下，从精矿区排出。非磁性矿粒和连生体因重力和离心力共同作用被抛离筒面，它们进入下辊筒进行扫选。非磁性矿粒进入尾矿槽，而富连生体同前选出的磁性矿粒进入精矿槽。

3.1.2.3　应用

这种磁选机主要用于细粒级强磁性矿石的干选。它和干式自磨机所组成的干选流程具有工艺流程简单、设备数量少、占地面积小、节水、投资少和成本低等优点。这种流程适于干旱缺水和寒冷地区使用。

实践表明，这种磁选机处理细粒浸染贫磁铁矿石时不易获得高质量的铁精矿。

这种磁选机也适用于从粉状物料中剔除磁性杂质和提纯磁性材料。在涉及冶金尤其是粉末冶金、化工、水泥、陶瓷、砂轮、粮食等部门，以及处理烟灰、炉渣等物料方面得到日益广泛的应用。

3.2　湿式弱磁场磁选设备

湿式弱磁场磁选设备有电磁和永磁两种。永磁的弱磁场磁选设备具有许多独特之处，所以比电磁的应用广泛。

3.2.1　永磁筒式磁选机

永磁筒式磁选机是应用很广泛的一种湿式弱磁场磁选设备。生产实践证明，增加圆筒直径有利于提高磁选机的比处理能力（每米筒长的处理能力）和回收率，且节电节水。目前，随着选厂处理量的增加和磁性材料的发展，国内外都趋向采用筒体直径为 1050 mm 和 1200 mm 以上的磁选机。国内有些设备生产厂家已成功研制规格为 φ1500 mm×4000 mm、φ1500 mm×4500 mm 的大型筒式磁选机，处理量可达 240 t/h 以上。此外，国内一些磁选设备生产厂家对筒式磁选机进行一定的改进，形成了各具特色的产品，如北京矿冶研究总院生产的 BK 系列预选、精选、尾矿再选等系列磁选机，包头稀土材料研究所生产的 BX 系列磁选机。由于各传统筒式磁选机大体结构一样，本书不单独进行叙述。

根据磁选机槽体结构形式的不同，磁选机可分为顺流型、逆流型和半逆流型三种。现在常用的槽体以半逆流型为最多，这里重点介绍半逆流型永磁筒式磁选机，对顺流型和逆流型的只作简单介绍。

3.2.1.1　CTB 型永磁筒式磁选机

A　设备结构

这种磁选机（见图 3-5）由圆筒、磁系和槽体（或称底箱）等三个主要部分组成。圆筒是由不锈钢板卷成，筒表面加一层耐磨材料（耐磨橡胶）。它不仅可以防止筒皮磨损，同时有利于磁性产品在筒皮上的附着，加强圆筒对磁性产品的携带作用。保护层的厚度一般是 2 mm 左右。圆筒的端盖是用铝铸成的。圆筒的各部分所采用的材料都应是非导磁材料，以免磁力线与筒体形成磁短路而不能透过筒体进入分选区。圆筒由电动机经减速机带动。

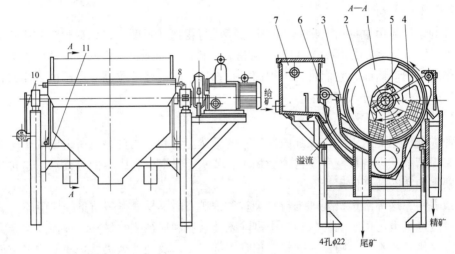

图 3-5　CTB 型永磁筒式磁选机
1—圆筒；2—磁系；3—槽体；4—磁导板；5—磁系支架；6—喷水管；7—给矿箱；
8—卸矿水管；9—底板；10—磁偏角调整装置；11—设备支架

小筒径（如直径 600 mm）磁选机的磁系为三极磁系，而筒径大些的（如直径为 750 mm 或大于 750 mm）磁选机的磁系为四极至六极磁系，直径为 1500 mm 的磁选机的磁系可达十极以上。每个磁极由锶铁氧体永磁块组成，用铜螺钉穿过磁块中心孔固定在马鞍状磁导板上。磁导板经支架固定在圆筒体的轴上，磁系固定不旋转。也有的磁系是用永磁块粘接组成，用粘接的方法固定在底板上，再用上述方法固定在轴上的。磁极的极性是沿圆周交替排列，沿轴向极性相同。磁系包角与磁极数、磁极面宽度和磁极隙宽度有关，通常为 106°~135°。磁系偏角（磁极中线偏向精矿排出端与垂直线的夹角）为 15°~20°。磁系偏角可以通过扳动装在轴上的偏角转向装置来调节。

槽体为半逆流型。矿浆从槽体的下方给到圆筒的下部，非磁性产品移动方向和圆筒的旋转方向相反，磁性产品移动方向和圆筒旋转方向相同。具有这种特点的槽体称为半逆流型槽体。槽体靠近磁系的部位应用非导磁材料，其余可用普通钢板制成，或用硬质塑料板制成。

槽体的下部为给矿区，其中插有喷水管，用来调节选别作业的矿浆浓度，把矿浆吹散成较"松散"的悬浮状态进入分选空间，有利于提高选别指标。

在给矿区上部有底板（或称尾矿堰板），底板上开有矩形孔，流出尾矿。底板和圆筒之间的间隙与磁选机的给矿粒度有关：粒度小于 1~1.5 mm 时，间隙为 20~25 mm；粒度为 6 mm 时，间隙为 30~35 mm。

B　磁场特性

直径为 750 mm 和 1050 mm 磁选机的磁场特性见图 3-6。

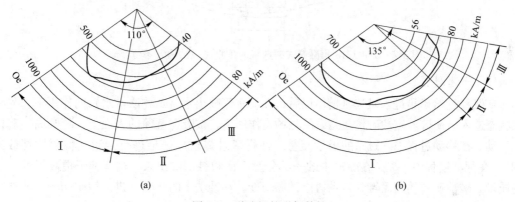

(a)　　　　　　　　　　　　(b)

图 3-6　磁选机的磁场特性

（a）直径为 750 mm；（b）直径为 1050 mm

Ⅰ—分选区；Ⅱ—输送区；Ⅲ—脱水区

CTB 型永磁筒式磁选机的技术性能见表 3-3。

表 3-3　CTB 型永磁筒式磁选机的技术性能

型　号			筒体尺寸	磁场强度/kA·m⁻¹		电动机功率	筒体转速	处理能力	
顺　流	逆　流	半逆流	$D \times L$ /mm×mm	距极表面 50 mm	距极表面 10 mm	/kW	/r·min⁻¹	t/h	m³/h
CTS-712	CTN-712	CTB-712	750×1200	56	127	3.0	35	15~30	~48
CTS-718	CTN-718	CTB-718	750×1800	56	127	3.0	35	20~45	~72
CTS-1018	CTN-1018	CTB-1018	1050×1800	80	135	5.5	22	40~75	~120
CTS-1024	CTN-1024	CTB-1024	1050×2400	80	135	5.5	22	52~100	~160
CTS-1030	CTN-1030	CTB-1030	1050×3000	80	135	7.5	22	65~125	~200
CTS-1230	CTN-1230	CTB-1230	1250×3000	80	139	7.5	19	90~150	~240

我国某研究院在常规排列的开路磁系的极间隙中加入了和主磁极极性相同的辅助磁极（见图 3-7），不仅提高了磁场强度，还改变了磁场特性。新型磁极结构的磁选机的筒表面平均场强可达 160 kA/m（2000 Oe），场强最高区不是磁极棱边而是磁极间隙中心。实践表明，采用这种磁系的磁选机获得了良好的选别效果。

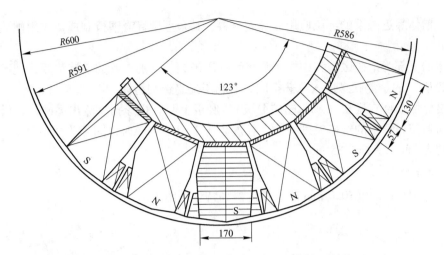

图 3-7　CTB-1218 永磁筒式磁选机的 T 型磁极结构（单位：mm）

C　分选过程

矿浆经过给矿箱进入磁选机槽体以后，在喷水管喷出水（或称吹散水）的作用下，呈松散状态进入给矿区。磁性矿粒在磁系的磁场力作用下，被吸在圆筒的表面上，随圆筒一起向上移动。在移动过程中，磁系的极性交替，使得磁性矿粒成链地进行翻动（称磁搅拌或磁翻），在翻动过程中，夹杂在磁链中的一部分脉石矿粒被清除出来。这有利于提高磁性产品的质量。磁性矿粒随圆筒转到磁系边缘磁场弱处，在冲洗水的作用下进入精矿槽中。非磁性矿粒和磁性很弱的矿粒在槽体内矿浆流作用下，从底板上的尾矿孔流进尾矿管中。

D　应用

这种磁选机的矿浆是以松散悬浮状态从槽底下方进入分选空间的，矿浆运动方向与磁场力方向基本相同，所以，矿浆可以到达磁场力很高的圆筒表面上。另外，尾矿是从底板上的尾矿孔排出，这样，溢流面高度可保持槽体中的矿浆水平。上面的两个特点，决定了半逆流型磁选机可以得到较高的精矿质量和回收率。这种形式的磁选机适用于 0.5~0 mm 的强磁性矿石的粗选和精选，尤其适用于 0.15~0 mm 的强磁性矿石的精选。表 3-4 为磁选厂应用这种磁选机的工作指标。

表 3-4　半逆流型筒式磁选机的工作指标实例

厂　名	设备规格 /mm×mm	给矿粒度 -0.074 mm/%	处理能力 /t·h⁻¹	品位/%			回收率 /%	备注
				给矿	精矿	尾矿		
东鞍山烧结总厂	φ780×1800	70~80	>20	53.06	59.32	16.34	95.51	
	φ1200×1800	70~80	>60	52.49	58.55	15.52	95.84	T 型磁极结构
石人沟铁矿	φ1200×1800	约 37	115	31.65	54.23	4.77	93.12	T 型磁极结构
水厂铁矿	φ1050×2400	约 40	70~90	27.65	48.59	8.38	84.21	
南芬选厂	φ1200×3000	约 80	60	28.84	44.71	6.90	89.96	

3.2.1.2　CTS 和 CTN 型永磁筒式磁选机

A　CTS 型永磁筒式磁选机

这种磁选机的槽体结构形式为顺流型（见图 3-8）。磁选机的给矿方向和圆筒的旋转方向或磁性产品的移动方向一致。矿浆由给矿箱直接进入圆筒的磁系下方,非磁性矿粒和磁性很弱的矿粒由圆筒下方的两底板之间的间隙排出。磁性矿粒被吸在圆筒表面上,随圆筒一起旋转,到磁系边缘的磁场弱处排出。磁选机的技术性能见表3-3。这种磁选机适用于6~0 mm 的强磁性矿石的粗选和精选。

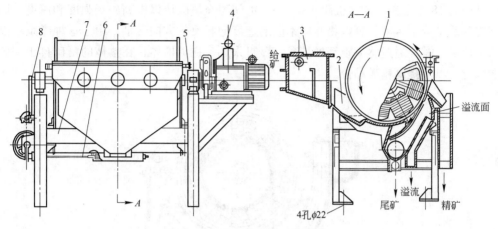

图 3-8 CTS 型永磁筒式磁选机

1—圆筒;2—槽体;3—给矿箱;4—传动部分;5—卸矿水管;6—排矿调节阀;7—机架;8—磁偏角调整装置

B CTN 型永磁筒式磁选机

这种磁选机的槽体结构形式为逆流型(见图3-9)。它的给矿方向和圆筒的旋转方向或磁性产品的移动方向相反。矿浆由给矿箱直接进入圆筒的磁系下方,非磁性矿粒和磁性很弱的矿粒由磁系左边缘下方的底板上的尾矿孔排出,磁性矿粒随圆筒逆着给矿方向移动到精矿排出端,排入精矿槽中。这种磁选机的技术性能见表3-3,它适用于0.6~0 mm 强磁性矿石的粗选和扫选,以及选煤工业中的重介质回收。这种磁选机的精矿排出端距给矿口较近,磁翻作用差,所以精矿品位不够高,但是它的尾矿口距给矿口远,矿浆经过较长的分选区,增加了磁性矿粒被吸引的机会,另外尾矿口距精矿排出端远,磁性矿粒混入尾矿中的可能性小,所以这种磁选机的尾矿中金属流失较少,金属回收率较高。这种磁选机不适于处理粗粒度矿石,因为粒度粗时,矿粒沉积会堵塞选别空间。

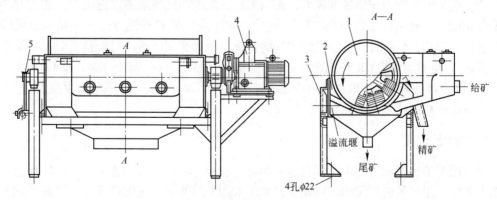

图 3-9 CTN 型永磁筒式磁选机

1—圆筒;2—槽体;3—机架;4—传动部分;5—磁偏角调整装置

3. 2. 2 永磁旋转磁场磁选机

ϕ600 mm×320 mm 湿式永磁旋转磁场磁选机的试验样机的结构见图 3-10。它主要由玻璃钢制作的圆筒、永磁旋转磁系、感应卸矿辊和底箱所组成。永磁旋转磁系由极性沿圆周交替排列的 18 个磁极构成，极距 104 mm。极间隙充填磁块以提高磁场强度和深度。圆筒和旋转磁系是分别传动，可以相互以不同的速度向相反的方向转动。由于这种磁系不能自行卸掉精矿，需要通过感应辊卸掉精矿。该机采用半逆流槽体，在槽体的精矿排出端装有冲洗水管，以便提高精矿品位。

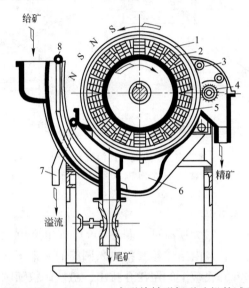

图 3-10　ϕ600 mm×320 mm 永磁旋转磁场磁选机的试验样机
1—圆筒；2—旋转磁系；3—冲洗水管；4—感应卸矿辊；5—反斥磁极；6—槽体；7—溢流管；8—吹散水管

矿浆从圆筒的下方给入选别空间后，强磁性矿粒即被吸在圆筒上，随圆筒一起运动。由于圆筒和磁系反向转动，且磁系的旋转速度较高（可达 174 r/min），矿粒在磁场力作用的较长路途中，经受强烈的磁搅动作用，加上精矿冲洗水的冲洗，这种磁选机的精矿品位较高。

该磁选机的磁场力作用深度较大，磁场力比一般的弱磁场永磁磁选机大，加上与半逆流槽体相配合，使尾矿品位较低。用该机对一些磁选厂的矿石进行过一些试验。试验表明，选别天然磁铁矿石时，可以得到较好的指标。例如选别大孤山磁铁精矿时，在给矿量为 1.1 t/h，给矿品位为 62.96% 的情况下，能够得到品位为 64.93% 的精矿和 12.09% 的尾矿，铁回收率为 99.29%。但选别焙烧磁铁矿时，就不如天然磁铁矿石的效果显著。

这种磁选机的缺点是水耗和电耗较大。

3. 2. 3 磁力脱泥槽

磁力脱泥槽也称磁力脱水槽，它是一种重力和磁力联合作用的选别设备，广泛应用于磁选工艺中，用来脱去矿泥和细粒脉石，也用来作为过滤前的浓缩设备。从磁源类别上来分，有电磁磁力脱泥槽和永磁磁力脱泥槽两种，而后者应用得比较多。这里重点介绍永磁磁力脱泥槽。

3.2.3.1　永磁磁力脱泥槽

永磁磁力脱泥槽的磁源有在槽体上方的（常称顶部磁系磁力脱泥槽）和槽中的（常称底部磁系磁力脱泥槽）两种。

A　底部磁系磁力脱泥槽

a　设备结构

这种磁力脱泥槽的结构如图 3-11 所示。它主要是由一个钢板制的倒置的平底圆锥形槽体、塔形磁系、给矿筒（或称拢矿圈）、上升水管和排矿装置（包括调节手轮、丝杠和排矿胶砣）等部分组成。

塔形磁系是由许多铁氧体永磁块摞合成的，放置在磁导板上，并通过非磁性材料不锈钢或铜支架支撑在槽体的中下部。给矿筒是用非磁性材料铝板或硬质塑料板制的，并由铝支架支撑在槽体的上部。上升水管装在槽体的底部，共有四根，并在每根水管口的上方装有迎水帽，以便使上升水能沿槽体的水平截面均匀地分散开。排矿装置是由铁质调节手轮、丝杠（上段是铁的，下段是铜的）和排矿胶砣组成。

我国各磁选厂使用的底部磁系永磁磁力脱泥槽的规格（槽口直径）主要有 ϕ1600 mm、ϕ2000 mm、ϕ2500 mm 和 ϕ3000 mm 等几种。

b　磁场特性

实际测得的磁力脱泥槽的磁场特性如图 3-12 所示。从图可以看出，沿轴向的磁场强度是上部弱下部强；沿径向的磁场强度是外部弱中间强。等磁场强度线（磁场强度相同点连线）大致和塔形磁系表面平行。

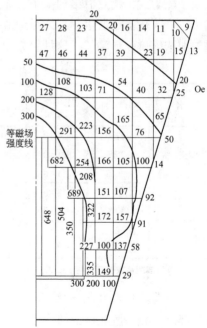

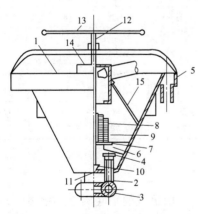

图 3-11　底部磁系永磁磁力脱泥槽

1—平底圆锥形槽体；2—上升水管；3—水圈；4—迎水帽；
5—溢流槽；6—磁系支架；7—磁导板；8—塔形磁系；
9—硬质塑料管；10—排矿胶砣；11—排矿口胶垫；
12—丝杠；13—调节手轮；14—给矿筒；15—支架

图 3-12　底部磁系永磁磁力脱泥槽的
磁场强度分布

生产实践表明，处理一般的磁铁矿石时，磁系表面周围的磁场强度应为 24~40 kA/m（300~500 Oe）；处理焙烧磁铁矿石时，磁场强度应高于此数值。

c 工作原理和分选过程

磁力脱泥槽是重力和磁力联合作用的选别设备。在磁力脱泥槽中，矿粒在分选区受到的力主要有：

（1）重力。矿粒受重力作用，产生向下沉降的力。

（2）磁力。磁性矿粒在槽内磁场中受到的磁力，方向垂直于等磁场强度线，指向磁场强度高的地方。

（3）上升水流作用力。矿粒在槽中受到方向向上的水流的作用力。

在磁力脱泥槽中，重力作用是使矿粒下沉，磁力作用是加速磁性矿粒向下沉降而吸引到磁系表面周围，而上升水流的作用是阻止非磁性的细粒脉石和矿泥的沉降，并使它们顺上升水流进入溢流中，从而与磁性矿粒分开。同时上升水流作用也可使磁性矿粒呈松散状态，把夹杂在其中的脉石冲洗出来，从而提高精矿品位。

在分选过程中，矿浆由给矿管以切线方向进入给矿筒内，比较均匀地散布在塔形磁系上方。磁性矿粒在重力和磁力作用下，克服上升水流的向上作用力，而沉降到槽体底部从排矿口（沉砂口）排出；非磁性细粒脉石和矿泥在上升水流的作用下，克服重力等作用而顺着上升水流进到溢流中。

d 应用

由于磁力脱泥槽具有结构简单、无运动部件、维护方便、操作简单、处理能力大和分选指标较好等优点，所以它被广泛地应用于我国各磁选厂中。一般用于分选细粒磁铁矿石和过滤前浓缩磁铁矿精矿。这种磁力脱泥槽的工作指标实例见表3-5。

表3-5 底部磁系永磁脱泥槽的工作指标实例

厂 名	规格/mm	给矿粒度/mm	处理能力/t·h^{-1}	铁品位/%			回收率/%
				给矿	精矿	尾矿	
东鞍山烧结总厂	φ2200	0.1~0	>20（按原矿）	约60	>61.5	<18	
	φ2500	0.1~0	>20（按原矿）	>27	53~55	<8	
	φ3000	0.1~0	>25	>27	53~55	<8	
大孤山选厂	φ2000	0.3~0	46.7	42.23	47.76	9.83	97.30
	φ3000	0.1~0		44.12	54.50	10.56	94.34
南芬选厂	φ1600①			29.61	39.96	7.36	92.20
	φ2000②	0.4~0	41.19	29.61	39.74	7.08	92.50

①、②为顶部磁系永磁脱泥槽。

B 顶部磁系磁力脱泥槽

顶部磁系磁力脱泥槽的结构见图3-13。它主要是由倒置的平底圆锥形槽体、装成十字形的四个磁导体、锶铁氧体组合成的磁体和铁质空心筒所组成。铁质空心筒在槽中。四个磁导体支撑在槽体上面的溢流槽的外壁上。上部的四个磁体的磁通方向一致。空心筒的外部有一个非磁性材料制的给矿筒。在空心筒内部有一个连接排矿砣的丝杠，丝杠上部是铁质，下部是铜质。在丝杠的下部还有一个铜质的返水盘。

在槽体内壁与空心筒之间形成磁场，磁场强度分布的特点也是上部弱下部强，四周弱中间强（见图 3-14）。在空心筒底端的磁场强度最大，达 24 kA/m（300 Oe）左右。

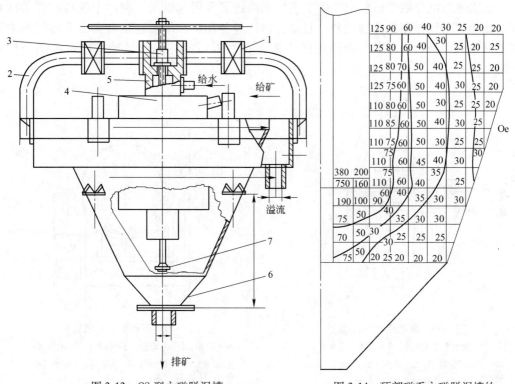

图 3-13　CS 型永磁脱泥槽

1—磁体；2—磁导体；3—排矿装置；4—给矿筒；
5—空心筒；6—槽体；7—返水盘

图 3-14　顶部磁系永磁脱泥槽的
磁场强度分布

这种磁力脱泥槽的工作原理与分选过程和底部磁系磁力脱泥槽相同。应当指出的是，给水方式与前述底部磁系磁力脱泥槽不同。这种脱泥槽的给水方式是上部给水，水经过空心筒内部下降后遇及返水盘而上升成为上升水流。

这种脱泥槽的技术性能见表 3-6，工作指标实例见表 3-5。

表 3-6　CS 型永磁脱泥槽的技术性能

型　号	槽口直径/mm	入选粒度/mm	磁场强度/kA·m^{-1}	处理能力（原矿）/t·h^{-1}
CS-12S	1200	1.5~0	≥24	25~40
CS-16S	1600	1.5~0	24~32	30~45
CS-20S	2000	1.5~0	24~32	35~50

3.2.3.2　电磁磁力脱泥槽

电磁磁力脱泥槽的结构如图 3-15 所示，与顶部磁系永磁脱泥槽基本相同。不同处主要是磁体。它的磁体是通直流电的圆柱形多层线圈。线圈的磁通方向一致，在槽体内壁与空心筒之间形成磁场。磁场特性与永磁的相近。

这种脱泥槽的工作原理和分选过程与永磁脱泥槽的相同。

3.2.4　浓缩磁选机

浓缩磁选机是随着近年来选矿工艺技术的进展发展起来的一种用于提高矿浆浓度兼有提高精矿品位作用的磁选设备。目前，国内外使用的浓缩磁选设备大多为传统的逆流筒式磁选机，少数为带有压辊的筒式磁选机。图 3-16 为一种高效浓缩磁选机的结构示意图。

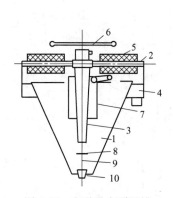

图 3-15　电磁磁力脱泥槽

1—槽体；2—铁芯；3—铁质空心筒；
4—溢流槽；5—线圈；6—手轮；
7—给矿筒；8—返水盘；
9—丝杠；10—排矿装置

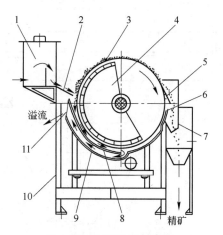

图 3-16　高效浓缩磁选机

1—给矿箱；2—导流板；3—圆筒；4—永磁体；
5—卸矿板；6—阻尼板；7—集矿斗；8—分选板；
9—底箱；10—机架；11—溢流口

该设备的特点在于磁场强度高，磁包角大一般为 180°~210°，磁极距大即磁场作用深度大，因此对磁性物料的回收率高。试验表明，当待处理物料的浓度在 15%~30%，物料粒度-0.045 mm 占 75%~85% 时，经过该高效浓缩磁选机浓缩脱水后，浓度可达到50%~75%。

3.2.5　磁团聚重力选矿机

磁团聚重选法是利用不同颗粒的磁性和密度等多种性质的差异，综合磁聚力、剪切力和重力等多种力的作用进行分选的方法。实现磁团聚重选法的设备是磁团聚重力选矿机，图 3-17 为 ϕ2500 mm 磁团聚重力选矿机的结构示意图。

磁团聚重力选矿机的分选筒体为一圆柱体，磁化的矿浆通过给料槽由给料管沿水平切向给入筒体中上部，在筒体内设置内、中、外三层由永磁块构成的小型永磁磁系，从而在分选区内形成三层磁场强度为 12~0 kA/m 的不均匀磁场，使磁性颗粒在分选区内受到间歇、脉动的磁化作用，形成适宜的轻度磁团聚。

磁团聚重力选矿机从筒体下部水包和给水环沿圆周切向给入自下而上旋转上升的分选水流，在此水流作用下，矿浆处于弥散悬浮状态。水流在一定的压强下沿切向给入，产生水力搅拌作用，对矿浆施加一剪切作用力。水流的剪切作用自下而上随着圆周速度的降低而逐步减弱。剪切作用力的这种变化符合分选机分选过程的需要。分选水流的压强选择以

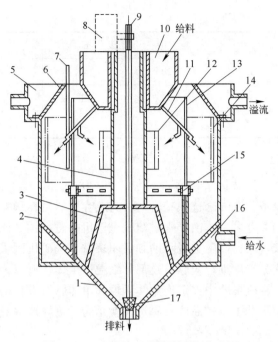

图 3-17 φ2500 mm 磁团聚重力选矿机

1—底锥；2—筒体；3—支架；4—中心筒；5—溢流槽；6—溢流锥；7—浓度监测管；
8—自控执行器；9—升降杆；10—给料槽；11—给料管；12—内磁系；13—中磁系；
14—外磁系；15—给水环；16—水包；17—排料阀

能破坏矿浆的结构化状态、不断分散磁聚团、使分选区的矿浆处于分散与团聚的反复交变状态为宜。

　　磁团聚重力选矿机的重力分选作用主要取决于上升水流的竖直速度，该速度通过分选水流的流量来控制。分选水流的流量选择和控制，应以保证入选物料中分选粒度上限的贫连生体颗粒进入溢流为准。

　　矿浆给入磁团聚重力选矿机后，进入分散与团聚的交变状态，在旋转上升水流的剪切作用和重力、浮力作用下，磁性颗粒聚团与上升水流成逆向运动，自上而下地不断净化，最后进入分选机底锥经排料阀门排出。被分散的非磁性颗粒和连生体颗粒被上升水流带向分选机上部，从溢流槽排出。正常工作状态下，磁团聚重力选矿机内的矿浆自下而上分为净化聚团沉积区、磁聚团分散与团聚交变分选区和悬浮溢流区三个区域。

　　磁团聚重力选矿机采用浓度监测管、自控执行器和升降杆组成分选浓度的自动控制系统，保证分选区的矿浆浓度（固体质量分数）稳定在 30%~35% 之间。磁团聚重力选矿机的型号和主要技术参数如表 3-7 所示。

表 3-7　磁团聚重力选矿机的型号和主要技术参数

设备型号	φ1000 mm 型	φ1200 mm 型	φ1800 mm 型	φ2100 mm 型	φ2500 mm 型
给矿粒度/mm	−1	−1	−1	−1	−1
给矿浓度/%	25~30	25~30	25~30	25~30	25~30

续表 3-7

处理能力/t·h⁻¹	20	30	60	90	120
给水量/m³·h⁻¹	15	20	40	80	120
水流上升速度/mm·s⁻¹	20	20	20	20	20
磁场强度/kA·m⁻¹	16	16	16	16	16

3.2.6　磁选柱

使用弱磁场磁选设备分选强磁选铁矿石时，有效克服非磁性颗粒的机械夹杂现象，是提高最终精矿铁品位的关键之一。由于永磁筒式磁选机的磁场强度比较高，在分选过程中存在较强的磁化磁团聚现象；而磁力脱水槽和磁团聚重力选矿机因采用恒定磁场，允许的上升水流速度小，只能分出微细粒级脉石及部分细粒连生体。所以，在这些设备的分选过程中，都不同程度地存在磁聚团中夹杂连生体颗粒和单体脉石颗粒的现象，不能彻底解决非磁性夹杂问题，从而降低了精矿品位。磁选柱就是为了更好地解决强磁性铁矿石分选过程中的非磁性夹杂问题而研制的。

磁选柱是一个由外套和多个励磁线圈组成的分选内筒、给排矿装置及电控柜构成的一种电磁式磁重分选设备，其结构如图 3-18 所示。

磁选柱的突出特征在于：分选筒、励磁线圈和外套均按上下两组形式组成；上下励磁线圈设置在上下分选筒外侧；励磁线圈由与之连接的可用程序控制的电控柜供电，励磁线圈的极性是一致的或有 1~2 组极性相反的。由于励磁线圈借助顺序通断电励磁，在分选柱内形成时有时无、顺序下移的磁场力，允许的上升水流速度高达 20~60 mm/s，从而能高效分出连生体，获得高品位的磁铁矿精矿，但存在耗水量较大、设备高度较高的问题。

设备运行时，矿浆由给矿斗进入磁选柱中上部。磁性颗粒，尤其是单体磁性颗粒在自上而下移动的磁场力作用下，团聚与分散交替进行，再加上上升水流的冲洗作用，使夹杂在磁聚团中的脉石、细泥、贫连生体颗粒不断地被剔除出去。分选出的尾矿从顶部溢流槽排出，精矿经下部阀门排出。

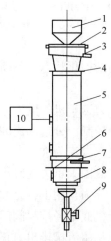

图 3-18　磁选柱

1—给矿斗及给矿管；2—给矿斗支架和上部给水管；3—溢流槽；4—封顶套；5—上分选筒及电磁磁系和外套；6—支撑法兰；7—主给水管（切向）；8—下分选筒及电磁磁系；9—精矿排矿阀门；10—电控柜

磁场强度、磁场变换周期、上升水流速度、精矿排出速度是影响磁选柱选别指标的主要因素。磁选柱用作最后一段精选设备时，可以使磁铁矿精矿的铁品位达到 65%~69%。

磁选柱的规格和主要技术参数如表 3-8 所示。

表 3-8 磁选柱的规格和主要技术参数

设备规格 /mm	磁场强度 /kA·m⁻¹	处理能力 /t·h⁻¹	给矿粒度 /mm	耗水量 (给矿 1 t) /m³·t⁻¹	装机功率 /kW	设备外径 /mm	设备高度 /mm
ϕ250	7~14	2~3	-0.2	2~4	1.0	400	2000
ϕ400	7~14	5~8	-0.2	2~4	2.5	700	3000
ϕ500	7~14	10~14	-0.2	2~4	3.0	800	3500
ϕ600	7~14	15~20	-0.2	2~4	4.0	940	4200

3.2.7 磁场筛

磁场筛选机分选原理如图 3-19 所示。

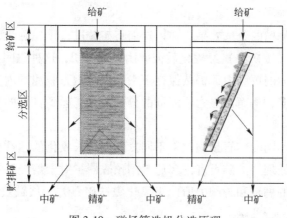

图 3-19 磁场筛选机分选原理

磁场筛选机与传统磁选机的最大区别在于这种设备不靠磁场直接吸引，而是在只有常规弱磁场磁选机的磁场强度几十分之一的磁场中，利用单体解离的强磁性铁矿物颗粒与脉石及贫连生体颗粒磁性的差异，使前者实现有效磁团聚，增加它们与脉石及贫连生体颗粒的尺寸差和密度差，然后利用安装在磁场中、筛孔比给矿中最大颗粒的尺寸大许多倍的专用筛分装置，使形成链状磁团聚体的强磁性铁矿物沿筛面运动，从而进入精矿箱中；不能形成磁团聚体的单体脉石和贫连生体颗粒透过筛面，经尾矿排出装置排出。生产实践表明，这种设备能有效分离夹杂于磁铁矿选别精矿中的连生体，对已解离的单体磁铁矿颗粒实现优先回收，提高铁精矿的品位。

3.2.8 盘式磁选机

盘式磁选机主要是从选矿尾矿中回收强磁性矿物。图 3-20 为盘式磁选机的结构示意图。

盘式磁选机由主机磁盘、卸矿装置、集矿槽、溜槽及机架五大部分组成。每个磁盘分为磁力区和非磁力

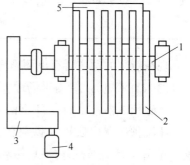

图 3-20 盘式磁选机
1—中轴；2—磁盘；3—传动机构；
4—电动机；5—集矿槽与溜槽

区，磁力区的范围是 250°~280°，非磁力区的范围是 80°~110°。磁体由底盘以及磁块组成，磁体与旋转外壳之间的间隙为 5 mm。磁盘数量可根据实际应用进行调整。

　　盘式磁选机的工作原理为：主机磁盘装在溜槽中，矿浆从溜槽的一端流入，并通过磁盘与磁肋的缝隙，矿浆中磁性矿物被吸附在磁盘表面，剩下非磁性矿物的矿浆从溜槽另一端流出。主机磁盘转动，吸附在磁盘表面的磁性矿物被带出矿浆液面，当进入卸矿区内时，插入磁盘缝隙部并转动的卸矿装置将表面吸附的磁性矿物抛入集矿槽中，由集矿槽收集输出。

3.3　预磁和脱磁设备

3.3.1　预磁器

　　为了提高磁力脱泥槽的分选效果，在入选前将矿粒进行预先磁化，使矿浆经过一段磁化磁场的作用。矿粒（细矿粒）经磁化后彼此团聚成磁团，这种磁团在离开磁场以后，由于矿粒具有剩磁和较大的矫顽力，仍然保存下来。进入磁力脱泥槽内，磁团所受磁力和重力要比单个矿粒大得多，从而对磁力脱泥槽的分选效果能起到良好的作用。产生此磁场的设备称为预磁器。

　　根据生产实践，不同的矿石预磁效果不同。例如，未氧化的磁铁矿石的剩磁值小，预磁效果不显著，所以处理这类矿石有许多厂不用预磁器。对于焙烧磁铁矿石和局部氧化的磁铁矿石，因为它们的剩磁和矫顽力值比未氧化磁铁矿石大，预磁效果较好（见表 3-9），所以在磁力脱泥槽前进行预磁。

表 3-9　焙烧磁铁矿石的预磁效果　　　　　　　　　　　　　　　%

指　标	预　磁	不预磁
原矿品位	33.18	33.18
精矿品位	44.52	44.94
尾矿品位	5.67	6.09
回收率	95.00	94.45

　　现在应用的预磁器有电磁和永磁的两种。电磁预磁器为套在铜管上的圆柱形多层线圈（通入直流电）。管内磁场最大一般为 32 kA/m(400 Oe) 左右。

　　永磁预磁器常见的有 Π 型的和 O 型的两种。

　　Π 型预磁器由磁铁（铁氧体磁块）、磁导板和工作管道（硬质塑料管或橡胶管）组成（见图 3-21），管道内平均磁场强度为 40 kA/m(500 Oe) 左右。

　　O 型预磁器的中心磁铁是由三个 LNG-4 合金的圆环和铁质端头构成的（见图 3-22），在它的外面套一铁管。它的磁场强度可达 80 kA/m(1000 Oe)。

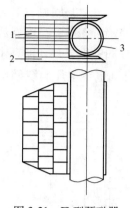

图 3-21　Ⅱ型预磁器
1—磁铁；2—磁导板；3—工作管道

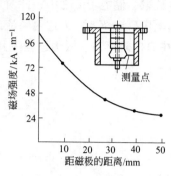

图 3-22　O型预磁器

3.3.2　脱磁器

3.3.2.1　设备结构

脱磁是在脱磁器中进行的，过去常用的脱磁器的结构如图 3-23 所示。它是套在非磁性材料管上的塔形线圈，并通有交流电来工作的。

3.3.2.2　脱磁原理

根据在不同的外磁场作用下，强磁性矿物磁感应强度 B（或比磁化强度 J）和外磁场强度 H_0 形成形状相似而面积不等直到为零的磁滞回线的原理进行脱磁。当脱磁器通入交流电后，在线圈中心线方向产生方向时时变化，而大小逐渐变小的磁场。矿浆通过线圈时，其中的磁性矿粒受到反复脱磁，最后失去剩磁（见图 3-24）。

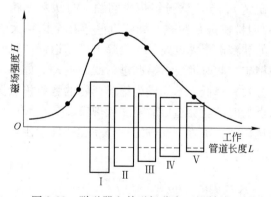

图 3-23　脱磁器和其磁场分布（沿轴线）

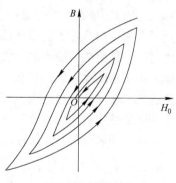

图 3-24　脱磁过程

目前国内普遍使用的脱磁器为脉冲脱磁器，属于间歇脉冲衰减振荡的超工频脱磁器。它是利用 LC 振荡的基本原理，用并联电容与脱磁线圈组成并联谐振电路，使脱磁线圈产生衰减振荡的脉冲波，由此产生衰减振荡的脉冲磁场，使磁性物料在线圈里受到高频交换的退磁场作用，最终使剩磁消失。

脉冲脱磁器的工作原理如图 3-25 所示。在主回路中电容 C 与脱磁线圈 L 组成并联电路，T_1 和 T_2 交替通断，其控制系统由触发电路板控制。当 T_2 阻断，T_1 导通时，电源以

220 V 的电压向电容 C 充电，当 C 充电达 E 时（E 为电源电压），T_1 阻断，T_2 导通，C 向脱磁线圈 L 放电，储能于 L 之中，此时 C 上电压下降，直至趋近于零；而电感线圈电压上升，当线圈电压 $E_L = -E$ 时，L 通过整流二极管再向电容 C 反向充电。如此循环不止。实际上 LC 电路中有电阻存在，振荡过程中其振幅逐渐减小，直到电容电压与线圈电压平衡均趋近于零。

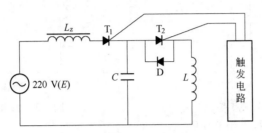

图 3-25　脉冲脱磁器工作原理
T_1，T_2—晶闸管；C—电容；L—脱磁线圈；D—硅整流；L_z—阻流圈

物料磁化后，要去掉它的剩磁，所需脱磁器的最大磁场强度应为其矫顽力的 5~7 倍，而工频脱磁器的磁场强度约在 24~32 kA/m（最高约在 64 kA/m）。天然磁铁矿的矫顽力一般在 4.0~6.4 kA/m，从磁场强度角度讲，工频脱磁器可以满足需要。而对焙烧磁铁矿，由于矫顽力高（最高可达 16 kA/m），所以使用工频脱磁器的脱磁效果不好。脉冲脱磁器最高磁场强度可达 80 kA/m 以上，满足了焙烧矿对磁场的要求。脉冲脱磁器能量消耗少，脱磁效果好，目前一般磁选厂均采用脉冲脱磁器。

3.3.2.3　应用

当采用阶段磨矿阶段选别流程时，一段磁选粗精矿在进入二段精选之前，应进行二段细磨。因为粗精矿中存在"磁团"（或磁链），给二次分级带来问题（分级粒度粗，影响分选指标），所以需要在二次分级前，对粗精矿进行脱磁。细筛近些年在全国各大铁矿选矿厂得到了普遍应用，对于获得高品位的铁精矿至关重要。一般筛上产品返回二段磨矿或进入再磨磨机，其给矿一般为磁选机的精矿，此时需要对给矿进行脱磁处理。如果不进行脱磁处理，由于磁团聚现象的存在，筛分效率降低，本应成为筛下产物的颗粒仍然保留在筛上，会造成二次球磨负荷过大，当浓度低时甚至会造成磨机胀肚现象。

在应用强磁性物料作为重介质进行选矿时，被磁选回收的重介质在重新使用之前应进行脱磁。不进行脱磁处理，其沉降速度较快，影响选别。

3.4　除　铁　器

除铁器属于安全设备，用来预防意外的铁物（如铁条、铁块等）随被处理物料或矿石一起进入破碎设备或其他设备中而损坏设备。

除铁器根据磁场产生方式分为电磁、永磁两种，根据结构和用途可分为悬挂自动卸铁、悬挂手动卸铁两种，根据物料的种类可分为非磁性物料除铁器、磁性物料除铁器，根据磁场强度可分为普通磁场除铁器、超强磁场除铁器。对于电磁除铁器的冷却方式，有自冷、风冷、油冷几种形式。

图 3-26 是常见悬吊磁铁式除铁器。当铁物量少时，用一般式；而当铁物量多时，用带式。一般式的除铁器通过断电磁铁的电流排除铁物，而带式除铁器通过胶带装置排除铁物。表 3-10 为 RCDA 系列风冷电磁除铁器主要技术参数。表 3-11 为 RYC 系列永磁除铁器主要技术参数。

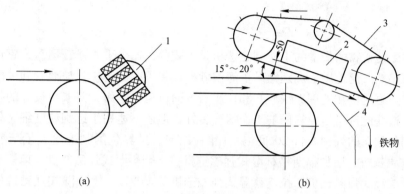

(a)   (b)

图 3-26   除铁器

（a）一般式除铁器；（b）带式除铁器

1—电磁铁；2—吸铁箱；3—胶带装置；4—接铁箱

表 3-10   RCDA 系列风冷电磁除铁器主要技术参数

型　号	适用带宽/mm	风机功率/kW	额定悬挂高度 H/mm	励磁功率/kW	整机重量/kg
RCDA-5	500	0.37	150	≤2	470
RCDA-6	650	0.37	200	≤3	640
RCDA-8	800	0.55	250	≤4.5	1300
RCDA-10	1000	0.55	300	≤6	1690
RCDA-12	1200	1.1	350	≤8.5	2435
RCDA-14	1400	1.1	400	≤9.5	3535
RCDA-16	1600	1.5	450	≤14	5170

表 3-11   RYC 系列永磁除铁器主要技术参数

型　号	适用带宽/mm	传动电动机功率/kW	额定悬挂高度 H/mm	磁感应强度/mT	整机重量/kg
RYC-5	500	1.5	150	≥70	650
RYC-6	650	1.5	200	≥70	870
RYC-8	800	2.2	200	≥70	1450
RYC-10	1000	3.0	200	≥70	2350
RYC-12	1200	4.0	200	≥70	3700
RYC-14	1400	4.0	200	≥70	5000
RYC-16	1600	5.5	200	≥70	6900
RYC-18	1800	5.5	200	≥70	9000

4 强磁场磁选设备

选别弱磁性矿物的最早的工业型磁选机是干式的，迄今干式强磁场盘式磁选机和感应辊式磁选机仍然广泛地用来选别锰矿、海滨砂矿、黑钨矿、锡矿、玻璃砂和磷酸盐矿。湿式感应辊式强磁选机在处理赤铁矿石和锰矿石方面也得到应用，并取得较好的技术指标和经济效果。这些磁选机尽管它们的工作情况良好，但还不适用于选别粒度细、处理量大的矿石，特别是细泥的处理。自20世纪60年代以来，世界各国制造出大量新型的"第二代"湿式强磁选机，诸如福斯格林湿式强磁选机、卡普科湿式强磁选机、琼斯型湿式强磁选机、埃利兹湿式强磁选机、拉皮德湿式强磁选机等。"第二代"湿式强磁选机的特点是在保证有较高的磁场强度和磁场梯度条件下，极大地增加了磁力作用面积，从而使磁选机的处理能力大为提高，为经济有效地分选低品位氧化铁矿石开辟了新途径。琼斯型强磁选机已在工业上得到较广泛的应用，并获得了较好的选别指标。

20世纪60年代末出现"第三代"湿式强磁选机。它的特点是采用铠装螺线管结构和钢毛介质独特结合，产生了很高的磁场梯度，作用于细粒弱磁性颗粒的磁力，大大超过以前的磁选机中可获得的磁力，能有效的捕收磁性很弱、粒度细的颗粒。高梯度磁选的应用实际上已超出磁选的传统观念，而应用到能源、固体物料再生、水的净化、生化和医药等许多领域。

4.1　干式强磁场磁选机

4.1.1　干式强磁场盘式磁选机

目前，生产实践中应用的干式强磁场盘式磁选机有单盘（直径900 mm）、双盘（直径576 mm）和三盘（直径600 mm）三种。ϕ576 mm干式盘式强磁选机为系列产品，应用得比较广泛。

4.1.1.1　设备结构

ϕ576 mm干式强磁场双盘磁选机的结构如图4-1所示。磁选机的主体部分由"山"字形磁系、悬吊在磁系上方的旋转圆盘和振动槽（或皮带）组成。磁系和圆盘组成闭合磁路。圆盘好像一个翻扣的带有尖边的碟子，其直径比振动槽的宽度约大一半。圆盘用专用的电动机通过蜗轮蜗杆减速箱传动。转动手轮可使圆盘垂直升降（调节范围0~20 mm），用来调节圆盘和振动槽或磁系之间的距离，调节螺栓可使减速箱连同圆盘一起绕中心轴转动一个不大的角度，使圆盘边缘和振动槽之间的距离沿原料前进方向逐渐减少。

为了预先分出给料中的强磁性矿物，防止强磁性矿物堵塞圆盘边缘和振动槽之间的间隙，在振动槽的给料端装有弱磁场磁选机（现场称给料圆筒）。

ϕ576 mm干式强磁场双盘磁选机的技术特性如下：

处理能力	0.2~1 t/h
处理原料的粒度上限	2 mm
处理原料的极限比磁化率	$5×10^{-7} m^3/kg$（$40×10^{-6} cm^3/g$）
在额定电流工作间隙 2 mm 时的磁场强度	1512 kA/m（19000 Oe）
圆盘数量	2
圆盘直径	576 mm
圆盘转速	39 r/min
振动槽工作宽度	390 mm
振动槽冲次	1200 次/min、1700 次/min
振动槽冲程	0~4 mm
给料筒转速	34 r/min
激磁线圈数量	6
激磁线圈额定电流	1.7 A
激磁电流连续工作温升	60 ℃
硒整流器电压	220 V
硒整流器电流	7 A
电动机功率	
圆盘	1 kW
振动槽	0.6 kW
给料圆筒	0.25 kW
磁选机外形尺寸	2320 mm×800 mm×1081 mm
磁选机重量（不包括硒整流器）	1650 kg

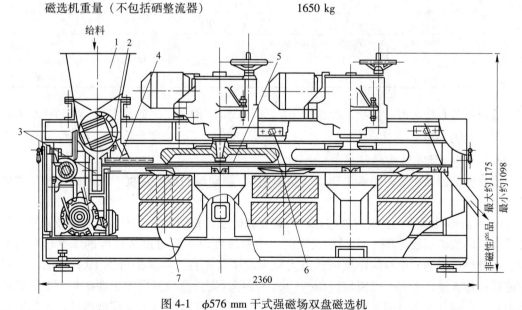

图 4-1　φ576 mm 干式强磁场双盘磁选机

1—给料斗；2—给料圆筒；3—强磁性产品接料斗；4—筛料槽；5—振动槽；6—圆盘；7—磁系

4.1.1.2 分选过程

将原料装入给料斗中并均匀地给到给料圆筒上，此时，原料中的强磁性矿物被给料圆筒表面的磁力吸住，并被带到下方磁场较弱的地方，在重力和离心力的作用下脱离圆筒表面而落到接料斗中，未被给料圆筒吸出的部分进入筛料槽的筛网，筛下部分进入振动槽，筛上部分（少量）送去堆存。振动槽将筛下部分输送到圆盘下面的工作间隙，其中弱磁性矿物受不均匀强磁场的作用被吸到圆盘的齿尖上，并随圆盘转到振动槽外，由于此处的磁场强度急剧下降，在重力和离心力的作用下落入振动槽两侧的磁性产品接料斗中。非磁性矿物则由振动槽的尾端排出进入非磁性产品接料斗中去。

4.1.1.3 应用和工作指标

这种磁选机多用在含稀有金属矿物的粗精矿（如粗钨精矿、钛铁矿、锆英石和独居石等混合精矿）的再精选。

下面是某精选厂磁选作业的分选指标。表4-1是双盘磁选机（用皮带给料）分选粗钨精矿的指标，表4-2是双盘磁选机（用振动槽给料）分选锆英石精矿的指标。

表4-1 某精选厂处理粗钨精矿的磁选指标 %

产 品	品位		实际回收率（WO_3）
	WO_3	Sn	
精 矿	65.25	0.11	78.51
次精矿	27.88		3.64
尾 矿	10.29		17.85
给 矿	32.65		100.00

表4-2 某精选厂处理锆英石精矿的磁选指标 %

产 品	产率	品位				回收率（ZrO_2）
		ZrO_2	Fe	TiO_2	P	
精 矿	95.19	63.87	0.08	0.68	0.11	99.38
尾 矿	4.81	7.85	0.56	1.56	14.86	0.62
给 矿	100.00	61.18	0.14	0.73	0.60	100.00

处理锆英石精矿时，如给矿品位为62.5%～63%（ZrO_2），精矿品位可达65%（ZrO_2），回收率（ZrO_2）可达98%以上。

4.1.1.4 磁选机的操作调节

操作调节因素主要是给料层厚度（给矿量）、振动槽的振动速度、磁场强度和工作间隙等。

（1）给料层厚度。它同被处理原料的粒度和磁性矿物的含量有关。处理粗粒原料一般要比细粒的给矿层要厚些。处理粗级别时，给料厚度以不超过最大粒度的1.5倍左右为宜，而处理中级别时给料层厚度可达最大粒度的4倍左右，细级别可达10倍左右。原料中磁性矿物含量不多时，给料层应薄些。如果过厚，则处在最下层的磁性矿粒不但受到的磁力较小，而且除本身的重量外，还要受到上面非磁性矿粒的压力，降低磁性产品的回收率。磁性矿物含量多时，给料层可适当厚些。

（2）磁场强度和工作间隙。它同被处理原料的粒度、磁性和作业要求有密切关系。工作间隙一定时，两磁极间的磁场强度取决于线圈的安匝数，匝数是不可调节的，所以利用改变电流的大小来调节磁场强度。

这种磁选机的磁场强度和工作电流与工作间隙的关系见表4-3。

表4-3　φ576 mm 双盘磁选机的磁场强度　　　　　　　　　　　　kA/m

电流/A	工作间隙				
	2 mm	3 mm	5 mm	7 mm	9 mm
1.3	1314	1240	1012	900	754
1.5	1491	1380	1106	1091	929
1.7	1536	1418	1224	1196	1049

磁场强度的大小取决于被处理原料的磁性和作业要求。处理磁性强些的矿物和精选作业，应采用较弱的磁场强度。处理磁性弱些的矿物和扫选作业，则应采用较强的磁场强度。

电流一定时，改变工作间隙的大小可以使磁场强度和磁场梯度同时发生变化。因此改变电流和工作间隙的作用并不完全相同。减小工作间隙会使磁场力急剧增加。工作间隙的大小取决于被处理原料的粒度大小和作业要求。处理粗级别时大些，处理细级别时小些。扫选时，尽可能把工作间隙调节到最小限度以提高回收率；精选时，最好把工作间隙调大些，减小两极间磁场分布的非均匀程度和加大磁性矿粒到盘齿尖的距离，以增加分离的选择性，提高磁性产品的品位，但同时要适当增加电流来补偿由于加大工作间隙所降低的磁场强度。

（3）振动槽的振动速度。它决定矿粒在磁场中停留的时间和所受机械力的大小。振动槽的振动频率和振幅的乘积越大，振动速度越大，矿粒在磁场中停留时间越短。

作用在矿粒上的机械力以重力和惯性力为主，重力是一个常数，惯性力与速度的平方成正比增减。弱磁性矿物在磁场中所受的磁力超过重力不多，因此，振动槽的速度如果超过某一限度，则由于惯性力剧增，磁力就不足以把它们很好的吸起，所以弱磁性矿物在磁选机磁场中运动速度应低于强磁性矿物的运动速度。

一般来说，精选时，原料中的单体矿物多，它们的磁性较强，振动槽的振动速度可以高些；扫选时，原料中含连生体较多，而连生体的磁性又较弱，为了提高回收率，振动槽的速度应低些。处理细粒原料，振动槽的频率应稍高些（有利于松散矿粒），振幅小些；而处理粗粒原料，频率应稍低些，振幅应大些。

适宜的操作条件应根据原料性质和分选要求经过实践来加以确定。

通常在强磁选机干选稀有金属矿石之前对原料要进行筛分和干燥。根据通常对稀有金属矿石精选的经验证明，原料筛分级别越多，分选指标越高。我国一些精选厂将原料筛分成三级：-2+0.83 mm、-0.83+0.2 mm 和-0.2 mm。干选时各种原料的允许水分是不同的，对于每种具体原料应通过实践来确定。一般干选3 mm 以下的稀有金属矿石水分不超过1%。

为了减少矿粒互相黏着的有害作用，提高分选指标，除了对原料进行干燥外，还可采用振动给料机，破坏矿粒的黏着性，增加其松散性。

4.1.2　干式强磁场辊式磁选机

我国研制的 80-1 型电磁感应辊式强磁选机主要用于粗粒（最大给矿粒度 20 mm）铁、锰矿石的预选。通过对粗粒锰矿石的预选工业试验和生产实践证明，该机分选效果较好。

4.1.2.1　设备结构

该机结构如图 4-2 所示。全机由电磁系统、选别系统和传动系统三部分组成。

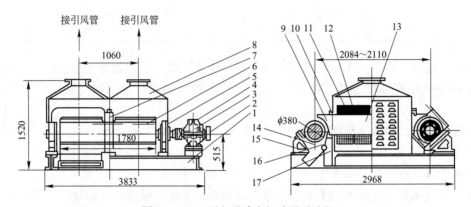

图 4-2　80-1 型电磁感应辊式强磁选机

1—机架；2—皮带轮；3—减速机；4—联轴器；5—轴承；6—感应辊；7—中轴承；
8—通风罩；9—极头；10—压板；11—激磁线圈；12—隔板；13—铁芯；
14—接矿斗；15—底座；16—分矿板；17—基梁

（1）电磁系统。这是该设备的主要组成部分，用以产生分选区的强磁场。它包括激磁绕组（有八个激磁线圈）、铁芯、极头和感应辊，并组成"囗"字形闭合磁路。极头与感应辊的间隙即为分选区。绕组导线采用双玻璃丝包扁铜线，并用真空浸漆，达到 B 级绝缘，线圈允许最高温度为 130 ℃。全机有两个铁芯，每个铁芯纵向端面上紧装着两个极头，铁芯和极头均采用工业纯铁。

（2）选别系统。其包括给矿、选别和接矿三部分。该设备配置四台自制 DZL$_1$-A 型电磁振动给矿器，以达到均匀给矿、稳定便于调整的目的。全机有两个感应辊，它是直接分选矿物的部件，感应辊两端各有一套双列向心球面滚子轴承支撑。为弥补强磁场吸力造成过大的弯曲变形，在辊子中部设置中间滑动轴承。为尽可能减少涡流损失，辊体采用 29 片纯铁片叠加而成，其齿沟直径自辊两端向中间逐步递增，以保证各辊齿磁力分布均匀。接矿斗由矿斗和分矿板组成，分矿板可调节高低和不同的角度，以适应不同分选角度与高度的需要。

（3）传动系统。它由两台 JO2-61-6 三相异步电机通过三角皮带各驱动一台 PM-400 三级圆柱齿轮减速机传动左、右感应辊，在减速机与感应辊之间由十字滑块联轴器联结。机架由型钢焊接而成。

设备主要技术参数如下：

选矿方式	干式
给矿方式	上部
处理粒度范围	5～20 mm
处理能力	8～10 t/h
分选间隙	≥30 mm
最大磁场强度（当激磁电流为 125 A 时）	
分选间隙为 30 mm 时	1270 kA/m
分选间隙为 35 mm 时	1215 kA/m
传动功率	2×13＝26 kW
冷却风机功率	3 kW
感应辊	
数量	2
直径	380 mm
转速	35 r/min（0.7 m/s）
最大激磁电流	125 A
激磁线圈允许温度	130 ℃
设备总重量	15 t
外形尺寸	3833 mm×2968 mm×1530 mm

4.1.2.2　分选过程

矿石由电磁振动给矿器均匀地给在感应辊上，非磁性矿物在重力作用下直接落入尾矿斗排出成为尾矿。磁性矿物受磁力作用被吸在感应辊的齿尖上，随着感应辊一起转动，由于感应辊转角的改变，磁场强度逐渐减弱，在机械力（主要为重力和离心力）作用下，磁性矿物离开感应辊落入精矿斗排出成为精矿。根据矿石的性质和粒度大小，通过调整磁场强度、感应辊转速以及挡板位置来达到较好的指标。

4.1.2.3　应用和选别指标

该设备投入生产后，先后对碳酸锰矿石、氧化锰矿石和赤铁矿石进行了工业生产或工业性探索试验，都得到了良好的效果。该机处理八一锰矿堆积氧化锰矿石时，当原矿含锰品位 17.69%，经一次粗选，可获得含锰品位 25.03% 的锰精矿，锰回收率为 86.10%。广西屯秋铁矿含铁品位 44.04% 的赤铁矿石，经该机一次选别，可获得含铁品位 45.65% 的精矿，铁回收率为 99.13%，尾矿含铁品位 8.79%。

4.1.3　干式强磁场对辊磁选机

我国制造的 CQY ϕ560 mm×400 mm 干式强磁场对辊磁选机，在某锡矿进行过工业试验和应用，其效果较好。

4.1.3.1　设备结构

本机是用装有永磁材料（锶铁氧体），并通过良导磁体（电工纯铁）构成闭合磁路的两个磁辊而产生高磁场区的干式磁选机。其结构如图 4-3 所示。主要由给矿漏斗、弱磁给矿筒、可调给矿漏斗、永磁强磁辊、可调分矿挡板和接矿漏斗等部分组成。

弱磁给矿筒由电动机通过三角皮带和蜗轮轴承箱带动，永磁强磁辊分别由电动机通过蜗轮减速机进行驱动，并相对旋转。

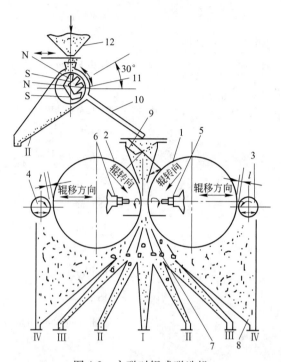

图 4-3　永磁对辊式磁选机

1，2—强磁辊；3，4—感应卸矿辊；5，6—极距调节装置；7—可调分矿挡板；
8—接矿漏斗；9—可调给矿漏斗；10—分矿槽；11—弱磁给矿筒；12—给矿漏斗

弱磁给矿筒筒面磁场强度为 80 kA/m（1000 Oe）。强磁辊由两个盘状端磁极、两个磁块组和一个盘状磁铁组成。两个磁辊构成了闭合磁路。磁辊沿轴向的磁场强度，在两磁极 200 mm 和 100 mm 两段给矿带区最强。磁辊沿径向的磁场强度，在两辊的对应点的最近点磁场强度最大，随着相对点的远离（磁辊角改变），则磁场强度逐渐下降。在转角为 60° 以后，磁场强度最低，并趋于稳定为 63~53 kA/m。极距小，磁场强度高，随着极距逐渐增大，磁场强度逐渐下降。如极距为 3 mm 时，在 200 mm 宽的磁辊间磁场强度最高达 2060 kA/m，平均为 1960 kA/m；极距为 6 mm 时，磁场强度最高达 1540 kA/m，平均为 1500 kA/m。

CQYϕ560 mm×400 mm 干式强磁场对辊磁选机的技术特性如下：

处理能力	1.5~2 t/h
处理原料粒度	<3 mm
强磁辊	
直径	560 mm

转速	26 r/min
给矿带宽度	400 mm
工作间隙	2～30 mm
磁场强度	400～2060 kA/m
弱磁筒	
数量	1
直径	200 mm
给矿宽度	400 mm
转速	34.5 r/min
磁场强度	80 kA/m
电动机功率	
弱磁筒	0.6 kW
强磁辊	2.2 kW
外形尺寸	1700 mm×1550 mm×2460 mm
机器总重	3762 kg

4.1.3.2　分选过程

矿砂由上部给矿漏斗先给到转动着的弱磁给矿筒，先将强磁性矿物选出，未被选出的部分再通过分矿槽和可调给矿漏斗把矿砂送到两强磁辊中间的三段高磁场区，非磁性矿物不受磁力作用而在重力作用下直接落入接矿漏斗Ⅰ（中间）里，磁性矿物因受磁力作用被吸在转动着的强磁辊上，随着磁辊一起转动，由于磁辊转角的改变，磁场强度逐渐减弱，又因矿物的比磁化率不同，在可调分矿挡板的截取下，磁性最弱的矿物首先离开辊面，在重力作用下落入接矿漏斗Ⅱ中，接着磁性稍强的矿物也离开辊面落入接矿漏斗Ⅲ中，最后是磁性更强一些的矿物离开辊面落入接矿漏斗Ⅳ中，吸附在强磁辊上的微量强磁性矿物，被感应卸矿辊拉入Ⅳ室中。

根据被选原料中矿物的性质，通过改变分矿挡板角度和磁辊的间距来达到所需的分选指标。

磁场强度的调节靠装在两强磁辊轴承座中间的极距调节机构来改变极距的大小而实现改变磁场强度。

4.1.3.3　应用和工作指标

这种磁选机适用于分选（粗选、精选和扫选）含有多种矿物（两种或两种以上）的稀有金属和有色金属矿石。曾在某锡矿进行试验，分选了砂矿、海滨砂矿、锡、钨、锆、钍、磷钇矿，其效果较好。

4.1.4　Rollap 永磁筒式强磁选机

4.1.4.1　设备结构

法国 FCB 公司研制成功一种稀土永磁筒式强磁选机。其结构如图 4-4 所示。

4.1.4.2　工作原理

给料速度可调的振动给料器直接或通过溜槽间接地把分选物料给到永磁圆筒上。给料速度与永磁圆筒的圆周速度相等。非磁性物料在离心力和重力作用下被抛离永磁圆筒；磁性物料被吸在永磁圆筒上，由与永磁圆筒同向转动的毛刷刷下。永磁圆筒转速连续可调。根据产品的磁化率和粒度选择最佳转速。

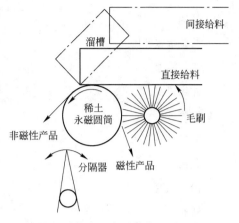

图 4-4　Rollap 永磁筒式强磁选机

4.1.4.3　特点

Rollap 永磁筒式强磁选机的技术特点是稀土永磁圆筒表面涂上一层几微米厚的电熔陶瓷耐磨层；磁辊长 1000 mm（实验室型为 200 mm）；永磁圆筒磁极间距与被处理物料的粒度相适应；永磁圆筒通过柔性联轴器用变速齿轮电动机驱动；分选产品的量用可调角度分隔器调整。这种设计可以组成多段分选设备。Rollap 永磁筒式强磁选机的主要优点是物料同永磁圆筒直接接触，易于分选弱磁性或粒度大的物料。

4.1.5　DPMS 系列永磁筒式强磁选机

DPMS 系列永磁筒式强磁选机分为 DPMS 型干式永磁筒式强磁选机和湿式永磁筒式强磁选机。其中湿式永磁磁选机又分为广义分选空间湿式永磁强磁选机和传统型湿式永磁强磁选机。以下仅介绍干式永磁筒式强磁选机。

4.1.5.1　设备结构

DPMS 型干式永磁筒式强磁选机主要由给矿装置、磁体、分选圆筒、分矿板、耐磨胶带、精矿斗、中矿斗、尾矿斗和传动电动机等组成，结构示意见图 4-5。

4.1.5.2　工作原理

当物料从料斗中均匀地给到正在旋转的圆筒面上时，由于圆筒内扇形磁场区 N—S 多磁极交替，磁性物料在扇形磁场区内形成多次磁翻滚，夹杂在磁性物中的非磁性物因受离心力的作用被全部抛离圆筒。

4.1.5.3　应用范围

DPMS 型干式永磁筒式强磁选机适合于分选 -45 mm 赤铁矿、褐铁矿、锰矿、钛铁矿、钨矿、石榴子石、铬矿以及非金属物料的除铁，已在马钢姑山铁矿、海南铁矿及全国各锰矿得到应用。

马钢姑山铁矿于 1996~1999 年采用 DPMS ϕ300 mm×1000 mm 双筒干式永磁强磁选机取代 1200 mm×2000 mm×3600 mm 梯形跳汰机进行分选 -12+6 mm 赤铁矿的试验及生产改造。工业试验流程为一次粗选、一次扫选，获得了较好的粗粒精矿并抛尾的分选效果。与梯形跳汰机相比，精矿品位相当，但尾矿品位下降了 4%~9%。进而于 2001 年采用 DPMS ϕ600 mm×1000 mm 单筒干式永磁强磁选机从细碎作业循环闭路贫矿中提前拿出粒度为 -30+16 mm、铁品位 54.00%~55.00% 的合格块矿。

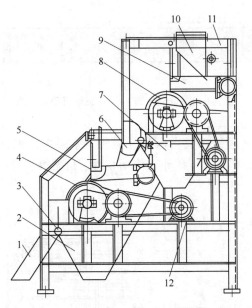

图 4-5　DPMS 型干式永磁筒式强磁选机

1—尾矿斗；2—中矿斗；3—分矿板；4—圆筒；5—挡矿橡皮；6——段尾矿斗；7—精矿斗；8—磁体；
9—振动斗；10—给料斗；11—机架；12—传动电动机

DPMS 系列单筒干式永磁强磁选机主要技术参数见表 4-4。

表 4-4　DPMS 系列单筒干式永磁强磁选机主要技术参数

规格/mm×mm	$\phi300\times500$	$\phi300\times1000$	$\phi300\times1200$	$\phi600\times1000$	$\phi600\times1200$
圆筒转速/r·min^{-1}	20~100	20~100	20~100	20~100	20~100
处理量/t·(台·h)$^{-1}$	1~3	5~10	6~12	15~50	15~50
传动功率/kW	0.55	1.5	1.5	2.2	3.0
筒表面磁感应强度/T	≥0.8	≥0.8	≥0.8	≥0.8	≥0.8
入选粒度/mm	0~45	0~45	0~45	0~45	0~45
设备总重/t	0.25	0.8	1.2	1.5	2.0
外形尺寸/mm×mm×mm	1200×550×1110	1700×550×1110	1900×550×1110	1954×1614×1650	2154×1614×1650

4.1.6　永磁辊（带）式强磁选机

4.1.6.1　设备结构

国内与国外多家研究单位和生产厂家都可生产永磁辊（带）式强磁选机，形式差别不大。这类强磁选机都采用新型高性能稀土永磁材料，磁系为挤压式设计（见图 4-6），辊表面磁感应强度高，磁场梯度大，但磁场的作用深度较浅，因此运输胶带必须薄且具有很高的强度。下面着重介绍中钢集团马鞍山矿山研究院研制的 YCG 型粗粒永磁辊式强磁选机。

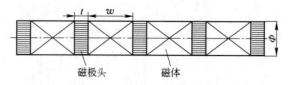

图 4-6　永磁辊（带）式强磁选机磁系结构

YCG 型粗粒永磁辊式强磁选机由永磁强磁辊、永磁中磁辊、高强度超薄皮带、张紧辊、分矿板、给矿斗、精矿斗、尾矿斗、传动装置、机架等组成。其结构如图 4-7 所示。

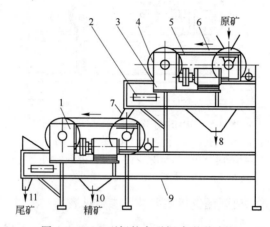

图 4-7　YCG 型粗粒永磁辊式强磁选机

1—永磁强磁辊；2—分矿板；3—传动装置；4—永磁中磁辊；5—高强度超薄皮带；6—整体轴承座架；
7—中磁辊尾矿斗；8—中磁辊精矿斗；9—机架、槽体；10—强磁辊精矿斗；11—强磁辊尾矿斗

4.1.6.2　分选过程

原矿给到中磁场磁选机上，矿石开始分离，磁性较强的矿石被吸附在中磁场磁辊筒外表的运输带上，被带入中磁辊精矿斗；而磁性较弱的矿石不能被中磁场磁选机所吸引，进入粗粒辊式强磁选机上，在永磁辊强磁场力作用下，弱磁性矿物被吸附在紧贴永磁辊外表的薄型运输带上，排入强磁辊精矿斗；脉石或磁性极弱的连生体被抛入强磁辊尾矿斗。

4.1.6.3　适用范围

该机应用范围非常广泛，既可粗粒抛尾，也可取得合格精矿；不仅能适应赤铁矿、菱铁矿、锰矿、钨矿、钽铌铁矿等弱磁性矿的选别，同时也适用于石英砂、长石矿、耐火材料、陶瓷原料、金刚石等非金属矿物的提纯。

宝钢集团上海梅山矿业有限公司选矿厂 -20+2 mm 粒级矿石原来采用粗粒跳汰机选别，精矿产率仅为 18.71%，尾矿品位高达 25%。采用 YCG ϕ350 mm×1000 mm 粗粒永磁辊式强磁选机预选该粒级尾矿品位保持在 10%~12%，粗精矿作业产率 70% 以上。改造后的工艺流程，具有设备配置紧凑，操作控制简单，基本无需耗水，选别指标稳定等优点。

4.2　湿式强磁场磁选机

4.2.1　CS-1 型电磁感应辊式强磁选机

1979 年我国研制的 CS-1 型电磁感应辊式强磁选机是大型双辊湿式强磁选机。目前该机已较成功地用于锰矿石的生产，对于其他中粒级的弱磁性矿物如赤铁矿、褐铁矿、镜铁矿、菱铁矿以及钨锡分离、锡与褐铁矿的分离等，也有着广泛的使用前景。

4.2.1.1　设备结构

该机的结构如图 4-8 所示。它主要由给矿箱、分选辊、电磁铁芯和机架等组成。磁选机主体部分是由电磁铁芯、磁极头与感应辊组成的磁系。感应辊和磁极头均由工业纯铁制成。两个电磁铁芯和两个感应辊对称平行配置，四个磁极头连接在两个铁芯的端部，感应辊与磁极头组成口字形闭合磁路，两个感应辊与四个磁极头之间构成的间隙就是四个分选带。由于没有非选别用的空气隙，磁阻小，磁能利用率高。磁场特性如图 4-9 所示。从图 4-9（a）可以看到，点 A_6 是感应辊齿尖上与水平线成 50° 角的一点，是感应辊齿尖上场强最高点，该点的场强与激磁电流的关系由图 4-9（b）和表 4-5 示出。当电流低于 70 A 时，场强随着电流的增加上升得很快；当电流超过 70 A 时，场强随着电流的增加上升得较慢；当电流达到 110 A 后，磁路开始趋近饱和，其磁场强度值为 1488 kA/m（18700 Oe）。

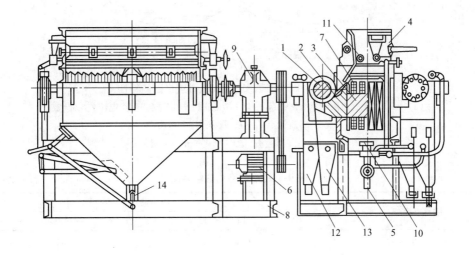

图 4-8　CS-1 型电磁感应辊式强磁选机

1—辊子；2—座板（磁极头）；3—铁芯；4—给矿箱；5—水管；6—电动机；

7—线圈；8—机架；9—减速箱；10—风机；11—给料辊；

12—精矿箱；13—尾矿箱；14—球形阀

磁场强度沿轴向的分布如图 4-9（c）所示。靠近辊中点辊齿上的磁场强度稍高，辊两端辊齿上的磁场强度略低，场强差别不太悬殊，基本是均匀的。但点 A_6 和点 C_6 的磁场强度差值较大，形成较大的磁场梯度。因此该机对比磁化率小、粒度粗的贫氧化锰矿石有较好的选别效果。

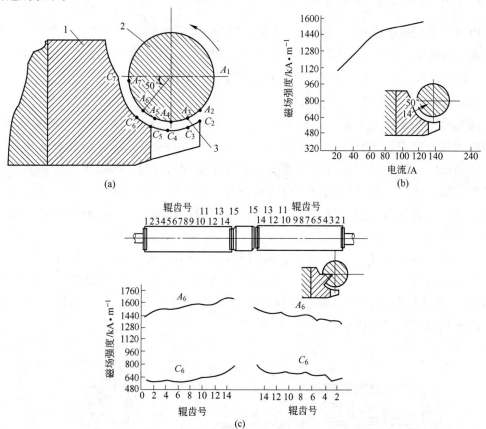

图 4-9　CS-1 型电磁感应辊式强磁选机磁场特性

（a）CS-1 型磁选机测点示意图；（b）CS-1 型磁选机平均磁场强度与电流关系曲线；

（c）各辊齿点 A_6、C_6 磁场强度分布曲线

1—磁极头（原磁极）；2—感应辊（感应磁极）

表 4-5　点 A_6 平均磁场强度　　　　　　　　　　　　　　　　kA/m

激磁电流/A	分选间隙/mm	
	14	18
30	1136	941
50	1285	1182
70	1413	1336
90	1437	1421
110	1483	1428
125	1519	1507

设备的主要技术特性如下：

选别方式	湿式
给矿粒度	5~0 mm
感应辊	
直径	375 mm
数量	2
转速	40 r/min、45 r/min、50 r/min
分选间隙	14~28 mm
磁场强度	800~1488 kA/m（10000~18700 Oe），可调
传动功率	13×2 kW（场强 1488 kA/m）
线包允许温度	130 ℃
线包冷却方式	间断风冷（风机功率 0.34 kW）
机重	14.8 t
外形尺寸	2350 mm×2374 mm×2277 mm

4.2.1.2　分选过程

原矿进入给矿箱，由给料辊将其从箱侧壁桃形孔引出，沿溜板和波形板给入感应辊和磁极头之间的分选间隙后，磁性矿粒在磁力作用下被吸到感应辊齿上并随感应辊一起旋转，当离开磁场区时，在重力和离心力等机械力的作用下脱离辊齿卸入精矿箱中；非磁性矿粒随矿浆流通过梳齿状的缺口流入尾矿箱内，然后分别从精矿箱、尾矿箱底部的排矿阀排出。

4.2.1.3　应用和分选指标

该机自 1979 年投产后，对中粒氧化锰矿石和碳酸锰矿石有较好的选别效果。处理广西八一锰矿 5~0 mm 氧化锰矿石，原矿含锰 22%~24%，给矿量 8~10 t/h，经一次选别可获得含锰 27%~29% 的精矿，锰回收率为 88%~92%。

4.2.2　琼斯（Jones）型强磁场磁选机

琼斯型强磁选机是分选细粒弱磁性铁矿石较为成功的一种湿式磁选机，已在许多国家大规模生产上得到使用。其中 DP-317 型琼斯磁选机的转盘直径为 3170 mm，处理能力高达 100~120 t/h。

我国使用的 SHP 型湿式强磁选机是在琼斯型湿式强磁选机结构的基础上进行了某些改进而研制成功的。SHP-1000 型、SHP-2000 型和 SHP-3200 型三种规格的双盘强磁选机在我国许多铁矿选矿厂曾得到成功的应用，在部分选厂仍然有应用。

4.2.2.1　设备结构

琼斯型湿式强磁选机类型很多，但基本结构相同。DP-317 型强磁选机结构如图 4-10 所示。它有一个钢制门形框架，在框架上装有两个 U 形磁轭，在磁轭的水平部位上安装四组激磁线圈，线圈外部有密封保护壳，用风扇进行空气冷却（有的线圈冷却已由风冷改为油冷）。垂直中心轴上装有两个分选圆盘，转盘的周边上有 27 个分选室，内装有不锈导磁材料制成的齿形聚磁极板，极板间距一般在 1~3 mm 左右。两个 U 形磁轭和两个转盘之间构成闭合磁路，与一般具有内外极头的磁选机相比，减少了一道空气间隙，即减少了空气的磁阻，以利于提高磁场强度。分选室内放置了齿板聚磁介质可以获得较高的磁场强度和磁场梯度，同时大大提高了生产能力。分选间隙的最大磁场强度为 640~1600 kA/m（8000~20000 Oe）。转盘和分选室由安装于顶部的电动机通过蜗杆传动装置和垂直中心轴带动在 U 形磁极间转动。

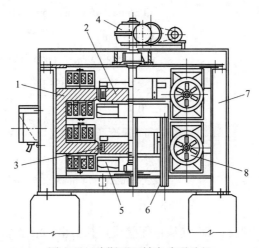

图 4-10 琼斯型双转盘式磁选机

1—"C"型磁系；2—分选转盘；3—铁磁性齿板；4—传动装置；5—产品接收槽；
6—水管；7—机架；8—扇风机

DP-317 型磁选机主要技术参数如下：

转盘直径	3170 mm
转盘数量	2
转盘转速	3.6~4 r/min
给矿方式	湿式
给矿粒度上限	1 mm
磁场强度	640~1600 kA/m（8000~20000 Oe）
线圈总安匝数	4×106000 安匝
激磁总功率	67 kW
传动电机功率	18.5 kW
（正常消耗功率）	（10 kW）
冲水压	
中矿	0.2~0.5 MPa
精矿	0.4~1 MPa
水耗（1 t 原矿）	约 1.8 m³/t

长×宽×高	6300 mm×4005 mm×4250 mm
机重	96 t

4.2.2.2 分选过程

电动机通过传动机构使转盘在磁轭之间慢速旋转，矿浆自给矿点（每个转盘有两个给矿点）给入分选箱，随即进入磁场内，非磁性颗粒随着矿浆流通过齿板的间隙流入下部的产品接矿槽中，成为尾矿。磁性颗粒在磁力作用下被吸在齿板上，并随分选室一起转动，当转到离给矿点60°位置时受到压力水（0.2~0.5 MPa）的清洗，磁性矿物中夹杂的非磁性矿物被冲洗下去，成为中矿。当分选室转到120°位置时，即处于磁场中性区，用压力水（0.4~0.5 MPa）将吸附在齿板上的磁性矿物冲下，成为精矿。

4.2.2.3 影响因素

主要影响因素有给矿粒度、给矿中强磁性矿物的含量、磁场强度、中矿和精矿冲洗水压、转盘转速以及给矿浓度等。

为保证磁选机正常运转，减少齿板缝隙的堵塞现象，必须严格控制给矿粒度上限。琼斯强磁选机采用的缝隙宽度一般为1~3 mm，因此处理粒度上限为1 mm（粒度上限=1/2~1/3缝隙宽度）。为此，在琼斯强磁选机前必须配置控制筛分，以除去大颗粒和木屑等杂物。对于小于0.03 mm的微细粒级弱磁性铁矿石，尽管减少缝隙宽度和提高磁场强度，在工业生产中也难以回收。因此，琼斯强磁选机的选别粒度下限一般认为是0.03 mm左右。

给矿中强磁性矿物含量不得大于5%，如果超过5%时，必须在琼斯磁选机前配置弱磁选或中磁选作业，预先除去强磁性矿物。

磁场强度可根据入选矿物的性质和粒度大小进行调节。

精矿冲洗水和中矿清洗水的压力和耗量在生产过程中是可以调节的。精矿冲洗水要保证有一定的压力，在通常情况下精矿冲洗水压为0.4~0.5 MPa，同时不定期地用0.7~0.8 MPa或更高水压的水冲洗，以消除齿板堵塞现象。中矿清洗水的压力高低直接影响中矿量和精矿质量，水压较高，水量过大，中矿量增加，磁性产品回收率下降，品位提高；同时中矿冲洗水量过大，中矿浓度必然大为降低，中矿再处理前就必须增加浓缩作业。反之，如水压不够，水量较小，则清洗效果不显著，通常水压为0.2~0.4 MPa。精矿和中矿冲洗水压的大小必须通过试验确定。

4.2.2.4 应用和分选指标

琼斯型湿式强磁选机主要用于选别细粒嵌布的赤铁矿、假象赤铁矿、褐铁矿和菱铁矿等矿石，也可用作稀有金属矿石的处理。该机的主要优点是：采用齿板做聚磁介质，不仅提高磁选机的磁场强度和磁场梯度，而且增加了磁选机的分选面积，提高了磁选机的处理能力；带有多分选室的转盘和磁轭之间形成闭合磁路，形成较长的分选区，有利于回收率的提高；同时，分选室与极头之间只有一道很小的空气隙，减少了磁阻，提高了磁场强度；齿板深度达220 mm，配合压力水的清洗，使精选作用较强，在保证回收率较高的情况下，可以获得较高品位的精矿；精矿用高压冲洗水清洗，减轻了分选空间的堵塞现象。但该机对小于0.03 mm的微细粒级的弱磁性矿石回收效果很差；机器笨重，单位机重的处理量还不大（1.1~1.3 t）。

　　DP-317 型琼斯强磁选机用于分选巴西多西河赤铁矿，获得如下指标：原矿含铁 48%～53%，粒度小于 0.8 mm（其中小于 0.07 mm 的占 50%），给矿浓度 56%，经一次选别得到含铁品位 67% 的铁精矿，回收率为 95%。

　　采用 SHP-1000 型湿式强磁选机选别大宝山矿的褐铁矿尾泥时，当原矿含铁品位为37.65%，经一粗一扫流程，获得含铁品位 50%～55% 的铁精矿，铁回收率达 70%～75%。

　　采用 SHP-3200 型强磁选机选别酒钢粉矿也取得了一定的效果。酒钢铁矿石的金属矿物以镜铁矿、褐铁矿和菱铁矿为主，尚有少量磁铁矿、黄铁矿等。该矿石粉矿经SHP-3200 型强磁选机分选（采用一粗一扫流程），可得到如下结果：原矿含铁品位为29.90%，精矿品位为 47.20%，尾矿品位为 14.18%，铁回收率为 75.15%，处理量为42～46 t/(h·盘)。

4.3　高梯度磁选机（HGMS）

　　高梯度磁选机是在强磁选机的基础上发展起来的一种新型强磁选机。它的特点是：通过整个工作体积的磁化场是均匀磁场，这意味着不管磁选机的处理能力大小，在工作体积中任何一个颗粒经受同在任何其他位置的颗粒所受到的同等的力；磁化场均匀的通过工作体积，介质被均匀的磁化，在磁化空间的任何位置，梯度的数量级是相同的，但和一般磁选机相比，磁场梯度大大提高，通常可达 8×10^{10} A/m^2（对钢毛介质而言），提高了 10～100 倍（琼斯磁选机齿板介质的最高梯度为 10^9 A/m^2），这样为磁性颗粒提供了强大的磁力来克服流体阻力和重力，使微细粒弱磁性颗粒可以得到有效的回收（回收粒级下限最低可达 1 μm）；介质所占的空间大为降低，高梯度磁选机介质充填率仅为 5%～12%（一般强磁选机的介质充填率为 50%～70%），因而提高了分选区的利用率；介质轻，传动负载轻；处理量大。由于高梯度磁选机具有上述这些特点，所以受到各国的重视。近十几年来，在理论研究、设备研制等方面都得到较快的发展。目前，除高岭土提纯和水的处理已实现工业生产外，用于矿物加工等其他领域已进入工业试验和实用阶段。

　　高梯度磁选机分为周期式和连续式两种类型，现分述如下。

4.3.1　周期式高梯度磁选机

　　周期式高梯度磁选机又称磁分离器或磁滤器。第一台工业用的周期式小型高梯度磁选机于 1969 年由瑞典的萨拉（Sala）磁力公司研制成功，安装在美国一家高岭土公司用于高岭土提纯。目前，各国生产的周期式磁选机种类繁多，但其基本结构相同，主要用于高岭土提纯和水的处理。

4.3.1.1　设备结构

　　周期式高梯度磁选机的结构如图 4-11 所示。它主要由铁铠装螺线管、带有不锈钢毛介质的分选箱以及出口、入口、阀门等部分组成。螺线管由空心扁铜线绕成，导线通水冷却，铁磁性介质主要是金属压延网或不锈钢毛。

　　该机背景场强可达 1600 kA/m（20000 Oe），磁场梯度为 8×10^{10} A/m^2。

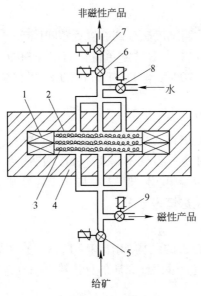

图 4-11　周期式高梯度磁选机

1—螺线管；2—分选箱；3—钢毛；4—铠装铁壳；5—给料阀；6—排料阀；

7—流速控制阀；8，9—冲洗阀

PEM-84 型周期式高梯度磁选机的技术特性如下：

分选箱直径	2.14 m
磁场强度	1600 kA/m
给料粒度	<0.5 mm
处理能力	100 t/h
磁系激磁功率	400 kW（最大）
泵功率	400 kW（最大）

4.3.1.2　分选过程

周期式高梯度磁选机工作时分给矿、漂洗和冲洗三个阶段。料浆（浓度一般为 30%左右）由下部以相当慢的流速进入分选区，磁性颗粒被吸附在钢毛上，其余的料浆通过上部的排料阀排出。经一定时间后停止给料（即钢毛达到了饱和吸附），打开冲洗阀，清水从下面给入并通过分选室钢毛，把夹杂在钢毛上的非磁性颗粒冲洗出去。然后切断直流电源，接通电压逐渐降低的交流电使钢毛退磁后，打开上部的冲洗水阀，给入高压冲洗水，吸附在钢毛上的磁性颗粒被冲洗干净，由下部排料阀排出。完成上述一个过程称为一个工作周期。完成一个周期后即可开始下一周期的工作。整个机组的工作可以自动按程序进行。操作时完成一个周期需 10~15 min 左右。

4.3.1.3　应用和分选指标

从高岭土中脱除铁杂质（如赤铁矿颗粒）是该机应用的突出例子。美国生产的高岭土产品中很大一部分是经高梯度磁分离处理的产品。英国、捷克和波兰等国的高岭土洗选厂也采用了这种磁分离新技术。美国佐治亚州所有主要的黏土公司都采用这种周期式高梯度磁选机提高黏土的质量。

ZJG-200-400-2T 型周期式高梯度磁分离装置处理我国苏州青山白泥矿高岭土得到如下指标：原泥含 Fe_2O_3 为 2.6% 左右，分选室单位截面积处理能力为 $0.4 \sim 0.7$ kg/cm^2 时，通过 1 次分离得到产率为 80%～90%、含 Fe_2O_3 为 0.20%～0.65% 的精泥。

4.3.2　连续式高梯度磁选机

连续式高梯度磁选机是在周期式高梯度磁选机的基础上发展的，它的磁体结构和工作特点与周期式高梯度磁选机相近。设计连续式高梯度磁选机的主要目的在于提高磁体的负载周期率，以适应细粒的固-固颗粒分选，主要应用于工业矿物、铁矿石和其他金属矿石的加工，固体废料的再生以及选煤等方面。

4.3.2.1　设备结构

萨拉型连续式高梯度磁选机的结构如图 4-12 所示。它主要由分选环、马鞍形螺线管线圈、铠装螺线管铁壳以及装有铁磁性介质的分选箱等部分组成。

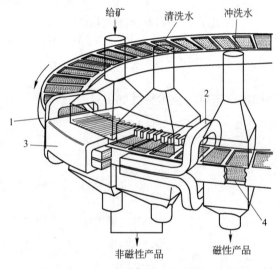

图 4-12　Sala-HGMS^R 连续式高梯度磁选机

1—旋转分选环；2—马鞍形螺线管线圈；3—铠装螺线管铁壳；4—分选箱

分选环安装在一个中心轴上，由电动机经减速机而转动，根据选别需要确定其转速大小。环体由非磁性材料制成。分选环分成若干个分选室，分选室内装有耐蚀软磁聚磁介质（金属压延网或不锈钢毛）。分选环的直径、宽度、高度根据选别需要设计出不同的规格。铠装螺线管磁体是区分其他湿式强磁选机的主要部分。图 4-13 为这种螺线管磁体的示意图。为了在环式磁选机中产生均匀的磁场，磁体由两个分开的马鞍形线圈所组成，以便使装有介质的环体通过线圈转动。铁铠回路框架包围螺线管

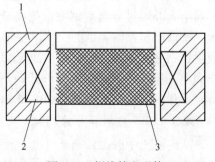

图 4-13　螺线管电磁体

1—铁铠回路框架；2—磁体线圈；3—介质

电磁体并作为磁极，马鞍形螺线管线圈一般可采用空心方形软紫铜管绕成，通以低电压大电流，通水内冷，使导线的电流密度提高数倍，以便在限定的空间范围内能满足设计的安匝数。索菲（Cloffi）把铠装螺线管内腔中产生磁场源分为两部分，一部分是由线圈励磁产生的，另一部分是由铁壳磁化后，其内部原子磁矩取向而贡献的，这部分的场强为：

$$H = M_s \int \frac{(1 + 3\cos^2\theta)^{\frac{1}{2}}}{r^3} \mathrm{d}V \tag{4-1}$$

式中　M_s——铁铠的饱和磁化强度；

　　　θ——原子磁矩取向与螺线管轴线的夹角；

　　　r——原子磁偶极子到螺线管中心的距离。

应用式（4-1）时，必须使铁壳磁化达到饱和，否则磁偶极子的取向，即θ角不易确定。但对铠装螺线管并不希望它磁化到饱和，因为磁饱和后磁阻增加，会使磁势在磁路中的损失增加。

4.3.2.2　介质

一般采用金属压延网或不锈导磁钢毛。常用的几种分选介质列于表4-6。理论研究指出，当一根圆断面钢毛的直径与磁性颗粒的直径相匹配时，即钢毛的直径是颗粒直径的2.69倍时，作用在钢毛附近颗粒上的磁力最大。因此，处理粗颗粒物料时应选择粗钢毛，细颗粒要选择细钢毛。介质的最大充填率随介质尺寸的减少而显著减小。合适的充填率要通过试验确定。

表4-6　常用的几种分选介质

介质型号	代　号	尺寸/μm	充填率/%
粗压延金属网	EM1	700（600~800）①	12.3
中压延金属网	EM2	400（250~480）①	9.7
细压延金属网	EM3	250（100~330）①	15.9
粗钢毛	SW1	100~300	4.8
中钢毛	SW2	50~150	4.9
细钢毛	SW3	25~75	6.6
极细钢毛	SW4	8.2	1.9

① 测定值。

4.3.2.3　分选过程

矿浆由上导磁体的长孔中流到处在磁化区的分选室中，弱磁性颗粒被捕集到磁化了的聚磁介质上，非磁性颗粒随矿浆流通过介质的间隙流到分选室底部排出成为尾矿，捕集在聚磁介质上的弱磁性颗粒随分选环转动，被带到磁化区域的清洗段，进一步清洗掉非磁性颗粒，然后离开磁化区域，被捕集的弱磁性颗粒在冲洗水的作用下排出，成为精矿。

4.3.2.4　应用和分选指标

萨拉磁力公司已制造出各种中间规模和生产规模的连续式高梯度磁选机。其中 SALA-

HGMS Model480 型连续式高梯度磁选机是目前较大的一种连续高梯度磁选机，该机外径为 7.5 m，一个机上可配置四个磁极头，每个磁极头生产能力高达 200 t/h。

据报道，用 SALA 型高梯度磁选机处理巴西多西河股份公司的镜铁矿，矿样使用琼斯型湿式强磁选机处理的粗、细粒物料和被废弃的矿泥，试验结果如下：矿样为含铁品位 51.6% 的镜铁矿，经两段选别，精矿产率 75%，精矿含铁品位 68.6%，铁回收率 97.6%，每个磁极头的处理能力为 100 t/h，每台机器的能力为 200 t/h。含铁品位 45.5%，粒度 30 μm 的矿泥，经选别其指标如下：铁回收率 75% 时含铁品位 65%；铁回收率 63% 时含铁品位 67.35%；铁回收率 48% 时含铁品位 67.9%。

用萨拉型连续式高梯度磁选机降低煤的灰分和含硫量也是成功的。萨拉磁力公司对磨到 -0.9 + 0.074 mm 的煤进行试验，去掉了大部分灰分（>52%）和硫分（>72%），BTV（英国热单位）的回收率超过 90%。

4.3.3　Slon 型立环脉动高梯度磁选机

20 世纪 80 年代初开始研制的 Slon 型脉动高梯度磁选机，到目前已有 Slon-500、Slon-750、Slon-1000、Slon-1250、Slon-1500、Slon-2000、Slon-4500 多种型号，并已在工业上得到应用。

4.3.3.1　设备结构

图 4-14 是 Slon-1500 型立环脉动高梯度磁选机的结构示意图。

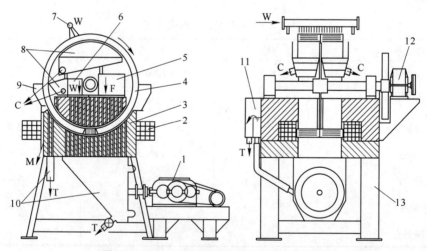

图 4-14　Slon-1500 型立环脉动高梯度磁选机

1—脉动机构；2—激磁线圈；3—铁轭；4—转环；5—给料斗；6—漂洗水；7—磁性产物冲洗水管；
8—磁性产物斗；9—中间产物斗；10—非磁性产物斗；11—液面斗；12—转环驱动机构；13—机架
F—给料；W—清水；C—磁性产物；M—中间产物；T—非磁性产物

该机主要由脉动机构、激磁线圈、铁轭、转环和各种料斗、水斗组成。立环内装有导磁不锈钢棒介质（也可以根据需要充填钢毛等磁介质）。转环和脉动机构分别由电机驱动。

4.3.3.2　分选过程

分选物料时，转环做顺时针旋转，浆体从给料斗给入，沿上铁轭缝隙流经转环，其中的磁性颗粒被吸在磁介质表面，由转环带至顶部无磁场区后，被冲洗水冲入磁性产物斗中。同时，当给料中有粗颗粒不能穿过磁介质堆时，它们会停留在磁介质堆的上表面，当磁介质堆被转环带至顶部时，被冲洗水冲入磁性产物斗中。

当鼓膜在冲程箱的驱动下做往复运动时，只要浆体液面高度能浸没转环下部的磁介质，分选室的浆体便做上下往复运动，从而使物料在分选过程中始终保持松散状态，这可以有效地消除非磁性颗粒的机械夹杂，显著地提高磁性产物的质量。此外，脉动对防止磁介质的堵塞也大有好处。

为了保证良好的分选效果，使脉动充分发挥作用，维持浆体液面高度至关重要，该机的液位调节可通过调节非磁性产物斗下部的阀门、给料量或漂洗水量来实现。该机还有一定的液位自我调节能力，当外部因素引起液面升高时，非磁性产物的排放有阀门和液位斗溢流面两种通道；当液面较低时，液位斗不排料，非磁性产物只能经阀门排出，此外，液面较低时，液面至阀门的高差减小，压力降低，非磁性产物的流速自动变慢。液位斗的液面与分选区的液面同样高，它既有自我调节液位的作用，又供操作者随时观察液位高度。该机的分选区大致分为受料区、排料区和漂洗区三部分。当转环上的分选室进入分选区时，主要是接收给料，分选室内的磁介质迅速捕获浆体中的磁性颗粒，并排走一部分非磁性产物；当它随转环到达分选区中部时，上铁轭位于此处的缝隙与大气相通，分选室内的大部分非磁性产物迅速从排料管排出；当分选室转至左边漂洗区时，脉动漂洗水将剩下的非磁性产物洗净；当它转出分选区时，室内剩下的水分及其夹带的少量颗粒从中间产物斗排走；中间产物可酌情排入非磁性产物、磁性产物或返回给料；选出的磁性产物一小部分借重力落入磁性产物小斗中，大部分被带至顶部被冲洗至磁性产物大斗。

4.3.3.3　应用和分选指标

在马鞍山铁矿选矿厂该机已成功用来分选细粒赤铁矿。给料为 $\phi350\ mm$ 旋流器的溢流，其铁品位为 28.13%，磁性产物的铁品位为 56.09%，非磁性产物的铁品位为 16.52%，作业回收率为 58.49%。与采用卧式离心分选机比较，磁性产物的铁品位和回收率分别提高 4% 和 10% 左右。

在鞍钢弓长岭铁矿选矿厂，把 Slon-1500 型高梯度磁选机用在弱磁-强磁-重选工艺流程中，代替粗选离心分选机。当给料的铁品位为 28.44% 时，选出的磁性产物的铁品位为 35.71%、非磁性产物的铁品位为 9.85%、回收率为 90.26%。

4.3.4　双立环式磁选机

我国研制的 $\phi1500\ mm$ 双立环强磁选机，最初用于稀有矿物的磁选，经改进后多用于弱磁性赤或褐铁矿石的磁选。该机的特点是：分选圆环是立式的。

4.3.4.1　设备结构

$\phi1500\ mm$ 双立环强磁选机的结构如图 4-15 所示。它由给矿器、分选环、磁系、尾矿槽、精矿槽、供水系统和传动装置等部分组成。

磁系由磁轭、铁芯和激磁线圈组成。磁轭和铁芯构成"日"字形闭合磁路。线圈为单层绕组散热片结构，用 4 mm×230 mm 的紫铜板焊接而成。每匝间用 4 mm 的云母片隔开。

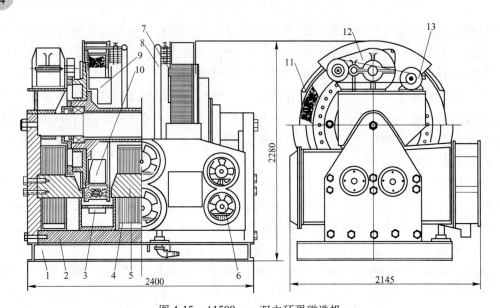

图 4-15　φ1500 mm 双立环强磁选机

1—机座；2—磁轭；3—尾矿槽；4—线圈；5—磁极；6—风机；7—分选圆环；8—冲洗水管；
9—精矿槽；10—给矿器；11—球介质；12—减速箱；13—电动机

中间的线圈为 48 匝，两边的各为 24 匝。三个线圈共 96 匝，串联使用。采用低电压大电流（电压为 12.5 V，电流为 2000 A）激磁。线圈用 6 台风机进行冷却。铁芯用工程纯铁制成，横断面积为 16 cm×100 cm，极头工作面积为 8 cm×100 cm，极距为 275 mm。该机磁系磁路较短，漏磁较小，磁场强度可达 1600 kA/m(20000 Oe)。磁系兼作机架，下部磁轭为机架底座，上部磁轭即是主轴，两侧磁轭是主轴支架，因此节省了钢材，减轻了机重，设备结构也较为紧凑。

分选圆环有两个。分选圆环垂直安装在同一水平轴上，故名双立环式。环外径为 1500 mm，内径为 1180 mm，有效宽度为 200 mm。环壁由 8 块形状和尺寸相同的纯铁板和相同数量的隔磁板组装而成。嵌入隔磁板的目的是减少漏磁，并使磁性产品卸矿区的磁场强度降到最小，以便磁性产品顺利卸出。在环体内外周边装有不锈钢筛箅，以防止粗粒矿石及杂物进入分选室。整个分选环用非导磁材料分隔成 40 个分选室，内装直径为 6~22 mm 的球介质，充填率为 85%~90%。

φ1500 mm 双立环磁选机的主要技术性能如下：

分选圆环直径	1500 mm
分选圆环转速	3.5~6.5 r/min
磁场强度	1600 kA/m
给矿粒度	
上限	1 mm
下限	0.02 mm
给矿浓度	35%~50%

处理能力	14~17 t/（h·台）
冲洗水压	1~3 kg/cm²
最大激磁功率	25 kW
传动功率	3 kW
外形尺寸（长×宽×高）	2400 mm×2145 mm×2280 mm
机重	16.5 t

ϕ1500 mm 双立环磁选机的磁场特性如图 4-16 所示。当两个分选环的总运转间隙为 10 mm，分选室内放置 ϕ6~12 mm 纯铁球介质（充填率 85%~90%）时，极头与分选环外壁之间的间隙中点处的磁场强度随激磁电流增加而急剧增强。增到 1440 kA/m 时，趋近磁饱和。激磁电流为 2000 A 时，场强可达 1600 kA/m。

图 4-17 示出球介质的磁场特性。曲线说明，两球接触点附近的磁场强度很高，随着离接触点距离的增加，磁场强度急剧下降。

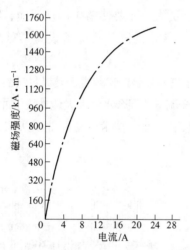

图 4-16　ϕ1500 mm 双立环磁选机的
场强与电流的关系

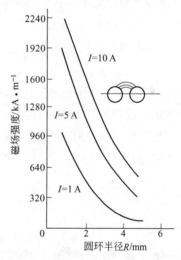

图 4-17　球介质间的场强与离球
接触点距离的关系

4.3.4.2　分选过程

装球介质的分选圆环在磁场中慢速旋转。矿浆经细筛排除粗粒和杂质后，沿整个圆环宽度给入处于磁场中的分选室中。非磁性矿粒在重力作用下，随矿浆穿过球介质间隙流到尾矿槽中排出。磁性矿粒被吸在球介质磁力很大的部分表面上，并随分选环一起转动离开磁场区，当运转到环体最高位置时，受到压力水的冲洗流入精矿槽中。

该机的特点是球介质随分选圆环的垂直运转可以得到较好的松动，较好地解决了介质的堵塞问题；有退磁作用，容易卸矿，所以精矿冲洗用常压水（1~3 kg/cm²）即可。

4.3.4.3　应用和分选指标

该机的适应性强，选别粒度较宽，因此应用范围较广，可用于黑色、有色和稀有金属矿石的分选。根据实践，给矿最大粒度不能大于球隙内接圆直径的 $1/2 \sim 1/3$，一般最大给矿粒度为球径的 $0.05 \sim 0.08$ 倍。回收粒度下限也与球径大小有关，当用 6 mm 的球介质时，回收粒度下限为 20 μm。

该机分选广东大宝山铁矿褐铁矿洗矿尾泥和堆存粉矿时得到如下指标：给矿含铁品位 46%，经一粗、一精和一扫选别流程，获得含铁品位 55% 以上、含二氧化硅 5% 以下的精矿，铁回收率在 85% 以上。

4.3.5　气水联合卸矿双立环高梯度磁选机

在现有的高梯度磁选机上，精矿卸矿都采用单独的水冲洗来进行精矿卸矿，由于聚磁介质由多层比较致密的棒、网组成，在冲洗时只能采用大水量的办法来提高其卸矿效果，尽管如此仍有部分磁性颗粒黏附于聚磁介质上而没法冲洗干净，而且这部分未冲洗干净的精矿又占据聚磁介质的有效表面，同时采用大量冲洗水使卸下的精矿矿浆浓度变得很稀，不仅浪费水资源，也给下道作业带来难度，在浓度达不到要求时还必须进行浓缩。最主要的是，当设备大型化采用细磁介质回收微细粒级弱磁性矿物时，这种问题就表现得突出，大型设备中所采用的聚磁介质的层数更多，厚度更大，而要使精矿冲洗干净，除了增加冲洗水量之外，还需要降低分选环转速，而分选环转速的降低意味着设备的处理量也随之降低。

针对上述问题，广州有色金属研究院研制出了气水联合卸矿装置，其风量（约 3300 m³/h）要比冲洗水的水量（约 100 m³/h）大几十倍，这样流量的混合水气大大地加快了冲洗速度（见图 4-18），使磁性物的冲洗率大大提高。采用气水混合冲洗技术可使冲洗率从 67.29% 提高到 85.83%，精矿浓度从 4.49% 提高到 11.79%，增加了 7.30%。

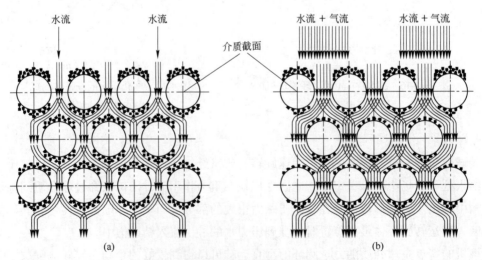

图 4-18　气水联合卸矿与普通卸矿的对比

(a) 普通卸矿；(b) 气水联合卸矿

气水联合卸矿双立环高梯度磁选机如图 4-19 所示。

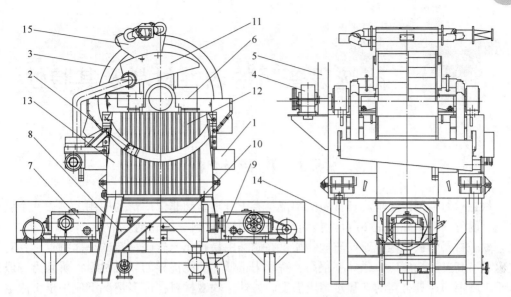

图 4-19　气水联合卸矿双立环高梯度磁选机

1—激磁线圈；2—介质；3—分选环；4—减速机；5—齿轮；6—给矿斗；7—中矿脉冲机构；8—中矿斗；
9—尾矿脉冲机构；10—尾矿斗；11—精矿斗；12—上磁极；13—下磁极；
14—机架；15—气水卸矿装置

5 磁选设备用的磁性材料及其特性

5.1 软 磁 材 料

软磁材料在国民经济和日常生活中都具有十分重要和非常广泛的应用。过去一个世纪中电力的发展，基础便是 20 世纪初问世的一种软磁材料——硅钢。

软磁材料为铁磁性或亚铁磁性物质，在磁场中易磁化。软磁材料的总体特点是：对外加磁场有高灵敏性反应，磁导率很高；矫顽力很低，性能优异的软磁材料，矫顽力一般都低于 100 A/m；具有高的饱和磁感应强度。另外，软磁材料在许多情况下应用于交流电磁场中，此时，磁性材料的损耗也成为其一个非常重要的性能指标。广泛使用的软磁材料可以分成软磁合金和软磁铁氧体两大类。

5.1.1 铁基软磁材料

铁基软磁材料是指以铁为主要组成元素的软磁合金（这里不包括非晶态的新型铁基软磁材料）。主要有电工纯铁、铁硅合金（硅钢）、铁铝合金、铁硅铝合金。

5.1.1.1 工业纯铁

工业纯铁主要组成元素是铁，常存元素碳的质量分数不高于 0.04%，另含一些难以全除去的杂质，如氮、氢、氧、硫、磷等。此外，还有一些冶炼过程中加入的少量元素的残留，包括脱氧用的铝、硅等，以及特别加入的少量合金元素，如锰、镍、铬、铜等。工业纯铁作为软磁材料，突出特点是：饱和磁感应强度高（室温下达 2.16 T），电阻率低（室温下约为 10 $\mu\Omega \cdot cm$），这就限制了它的应用。其主要用于直流场中，如直流电机和电磁铁的铁芯及轭铁等。

电工纯铁的磁性能如表 5-1 所示。主要受其中碳、氮等间隙原子的影响，原因是杂质原子的局部应力场与材料的磁致伸缩发生交互作用。如果通过去除杂质退火处理降低其含量，纯铁的初始和最大磁导率均可大幅度提高。此外，氧化物、氮化物、碳化物等夹杂对畴壁的移动也有很大的阻碍作用，从而使磁导率下降。

表 5-1 电工纯铁的磁性能

牌 号	H_c 最大值 /A·m^{-1}	μ_m 最低值	不同磁场下磁感应强度最低值/T				
			B500	B1000	B2000	B5000	B10000
DT3、DT4 DT5、DT6	95	6000	1.40	1.50	1.62	1.71	1.80
DT3A、DT4A DT5A、DT6A	72	7000					
DT4E、DT6E	48	9000					
DT4C、DT6C	32	12000					

5.1.1.2 Fe-Si 合金

作为软磁材料的 Fe-Si 合金，又称为硅钢（旧也称矽钢），是用量最大的软磁材料。硅钢主要用于工频交流电磁场中，在多数情况下是强磁场。为降低涡流损耗，一般轧制成薄片，主要产品厚度为 0.35 mm 和 0.5 mm 两种，常称硅钢片，又称电工钢带。表 5-2 为部分不同类型硅钢片（带）产品的性能对比。

通过加入合金元素硅，该软磁合金具有数倍于电工纯铁的电阻率，同时，内禀磁特性的改善以及取向合金中的织构大幅度降低了磁滞损耗，可以经济地应用于交变强磁场中的软磁材料。

表 5-2　部分不同类型硅钢片（带）产品的性能对比

类　型	牌　号	最大铁损/W·kg^{-1}			最小磁感应强度/T		
		$P_{10/50}$	$P_{15/50}$	$P_{17/50}$	B1000	B5000	B10000
热轧 (GB 5212—85)	DR530-50	2.20	5.30			1.61	1.74
	DR260-50	1.10	2.65			1.55	1.67
	DR360-35	1.60	3.60			1.57	1.71
	DR255-35	1.05	2.55			1.54	1.66
冷轧无取向 (GB 2521—88)	DW270-35		2.70			1.58	
	DW550-35		5.50			1.66	
	DW315-50		3.15			1.58	
	DW1550-50		15.50			1.69	
冷轧单取向 (GB 2521—88)	DQ122G-50			1.22	1.88		
	DQ196-30			1.96	1.68		
	DQ151-35			1.51	1.77		
	DQ230-30			2.30	1.63		
冷轧电工 (0.35 mm 厚)	DQ1	0.90	2.00	2.90	1.57	1.80	
	DQ6	0.50	1.15	1.66	1.77	1.93	
HL-B 日本	0.30 mm 厚			1.05~1.22	1.89		
	0.35 mm 厚			1.17~1.37	1.89		

注：表中合金牌号中，字母 D 代表"电工钢"，R、W、Q 分别代表热轧、无取向冷轧和取向冷轧硅钢。合金的两组数字分别代表最大损耗功率（为乘以 100 后的数值）和硅钢片厚度（为乘以 100 后的数值）。冷轧电工硅钢例外。

5.1.1.3 Fe-Al 与 Fe-Si-Al 软磁合金

Fe-Al 软磁合金中，铝的质量分数 $w(Al) \leqslant 16\%$。合金为单相固熔体，其晶体结构属于体心立方点阵。$w(Al)$ 在 10% 以上的固熔体冷却时会发生序转变，形成 Fe_3Al。

Fe-Al 软磁合金依铝的质量不同形成一个合金系列。其中，低铝合金中 Al 的质量分数在 6% 左右，其性能与 4% 的无取向硅钢相近。12% Al-Fe 合金，磁导率和饱和磁感应强度均比较高，可替代镍坡莫合金。$w(Al)$ 约为 16% 的高铝导磁合金，属于廉价的高导磁合金。中、高含量的合金不能进行冷加工，生产工艺比较复杂。

调整 Fe-Si-Al 三元合金成分，可以使磁晶各向异性常数 K 和磁致伸缩系数 λ_s 同时接近于零，得到性能优异的软磁 Fe-Si-Al 合金。该合金的磁导率很高，最大磁导率达 120000，饱和磁感应强度可以达到 1.0 T。Fe-Si-Al 合金，又称 Sendust 合金，其硬度较高，耐磨性好，脆性大，通常只能通过粉末冶金方法制作元器件，或通过铸造得到棒材，再线切割加工成型。该合金实际中常用于制作磁带设备磁头。此外，还可以通过添加 Ni、Ti、Zr、Ce、Cr 等元素来进一步改善其性能。

典型的 Fe-Al 与 Fe-Si-Al 软磁合金的性能如表 5-3 所示。

表 5-3　典型的 Fe-Al 与 Fe-Si-Al 软磁合金的性能

合金牌号	基本组成	μ_{m}	$H_{\mathrm{c}}/\mathrm{A} \cdot \mathrm{m}^{-1}$	$B_{\mathrm{s}}/\mathrm{T}$	特　点
1J6	6%Al-Fe				耐蚀性良好，用于微电机、电磁阀
1J12	12%Al-Fe	25000	12	1.45	
1J16	16%Al-Fe	50000	3.2	0.78	电阻率高达 1.40~1.60 Ω·m，硬度高，适用于作磁头
Fe-Si-Al (Sendust)	5.4%Al-9.6%Si-Fe	120000		1.0	硬度高，耐磨，适用于金属带的写入磁头

5.1.1.4　铁钴系合金

铁钴系合金是具有高饱和磁感应强度的合金。含 35%Co 的铁钴合金是目前饱和磁通密度 B_{s} 值最高的合金，其 B_{s} 值为 2.45 T，居里点也较高（约为 900 ℃）。铁钴合金的居里点随钴含量的增加而提高，50%Co 时居里点最高，约为 980 ℃，其有序转变温度为 725~730 ℃。42%Co 和 50%Co 合金的磁晶各向异性常数 K_1 值接近于零，因此具有比较大的磁导率 μ 值。在铁钴合金中常加入钒、铬等元素以改善其加工性能并提高电阻率，例如合金牌号 1J22，其成分为：$w(\mathrm{V}) = 0.8\% \sim 1.8\%$，$w(\mathrm{Co}) = 49\% \sim 51\%$，该合金的饱和磁化强度高达 2.4 T，初始磁导率为 1000，最大磁导率可以达到 8000 以上，矫顽力小于 60 A/m。铁钴系合金具有极高的饱和磁通密度和居里温度，因而适合于制作要求重量轻、体积小、工作温度高的航空电器（微特电机、电磁铁、继电器等）。同时它还具有较大的饱和磁致伸缩系数 λ_{s}，可用于制作磁致伸缩换能器。与铁镍合金相比，铁钴系合金的加工性能差，容易氧化，电阻率低，频率高时损耗大，因此不宜在高频下工作；又因成本高，多用于要求高的力矩电动机转子、电磁铁极头、耳膜振动片、电源变压器、磁致伸缩换能器等。

5.1.2　Fe-Ni 软磁合金

Fe-Ni 软磁合金是镍的质量分数为 30%~90% 的一系列合金，其中，多数情况下都还要加入第三组元的合金元素，来改善合金的各种特性，如强度、硬度、电阻率等。此外，还结合磁场热处理、控制晶粒取向等工艺手段，使 Fe-Ni 系软磁合金性能变化多端，能适应多种特殊要求。Fe-Ni 系软磁合金大致可以分为以下几类：

（1）高磁导合金，又称坡莫合金。其常用于在低磁场下对磁导率要求高的弱磁场中。如电信、仪器仪表中的互感器、音频变压器、磁头、磁屏障、继电器、磁放大器。

（2）中导磁、中饱和磁感合金。这一类合金是指 $w(\mathrm{Ni})$ 在 45%~50% 范围内的 Fe-Ni 合金。这类合金饱和磁感应强度 $B_{\mathrm{s}} \geqslant 1.5\mathrm{T}$，这在 Fe-Ni 软磁合金中是最高的，其磁导率也比较高。对于需要较高磁感应强度的应用，应尽量少加合金元素，$Fe(49\% \sim 51\%)$-Ni 合金是 Fe-Ni 系软磁合金中为数不多的实用纯二元合金。出于改善性能和简化生产工艺的考虑，有时也加入铬、锰、硅、铜等合金元素。这类软磁合金的价格较低、产品性能稳定，对应力不敏感，主要作为铁芯用于小功率变压器、微电机、继电器、电磁离合器中，也用作磁屏蔽罩、话筒振动膜、电磁衔铁和磁导体。

（3）恒磁导合金。这类软磁合金的磁化曲线在一定磁场范围内近似为直线，即磁导率基本保持恒定，其磁滞回线扁平、剩磁很低。此外，合金的磁导率在一定温度和频率范围内变化较小。恒导磁特性需要软磁合金中存在各种阻碍磁化的微观组织因素来实现特性，与一般的软磁合金相比，其最大磁导率较低。恒磁导合金主要用于恒电感器中。

（4）矩形合金。这类合金的磁滞回线近似为矩形，其主要特征为剩磁比 B_T/B_s 高，一般大于 0.85。矩形合金主要用于磁放大器、调制器、脉冲变压器、磁芯存储器、直流变换器和方波变压器中，利用其磁感强度随着磁场变化发生突然变化的特征。

（5）磁温度补偿合金。这类合金是指居里温度点 T_c 略高于室温，在室温附近饱和磁感应强度 B_s 随温度升高呈直线急剧下降的合金，又称热磁合金或热磁补偿合金。将这类合金制成磁导体，并联于主磁回路，可以补偿主磁回路中磁通因环境温度变化所引起的误差，从而保证主磁回路中的磁通量不变。实践中该合金主要用于磁电式仪表、转速表、速度表、里程表和电度表中。

部分 Fe-Ni 软磁合金的性能如表 5-4 所示。

表 5-4　部分 Fe-Ni 软磁合金的性能

合金牌号	主要成分 （质量分数）/%	μ_i	μ_m	$H_c/A \cdot m^{-1}$	B_s/T	$T_c/℃$	ρ $/\mu\Omega \cdot cm$
78-坡莫合金	78.5Ni	8000	100000	4.0	1.08	600	16
1J79	79Ni，4Mo	24000	200000	1.2	0.76	450	55
1J77	77Ni，4Mo，5Cu	60000	250000	0.80	0.60	350	55
超坡莫合金	79Ni，5Mo	100000	1000000	0.16	0.79	400	60
1J46	（45～47）Ni，余 Fe	2000	18000	32/12	1.5	400	45
45Ni5CuFe	45Ni，4Cu，余 Fe	2000	20000	32	1.56		55
1J50	（49～51）Ni，余 Fe	4700	52000	8.8	1.5	500	45
1J54	50Ni，4Cr，余 Fe	3200	32000	8	1.0	360	90

5.1.3　软磁铁氧体材料

软磁铁氧体材料具有强的磁性耦合，高的电阻率和低损率，种类繁多，应用广泛。磁铁氧体材料主要分为两类：一类是具有尖晶石结构，化学结构为 MFe_2O_4 的铁氧体材料，结构式中 M 在锰锌铁氧体中代表 Mn、Zn 和 Fe 的结合，而在镍锌铁氧体中镍代替了锰，此类磁铁氧体材料主要用于通信变压器、电感器、阴极射线管用变压器以及制作微波器件等；另一类是石榴石结构，化学式为 $R_3Fe_5O_{12}$，其中 R 代表铱或稀土元素，饱和磁化强度比尖晶石结构的软磁铁氧体的低，用于 $1 \sim 5$ GHz 频率范围。几种软磁铁氧体材料的性能如表 5-5 所示。

表 5-5 　几种软磁铁氧体材料的性能

材料体系	μ_i	B_s/T	$H_c/A \cdot m^{-1}$	T_c/K	电阻率$/\Omega \cdot cm$	适用频率$/MHz$
Mn-Zn 系	>15000	0.35	2.4	373	2	0.01
Mn-Zn 系	4500	0.46	16	573	—	0.01~0.1
Mn-Zn 系	800	0.40	40	573	500	0.01~0.5
Ni-Zn 系	200	0.25	120	523	5×10^4	0.3~10
Ni-Zn 系	20	0.15	960	>673	10^7	40~80
Cu-Zn 系	50~500	0.15~0.29	30~40	313~523	$10^{6~7}$	0.1~30

5.2　永 磁 材 料

永磁材料又称硬磁材料或恒磁材料。硬磁材料的矫顽力比软磁材料大得多,一般将具有 8 kA/m 以上矫顽力的磁性材料称为永磁材料。永磁材料矫顽力大,永磁材料经磁化离开磁场后仍能保持较强的剩磁,在较强的反向磁场下仍可以保留较强的磁感应强度。永磁材料可以向给定的空间长期提供一个不再消耗电能的恒定磁场。永磁材料广泛用于仪器仪表、电子电信、航空航海、工业、农业、医疗以及家用电器。

常用的永磁材料主要具有以下磁特性:

(1) 高的最大磁能积 $(BH)_{max}$,是永磁材料单位体积存储和可利用的最大磁能量密度的量度;

(2) 高的矫顽力 H_c,是永磁材料抵抗磁的和非磁的干扰而保持其永磁性的量度;

(3) 高的剩余磁感应强度 B_r 和高的剩余磁化强度 M_r,它们是具有空气隙的永磁材料的气隙中磁场强度的量度;

(4) 高的稳定性,即对外加干扰磁场和温度、震动等环境因素变化的高稳定性。

当前常用的重要永磁材料主要有:

(1) 稀土永磁材料,是以稀土族元素和铁族元素为主要组元的金属互化物(又称金属间化合物)。

(2) 金属永磁材料,以铁和铁族元素(如镍、钴等)为重要组元,主要有铝镍钴 (AlNiCo) 系和铁铬钴 (FeCrCo) 系两大类永磁合金。铝镍钴系合金永磁性能随化学成分和制造工艺变化的范围较宽,故应用范围也较广;铁铬钴系永磁合金的特点是永磁性能中等,但其力学性能允许各种机械加工及冷或热的塑性变形,其可以制成管状、片状或线状而供多种特殊应用。

(3) 铁氧体永磁材料,以 Fe_2O_3 为主要组元的复合氧化物强磁材料(狭义)和磁有序材料,如钡铁氧体 $(BaFe_{12}O_{19})$ 和锶铁氧体 $(SrFe_{12}O_{19})$,其特点是电阻率高,特别有利于在高频和微波中应用。

5.2.1　铝镍钴合金

铝镍钴合金是在铁镍铝合金的基础上添加钴而形成的。与铁镍铝系合金相比,钴的存

在使铝镍钴合金中 α_1 相的饱和磁化强度提高，也使其剩磁、矫顽力和居里温度提高（$T_c =$ 850 ℃）。另外，钴的存在降低了 Spindal 分解温度（$T_s \leqslant 870$ ℃），这有利于磁场热处理，提高剩磁和隆起度。

铝镍钴磁体具有温度稳定性和时间稳定性，广泛应用于仪器仪表、电机等要求温度稳定性高的永磁器件中，特别适合于鱼雷、导弹、飞机等武器装备和卫星等航天器中使用。表 5-6 是典型的 Fe-Ni-Al 和 Al-Ni-Co 合金性能。

表 5-6　典型的 Fe-Ni-Al 和 Al-Ni-Co 合金性能

合　金	牌　号	$(BH)_{max}$ /kJ·m^{-3}	B_r/mT	H_c /kA·m^{-1}	H_{cj} /kA·m^{-1}	T_c/℃	ρ /kg·m^{-3}	结晶状态
Fe-Ni-Al	LN10	9.6	600	40	43		6.9	等轴晶
Al-Ni-Co$_5$	LNG44	44	1250	52	53		7.3	半柱状晶
	LNG52	52	1300	56	57	870	7.3	柱状晶
Al-Ni-Co$_8$	LNGT38	38	800	110	112		7.3	等轴晶
	LNGT72	72	1050	112	14	845	7.3	柱状晶

5.2.2　铁铬钴合金

铁铬钴永磁合金是在铁铬二元合金中加入合金元素 Co 后而形成的，其剩磁和居里温度较高。加入少量 Ti、Mo、Si 等元素，可改善合金的加工性能和热处理工艺。铁铬钴永磁合金具有良好的力学性能，可以通过冲压、轧制、拉拔和车削等加工方法制成细丝、薄带和片状，特别适于制作各种形状复杂的永磁元件。最薄的带材为 0.05 mm，最细的丝材可以达到 0.1 mm。因此，铁铬钴永磁合金广泛用于航天仪表、航海仪表、汽车仪表、石油测井仪、指南针、液位指示器、信号发生器、防盗器、计数器、电脑绣花机、助听器等领域。表 5-7 为一些 Fe-Cr-Co 永磁合金成分与性能。

表 5-7　Fe-Cr-Co 永磁合金成分与性能

合金成分/%	B_r/mT	H_c/kA·m^{-1}	$(BH)_{max}$/kJ·m^{-3}	工 艺 特 点
Fe-30Cr-25Co-3Mo-1Ni	1.40	86.4	36.0	等轴晶、磁场-时效
Fe-23Cr-15Co-2Mo-0.5Ti	1.40	56.0	59.2	柱状晶、磁场-时效
Fe-22Cr-15Co-1.5Ti	1.56	50.9	66.1	等轴晶、磁场-时效
Fe-24Cr-15Co-3Mo-1Ti	1.54	66.9	75.6	柱状晶、磁场-时效
Fe-21Cr-25Co-3V-2Ti	1.40	45.6	40.0	等轴晶、磁场-时效
Fe-29Cr-6Co-1.5Ti	1.28	46.2	51.7	等轴晶、磁场-时效
Fe-30Cr-4Co-3Mo-1.5Ti	1.25	45.4	39.8	等轴晶、磁场-时效
Fe-22Cr-18Co-3Mo	1.58	72.0	91.0	等轴晶、磁场-时效
Fe-33Cr-23Co-2Cu	1.30	86.0	78.0	形变-时效
Fe-33Cr-16Co-2Cu	1.29	70.1	64.5	形变-时效
Fe-25Cr-12Co	1.40	43.8	41.0	烧结法

5.2.3　稀土钴永磁合金

稀土钴永磁合金是稀土金属和 3d 过渡族金属钴等按照一定的比例组成的金属化合物。

其中主要是 RCo_5 型（R 为稀土金属）和 R_2Co_{17} 型（R 为稀土金属）。

5.2.3.1 RCo_5 系永磁材料

RCo_5 系永磁合金主要有以下几种：

（1）$SmCo_5$ 永磁合金。主要金属由 Sm 或者至少含有 70% Sm 的稀土金属和 Co 组成。为了调整磁性，加入其他稀土部分取代 Sm。这类磁体矫顽力高，温度特性好。

（2）$(Sm,Pr)Co_5$ 永磁合金。这种合金是以 20% 的 Pr 取代部分的 Sm 与 Co 组成，由于 $PrCo_5$ 的饱和磁化强度高，$SmCo_5$ 的各向异性场高，由 Pr 部分取代 Sm 的合金的矫顽力低于 $SmCo_5$，但提高了磁能积。

（3）$MMCo_5$ 永磁合金。MM 代表富 Ce 的混合稀土合金，这种合金的磁性不如 $SmCo_5$，而且容易氧化，温度稳定性不好，为克服这种缺点，加入了 15%~20% 的 Sm 取代部分 MM 构成 $(MM,Sm)Co_5$ 合金，使矫顽力得到提高。

（4）$(Sm,HR)Co_5$ 永磁合金。这类合金是将重稀土金属 HR 部分取代 Sm，以改善磁体的温度稳定性，调整合金中 Sm 与 HR 的比例，可以使 Br 的温度系数为零。

（5）$Sm(Co,Cu,Fe)_{5~7}$ 永磁合金。这类合金是在 $SmCo_5$ 合金的基础上用 Fe 和 Cu 取代部分 Co，最大磁能积与 $SmCo_5$ 相当，但矫顽力低一些，易于磁化。

（6）$Ce(Co,Cu,Fe)_5$ 永磁合金。这类合金性能比 $(MM,Sm)Co_5$ 要低，但由于不含 Sm，成本比较低。

5.2.3.2 Sm_2Co_{17} 系稀土永磁合金

实用的磁体是在 Sm_2Co_{17} 的基础上添加 Fe、Cu、Cr 等取代部分 Co，构成多元 Sm_2Co_{17} 系永磁合金，并经过适当的热处理来提高矫顽力。Sm_2Co_{17} 的饱和磁化强度比 $SmCo_5$ 高，最大磁能积理论值也高，但各向异性场比 $SmCo_5$ 低。Sm_2Co_{17} 系永磁合金分为两种类型：

（1）$Sm(Co,Cu,Fe,Cr)_{7~8.5}$ 系合金。这类材料可分为高矫顽力和低矫顽力两种。除了合金成分调整外，材料的制备工艺对性能的影响也很大。材料的制备经过烧结、固熔处理，随后进行阶段时效处理，所得到的磁体具有低矫顽力，磁化曲线具有均匀钉扎的特征。当材料经过烧结、固熔处理后，再进行连续控速冷却处理，所得到的磁体具有高矫顽力，磁化曲线具有不均匀钉扎的特征。

（2）$(Sm,HR)(Co,Cu,Fe,Cr)_{7~8.5}$ 系合金。这类材料中 HR 为重稀土，主要是 Gd 和 Er，这些重稀土的加入改善了合金的温度稳定性，因而应用在对温度特性有特殊要求的领域。

5.2.4 永磁铁氧体

永磁铁氧体是六角晶系铁氧体或 M 型铁氧体。六角晶系铁氧体的一般化学式为 $MeFe_{12}O_{19}$，其中 Me=Ba、Sr 或 Pb。与永磁合金相比，永磁铁氧体的主要特点是：原材料便宜，来源广泛，制造工艺简单，适于大规模生产；具有很高的电阻率，能在高频场合下使用；化学稳定性好，在永磁铁氧体晶格中的阳离子处于最高氧化状态，故材料不易氧化；永磁性能比较低；温度稳定性较差。永磁铁氧体材料一般分为两大类，即烧结永磁铁氧体材料和黏结永磁铁氧体材料。

（1）烧结永磁铁氧体的主要原料包括 $BaFe_{12}O_{19}$ 和 $SrFe_{12}O_{19}$，依据磁晶的取向不同分为各向同性和各向异性磁体，锶铁氧体的 H_c 比钡铁氧体高。烧结铁氧体是通过陶瓷工艺法（预烧、破碎、制粉、压制成型、烧结和磨加工）制造而成的，磁性能比较高，质地坚硬，属于脆性材料，已成为应用最为广泛的永磁体。表 5-8 为部分烧结永磁铁氧体的主要性能。

表 5-8　部分烧结永磁铁氧体的主要性能

牌　号	B_r/mT	$H_c/kA \cdot m^{-1}$	$H_{cj}/kA \cdot m^{-1}$	$(BH)_{max}/kJ \cdot m^{-3}$
Y25	360~400	135~170	140~200	22.5~28.0
Y30H-1	380~400	240~260	250~280	27.0~32.5
Y30H-2	395~415	275~300	310~335	27.0~30.0
Y32	400~420	160~169	165~195	30.0~33.5
Y33	410~430	220~250	225~255	31.5~35.0
Y35	430~450	315~239	217~241	33.1~38.2
Y40	440~460	330~354	340~360	37.6~41.8

（2）黏结永磁铁氧体是以铁氧体永磁粉末为磁性主体与黏结剂加工而成的永磁材料，也称复合永磁或橡塑磁体，国内黏结永磁铁氧体的生产工艺，主要是注射、挤出和压延三种。由铁氧体永磁料粉与合成橡胶复合经挤出成型、压延成型、注射成型等工艺而制成的具有柔软性、弹性及可扭曲性的磁体，可加工成条状、卷状、片状及各种复杂形状。表 5-9 为部分黏结永磁铁氧体的主要性能。

表 5-9　部分黏结永磁铁氧体的主要性能

牌　号	B_r/mT	$H_c/kA \cdot m^{-1}$	$H_{cj}/kA \cdot m^{-1}$	$(BH)_{max}/kJ \cdot m^{-3}$
YN1T	63~83	50~70	175~210	0.8~1.2
YN4T	135~155	85~105	175~210	3.2~4.5
YN6T	180~220	110~140	175~220	5.0~7.0
YN10	220~240	145~165	190~225	9.2~10.6
YN13	250~270	175~195	200~230	11.5~14.5
YN15	≥270	175~190	200~230	≥14.5
YN18	290~320	155~200	160~210	16.0~20.0

5.2.5　钕铁硼永磁材料

钕铁硼永磁体，具有高剩磁、高矫顽力以及高磁能积，并且具有良好的动态回复特性。表 5-10 为部分烧结钕铁硼永磁材料的主要性能。

表 5-10　部分烧结钕铁硼永磁材料的主要性能

牌　号	B_r/T		$H_c/kA \cdot m^{-1}$	$H_{cj}/kA \cdot m^{-1}$	$(BH)_{max}/kJ \cdot m^{-3}$	
	min	nom	min	min	min	nom
N35	1.17	1.21	≥860	≥955	263	279
N40	1.26	1.29	≥923	≥955	302	318
N45	1.34	1.37	≥876	≥955	334	350

续表 5-10

牌　号	B_r/T		$H_c/kA \cdot m^{-1}$	$H_{cj}/kA \cdot m^{-1}$	$(BH)_{max}/kJ \cdot m^{-3}$	
	min	nom	min	min	min	nom
35M	1.17	1.21	≥860	≥1114	263	279
40M	1.26	1.29	≥907	≥1114	302	318
45M	1.34	1.37	≥939	≥1114	334	350
35H	1.17	1.21	≥876	≥1353	263	279
40H	1.26	1.29	≥915	≥1353	302	318
45H	1.34	1.37	≥955	≥1353	334	350
30SH	1.08	1.13	≥796	≥1672	223	239
35SH	1.17	1.21	≥876	≥1672	263	279
40SH	1.26	1.29	≥939	≥1672	302	318
30UH	1.08	1.13	≥812	≥1990	223	239
35UH	1.17	1.21	≥852	≥1990	263	279
30EH	1.08	1.13	≥812	≥2388	223	239
35EH	1.17	1.21	≥812	≥2388	263	279

　　钕铁硼永磁材料按生产工艺可分为烧结钕铁硼磁性材料和黏结钕铁硼磁性材料。黏结钕铁硼永磁体是将钕铁硼磁粉与黏合剂混合后经过一定的工艺方法（压缩、注射、压延、挤压）加工而成的。烧结钕铁硼永磁材料是以钕 32%、铁 64%、硼 1% 等为基本原材料，少量添加镝、铽、钴、铌、镓、铝、铜等元素，应用粉末冶金工艺（合金熔炼、制粉、磁场取向、成型、高温烧结、时效、机械加工、表面处理）制造的一种铁基永磁材料。

6 弱磁场磁选设备的磁系结构参数

　　磁选设备的设计力争做到设备的结构先进，构造简单，重量轻，体积小，成本低，工作可靠，操作和检修容易，劳动条件好，分选指标好以及处理量高等。

　　磁选设备解决的主要矛盾是利用矿物间的磁性差异，最大限度地回收和选出高质量的精矿。从设备本身来看，有许多因素影响着精矿回收率和质量。有利于提高回收率的因素有：

　　（1）磁场力和其作用深度大，磁性矿粒在距磁极表面较远处就受到较大的磁力作用而被吸向磁极。

　　（2）磁极沿矿粒移动方向为单一极性排列，矿粒始终处在同一极性磁极的作用，在磁场内不产生翻转运动。

　　（3）扫选带相对长，矿粒在扫选带内受到较充分的回收。

　　（4）给矿点接近磁场力最大的区域，磁性矿粒受到很大的磁力作用。

　　而下列因素有利于提高磁性精矿产品的质量：

　　（1）磁场力和其作用深度小。

　　（2）磁极沿矿粒移动方向为极性交替排列，矿粒经过许多磁极并做多次翻转运动，翻转次数多，有利于提高质量。

　　（3）精选带相对长，矿粒受到较长时间的精选作用。

　　（4）给矿点离磁场力最大区域有一定的距离，磁性矿粒顺着磁力作用方向运动，经过一段较长的路程，这有助于得到较纯的磁性产品。

　　（5）湿选时向磁性产品喷射洗水，洗出脉石；干选时增大圆筒转数以增加离心力而抛出脉石。

　　设计磁选设备时，应结合矿石性质和粒度以及对分选指标的要求，对上述因素做全面考虑。例如，分选致密块状（粒度大于 50 mm）强磁性矿石时，虽然它的磁性较强，但由于它的粒度较大，形状多呈方形和多角形，就不宜采用沿矿粒移动方向磁极极性交替的磁系，避免"磁翻动"作用，防止一些磁性矿粒被翻掉进入尾矿中去。而分选致密条带状结构的强磁性矿石（如鞍山式类型的磁铁矿石），可采用沿矿粒移动方向极性交替的磁系。因为这类矿石经破碎后多成扁平块状，在磁系上方总是力图使其与条带方向一致的最长方向和磁场方向一致，在磁极中线上方直竖起来的矿块极其不稳定，而在磁极其他处上方，矿块的条带方向和磁场方向一致最为稳定。因此绝大多数矿块是平铺在磁系上方的。由于矿块的矫顽力较小，它在磁系上方移动时很快地被反复磁化而被吸住，因而不显示"磁翻动"现象。分选细粒强磁性矿石时，就必须采用极性交替的磁系以提高磁性产品的质量。而分选弱磁性矿石时，就不采用上类磁系，因为矿石的磁性很弱，受磁力很小，"磁翻动"会使磁性矿粒掉进尾矿中。矿粒给在磁场力很大的区域是有利于提高回收率而降低磁性产品质量的因素，特别是在干选条件下。但采用选别带很长的极性交替的磁系，就可提高磁性产品的质量。回收率和品位是相互矛盾的。表现在磁系产品的数量和质量上，在一定的条件下，提高产品质量往往会降低回收率；反之，提高回收率，则往往会降低产品质量。设计时如何建立更好的和新的条件，使矛盾在更高的水平上统一起来是一项很重要的任务。

磁选设备的磁系按照磁极的配置方式可分为开放型和闭合型磁系两大类。所谓开放型磁系是指磁极在同一侧做相邻配置且磁极之间无感应铁磁介质的磁系，按照磁极的排列特点又可分为平面磁系、圆柱面磁系、塔形磁系三种，见图 6-1。平面磁系多用于带式磁选机和试验设备；圆柱面磁系多用于筒式弱磁场磁选机；塔形磁系主要用于某些永磁脱泥槽。开放型磁系的共同特点是磁极极性交替同侧排列，磁系极距较大，磁通经过磁极间的空气隙路程长，漏磁通多，因而磁场强度较低。显然这类磁系只能用于分选强磁性矿石或物料的弱磁场磁选设备中。这类磁系有较大的分选空间，其设备的处理量较大。

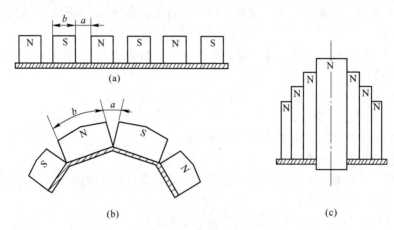

图 6-1　开放型磁系

（a）平面磁系；（b）圆柱面磁系；（c）塔形磁系

6.1　开放型磁系磁选机的磁场

开放型磁系的磁场特性取决于通过相邻一对磁极间的磁位差（或自由磁势）U_m、极距 l（极面宽 b 和极隙宽 a 之和）、极面宽 b 和极隙宽 a 之比值、磁极或磁极端面的形状，以及磁极端面到其排列中心的距离 R_1（对于曲面磁系）等。

实验研究表明，沿磁极（或极间隙）对称面上的磁场强度的变化量最好用指数方程式表示，即：

$$H_y = H_0 e^{-cy} = \frac{\pi U_m}{2l} e^{-cy} \tag{6-1}$$

式中　H_y——离磁极面 y 处的磁场强度，A/m；

H_0——极面（或极隙面）上的磁场强度（此处 $y = 0$），A/m；

U_m——相邻一对磁极间的磁位差（或自由磁势）$\left(U_m = \dfrac{2lH_0}{\pi} \right)$，A；

l——极距，m；

c——磁场的非均匀系数，$\mathrm{m^{-1}}$；

e——自然对数底。

从理论上可以证明上述方程式用于磁极端面形状和极面宽与极隙宽的比值一定的开放型磁系是正确的。

在没有磁量也没有电流的磁场区域内，磁场的基本方程式，如第 1 章所述，有下面形式：

$$\mathrm{div}\boldsymbol{H} = 0$$
$$\mathrm{rot}\boldsymbol{H} = 0 \qquad (6\text{-}2)$$

磁场的基本方程式在直角坐标系下可变换成如下的形式：

$$\frac{\partial(\ln H)}{\partial x} + \frac{\partial \alpha}{\partial y} = 0$$

$$\frac{\partial(\ln H)}{\partial y} - \frac{\partial \alpha}{\partial x} = 0 \qquad (6\text{-}3)$$

$\ln H$ 和 α 是共轭调和函数，它们都满足拉普拉斯方程。

下面推导用于计算开放型平面磁系的磁场强度的方程式（见图 6-2）。定坐标的原点在某一磁极的中线和极面的交点上。在此中线上，H 方向和 x 轴的夹角 α 均等于 90°。而在经过极间隙中线的一切点上，H 和 x 轴的夹角 α 均等于 0°，即 $x = 0$ 时，$\alpha = 90°$，而 $x = \dfrac{l}{2}$ 时，$\alpha = 0°$。此外，在磁极上，$y = 0$ 时，$H = H_0$，而 $y \to \infty$ 时，$H \to 0$。

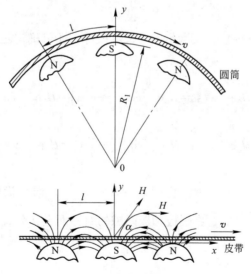

图 6-2 开放型磁系的磁极排列

求解磁场 H 的问题就是满足上述边界条件去解被变换后磁场的基本方程式（6-3）的问题。

式（6-3）的一个可能的解如下：

令
$$\frac{\partial(\ln H)}{\partial x} = -\frac{\partial \alpha}{\partial y} = 0$$

$$\frac{\partial(\ln H)}{\partial y} = \frac{\partial \alpha}{\partial x} = c_1$$

得出:

$$\ln H = c_1 y + c_2$$

和   (6-4)
$$\alpha = c_1 x - c_3$$

式中 c_1, c_2, c_3——积分常数。

取边界条件便可求出 $c_1 = -\frac{\pi}{l}$, $c_2 = \ln H_0$ 和 $c_3 = -\frac{\pi}{2}$。于是有:

$$\ln \frac{H}{H_0} = -\frac{\pi}{l} y$$

和

$$\alpha = \frac{\pi}{2} - \frac{\pi}{l} x$$

或

$$H = H_0 e^{-\frac{\pi}{l}y} = H_0 e^{-cy} \left(c = \frac{\pi}{l} \right)$$

和

$$\alpha = \frac{\pi}{2} - \frac{\pi}{l} x \tag{6-5}$$

这些公式既满足式（6-3），又满足上述边界条件。还可确定磁场中的任一点(x, y)处的磁场强度:

$$H_x = H_0 e^{-\frac{\pi}{l}y} \cos\alpha = H_0 e^{-\frac{\pi}{l}y} \cos\left(\frac{\pi}{2} - \frac{\pi}{l} x \right) = H_0 e^{-\frac{\pi}{l}y} \sin\frac{\pi}{l} x$$

$$H_y = H_0 e^{-\frac{\pi}{l}y} \sin\alpha = H_0 e^{-\frac{\pi}{l}y} \sin\left(\frac{\pi}{2} - \frac{\pi}{l} x \right) = H_0 e^{-\frac{\pi}{l}y} \cos\frac{\pi}{l} x \tag{6-6}$$

在磁极对称面上，$\alpha = 90°$，$H_x = 0$ 和 $H_y = H = H_0 e^{-\frac{\pi}{l}y}$，而在极间隙对称面上，$\alpha = 0°$，$H_y = 0$ 和 $H_x = H = H_0 e^{-\frac{\pi}{l}y}$。因此，在磁极和极间隙的对称上，公式有以下形式:

在磁极对称面上 $H_y = H_0 e^{-\frac{\pi}{l}y}$

而在极间隙对称面上 $H_x = H_0 e^{-\frac{\pi}{l}y}$ (6-7)

在极面水平上（$y = 0$），式（6-6）则有以下形式:

$$H_y = H_0 \cos\frac{\pi}{l} x$$

$$H_x = H_0 \sin\frac{\pi}{l} x \tag{6-8}$$

这样，从理论上证明了由实验得出的表示磁场强度随离极面的距离而改变的式（6-1）是正确的。

当磁极表面按圆柱面排列时，磁场的非均匀系数 $c(\text{m}^{-1})$ 等于：

$$c = \frac{\pi}{l} + \frac{1}{R_1} \tag{6-9}$$

当 $R_1 \to \infty$ 即相当于磁极表面按平面排列时，有：

$$c = \frac{\pi}{l} \tag{6-10}$$

式中 l——极距，m；

R_1——圆柱表面半径，m。

从以上两式看出，随着极距 l 的增加，磁场非均匀系数 c 逐渐下降。

将 $H = H_0 e^{-cy}$ 对 y 取导数求出磁场梯度（A/m^2）：

$$\frac{dH}{dy} = \text{grad}H = H_0 \frac{de^{-cy}}{dy} = H_0 e^{-cy}(-c) = -cH \tag{6-11}$$

式中，（−）号可以省略，因为它只表示 $\text{grad}H$ 随着 y 的增加而降低。从这个等式就可求出磁场的非均匀系数：

$$c = \frac{\pi}{l} + \frac{1}{R_1} = \frac{\text{grad}H}{H}$$

$$c = \frac{\pi}{l} = \frac{\text{grad}H}{H} \tag{6-12}$$

磁场非均匀系数 c 在理论上是单位磁场强度的磁场梯度。它是极距 l 的函数，而对于按圆柱面排列的磁极，还是圆柱表面半径 R_1 的函数。系数 c 比磁场梯度更便于表示磁场的非均匀性，因为磁场梯度不仅仅决定于极距 l，而且还决定于磁场强度 H。

实验研究表明，在磁选机中，系数 c 值不是相同的，随 x 值（即随平行于通过极心平面的平面位置）不同而不同；也随 y 值不同而不同。产生这种现象是由于实际磁系的极数通常是有限的，且磁极端面的形状也和指数磁场理论的不相符。

从式（6-7）和式（6-11）可求出离开极面（或极间隙）任一点 y 处的磁场力（A^2/m^3）：

$$(H\text{grad}H)_y = H_y(cH_y) = cH_y^2 = cH_0^2 e^{-2cy} \tag{6-13}$$

从这一公式可以看出，当极面的磁场强度 H_0 一定时，磁场力 $H\text{grad}H$ 大小决定于系数 c 和位置 y。如 R_1 又一定，它就只取决于极距 l 和位置 y。从式（6-13）还可看出，磁场力 $H\text{grad}H$ 随着离开极面距离 y 的增加急剧下降。如果把式（6-12）中的 c 值代入式（6-13），并用极距 l 表示 y 值（$y = kl$），对于平面排列磁系，磁场力公式则可写成以下形式：

$$(H\text{grad}H)_y = \frac{\pi}{l}H_0^2 e^{-\frac{2\pi}{l}kl} = \frac{\pi}{l}H_0^2 e^{-2\pi k} \tag{6-14}$$

表 6-1 是按式（6-14）计算出的不同相对距离时的磁场力 $H\text{grad}H$。

表 6-1　按式（6-14）计算出的不同相对距离时的磁场力

y	0.125l	0.25l	0.5l	0.75l	l
$e^{-2\pi k}$	0.483	0.208	0.043	0.009	0.0019
$\dfrac{(H\mathrm{grad}H)_y}{(H\mathrm{grad}H)_{y=0}}$	0.48	0.21	0.04	0.009	0.002

从表 6-1 可看出：在距离 y 为半个极距（1/2）l 处的磁场力 $H\mathrm{grad}H$ 下降很多，为最大磁场力（$y=0$ 时）的 0.04 倍，而在距离 y 为极距 l 处的磁场力 $H\mathrm{grad}H$ 下降更多，为 0.002 倍。

　　前述的指数磁场是由和圆弧形等位面相重合的几个磁极端面产生的。对于电磁铁芯和铸造磁铁磁系，由于材料的磁导率值较大，磁极头侧面散发磁通，由磁极端面所形成的等位面已和圆弧形等位面不一致，造成一定偏差。如将磁极端面做成一定半径的弧形，弧的半径为 $r\approx0.4l$，且磁极面宽和极隙宽的比值在 1.0~1.5 的范围内，才可产生近似于指数关系的磁场。通常，圆弧的半径取为：$r=(0.4\sim0.6)l$。对于陶瓷磁铁磁系，由于它存在着磁各向异性，磁极端面不是等位面，又极面宽和极隙宽的比值可达 3~5，所以按式（6-7）计算出的磁场强度误差较大。然而，将磁场的非均匀系数 c 值加以修正后，式（6-7）仍可用。c 的修正系数 k 值见表 6-2 和表 6-3，$c'=kc=k\dfrac{\pi}{l}$。此时，$H=H_0e^{-c'y}$。对于曲面磁系，当其磁极表面到圆柱面中心的距离 R_1 较大时，表 6-2 和表 6-3 仍可应用。

表 6-2　平面排列各向异性的陶瓷磁铁磁系的磁场非均匀系数 c' 值（极对称面）

极面宽/极隙宽	6.5/3.0	6.5/4.5	6.5/7.5	13/6	13/9	13/12	19.5/4.5	19.5/6	19.5/9	19.5/13.5	26/9	26/12	26/18
$\dfrac{\pi}{l}$	0.33	0.29	0.22	0.17	0.14	0.13	0.13	0.12	0.11	0.10	0.09	0.08	0.07
k	0.89	0.93	1.05	0.88	0.91	1.05	0.90	0.92	0.98	1.06	0.88	0.97	1.00

表 6-3　平面排列各向异性的陶瓷磁铁磁系的磁场非均匀系数 c' 值（极隙对称面）

极面宽/极隙宽	6.5/3.0	6.5/4.5	6.5/7.5	13/6	13/9	13/12	19.5/4.5	19.5/6	19.5/9	19.5/13.5	26/9	26/12	26/18
$\dfrac{\pi}{l}$	0.33	0.29	0.22	0.17	0.14	0.13	0.13	0.12	0.11	0.10	0.09	0.08	0.07
k	0.95	0.87	0.73	0.90	0.80	0.67	1.14	1.02	0.96	0.70	1.08	0.87	0.56

6.2　开放型磁系磁选机的旋转磁场

　　当圆筒对固定多极磁系或可动多极磁系做快速相对运动时，在筒面上任何一点将产生正弦波形的旋转磁场。在旋转磁场中，如磁场强度比强磁性矿粒的矫顽力高得多（$H\gg H_c$），则吸引矿粒且有磁链产生。它们在磁场中的行为和在恒定磁场中的行为基本一样，不同之处主要表现在：在圆筒做快速相对运动时，由于矿粒受到反复磁化，磁链稍有振动。

如磁场强度比强磁性矿粒的矫顽力高的不多（只有几倍），则矿粒不形成磁链，也不被反复磁化，而以单颗粒状态在磁场中运动。磁场方向变化时，矿粒运动方向则跟着变化。

假定筒面任何一点固定，当矿粒运动路途等于二倍磁系的极距时（$l_1 = 2l$），则该点磁场磁力线与 y 轴的夹角 α 变化量为 $0 \sim 2\pi$（见图 6-2）。磁场的频率（Hz）为：

$$f = \frac{v}{2l} \tag{6-15}$$

式中　v——圆筒对磁系的相对运动速度，m/s；

　　　l——磁系的极距，m。

根据式（6-6），考虑到 $x = vt$（t 为筒面所选点对磁系相对运动，从坐标起点—磁极中心线算起的运动时间），可得到：

$$H_x = H_0 e^{-\frac{\pi}{l}y} \sin \frac{\pi}{l} vt$$

$$H_y = H_0 e^{-\frac{\pi}{l}y} \cos \frac{\pi}{l} vt \tag{6-16}$$

磁场强度 H 的两个分量有这样一个特性，在圆筒的运动方向上存在着以速度为 v 的前进的波浪式运动。在筒面上某一定点 $P(x, y)$，磁场强度 H 矢量不改变自己的非矢量值，而以式（6-15）确定的磁场频率 f 旋转。

6.3　磁选机磁系的极面宽和极隙宽的比值

极面宽 b 和极隙宽 a 的比值对磁场特性有很大的影响。在磁选分离过程中，一般要求磁性矿粒在随运输装置（如圆筒、皮带）移动的过程中受到较均匀的磁力，以保证运输装置顺利搬运出磁性产品和防止磁性矿粒脱落。图 6-3 系统示出在极面宽 b 和极隙宽 a 的不同比值下，磁场强度 H 沿极距 l 方向的变化曲线。从图看出，只有在比值 $b/a \approx 1.2$ 时，磁选机极面中心和极隙中心对称面处的磁场强度（筒表面或带表面）几乎一样。随着离开磁极表面距离的增加，磁极及其棱边和极隙上方的磁场强度差值明显地减少，并趋于相当小。

这一比值适用于电磁系和具有剩余磁感大而矫顽力较小的铸造铝镍钴磁系。而对于各向异性，具有较小的剩余磁感和矫顽力大的锶（钡）铁氧体磁系，上述比值和极面宽有关（见图 6-4 ~ 图 6-7）；极面宽 $b = 26$ cm 时，适宜的 $b/a \approx 3$；$b = 19.5$ cm 时，$b/a \approx 3$；$b = 13$ cm 时，$b/a \approx 2$；$b = 6.5$ cm 时，$b/a \approx 1.3$。上述比值的磁系适用于一般筒式和带式磁选机。而对于干式离心筒式

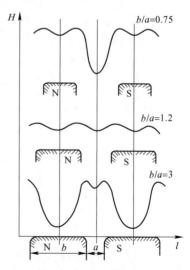

图 6-3　在极面宽 b 和极隙宽 a 的不同比值下，磁场强度 H 沿极距 l 方向的变化曲线

磁选机，b/a 值可达 5。因为这类磁选机的工作原理不同于一般类型的磁选机。

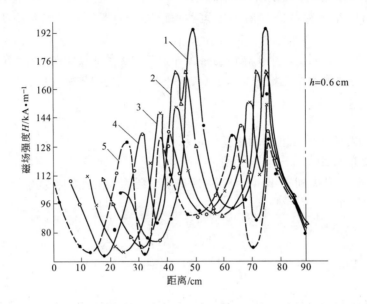

图 6-4   锶铁氧体在极面宽和极隙宽的不同比值下，磁场强度沿极距方向的变化曲线（$b = 26$ cm）

1—$a = 0$ cm；2—$a = 3$ cm；3—$a = 6$ cm；4—$a = 9$ cm；5—$a = 12$ cm

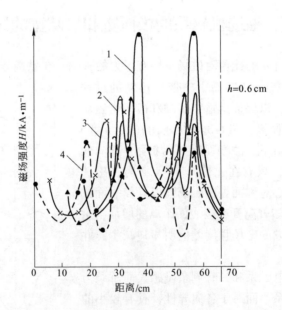

图 6-5   锶铁氧体在极面宽和极隙宽的不同比值下，磁场强度沿极距方向的变化曲线（$b = 19.5$ cm）

1—$a = 0$ cm；2—$a = 3$ cm；3—$a = 6$ cm；4—$a = 9$ cm

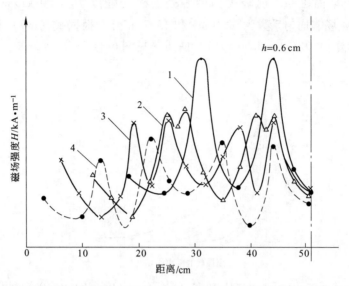

图 6-6　锶铁氧体在极面宽和极隙宽的不同比值下，磁场强度沿极距方向的变化曲线（$b=13$ cm）
1—$a=0$ cm；2—$a=3$ cm；3—$a=6$ cm；4—$a=9$ cm

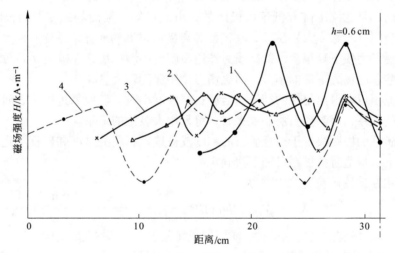

图 6-7　锶铁氧体在极面宽和极隙宽的不同比值下，磁场强度沿极距方向的变化曲线（$b=6.5$ cm）
1—$a=0$ cm；2—$a=3$ cm；3—$a=6$ cm；4—$a=9$ cm

6.4　磁选机磁系的极距

　　磁选机磁系的重量和磁系的极距有关，极距越小，磁系重量越轻。因此，磁选机采用小极距磁系似乎较合理。但极距小，离开磁极表面的磁场强度下降过快，在分选大块矿石时，一部分矿石将处在磁场强度过低的区域，矿石会损失到非磁性产品中去。下面对此情况做进一步研究。

假定有两个平面磁系。磁极表面中心处的磁场强度 $H_0 = 80$ kA/m；极距 $l = 5$ 和 20 cm（相应的磁场非均匀系数为 62.8 m^{-1} 和 15.7 m^{-1}）。根据式（6-7）和式（6-13）计算结果绘出 $H_y = f(y)$ 和 $(H\mathrm{grad}H)_y = f(y)$ 曲线（见图 6-8）。

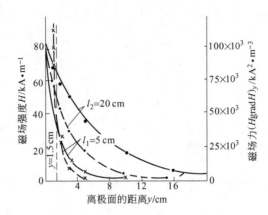

图 6-8　平面磁系不同极距时 $H_y = f(y)$（实线）和 $(H\mathrm{grad}H)_y = f(y)$（虚线）曲线

从图 6-8 可看出，极距 l 不同而磁极表面中心处磁场强度 H_0 相同的磁系，小极距磁系的上方所有点的磁场强度均低于大极距的，而磁场力则不同，开始时（$y \leqslant 1.5$ cm）高于大极距的，而后是急剧下降并低于大极距的。由此可知，极面场强相同而极距不同的磁系，其中小极距（系数 c 大）磁系，在极面和离极面很近的地方，磁场力很大，但离开极面稍远些，磁场力便下降很多，即磁场力作用深度较小。相反，大极距（系数 c 小）磁系离开极面远些，磁场力下降的不多，即磁场力作用深度较大。

由上述原因可以得出定性的结论：当矿石层厚度小时，矿粒靠近磁系表面移动，可以采用小极距的磁系，而当矿石层厚度大时，可采用大极距的磁系。

开放型磁系的极距决定于被选矿石的粒度或被选矿石层的厚度和矿石层到磁极表面的距离。理论上，最适宜的极距可用下法确定。

已知作用在磁性矿粒上的比磁力：

$$F_{磁} = \mu_0 \chi_0 (H\mathrm{grad}H)_y = \mu_0 \chi_0 c H_0^2 e^{-2cy} \tag{6-17}$$

式中　y——离磁极表面最远的矿粒、矿石层或矿浆层距磁极表面的距离：

　　　　上面给矿分选大块矿石时，$y = 0.5d + \Delta$（见图 6-9（a）），

　　　　下面给矿分选细粒矿石时，$y = h + \Delta$（见图 6-9（b））；

　　　d——被分选矿块的粒度上限；

　　　h——矿石层或矿浆层的厚度；

　　　Δ——圆筒表面到磁极表面的距离。

将式（6-17）对 c 取导数，取 $\mu_0\chi_0$ 和 H_0 为常数，得：

$$\frac{\mathrm{d}F_{磁}}{\mathrm{d}c} = \mu_0 \chi_0 H_0^2 \left(e^{-2cy} + c\,\frac{\mathrm{d}e^{-2cy}}{\mathrm{d}c} \right) = \mu_0 \chi_0 H_0^2 e^{-2cy}(1 - 2cy)$$

当 $\dfrac{\mathrm{d}F_{磁}}{\mathrm{d}c} = 0$ 时，$F_{磁}$ 最大。已知 μ_0、χ_0、H_0 和 e^{-2cy} 不等于零，只有 $1 - 2cy = 0$。由此得：

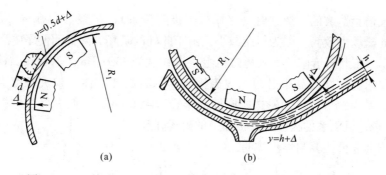

图 6-9　上面给矿和下面给矿时磁系、圆筒、矿石或矿浆的示意图

（a）上面给矿；（b）下面给矿

$$c = \frac{1}{2y} \tag{6-18}$$

上面给矿时，有：

$$c = \frac{\pi}{l} + \frac{1}{R_1} = \frac{1}{2y} = \frac{1}{2(0.5d + \Delta)} \tag{6-19}$$

由此得出最适宜的极距 $l(\mathrm{m})$：

$$l \approx \frac{\pi R_1 (d + 2\Delta)}{R_1 - (d + 2\Delta)} \tag{6-20}$$

下面给矿时，有：

$$c = \frac{\pi}{l} + \frac{1}{R_1} = \frac{1}{2y} = \frac{1}{2(h + \Delta)} \tag{6-21}$$

由此得出最适宜的极距：

$$l \approx \frac{2\pi R_1 (h + \Delta)}{R_1 - 2(h + \Delta)} \tag{6-22}$$

按式（6-20）算出的极距值偏高，特别是上面给矿的筒式磁选机干选大块矿石时。这是因为矿块尺寸大，在对矿块重心处的磁场力进行计算时假定磁场强度和梯度是按直线规律变化的，实际上，其是按指数规律变化的。考虑后一规律，式（6-20）有以下形式：

$$l \approx \frac{2\pi R_1 d}{R_1 \ln\left(1 + \dfrac{d}{\Delta}\right) - 2d} \tag{6-23}$$

一般说来，干选细粒矿石（上面给矿）时，随着极距的减小，精矿品位提高，而尾矿品位下降；湿选矿石（下面给矿）时，随着极距的减小，同干选相反，精矿品位下降，而尾矿品位提高。这是因为：分选工作区长度相同时，极距越小，磁系的极数越多，因而增加了磁链的取向（翻转）次数，这有利于提高精矿质量。但是，此时极隙间的磁链长度也减小，且磁链的稳定性在增加，这也很难从磁链中清除被机械回收的脉石颗粒，因而降低了精矿质量。干选时第一种因素占优势，而湿选时第二种因素占优势，因而表现出由于极距减小，干选时精矿质量提高，而湿选时精矿质量降低。

极距减小，干选时（采用小极距磁系）尾矿品位下降，是因为细粒矿石直接给在磁场力很高处的圆筒上造成的。湿选时（采用较大极距磁系），矿浆（2~3 cm 厚）给到圆筒下方，此处的磁场力较高。因为极距减小，由于此处的磁场力降低而使尾矿品位提高。

【例 6-1】 在上面给矿的筒式磁选机上干选粒度为 −50+8 mm 的块状磁铁矿石以分出废弃尾矿。要求在磁性产品中必须回收磁铁矿和脉石的连生体的最大粒度为 $d = 50$ mm，磁铁矿最低含量为 15%。已知磁选机圆筒的半径 $R = 30$ cm，圆筒表面到磁极表面的距离 $\Delta = 1$ cm。求磁选机磁系的极距和磁极面上的磁场强度。

解：根据前述公式算出连生体的比磁化率为：

$$\chi_{连} = 1.13 \times 10^{-5} \frac{a_{磁}^2}{127 + a_{磁}} = 1.13 \times 10^{-5} \frac{15^2}{127 + 15} (m^3/kg) = 1.8 \times 10^{-5} (m^3/kg)$$

利用下式算出磁系的极距为：

$$l = \frac{2\pi R_1 d}{R_1 \ln\left(1 + \dfrac{d}{\Delta}\right) - 2d} \approx \frac{2\pi \times 0.3 \times 0.05}{0.3\ln\left(1 + \dfrac{0.05}{0.01}\right) - 2 \times 0.05} (m) \approx 0.22(m)$$

磁场非均匀系数为：

$$c = \frac{\pi}{l} + \frac{1}{R_1} \approx \frac{3.14}{0.22} + \frac{1}{0.3} (m^{-1}) = 17.7(m^{-1})$$

考虑到分选过程应在 90° 内完成，必须克服的比机械力 $\sum F_{机} = 0.5\, g = 4.9$ N/kg 和根据 $(H\mathrm{grad}H)_y = f(y)$ 曲线的指数特性而取矿块距磁极表面的距离：

$$y = 0.3d + \Delta = 0.015 + 0.01(m) = 0.025(m)$$

此时，回收磁性矿石的比磁力应为：

$$F_{磁} = 2\mu_0 \chi_{连} H\mathrm{grad}H = 2\mu_0 \chi_{连} cH_0^2 e^{-2cy}$$

$$= \sum F_{机} = 4.9 \ (N/kg)$$

由此求出磁极面上的磁场强度为：

$$H_0 = \sqrt{\frac{4.9}{2 \times 4.14 \times 10^{-7} \times 1.8 \times 10^{-5} \times 17.7 \times 2.72^{-2 \times 17.7 \times 0.025}}} (A/m)$$

$$= 122 \times 10^3 \ (A/m)$$

假设在尾矿中磁铁矿在连生体中的含量从零到最大值（15%）是呈直线关系变化，则可得到磁铁矿在尾矿中的平均含量约为 7.5%。

实践表明，磁铁矿在尾矿中的平均含量一般较低，为 1%~3%。但它是在对第一段选别作业的非磁性产品进行扫选后达到的。这种差异的产生，可能是由于大量的矿块被成群地吸向圆筒时使得其中含有的磁铁矿大大地超过计算含量的最小值，此外矿块之间的摩擦力使得贫连生体很难从圆筒分离出，因而得到的尾矿品位比计算的要低。

6.5 磁选机磁系的高度、宽度、半径和极数

永磁磁选机磁系的高度对磁选机磁极表面的平均磁场强度有一定影响。磁系中磁极组

的截面积一定时，随着磁极组高度的增大，磁极组表面的平均磁场强度增高，但当磁极组的高度增大到一定值时，磁极组表面的平均磁场强度增加的幅度就减小。图 6-10 示出磁极组高度 h 与其截面当量 $\sqrt{S}$ 之比对磁极表面平均磁场强度的影响。由三个磁极组组成三极平面磁系，磁极组的截面积有两种，即 $S_1 = 13 \times 26\ \text{cm}^2$ 和 $S_2 = 17 \times 26\ \text{cm}^2$，分别组成两套三极磁系。从图 6-10 可以看出：当 $h/\sqrt{S}$ 值超过 0.6 以后，曲线开始变平缓。为了确保磁选机的工作场强，取 $h/\sqrt{S}$ 值为 0.73。此时磁极组的截面积为 $17 \times 26\ \text{cm}^2$，高度为 15.3 cm。

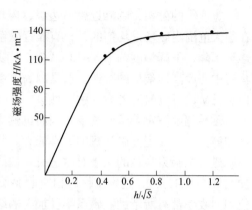

图 6-10　磁极组 $h/\sqrt{S}$ 对磁极表面平均磁场强度的影响

磁选机磁系的宽度是指磁系沿圆筒轴向方向的长度。磁系宽度不同，磁场强度沿轴方向的变化也不同。图 6-11 示出在不同宽度磁系下磁场强度沿轴方向的变化。

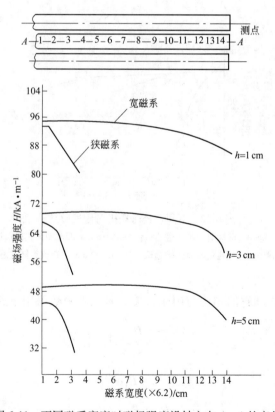

图 6-11　不同磁系宽度时磁场强度沿轴方向 A—A 的变化

从图 6-11 可知，磁系宽度增大后，磁极上方各点的磁场强度均有所增加，这是由于漏磁减少的缘故。

　　宽度小的磁系，越靠近磁系边缘，磁场强度越低，下降幅度很大，而宽度大的磁系，在很大范围内磁场是均匀的，只有靠近磁系两端（离边缘约为 12~18 cm）的磁场强度才逐渐下降，下降幅度约为 8~13 kA/m。由此知道，宽的磁系在圆筒轴向方向上的磁场分布具有中间段高两端低的特性。这是因为磁系两端有磁通散放。因此，在设计磁选机的给矿口和排矿口宽度时应考虑这种特性。

　　磁系宽度决定着给矿宽度，因而也就决定着磁选机的处理能力。增加磁系宽度必然要增加筒长，从而提高磁选机的处理能力。

　　磁选机磁系半径的大小对磁选机单位筒长的处理能力有很大的影响。随着磁系半径的加大（筒径加大），选别工作区相应地加长，在磁系内可安排更多的磁极，对提高精矿品位和回收率都有所帮助。磁系半径加大的结果，不仅磁极的平均磁场强度有所提高，而且选别工作区高度也有所增加。它们之间的关系是非线性的。磁系半径在某一范围内增大时，磁选机处理能力的提高幅度很显著，继续增大时，提高幅度就不明显。例如某一磁选厂用直径为 1050 mm、场强为 135 kA/m 的磁选机取代直径为 780 mm、场强为 119~127 kA/m 的磁选机，处理能力提高一倍，回收率提高 1%~2%。

　　离筒表面 50 mm 处平均场强为 70 kA/m 的不同直径的磁选机对比试验结果见图6-12。

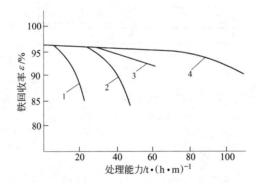

图 6-12　不同直径磁选机对比试验结果

1—ϕ600 mm 顺流型筒式磁选机；2—ϕ916 mm 顺流型筒式磁选机；

3—ϕ916 mm 半逆流型筒式磁选机；4—ϕ1200 mm 半逆流型筒式磁选机

　　磁选机磁系的极数和它的结构与用途有关。磁系的极数可用下式计算：

$$n = \frac{L}{l} + 1 \tag{6-24}$$

而　　　　　　　　　　　　　$$L = R_1 \alpha$$

和　　　　　　　　　　　　　$$R_1 = R - \Delta \tag{6-25}$$

式中　n——磁系的极数；

　　　L——磁系长度，m；

　　　l——磁系的极距，m；

R_1——磁系半径，m；

R——圆筒半径，m；

α——磁系包角，rad；

Δ——圆筒外表面到磁系表面的距离，m。

干选块状矿石用的磁滑轮磁系包角多为360°，筒式磁选机为90°~180°（选出非磁性尾矿时，采用小的磁系包角，而选出磁性精矿时，采用大的磁系包角）。干选细粒矿石用的筒式磁选机的磁系包角为（2/3~3/4）×360°（同心磁系或偏心磁系）。湿式筒式磁选机的磁系包角一般为106°~128°。

磁系磁极的极性排列，通常在分选大块矿石时，磁极沿矿粒移动方向做单一极性排列，而分选小块和细粒矿石时，做极性交替排列。

6.6 磁力脱泥槽磁系的形状、位置和尺寸

磁力脱泥槽的磁系形状主要有柱形和塔形两种。柱形磁系的截面又有圆形和方形之分，前者为电磁的圆柱形线圈，后者为永磁的柱形磁极组。它们放在槽的上方，故称顶部磁系。磁系磁通经过磁导体进入槽中。塔形磁系放在槽内，故称底部磁系，磁系磁通直接散发在槽内。由于顶部磁系和底部磁系磁导体的形状不同，所以它们的磁场图不同，各有其特点（见图6-13）。

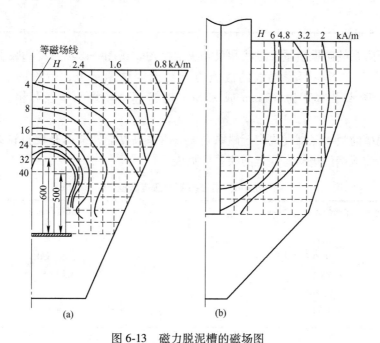

图 6-13　磁力脱泥槽的磁场图

（a）底部磁系（塔形）永磁脱泥槽；（b）顶部磁系（柱形）永磁脱泥槽

顶部柱形磁系在槽内形成的磁场强度较低，轴向磁场变化率很小，径向磁场变化率较大，等磁场线几乎呈铅直线，等磁场面在筒状磁导体周围呈圆柱形。这种磁力脱泥槽单位

水耗较低，适用于处理磁性较强的强磁性矿石。

底部塔形磁系在槽内形成的磁场强度较高，在槽内的轴向和径向都有较大的磁场变化率，等磁场线在磁系上方呈伞形。这种磁力脱泥槽的处理能力较高，脱泥效果好，但单位水耗高。它适用于处理磁性较弱的强磁性矿石（如焙烧磁铁矿石）。

顶部磁系的磁力脱泥槽，其磁系位置越靠近槽中心越好，这样可使磁系磁通得到充分利用。磁力脱泥槽的筒状磁导体和给矿筒的尺寸与位置影响磁力脱泥槽的工作状况。表6-4和表6-5为 $\phi 2000$ mm 磁力脱泥槽的筒状磁导体（中心磁极）和给矿筒的尺寸、位置。

表 6-4　中心磁极的规格和其下端至槽底的适宜距离

磁力脱泥槽的规格 直径/mm	中心磁极规格/mm		磁极下端至槽底的 距离/mm
	高	直径	
2000	1673	360（上），280（下）	680

表 6-5　给矿筒规格和其出口至中心磁极下端的适宜距离

磁力脱泥槽的规格 直径/mm	给矿筒规格/mm		筒进口管直径 /mm	筒出口至中心磁极 下端的距离/mm
	直径	高		
2000	500	900	159	280

底部塔形磁系的磁铁质量、形状和尺寸决定槽内磁场图、磁场强度和吸引区高度。塔形磁系的台阶高度影响等磁场线的法线方向。根据试验研究，台阶的适宜高度约为100 mm，而台阶水平宽度为 65 mm 或 85 mm 时，等磁场线的法线和铅直线的夹角约为45°。

磁力脱泥槽的吸引区高度决定于磁系高度。磁系高度能使槽面有较弱的磁场即可。磁系高度和磁力脱泥槽的规格有一定的关系，见表6-6。

表 6-6　塔形磁系的适宜高度

磁力脱泥槽的规格直径/mm	高度/mm
1600	400
2000	500~550
2200	500~550
2500	550
3000	600

塔形磁系在槽内的位置直接影响着磁力脱泥槽的工作和分选指标。磁系位置过高，分选区过于靠近槽的溢流面，尾矿品位高；位置过低，由于槽底部的磁场很强，磁系同槽底锥壁之间的间隙（排精矿的通道）较小，磁性矿粒易堵塞在槽底而不能排出。磁系底部离槽底的适宜距离同磁力脱泥槽的规格有关，见表6-7。

表 6-7　塔形磁系底部至槽底的适宜距离

磁力脱泥槽的规格直径/mm	距离/mm
1600	380~400
2000	380~400
2200	380~400
2500	500
3000	500

给矿筒的出口直径应略小于磁系的直径。给矿筒的出口应在磁系上方适当的位置，如离磁系顶部过远，由于该处的磁场弱且易产生矿浆翻花现象，磁性矿粒容易进入溢流中；如过近，给矿便给在磁场强的地方，磁性产品中容易夹杂较多的脉石，甚至发生给矿堵塞现象。

磁力脱泥槽的给矿筒规格和其出口至磁系顶部的适宜距离见表 6-8。

表 6-8　给矿筒规格和其出口至磁系顶部的适宜距离

磁力脱泥槽的规格直径/mm	给矿筒规格/mm			筒进口管直径/mm	筒出口至磁系顶部的距离/mm
	筒直径	筒高	出口直径		
1600	430	700~750	350	127, 152	200
2000	450	700~750	370	152	200
2200	500	700~750	420	152	200
2500	550	700~750	470	203	200
3000	600	700~750	520	203	200

6.7　磁化（或脱磁）设备的磁化（或脱磁）时间

如前所述，分选细粒嵌布磁铁矿石的选矿厂和重介质回收设备规定对产品（矿浆）需要预先磁化和脱磁。产品的磁化和脱磁过程需要一定的时间。产品在预磁设备中的停留时间（磁化时间）应大于 0.2 s。产品预磁效果的好坏，除和磁化时间有关外，还和预磁设备的磁场强度有关。磁场强度应达到 32~40 kA/m。磁性相对较弱的产品，磁场强度采用 40 kA/m。磁场方向不影响预磁效果，磁场方向可以平行于产品流动方向，也可以垂直于产品流动方向。

产品的脱磁是在有交变磁场的脱磁设备中进行。为得到良好的脱磁效果，产品在磁场中的交变磁化周期次数不应低于 10~12 次，对于磁铁矿石和磨细的硅铁产品的脱磁，可以采用工业频率的交流电（50 Hz）。此时，产品在脱磁设备中的停留时间（脱磁时间）不应低于 0.2~0.24 s。而对于焙烧磁铁矿石和粒状硅铁产品的脱磁，应采用尽可能高的频率。例如，某磁选厂对焙烧磁铁矿石的脱磁试验表明，频率为 420~550 Hz 时可获得良好的脱磁效果。

产品脱磁时，交变磁场的幅值应当沿产品的流动方向从某一最大值减退到零，且磁场强度降低的幅度应当不太高。研究表明，对于磁铁矿石和硅铁产品的脱磁，磁场强度最大值应当不低于 36~40 kA/m，而且在磁场消泯区以内的磁场梯度不应当超过 33.4 kA/m^2。

对于焙烧磁铁矿石和粒状硅铁产品的脱磁，磁场强度最大值和磁场梯度比磁铁矿石和磨细的硅铁产品的要高些（磁场强度最大值可为被脱磁产品中磁性矿物的矫顽力值的 5 倍或更高些，而磁场梯度占磁场强度最大值的百分数不超过 5%）。

7 强磁场磁选设备的磁系结构参数

弱磁性矿物的比磁化率比强磁性矿物小得多，因此回收弱磁性矿物要比回收强磁性矿物所需要的磁场力大得多。第6章所述开放型磁系的磁场强度和磁场梯度都小，满足不了回收弱磁性矿物的要求。要使开放型磁系的分选空间产生很强的磁场力，只有提高磁势，这就需要消耗大量的金属导线、电能（对电磁磁系而言）和高磁能的磁性材料（对永磁磁系而言）。这是很不经济的，不合理的。为解决上述问题出现了闭合型磁系。闭合型磁系是指磁极做相对配置的磁系，且在磁极中间装有特殊形状的铁磁介质（如表面带齿的圆辊、带齿的平板、圆球、细丝以及网等）。开放型磁系磁极之间如有铁磁介质（如带齿的圆盘和圆球等），则此类磁系也可称为闭合型磁系。这些铁磁介质在磁极的磁场中被磁化后便成为感应磁极。这类磁系中的磁极间的空气隙较小，磁通通过空气隙的路程短，磁路的磁阻小，漏磁少，因而分选空间的磁场强度大，又由于铁磁介质具有特殊形状，磁场梯度大。这类磁系因磁场力大，适用于分选弱磁性矿石的强磁场磁选设备。

强磁场磁选设备中常见的闭合型磁系如图7-1所示。

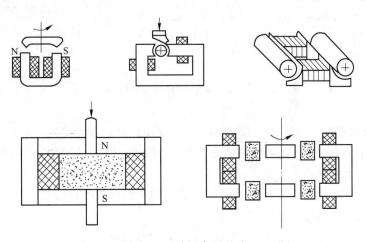

图 7-1　几种闭合型磁系

7.1　平面-单齿磁极对的参数

在原磁极之间放有一个整体的具有一定形状的感应磁介质（如转辊、转盘和转锥等）构成磁路。这种磁路所形成的分选空间是单层的，即分选空间是磁极对的空气隙。磁极对的形状有图7-2所示的几种情况。图7-2（a）所示磁极对由平面极（原磁极）和单个尖形齿极（感应磁极）组成；图7-2（b）所示磁极对由两个双曲线形极组成；图7-2（c） （d） 所示磁极对由平面极（原磁极）和多个平齿和尖形齿极（感应磁极）组成；图 7-2（e）（f） 所示磁极对由槽形极（原磁极）和多个平齿和尖形齿极（感应磁极）组成；图 7-2（g） 所示磁极对由弧面极和凹形极组成。

分选弱磁性矿石用的强磁选机大多数采用由平面极或槽形极和单个齿极或多个齿极（平齿极和尖形齿极）组成的磁极对，而在磁性分析仪器中采用由弧面极和凹形极组成的磁极对。下面就来介绍平面-单齿磁极对的参数。

最初所用的理论方法研究平面-单齿磁极对的磁场特性而导出的公式相当复杂，而且还没有考虑齿极尖端的磁饱和问题。以后的研究注意到了这一点，导出的公式也比较简单和使用方便。

为了避免齿极尖端的磁饱和，把尖形齿极用和其近似的双曲线截面齿极代替。而且，齿极尖端做成圆弧形，齿极的渐近线在平面上有交点（见图 7-2（a））。

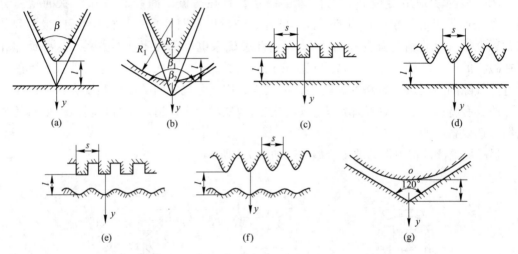

图 7-2　用于闭合磁系磁选机中的磁极对形状

前面在推导表述开放型多极磁系磁场的式（6-6）时，我们应用了经过变换的基本方程式（6-3）。这里也可应用这一基本方程。场矢量 H 和 y 轴之间的夹角 α 的边界条件是：由于平面极表面为磁等位面，所以在 $y=l$ 和 x 为任一值（即在平面极上）时，$\alpha=0°$；由于对称条件，所以在 $x=0$ 和 y 为任一值（即在双曲线形极的对称面上）时，$\alpha=0°$。对应于上述边界条件的 α 值为：

$$\alpha = \frac{1}{2}\arctan\frac{2(l-y)x}{(l-y)^2 - x^2 - l^2 \sec^2\frac{\beta}{2}} \tag{7-1}$$

式中　l——极距；

β——双曲线形极的渐近线之间的夹角$\left(\dfrac{\beta}{2}\right.$ 为双曲线形极渐近线的倾角$\left.\right)$。

由下式确定出对应于式（7-1）的双曲线形极的表面：

$$(l-y)^2 = x^2\cot^2\frac{\beta}{2} + l^2 \tag{7-2}$$

沿双曲线形极的对称面上的磁场强度为：

$$H_y = \frac{H_0 l \sin\dfrac{\beta}{2}}{\left[l^2 - (l-y)^2 \cos^2\dfrac{\beta}{2} \right]^{0.5}} = \frac{U_m \cos\dfrac{\beta}{2}}{\dfrac{1}{2}(\pi - \beta) \left[l^2 - (l-y)^2 \cos^2\dfrac{\beta}{2} \right]^{0.5}}$$

$$= \frac{2U_m \cos\dfrac{\beta}{2}}{(\pi - \beta) \left[l^2 - (l-y)^2 \cos^2\dfrac{\beta}{2} \right]^{0.5}}$$

(7-3)

式中　H_y——离双曲线形极 y 距离处的磁场强度；

　　　H_0——双曲线形极尖处（$y=0$）的磁场强度；

　　　U_m——磁极对间的自由磁势，为：

$$U_m = \frac{1}{2}(\pi - \beta) l H_0 \tan\frac{\beta}{2}$$

(7-4)

靠近平面极的磁场强度为：

$$H_e = H_0 \sin\frac{\beta}{2}$$

(7-5)

将式（7-3）对 y 求导数：

$$\frac{\mathrm{d}H_y}{\mathrm{d}y} = \mathrm{grad}H = -H_0 l(l-y) \left[l^2 - (l-y)^2 \cos^2\frac{\beta}{2} \right]^{-\frac{3}{2}} \sin\frac{\beta}{2} \cos^2\frac{\beta}{2}$$

(7-6)

磁场力（$H\mathrm{grad}H$）$_y$ 为：

$$(H\mathrm{grad}H)_y = \frac{H_0^2 l^2 (l-y) \sin^2\dfrac{\beta}{2} \cos^2\dfrac{\beta}{2}}{\left[l^2 - (l-y)^2 \cos^2\dfrac{\beta}{2} \right]^2} = \frac{4U_m^2 (l-y) \cos^4\dfrac{\beta}{2}}{(\pi - \beta)^2 \left[l^2 - (l-y)^2 \cos^2\dfrac{\beta}{2} \right]^2}$$

(7-7)

在式（7-7）中省略了负号，因为负号只表示磁场力方向和 y 轴方向相反。

平面-单齿磁极对的结构参数主要是齿极的尖角、齿极尖端的圆弧半径和两极之间的空气隙（极距）的大小。

前述磁极对，当双曲线形极的尖角 $\beta = 48°$ 时，H_y 达到最大值。此时：

$$H_y = \frac{0.4H_0 l}{\left[l^2 - 0.83(l-y)^2 \right]^{0.5}}$$

$$(H\mathrm{grad}H)_y = \frac{0.14H_0^2 l^2 (l-y)}{\left[l^2 - 0.83(l-y)^2 \right]^2}$$

(7-8)

磁场试验研究表明：这种磁极对中的双曲线形极可以被尖端为圆弧形的尖形齿极代替，而且沿齿极对称面上的磁场强度，做近似计算时，可以应用式（7-3）。

靠近平面极（$y=l$），磁场力（$H\mathrm{grad}H$）$_{y=l}=0$，而在齿极尖处（$y=0$）时，有：

$$(H\mathrm{grad}H)_{y=0} = \frac{4U_m^2 \cot^4\dfrac{\beta}{2}}{(\pi - \beta)^2 l^3}$$

(7-9)

从上式看出，当 l 值一定时，磁场力 $HgradH$ 和磁极对间的自由磁势 U_m 的平方成正比，或在离磁饱和很远的范围内，和磁选设备激磁线圈的电流的平方近似成正比。当激磁线圈电流一定时，磁场力 $HgradH$ 随磁极对极距的增加而显著下降。

图 7-3 示出平面-单个尖形齿极对，不同齿尖角时，沿其尖形齿极的对称面上磁场力 $HgradH$ 的变化。测量时，齿极的凸尖被切掉，极距 $l = 1.8$ cm，线圈的安匝数 $NI = 21850$ A。

图 7-3 表明：当极距 l 值一定时，适宜的齿尖角约为 $60°$（此时 $HgradH$ 达最大值）。磁场力 $HgradH$ 随着离开齿极距离的增加而急剧下降，在平面极处接近为零。因此，为了提高磁性产品的回收率，极其重要的是，使分选矿层在移动时尽量靠近齿极。

由前述试验知道，在齿极的齿尖角 $\beta = 60°$ 时磁场力 $(HgradH)_y$ 达最大值。此时：

$$H_y = \frac{H_0 l}{\left[4l^2 - 3(l-y)^2 \right]^{0.5}}$$

和

$$HgradH = \frac{3H_0^2 l^2 (l-y)}{\left[4l^2 - 3(l-y)^2 \right]^2} \qquad (7\text{-}10)$$

齿极尖端圆弧半径 r 的大小取决于极距 l。一般 $r \approx 0.5l$。齿极尖端做成圆弧状，不仅避免尖形齿极易达到磁饱和状态，而且还

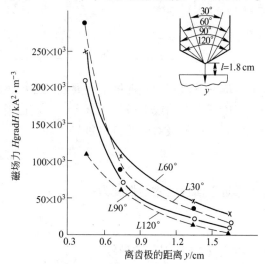

图 7-3 不同齿尖角时沿齿极对称面上的 $HgradH = f(y)$ 曲线

可防止齿极尖端由于矿粒磨损而变形，以致造成分选工作间隙的自然增大。

盘式磁选机应用平面-双曲线形磁极对，转盘（双曲线形极）离开皮带或振动槽的最小距离决定于被选矿石的粒度上限 d_{max}。考虑到下面给矿的盘式磁选机其磁性产品的排出方向垂直于给料运动方向，为使磁性矿粒和非磁性矿粒分两层排出，这一最小距离不应小于 $2d_{max}$。无疑，适宜的极距应为：

$$l = 2d_{max} + \Delta \qquad (7\text{-}11)$$

式中 Δ——皮带或振动槽表面到平面极表面的距离。

在分选比较细的矿石时，转盘离开振动槽或皮带的距离可以小。因此，在相同的线圈安匝数下，可以回收磁化率比较低的磁性矿物。

概略计算表明：当盘式磁选机的给料粒度为 -5 mm 时，磁选机可以回收比磁化率 $\chi = 10^{-6}$ m^3/kg 的矿物，而给料粒度为 -1 mm 时，可以回收比磁化率 $\chi = 1.5 \times 10^{-7}$ m^3/kg 的矿物。当需要回收比磁化率较低的磁性矿物和分选粒度较细的矿石时，应该考虑上述情况。

7.2 双曲线形磁极对的参数

这种磁极对（或称双曲线共焦点磁极对）的磁场不同于前面介绍的磁极对，整个空间都是不均匀的。应用保角变换法可推导出表述两个双曲线形极（见图7-2）极间磁场的比较简单的公式。沿磁极对称面上，磁场强度计算公式为：

$$H_y = \frac{H_0 l \sin\frac{\beta_2}{2}}{\left[l^2 - \left(l\cos\frac{\beta_2}{2} - Ky\right)^2\right]^{0.5}} = \frac{2KU_m}{(\beta_1 - \beta_2)\left[l^2 - \left(l\cos\frac{\beta_2}{2} - Ky\right)^2\right]^{0.5}} \qquad (7\text{-}12)$$

式中　β_1，β_2——两双曲线形极的渐近线之间的夹角；

K——系数（$K = \cos\dfrac{\beta_2}{2} - \cos\dfrac{\beta_1}{2}$）；

U_m——磁极对间的自由磁势，按下式计算：

$$U_m = \frac{H_0 l(\beta_1 - \beta_2)\sin\frac{\beta_2}{2}}{2K} \qquad (7\text{-}13)$$

靠近双曲线形极凹底处（$y = l$）的磁场强度为：

$$H_e = H_0 \frac{\sin\frac{\beta_2}{2}}{\sin\frac{\beta_1}{2}} \qquad (7\text{-}14)$$

将式（7-12）对 y 取导数：

$$\frac{\mathrm{d}H_y}{\mathrm{d}y} = \mathrm{grad}H = -KH_0 l\left(l\cos\frac{\beta_2}{2} - Ky\right)\left[l^2 - \left(l\cos\frac{\beta_2}{2} - Ky\right)^2\right]^{-\frac{3}{2}}\sin\frac{\beta_2}{2} \qquad (7\text{-}15)$$

磁场力为：

$$(H\mathrm{grad}H)_y = \frac{KH_0^2 l^2 \sin^2\frac{\beta_2}{2}\left(l\cos\frac{\beta_2}{2} - Ky\right)}{\left[l^2 - \left(l\cos\frac{\beta_2}{2} - Ky\right)^2\right]^2} = \frac{4K^3 U_m^2\left(l\cos\frac{\beta_2}{2} - Ky\right)}{(\beta_1 - \beta_2)^2\left[l^2 - \left(l\cos\frac{\beta_2}{2} - Ky\right)^2\right]^2}$$

$$(7\text{-}16)$$

在式（7-16）中省略了负号，因为负号只表示磁场力的方向和 y 轴方向相反。试验研究两个双曲线形极极间的磁场表明，可以应用式（7-12）做近似计算。靠近内双曲线形极凸出端处（$y = 0$）的磁场力为：

$$(H\mathrm{grad}H)_{y=0} = \frac{4K^3 U_m^2 \cot\frac{\beta_2}{2}}{(\beta_1 - \beta_2)^2 l^3 \sin^3\frac{\beta_2}{2}} \qquad (7\text{-}17)$$

而靠近外双曲线形极凹底处（$y = l$）附近的磁场力为：

$$(H\mathrm{grad}H)_{y=l} = \frac{4K^3 U_m^2 \cot\frac{\beta_1}{2}}{(\beta_1 - \beta_2)^2 l^3 \sin^3\frac{\beta_1}{2}} \qquad (7\text{-}18)$$

从式（7-18）看出：这种磁极对的外双曲线形极凹底处附近的磁场力 $H \mathrm{grad} H$ 不等于零，不同于前述的磁极对（见第 7.1 节，这种磁极对平面极附近的磁场力等于零）。

理论上，当 $\beta_1 = 42°$，$\beta_2 = 20°$ 时，双曲线形磁极对的磁场力 $H \mathrm{grad} H$ 值达到最大。但这还没有被试验资料证实。如果外双曲线形极的 β_1 增加到 π（180°）时，则它就变成了平面极，即当 $\beta_1 \to \pi$ 时，前述的磁极对（见第 7.1 节）是双曲线形磁极对的个别情况。因此，在式（7-12）和式（7-16）中代入 $\beta_1 = \pi$ 后，就可得到式（7-3）和式（7-7）。

计算和试验证实，式（7-12）可以在计算聚焦强磁场磁选机时应用。

如能近似地求出双曲线形磁极端表面的曲率半径，就可方便地确定出双曲线形磁极对的形状。通过解析法在笛卡尔坐标系中求出曲率半径。

对于外双曲线形极，有：

$$R_1 = \frac{l \tan^2 \dfrac{\beta_1}{2}}{\dfrac{\cos \dfrac{\beta_2}{2}}{\cos \dfrac{\beta_1}{2}} - 1} = 2.68l \tag{7-19}$$

对于内双曲线形极，有：

$$R_2 = \frac{l \tan^2 \dfrac{\beta_2}{2}}{1 - \dfrac{\cos \dfrac{\beta_1}{2}}{\cos \dfrac{\beta_2}{2}}} = 0.6l \tag{7-19a}$$

或

$$\frac{R_1}{R_2} \approx 4.5 \tag{7-19b}$$

7.3　平面或槽形-多齿磁极对的参数

图 7-4 为平面-多齿磁极对和槽形-多齿磁极对的磁场特性。

测量时，齿距 $s = 5$ cm，极距 $l = 2.5$ cm，线圈的安匝数 $NI = 27000$ A。

比较图上的曲线可以看出：尖形齿极的磁场力 $H \mathrm{grad} H$ 比平齿极高得多，特别是离尖形齿极较近的区域。在评价平齿极时应当注意到，虽然它的磁场力不如尖形齿极高，但是，就其本身而言，齿边缘对称面的磁场力却比齿中部对称面的高得多（见图7-4（a））。如以槽形极代替平面极，则可大大提高磁场力 $H \mathrm{grad} H$，特别是靠近齿形极的区域（见图7-4（b））。

在平面-多齿磁极对中，磁场不均匀区仅是靠近齿极，而靠近平面极，磁场接近于均匀。而如以槽形极代替平面极，靠近槽形极，磁场也是不均匀的，因此，整个磁场都是不均匀的。这种磁极对很早就用于分选大块弱磁性矿石的强磁选机中。

表 7-1 列出在辊式磁选机上湿式磁选粒度为 -3 mm 的锰矿石（上面给矿）和干式磁选

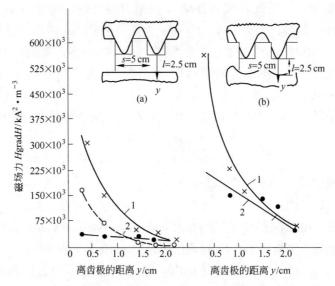

图 7-4 平面-多齿磁极对和槽形-多齿磁极对的 $H\mathrm{grad}H = f(y)$ 曲线

1—尖形齿极；2—平齿极（虚线属于平齿极边缘）

粒度为-1 mm 的锰矿石（下面给矿）的分选结果。磁选机的齿极形状有尖形和平的（齿距均为 1.4 mm）。

从表 7-1 看出：磁选机的给矿方式无论是上面给矿还是下面给矿，辊齿为尖形的分选指标均比辊齿为平的好得多。下面给矿时，磁极须吸起磁性矿粒，需要较强的磁场力，因此一般采用平面或槽形-多个尖形齿磁极对。而上面给矿时，矿粒直接给在磁极上，需要的磁场力相对可小些，可采用平面或槽形-多个平齿磁极对。

表 7-1 在辊式磁选机上（上面给矿和下面给矿）干选和湿选锰矿石的结果

给矿方式	辊齿的组合形状	精矿/%			锰品位/%		效率/%
		产率	锰品位	锰回收率	尾矿	给矿	
上面给矿，湿选	尖形齿极	40.7	39.5	82.1	5.9	19.5	64.6
	平齿极	36.7	39.9	72.5	8.8	20.2	57.1
下面给矿，干选	尖形齿极	48.1	50.0	87.8	6.7	27.4	80.5
	平齿极	39.9	50.6	74.7	11.2	27.0	69.6

下面就来研究平面或槽形-多齿磁极对的参数。

对于平面或槽形-单齿磁极对（见图 7-2（a）），理论上可推导出且为实践所检验的，可来近似计算磁场力 $H\mathrm{grad}H$ 的公式，而对于平面或槽形-多齿磁极对就没有那样的公式。用理论推导出平面-多齿磁极对的磁场力公式很复杂，而且还得引入很多系数，这些系数须用试验的方法确定。将平面-单齿磁极对中的单齿极用多齿极代替（如 U_m 和 l 不变），沿着齿极对称面上的磁场力 $H\mathrm{grad}H$ 要下降，下降的幅度和齿距 s 与极距 l 之比值有关，这一比值越小，磁场力下降得越多。

平面-单齿磁极对和平面-多齿磁极对中的磁场有许多共同点。实际上，对于这两种磁极对，在齿极对称面上，磁极表面和磁场 H 矢量方向之间的夹角 α 的边界条件是相同的（$y=0$ 和 x 为任一值时，$\alpha=0$，而 $x=0$ 和 y 为任一值时，$\alpha=0$）。它们的差别在于：平面-单齿磁极对中平面极的面积实际上取为无限大，而平面-多齿磁极对中平面极的面积取为齿距值。除此之外，齿极附近的磁场非均匀区深度 h 大约等于 $0.5s$，而当极距 $l>0.5s$ 时，离齿极距离 $y>0.5s$ 区的磁场接近于均匀。

根据研究，沿平面-多个尖形齿磁极对齿极对称面上的磁场强度的计算公式为：

$$H_y = \frac{0.5sH_0(1-K_1)^{0.5}}{[0.25s^2 - K_1(0.5s-y)^2]^{0.5}} \tag{7-20}$$

式中　H_0——齿极尖处（$y=0$）的磁场强度；

　　　s——齿极的齿距；

　　　K_1——系数，和齿距有关，它约为 $0.3(s\approx1\ \mathrm{cm})$、$0.55(s=3\ \mathrm{cm})$ 和 $0.6(s=5\ \mathrm{cm})$。

式（7-20）适用于当极距 $l>0.5s$ 时离齿极距离 $y\leqslant0.5s$ 的区域内。

比较式（7-3）和式（7-20）可以看出：考虑到磁场非均匀区深度 h 为 $0.5s$，在式（7-20）中用 $0.5s$ 代替了极距 l，还用和齿距 s 有关的系数 K_1 代替了 $\cos^2\dfrac{\beta}{2}$。

磁极间的自由磁势为：

$$U_m = (1-K_1)^{0.5}H_0[l-s(1-0.5K_1^{0.5}\arcsin K_1^{0.5})] \tag{7-21}$$

将式（7-20）对 y 取导数，得：

$$\frac{\mathrm{d}H_y}{\mathrm{d}y} = \mathrm{grad}H = -\frac{0.5sH_0K_1(0.5s-y)(1-K_1)^{0.5}}{[0.25s^2 - K_1(0.5s-y)^2]^{3/2}} \tag{7-22}$$

磁场力为：

$$(H\mathrm{grad}H)_y = \frac{0.25s^2H_0^2K_1(0.5s-y)(1-K_1)}{[0.25s^2 - K_1(0.5s-y)^2]^2} \tag{7-23}$$

在离齿极 $y=0.5s$ 处的磁场力 $(H\mathrm{grad}H)_{y=0.5s}=0$，而靠近齿极处（$y=0$），$(H\mathrm{grad}H)_{y=0}$ 为：

$$(H\mathrm{grad}H)_{y=0} = \frac{2H_0^2K_1(1-K_1)}{s(1-K_1)^2} \tag{7-24}$$

从式（7-24）看出：在这种磁极对中，齿极尖处的磁场力最大，离开齿极越远，磁场力越小，在离开齿极的距离等于齿距之半（$y=0.5s$）时，磁场力最小（为零）。可见，这种磁极对的非均匀区只在 $0.5s$ 之内，其余区域为均匀磁场区。

前面的研究已表明：尖形齿极比平齿极有突出的优点，因此它首先应用于多数强磁场磁选机中。但是，在某些上面给矿的辊式磁选机，为了分选粒度小于 $1\ \mathrm{mm}$ 的物料，仍应用由盘距较小的平盘组合的辊（辊的对面为平面极）。这在一定程度上是因为给料给在这种辊上较为方便。

沿平面-多个平齿磁极对齿极对称面上的磁场强度的计算公式为：

$$H_y = \frac{0.59s^{0.75}H_0(1-K_1)^{0.5}}{[0.35s^{1.5} - K_1(0.5s-y)^{1.5}]^{0.5}} \tag{7-25}$$

式中 H_0，s——同式（7-20）中符号意义；

K_1——系数，和齿距有关。它为 0.15（$s \approx 1$ cm）、0.25（$s \approx 3$ cm）和 0.3（$s \approx 5$ cm）。

式（7-25）适用于当极距 $l > 0.5s$ 时离齿极距离 $y \leqslant 0.5s$ 的区域内。

将式（7-25）对 y 取导数，得：

$$\frac{\mathrm{d}H_y}{\mathrm{d}y} = -\frac{0.45s^{0.75}H_0K_1(0.5s - y)^{0.5}(1 - K_1)^{0.5}}{[0.35s^{1.5} - K_1(0.5s - y)^{1.5}]^{3/2}} \quad (7\text{-}26)$$

磁场力为：

$$(H\mathrm{grad}H)_y = \frac{0.27s^{1.5}H_0^2K_1(0.5s - y)^{0.5}(1 - K_1)}{[0.35s^{1.5} - K_1(0.5s - y)^{1.5}]^2} \quad (7\text{-}27)$$

在离齿极 $y = 0.5s$ 处的磁场力 $(H\mathrm{grad}H)_{y=0.5s} = 0$，而靠近齿极处（$y = 0$），$(H\mathrm{grad}H)_{y=0}$ 为：

$$(H\mathrm{grad}H)_{y=0} = \frac{1.5H_0^2K_1(1 - K_1)}{s(1 - K_1)^2} \quad (7\text{-}28)$$

平面-多齿磁极对的结构参数主要是齿极的形状（如尖形齿极的齿尖角、齿极端面的圆弧半径、平齿极的齿高、齿宽和齿槽宽之比）、齿距和极距等，而且齿距和极距又是互相联系的。

试验检查式（7-20）表明：尖形齿极的齿尖角 $\beta = 45° \sim 50°$ 和齿极端的圆弧半径 $r \approx 0.1s$ 时，此式比较准确。研究表明：尖形齿极的适宜齿尖角比上述值略大些（$\beta = 60°$），齿极端的适宜圆弧半径也比上述值略大些（$r \approx 0.15s$）。而研究平齿极的齿高、齿宽和齿槽宽之比表明：适宜的齿高 h 应当不小于齿距 s，齿宽和齿槽宽的适宜比值 b/a 和给矿中磁性矿物的含量 $\alpha_磁$ 有关。当给矿中磁性矿物的含量 $\alpha_磁 > 60\%$ 时，比值（b/a）应是 2:1；磁性矿物的含量 $\alpha_磁 = 30\% \sim 60\%$ 时，比值应是 1:1；而磁性矿物的含量 $\alpha_磁 < 30\%$ 时，比值应是 1:2。

图 7-5 示出平面-多齿磁极对，不同极距时，沿其齿极的对称面上磁场强度 H 和离齿极的相对距离 y/s 之间的关系。测量时，齿距 s 为 5 cm，线圈的安匝数 $NI = 27000$ A。

从图 7-5 中 $H = f(y/s)$ 曲线看出：当 $l = 0.5s$ 时，磁极对整个空隙内的磁场是不均匀的，而当 $l > 0.5s$ 时，只在 $y/s < 0.5$ 区以内的磁场是不均匀的，而在 $y/s > 0.5$ 区的磁场接近于均匀。可见，磁场的非均匀区深度 $h \leqslant 0.5s$。从这种磁极对的磁场特性来看，适宜的极距应是 $l \approx 0.5s$。

图 7-6 示出采用平面-多个平齿磁极对的上面给矿辊式磁选机不同齿距时分选铁矿石（假象赤铁矿石）和锰矿石的分选结果。

铁矿石用干选处理，它的粒度为 -6+3 mm 和 -3+1.5 mm，而锰矿石用湿选处理，它的粒度为 -3 mm。磁选机的铁盘宽度和非磁性盘宽度相等（齿极宽和齿极槽宽的比值是 1:1）。

从图 7-6 中 $\varepsilon = f(s)$ 曲线看出：当辊的铁盘间距 s 约等于被选矿石粒度上限 d_{max} 的 2~3 倍（$s \approx (2 \sim 3)d_{max}$）时，铁或锰精矿的回收率最高，而铁盘间距 $s < 2d_{max}$ 时，回收率急剧下降。这是由于磁场非均匀区深度较小所致。如铁盘间距 $s > 4d_{max}$ 时，回收率也下降，但缓慢些。这是由于随着铁盘间距的加大，增加了位于非磁性盘处的一部分磁性矿粒到铁盘的距离，它们来不及被吸到铁盘上而损失在非磁性产品中。

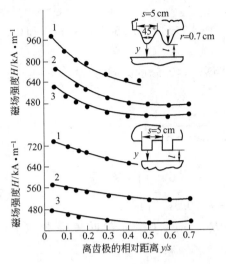

图 7-5　平面-多齿磁极对不同

极距时 $H = f(y/s)$ 曲线

1—$l = 0.5s = 2.5$ cm; 2—$l = 0.75$ $s = 3.75$ cm;

3—$l = s = 5$ cm

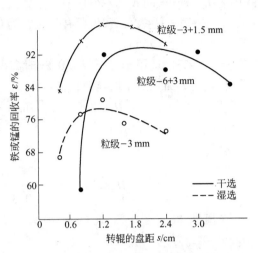

图 7-6　上面给矿辊式磁选机选别

粒度不同矿石的 $\varepsilon = f(s)$ 曲线

工业用的上面给矿辊式磁选机的经验证实，辊的铁盘间距应大于被选矿石粒度上限的 2（3）倍。

如前述分选试验，采用平面-多个尖形齿磁极对的下面给矿辊式磁选机不同齿距时的分选结果表明：当辊的铁盘间距 s 约等于被选矿石粒度上限 d_{max} 的 6 倍（$s \approx 6d_{max}$）时，精矿回收率最高。下面给矿辊式磁选机的铁盘间距大于上面给矿辊式磁选机的铁盘间距，是由于下面给矿和上面给矿不同，下面给矿矿粒不直接给在辊面上，而是给在离辊面某一距离的地方，要求磁场的有效深度应当大一些。铁盘间距大，磁场的有效深度就大。

工业用的下面给矿辊式磁选机分选锰矿石证实：当辊的铁盘间距为被分选矿石粒度上限的 5（6）倍时获得了很好的结果。

沿槽形-多个尖形齿磁极对齿极对称面上磁场强度的变化，做近似计算时，可应用式（7-12）。考虑这种磁极对的齿极数不是一个而是多个，沿着齿极对称面上的磁场比一个的要低，所以，在计算磁场力时，磁场力的计算公式（7-16）应引入一个修正系数。根据理论计算和试验研究，该系数为 0.7~0.8。

沿槽形-多个平齿磁极对齿极对称面上的磁场强度的计算公式（经验公式）为：

$$H_y \approx H_0 \left(1 - \frac{m}{1 + ml} y\right) \qquad (7\text{-}29)$$

式中　H_0——齿极端处（$y = 0$）的磁场强度；

　　　l——极距；

　　　m——系数，表示曲线的斜率，按下式计算：

$$m = \frac{H_0 - H_l}{l H_l} = -\frac{\mathrm{grad}H}{H_l} \qquad (7\text{-}30)$$

经过测量和计算，m 值如下：$l = 0.5s = 2.5$ cm 时，$m = 1.09$；$l = 0.75s = 3.75$ cm 时，

$m = 0.74$；$l = s = 5$ cm 时，$m = 0.48$。

H_l 为槽形极凹底处（$y = l$）的磁场强度：

$$H_l = \frac{H_0}{1 + ml} \tag{7-31}$$

式（7-29）适用于平齿极的齿距 $s \leqslant 5$ cm 时。

将式（7-29）对 y 取导数，得：

$$\frac{\mathrm{d}H_y}{\mathrm{d}y} = \mathrm{grad}H = -\frac{m}{1 + ml}H_0 \tag{7-32}$$

磁场力（$H\mathrm{grad}H$）$_y$ 为：

$$(H\mathrm{grad}H)_y = H_0^2 \frac{m}{1 + ml}\left(1 - \frac{m}{1 + ml}y\right) \tag{7-33}$$

槽形-多齿磁极对的结构参数主要是齿极的形状、槽形极的曲率半径、极距、齿距和槽距等。研究表明：齿极形状和平面-多齿磁极对的基本相同。槽形极的适宜曲率半径：$r \approx 0.5\,s$。

根据磁场特性研究知道，随着极距的增加，磁场的不均匀性减小，所以，分选时应尽量选取较小的极距。

如前述类似的分选试验研究，对于采用槽形-多平齿磁极对的上面给矿式磁选机，适宜铁盘间距 s 约等于被分选矿石粒度上限 d_{max} 的 1.5~2 倍（$s \approx (1.5 \sim 2)d_{max}$）。采用槽形-多个尖形齿磁极对的下面给矿辊式磁选机，适宜的铁盘间距 s 约等于（6~10）d_{max}。

最后应当指出的是，除了上述各种因素影响辊式磁选机和其他形式磁选机的磁场特性以外，还有转辊的半径、齿极数、齿极端的磁饱和程度和分选区长度等。由于这个原因，前述的磁场强度理论计算公式不是严密的，是近似的。

7.4　等磁力磁极对的参数

当磁极对为某一定形状时，有可能在工作隙中得到恒定的磁场力。等磁力磁极对是由弧面极和成 120°角的凹形极组成，如图 7-2（g）所示。在这种磁极对中磁场力的方向是以 o 点为始点的半径方向。沿磁极对称面的磁场强度和磁场力可用下式求出：

$$H_y = H_0\left(1 - \frac{y}{l}\right)^{0.5} = \frac{3}{2}\frac{U_m}{l}\left(1 - \frac{y}{l}\right)^{0.5} \tag{7-34}$$

式中　H_0——弧面极表面处（$y = 0$）的磁场强度；

　　　l——极距；

　　　U_m——磁极对间的自由磁势，按下式计算：

$$U_m = \frac{2}{3}lH_0 \tag{7-35}$$

经试验查明，只有在极距和弧面极的曲率半径有一定比值即 $\frac{l}{R} = 0.625$ 时，式（7-35）才是正确的。

将式（7-34）对 y 取导数，得：

$$\frac{\mathrm{d}H_y}{\mathrm{d}y} = \mathrm{grad}H = -\frac{0.5H_0}{l}\left(1-\frac{y}{l}\right)^{-0.5} \tag{7-36}$$

磁场力为：

$$(H\mathrm{grad}H)_y = \frac{H_0^2}{2l} = \frac{9}{8}\frac{U_{\mathrm{m}}^2}{l^3} \tag{7-37}$$

从式（7-37）看出，磁场力（$H\mathrm{grad}H$）$_y$ 和 y 无关，即和工作隙中点的位置无关。因此，当 H_0 和 l 为既定值时，沿磁极对的对称面上整个工作隙中的磁场力为一常数。

根据在磁极模型上的磁场试验研究，找出另一种能保证得到等磁力磁场的磁极形状。

把磁极头的极面分成三部分（见图7-7），如上下两部分的极面和水平线垂直，中间部分的极面和下部分极面成 120°的角度，下部分极面的间距为 2~3 cm，则在磁极中间部分极面间形成等磁力磁场。

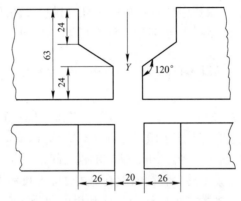

图 7-7　中间部分磁场力一定的磁极（单位：mm）

7.5　多层尖齿极的参数

采用前述几种形式磁极对的强磁场磁选机，其共同缺点是分选空间小，处理能力低，且不能分选粒度太细的矿石。为了分选细粒弱磁性铁矿石，世界各国研制了多种处理量大的湿式强磁场磁选机，在这些磁选机中具有多层聚磁介质的闭合磁系。这种磁系增加了两原磁极的极距，并在两原磁极之间充填一定数量的聚磁介质。由于充填了多层聚磁介质，两原磁极间隙中的磁场强度和磁场力大大提高。但到目前为止，关于采用这种磁系的强磁场磁选机的磁极参数研究还不成熟，有的甚至很不成熟，尚不能总结出完整的规律。

用磁模拟法研究多层尖齿极的参数。尖齿极在磁选机中通常是齿尖对齿尖装配（见图7-8），这有利于矿粒的通过、排出和清洗。根据试验研究，沿齿极对称面上的磁场强度变化，可用下面的经验公式表示：

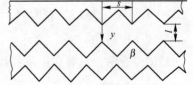

$$H_y = K_1 K_2 K_3 H_0 \mathrm{e}^{0.45\left(\frac{s-4y}{s}\right)^2} \tag{7-38}$$

式中　H_0——背景磁场强度；

　　　s——齿极的齿距；

图 7-8　多层尖齿极的形状

y——离齿极的距离；

K_1——系数，和齿极的齿尖角与背景磁场强度有关，其值见表 7-2；

K_2——系数，和极距有关，其值见表 7-3；

K_3——系数，和齿极板的材质有关，一般材质的 $K_3 = 2.75$。

式（7-38）适用于极距 $l \approx (0.45 \sim 0.65)s$ 和齿尖角 $\beta = 60° \sim 105°$ 的情况。

将公式（7-38）对 y 取导数，得：

$$\frac{\mathrm{d}H_y}{\mathrm{d}y} = -3.6K_1K_2K_3\frac{H_0}{s^2}(s - 4y)\,\mathrm{e}^{0.45\left(\frac{s-4y}{s}\right)^2} \tag{7-39}$$

磁场力 $(H\mathrm{grad}H)_y$，为：

$$(H\mathrm{grad}H)_y = 3.6K_1^2K_2^2K_3^2\left(\frac{H_0}{s}\right)^2(s - 4y)\,\mathrm{e}^{0.9\left(\frac{s-4y}{s}\right)^2} \tag{7-40}$$

在离齿极 $y = 0.25s$ 处的磁场力 $(H\mathrm{grad}H)_{y=0.25s} = 0$，而靠近齿极处（$y = 0$），$(H\mathrm{grad}H)_{y=0}$ 为：

$$(H\mathrm{grad}H)_{y=0} = 3.6K_1^2K_2^2K_3^2\frac{H_0^2}{s}\mathrm{e}^{0.9} \tag{7-41}$$

表 7-2　式（7-38）中的 K_1 值

| 齿极的齿尖角 | 背景磁场强度 H_0/kA · m^{-1}（Oe） | | | | |
β/(°)	200（2500）	280（3500）	360（4500）	440（5500）	520（6500）
60	1.19	1.04	0.87	0.83	0.80
75	1.17	1.02	0.86	0.81	0.78
90	1.15	1	0.85	0.80	0.77
105	1.13	0.98	0.84	0.79	0.76

表 7-3　式（7-38）中的 K_2 值（$H_0 = 280$ kA/m，$\beta = 90°$）

极距 l	0.45s	0.5s	0.6s	0.65s
K_2	1.03	1.0	0.98	0.97

从式（7-41）看出：在尖齿极对中，齿尖处的磁场力最大。离开齿极越远，磁场力越小，在离开齿极的距离等于齿距的四分之一（$y = 0.25s$ 处，磁场力最小（为零）。可见，这种齿极的非均匀区深度为 $0.25s$。

多层尖齿极的结构参数主要是齿极的齿尖角、极距和齿距。

图 7-9 表示的是多层尖齿极不同齿尖角时，沿齿极对称面上磁场力 $H\mathrm{grad}H$ 的变化。测量时，极距 $l = 1.2$ cm，齿距 $s = 2.4$ cm，背景磁场强度 $H_0 = 280$ kA/m（3500 Oe）。从图 7-9 中 $H\mathrm{grad}H = f(y/s)$ 曲线看出：当极距 l 和齿距 s 一定时，在离齿极的相对位置 $y/s < 0.125$ 处（齿极尖端附近），齿尖角越小，磁场力越大，而在 $y/s > 0.125$ 处（离齿尖端较远），齿尖角的大小对磁场力的影响不明显。在实际应用中，齿极所吸附的磁性矿粒尺寸（矿粒中心）总是要离开齿极尖端一定距离。矿粒尺寸越大，离开齿极尖端的距离越远。假如磁性矿粒为球形，且它的最大直径为 $0.25s$，则矿粒中心所在处的相对距离 y/s 为 0.125。此时，齿尖角的大小对此矿粒所受的磁力已无明显的影响。

在保证齿距一定的条件下，齿尖角越小，单位体积分选槽内的尖齿极板充填数量越

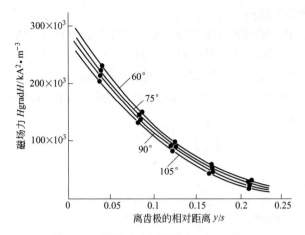

图 7-9　不同齿尖角时沿齿极对称面上的
$H\mathrm{grad}H=f(y/s)$ 曲线

少，因而齿极的有效吸着表面积越小，设备的处理能力越低；齿尖角越小，齿谷越深，齿谷处的磁性矿粒从齿谷到齿尖端的运动距离越大。在分选过程中，磁性矿粒特别是细粒越容易流失；齿尖角越小，越难以保证齿尖端对位组装的精度要求；齿尖角越小，齿极尖端易达到磁饱和。

　　基于上述因素，在实际应用中，不宜选用齿尖角过大或过小的齿极板，可选用齿尖角为 80°～100°。齿尖角在一定范围内波动，不会引起磁性矿粒所受磁力的显著变化。

　　图 7-10 示出多层尖齿极不同极距时，沿齿极对称面上的相对磁场强度从 H_y/H_0 离齿极相对距离 y/s 间的关系。测量时，齿尖角 $\beta=90°$，齿距 $s=2.4\ \mathrm{cm}$，背景磁场强度 $H_0=280\ \mathrm{kA/m}$。

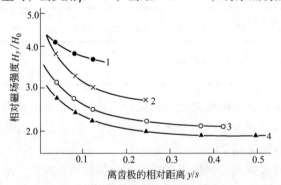

图 7-10　不同极距时沿齿极对称面上的
$H_y/H_0=f(y/s)$ 曲线
1—$l=0.25s$；2—$l=0.5s$；3—$l=0.75s$；4—$l=s$

　　从图 7-10 中 $H_y/H_0=f(y/s)$ 曲线看出：当极距 l 一定时，离齿极的相对距离 y/s 越大，磁场强度越低。但齿尖附近，磁场强度下降得快，而离齿极较远处，下降得慢，即磁场梯度小。又看出：当 $l\leqslant0.5s$ 时，整个空隙内的磁场是不均匀的。而当 $l>0.5s$ 时，在离齿极的相对距离 $y/s>0.25$ 处的磁场趋于均匀。由此可知，多层尖齿极的磁场非均匀区深度 $h\approx0.25s$。其他齿距也有上述规律。可见，适宜的极距约等于半个齿距（$l\approx0.5s$）。

从图 7-10 还看出：随着极距的增大，磁场强度和梯度都显著降低，这必将造成磁性矿粒，尤其是细粒级的流失。

尖齿极的适宜极距决定于被选矿石的粒度上限 d_{max}。为了使分选空间畅通，避免齿极堵塞，相对的两个齿尖端各吸着一个磁性矿粒后，在两个齿尖端的间隙上，还应留有 1~2 个矿粒能通过的间隙。否则，相对的两齿尖端因各吸着一个矿粒，易产生"磁搭"造成堵塞。从保证分选过程顺利进行方面出发，极距应选取 $l \approx 3d_{max}$ 为好。

图 7-11 示出采用多层尖齿极的分离设备，不同极距粒度比时的分离试验指标。试验时齿尖角 $\beta = 90°$，极距 $l = 0.25$ cm，齿距 $s = 0.5$ cm，磁场强度 $H = 800$ kA/m。

从分离试验指标可以看出：$l/d_{max} \approx 3$ 时指标较好；$l/d_{max} > 5$ 时，回收率明显下降（$d_{max} \approx 0.15 \sim 1.2$ mm）。

图 7-12 示出多层尖齿不同齿距时，沿齿极对称面上磁场力 $H\mathrm{grad}H$ 的变化。测量时，齿尖角 $\beta = 90°$，极距 $l = 1.2$ cm，背景磁场强度 $H_0 = 280$ kA/m。

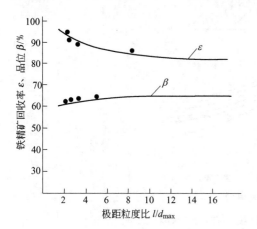

图 7-11 不同极距粒度比时的分离指标

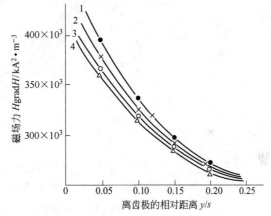

图 7-12 不同齿距时沿齿极对称面上的
$H\mathrm{grad}H = f(y/s)$ 曲线

1—$s = 1.8$ cm；2—$s = 2.1$ cm；3—$s = 2.4$ cm；4—$s = 2.7$ cm

从图 7-12 中 $H\mathrm{grad}H = f(y/s)$ 曲线看出：相对位置 y/s 相同的磁场力，随齿距的增加而减小。当极距约为齿距一半时，这种规律是普遍的。可见，齿距大的尖齿极适用于处理粗粒级矿物，而齿距小的尖齿极适用于处理细粒级矿物。尖齿极的齿距和欲回收矿粒的粒度的适宜匹配关系，可以通过矿粒所受的磁力公式推导得出。

磁性矿粒所受磁力为：

$$f_{磁} = \mu_0 \kappa_0 V H \mathrm{grad} H \tag{7-42}$$

设磁性矿粒为球形，半径为 R，则其体积 $V = \dfrac{4}{3}\pi R^3$，将式（7-40）代入式（7-42），得：

$$f_{磁} = 15 K_1^2 K_2^2 K_3^2 \mu_0 \kappa_0 H_0^2 R^3 \frac{s - 4y}{s^2} \mathrm{e}^{0.9\left(\frac{s-4y}{s}\right)^2} \tag{7-43}$$

在 $\dfrac{\mathrm{d}f_{磁}}{\mathrm{d}s} = 0$ 时，$f_{磁}$ 有最大值。此时，有：

$$s = 5.45d_{max} \qquad (7\text{-}44)$$

式（7-44）即为尖齿极的齿距和欲回收矿粒粒度的适宜匹配关系。在实际应用中，可取 $s = (5\sim6)d_{max}$。

从图 7-10 知道，当 $l > 0.5s$ 时，磁极间隙出现均匀磁场区。在 $s = (5\sim6)d_{max}$ 的适宜匹配条件下，$0.5s \approx 3d_{max}$，如选取 $l \approx 3d_{max}$，矿粒既能顺利通过分选间隙，而分选空间又不出现均匀磁场区域（对于微细粒级矿粒的分选不存在上述关系，因为间隙小，实际分选过程很难进行）。

图 7-13 示出多层尖齿极，齿尖水平方向错位时，$H_y/H_0 = f(y/s)$ 曲线。从图 7-13 看出：随错位距离 x_0 的增加，齿极间隙的磁场强度减小。齿尖错位组装的分离试验指标见表 7-4。给矿粒度 -0.074 mm 占 92%；$l = 0.5s$；$s = 5$ mm；$\beta = 90°$；$H = 950$ kA/m。

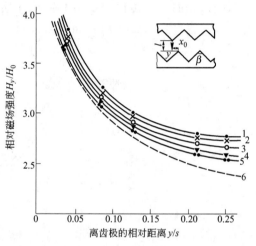

图 7-13　齿极不同错位距离的 $H_y/H_0 = f(y/s)$ 曲线

1—$x_0 = 0$；2—$x_0 = 0.1s$；3—$x_0 = 0.2s$；4—$x_0 = 0.3s$；5—$x_0 = 0.4s$；6—$x_0 = 0.5s$

表 7-4　齿尖对位及错位组装分离实验指标　　　　　　　　　　　　　%

组装类型	产品名称	产　率	铁品位	回收率
对位（$x_0 = 0$）	精矿	53.5	45.64	80.1
	尾矿	46.5	13.04	19.9
	原矿	100.0	30.46	100.0
错位（$x_0 = 0.5s$）	精矿	52.4	45.60	78.8
	尾矿	47.6	13.54	21.2
	原矿	100.0	30.34	100.0

从表 7-4 看出：在精矿品位相近条件下，错位组装的回收率比对位组装的低些，而且在试验中发现：当 $x_0 = 0.5s$，即齿尖交错组装时，堵塞现象严重，尤其是在齿尖角较小时，此现象更为明显。

图 7-13 和分离试验说明：尖齿极板在使用时，以齿尖对位组装为好。在安装中应尽量减小水平错位距离。

分选过程是在尖齿极板的整个分选区进行的，有必要再研究分析整个分选区的磁场分布。在齿尖对位组装时，两个对应齿极的分选区的磁场图（整个分选区的1/4）如图7-14所示。测量时，齿尖角 $\beta = 90°$，极距 $l = 1.2$ cm，齿距 $s = 2.4$ cm，背景磁场强度 $H_0 = 280$ kA/m。

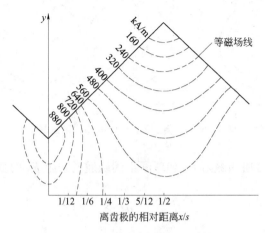

图 7-14 齿极分选区的磁场图

从图7-14可以看出：齿尖处及其附近的磁场强度和磁场强度变化率均很高，而齿谷区域恰相反，磁场强度和磁场强度变化率均很低。磁性矿粒在齿谷区域受到指向齿尖处的磁力作用，即齿谷内的磁场力排斥磁性矿粒，使其离开齿谷，而在齿尖处附近，磁场力把磁性矿粒吸向齿尖。可见，在尖齿极的分选区域内存在着磁力吸引区和磁力排斥区。但齿谷区域内的磁场力很低，磁性矿粒在齿谷内受到很小的磁力作用，难以克服机械力而通过较长距离被吸到齿尖上，这必然引起磁性矿粒的流失，特别是微细粒级的矿物。要提高细粒级矿物的回收率，可采取一定措施，适当缩小排斥区域，或使磁性矿粒有更多的机会通过齿尖附近的吸引区，力求避免磁性矿粒不经过齿尖附近区而直接沿齿谷排入非磁性产品中。

7.6 多层球极的参数

一个球或两个隔离球的球间磁场强度变化很容易通过公式求出。然而实际中，磁选机分选区内的球是大量的，而且球的排列也较复杂。因此，理论计算分选区内球间的磁场强度的实际变化规律是极其困难的。目前，经常用球间的平均磁感应强度值来比较和评定磁选机的磁场性能。显然，这种方法是有缺陷的。下面用数学方法研究一个条件最简单的例子。

设有半径为 r 的铁球放入极距为 l 的平面磁极中间，此时，在铁球周围形成高梯度磁场（见图7-15）。x 处球的横断面积和球间空间的横断面积（平行于磁极面）等于：

$$S_1 = \pi(r^2 - x^2)$$

和
$$S_2 = 4r^2 - \pi(r^2 - x^2) \tag{7-45}$$

式中 S_1——球的横断面积；

S_2——球间空间的横断面积；

x——沿极隙方向离球心的距离。

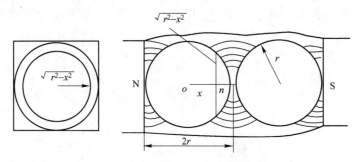

图 7-15 铁球磁感应形成的高梯度磁场

磁饱和前 x 处球内磁通的磁阻 R_1 和球间空间磁通的磁阻 R_2 的变化为：

$$dR_1 = \frac{dx}{\mu_1 S_1}$$

$$dR_2 = \frac{dx}{\mu_2 S_2} \tag{7-46}$$

它们的总磁阻变化为：

$$dR = \frac{dR_1 dR_2}{dR_1 + dR_2} \tag{7-47}$$

将相应值代入式（7-47），得：

$$dR = \frac{dx}{\left(r\sqrt{3.14\mu_1 + 0.86\mu_2}\right)^2 - \left[\sqrt{3.14(\mu_1 - \mu_2)}\ x\right]^2} \tag{7-48}$$

在 $x = r$ 即区域 n 处的磁阻为：

$$R_n = \int_0^r dR = \frac{1}{6.28r\sqrt{\mu_1 + 0.274\mu_2}\sqrt{\mu_1 - \mu_2}} \ln \frac{\sqrt{\mu_1 + 0.274\mu_2} + \sqrt{\mu_1 - \mu_2}}{\sqrt{\mu_1 + 0.274\mu_2} - \sqrt{\mu_1 - \mu_2}} \tag{7-49}$$

令 $K = \dfrac{\mu_1}{\mu_2}$ 和 $K_1 = \ln \dfrac{\sqrt{K + 0.274} + \sqrt{K - 1}}{\sqrt{K + 0.274} - \sqrt{K - 1}}$，得：

$$R_n = \frac{K_1}{6.28r\mu_2\sqrt{(K + 0.274)(K - 1)}} \tag{7-50}$$

当原磁极的安匝数为 IN，极距为 l 时，长为 r 区段上的磁势为：

$$U_n = \frac{IN}{l}r \tag{7-51}$$

根据欧姆定律，长为 x 区段上的磁位降与它的磁阻成比例关系，即：

$$U_x = \frac{INr}{l} \cdot \frac{R_x}{R_n} \tag{7-52}$$

垂直于磁通距球心 x 处平面上的磁场强度为：

$$H_x = \frac{\mathrm{d}U_x}{\mathrm{d}x} = \frac{INr}{lR_n} \frac{\mathrm{d}R_x}{\mathrm{d}x} \tag{7-53}$$

$$= \frac{2r^2 IN\sqrt{(K + 0.274)(K - 1)}}{lK_1[r^2(K + 0.274) - x^2(K - 1)]}$$

将式（7-53）对 x 取导数，得：

$$\frac{\mathrm{d}H_x}{\mathrm{d}x} = \frac{4r^2 INx\sqrt{(K + 0.274)(K - 1)}(K - 1)}{lK_1[r^2(K + 0.274) - x^2(K - 1)]^2} \tag{7-54}$$

x 区段上的平均磁场力为：

$$(H\mathrm{grad}H)_x = \frac{8r^4 I^2 N^2 x(K + 0.274)(K - 1)^2}{l^2 K_1^2[r^2(K + 0.274) - x^2(K - 1)]^3} \tag{7-55}$$

当 $x = r$ 时，r 区段上的平均磁场力为：

$$(H\mathrm{grad}H)_{x=r} = \frac{3.87 I^2 N^2 (K + 0.274)(K - 1)^2}{l^2 r K_1^2} \tag{7-56}$$

图 7-16 示出离球心不同距离时磁场力的计算值和实验值。计算和实验结果表明：磁场力最大值是在 $x \rightarrow r$ 处。

从式（7-55）或式（7-56）可以看出：磁场力是随着磁势、磁导率之比值的增加和极间隙、球半径的减小而增加。根据这种原因，实践中，为了回收细的弱磁性矿粒，采用小尺寸球，提高磁势，减小极距，或通过预先选出强磁性矿粒后再清除弱磁性部分的办法以提高磁导率之比值。

图 7-17 示出沿平行于磁通方向离球接触点不同距离时磁场力的计算值和实验值。从图 7-17 看出：小球的磁场力高；磁场力最大值产生在离球接触点大约 1/4 球半径处。

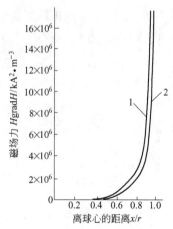

图 7-16　离球心不同距离时磁场力的
计算值（1）和实验值（2）

磁场力随球径的增大而减小，小球的磁场力高。但球径越小，球间隙通道也越小，不利于非磁性矿粒的排出，容易堵塞。根据试验研究，立环湿式强磁场磁选机的最大给矿粒度和球介质直径的关系为 $d_{\max} = \left(\frac{1}{2} \sim \frac{1}{3}\right)d$（$d$ 为球间隙通道直径），而 d 的大小又和球介质直径有关（见图 7-18）。球介质直径必须随给矿最大粒度的增大而相应增大。

124

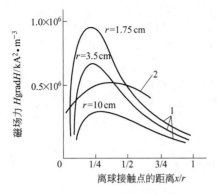

图 7-17 离球接触点不同距离时磁场力的
计算值（1）和实验值（2）

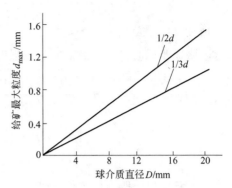

图 7-18 给矿最大粒度和球介质
直径的关系

7.7 多层丝极的参数

多层丝状和网状聚磁介质在磁场中磁化后，在其表面及附近产生高梯度磁场。用磁模拟法研究这两种聚磁介质的参数。

丝的断面分为圆形和矩形。丝的断面尺寸、排列形式和充填率等对磁场都有影响。

7.7.1 圆形断面的丝极

图 7-19（a）（b）示出圆形断面丝极不同排列类型的磁场特性。测量时，背景磁场强度 $H_0 = 400$ kA/m，丝极半径 $a = 3.5$ mm。

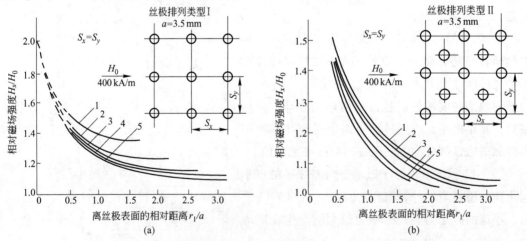

图 7-19 圆形断面丝极群不同类型在 x 方向的磁场分布

（a）类型 I：$1—S_x = 5a$；$2—S_x = 6a$；$3—S_x = 7a$；$4—S_x = 8a$；$5—S_x = 9a$

（b）类型 II：$1—S_x = 9a$；$2—S_x = 8a$；$3—S_x = 7a$；$4—S_x = 6a$；$5—S_x = 5a$

排列类型 I 和 II 在测量区域内磁场强度沿 x 方向的变化规律近似地可用下式表示：

$$H_x = H_0 m e^{-cx} \tag{7-57}$$

式中　H_0——背景磁场强度；

　　　　x——离丝极中心的相对距离，$x = r/a$（a 为丝极半径，r 为绝对距离）；

　　m，c——由丝极排列形式和间距决定的常数。

用下列式表示比较精确，即：

对于排列类型 I，当 $S_x = 8a$ 时，有：

$$H_x = [\,1.74 - 0.71r_1/a + 0.29\,(r_1/a)^2 - 0.04\,(r_1/a)^3\,]H_0 \tag{7-58}$$

而对于排列类型 II，当 $S_x = 8a$ 时，有：

$$H_x = [\,1.68 - 0.61r_1/a + 0.2\,(r_1/a)^2 - 0.02\,(r_1/a)^3\,]H_0 \tag{7-59}$$

当 $S_x \geqslant 9a$ 时，排列类型 I 和 II 的丝极群的复合磁场特性和单根的近似，可按一根丝来近似表示，即：

$$H_x = \left(1 + \frac{a^2}{r^2}\right)H_0 \tag{7-60}$$

应用丝极作为母体来吸引磁性颗粒时，应根据欲回收颗粒的粒度来确定丝极的尺寸，二者之间有一适宜的匹配关系。

对于一根圆形断面丝极吸着一个球形磁性颗粒，通过数学推导求出丝极尺寸和回收颗粒的适宜关系为 $d_{丝}/d_{物} = 2.7$（此时磁性颗粒所受磁引力最大）。

分选过程是在丝极群中进行的，确定丝极群中丝极的适宜尺寸更有实际意义。磁性颗粒所受磁力为：

$$f_{磁} = \mu_0 \kappa_0 V H_x \frac{\mathrm{d}H_x}{\mathrm{d}r} \tag{7-61}$$

设颗粒为球形，半径为 R，并令 $a = nR$（n 为数值）或 $R = \dfrac{a}{n}$，则：

$$r_1 = R = \frac{a}{n}, \quad x = r_1/a = \frac{1}{n}\ (r_1\ 为离丝极表面的距离)$$

对于排列类型 I（$S_x = 8a$），半径为 R 的磁性颗粒在丝极表面附近所受的磁引力为：

$$f_{磁} = -\frac{4\pi\mu_0\kappa_0 R^2 H_0^2}{3}\left(\frac{1.24}{n} - \frac{1.51}{n^2} + \frac{0.83}{n^3} - \frac{0.29}{n^4} + \frac{0.05}{n^5}\right) \tag{7-62}$$

在 $\dfrac{\mathrm{d}f_{磁}}{\mathrm{d}n} = 0$ 时，$f_{磁}$ 有最大值。此时，$n = 1.4$，即：

$$\frac{d_{丝}}{d_{物}} = 1.4 \tag{7-63}$$

用同样方法求排列类型 II（$S_x = 8a$），当 $n = 1.3$ 时，$f_{磁}$ 有最大值。此时，有：

$$\frac{d_{丝}}{d_{物}} = 1.3 \tag{7-64}$$

$S_x > 9a$ 的类型 I 和 II 的丝极群的磁场特性和单根丝的近似。当 $n = 2.7$ 时，$f_{磁}$ 有最大值。此时，有：

$$\frac{d_{丝}}{d_{物}} = 2.7 \tag{7-65}$$

经计算分析，排列类型 I 和 II 的复合磁场在丝极间距较大（$S_x > 6a$）时，丝极尺寸和回收物料粒度的关系为：

$$\frac{d_{丝}}{d_{物}} = 1.2 \sim 2.7 \tag{7-66}$$

丝极的充填率会对磁场图和分选指标产生直接影响。

丝极间距 S_x 较大（$S_x > 8a$）时，丝极附近的磁场特性和单根丝极的近似。随着间距 S_x 的减小，排列类型 Ⅰ 的各点复合磁场强度提高，而排列类型 Ⅱ 的各点复合磁场强度下降（见图 7-19）。

圆形断面丝极群的各点复合磁场强度可用矢量叠加法计算求得。

很容易认为丝极群中的丝极间距越小，复合磁场强度越高。类型 Ⅱ 的磁场特性否定了这种认识。进一步研究类型 Ⅰ 的丝极间距 S_y（$S_y \neq S_x$）对复合磁场的影响如表 7-5 所示。

表 7-5　S_y 对丝极群（类型Ⅰ）复合磁场 H_x/H_0 的影响

间距 S_y	测点位置 r_1/a	间距 S_x		
		$4a$	$5a$	$6a$
$3a$	0.5	1.59	1.48	1.44
	1.0	1.52	1.38	1.32
	1.5	1.35	1.28	
$5a$	0.5	1.63	1.54	1.47
	1.0	1.54	1.40	1.32
	1.5		1.36	1.25
$7a$	0.5	1.65	1.55	1.49
	1.0	1.54	1.40	1.32
	1.5		1.35	1.25
$10a$	0.5	1.69	1.55	1.51
	1.0	1.56	1.40	1.33
	1.5		1.36	1.25

从表 7-5 看出：S_x 一定时，丝极群的复合磁场强度在丝极附近（$<a$），随 S_y 增大而提高，而在距丝极较远（$>a$）处，S_y 对丝极群的复合磁场影响很小。由于随 S_y 增大丝极附近的磁场强度提高，而较远处的磁场几乎不受影响，所以，随 S_y 的增大，在 x 方向上的磁场强度变化率提高。

可见，类型 Ⅰ 和类型 Ⅱ 的丝极群的复合磁场，在多数情况下，并不随其间距变小而增加。企图通过加大丝极充填率不仅达不到提高磁场力的目的，相反，缩小了分选空间间隙，增大了颗粒运动的阻力，容易破坏分选过程的正常进行。

丝极适宜充填率应根据磁性颗粒在分选过程中能受到较大的磁力作用和颗粒在丝极中要有畅通的流动空间两个因素来考虑。

圆形断面丝极的磁场力作用深度约为 $1.0d_{丝}$（见图 7-19）。这样，在磁化方向上相邻两根丝极的磁场力作用范围约为 $2.0d_{丝}$（丝极表面间的距离）或 $3.0d_{丝}$（丝极中心间的距离）。如选择丝极尺寸和回收物料粒度的适宜匹配关系为 $d_{丝} = 2.0d_{物}$（平均值），则相邻两根丝极表面距离就为 $4.0d_{物}$。为了使大多数丝极都有吸着磁性颗粒的机会，既要减小磁性颗粒流失的可能性，又要使丝极的吸着负荷量较为均衡，在相邻两根丝极之间吸着四层磁性颗粒之后，还应留有1~3个矿物颗粒能顺利通过的间隙（此空间太小时，容易使上下层的丝极吸着负荷量不均，上层出现较严重的非磁性颗粒夹杂现象，严重时发生堵塞；空间过大，或造成金属大量流失，或造成设备处理能力下降）。这样，相邻丝极之间的表面距离应确定为$(5{\sim}7)d_{物}$或$(2.5{\sim}3.5)d_{丝}$。此时，丝极充填率可通过下式计算出：

$$\eta = 0.78\left(\frac{d_{丝}}{S}\right)^2 \tag{7-67}$$

式中　S——相邻丝极的中心间距。

在相邻丝极表面距离为$(2.5{\sim}3.5)d_{丝}$即$S=(3.5{\sim}4.5)d_{丝}$时，$\eta=4\%{\sim}7\%$。

可见，圆形断面丝极群，在丝极尺寸和回收物料粒度适宜匹配条件下，它的适宜充填率为$4\%{\sim}7\%$。

7.7.2　矩形断面的丝极

图7-20示出矩形断面丝极的断面尺寸比对其磁场特性的影响。

从图7-20曲线看出：断面尺寸比较小（$b/d<5$）时，尺寸比对磁场强度影响较大，尺寸比较大（$b/d>5$）时，尺寸比对磁场强度影响逐渐变小。断面尺寸比小时，磁场强度小；太大时，磁场强度提高不明显，同时还减小单位体积内丝极的有效吸着表面积（吸着表面积在丝极的两端），降低设备的处理能力，且丝极易被矿粒堵塞。矩形断面丝极的断面尺寸比选取5较为适宜。

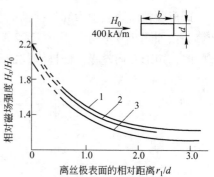

图7-20　断面尺寸比对矩形断面丝极
磁场特性的影响

1—$b/d=7$；2—$b/d=5$；3—$b/d=3$

图7-21示出矩形断面丝极不同排列类型的磁场特性。测量时，背景磁场强度$H_0=400$ kA/m，丝极断面尺寸比b/d为5。

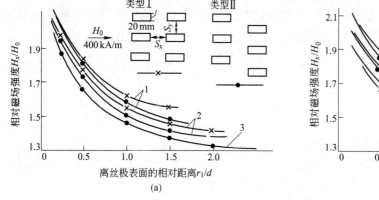

(a)

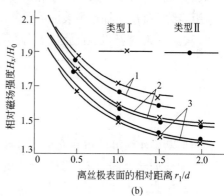

(b)

图7-21　矩形断面丝极群的复合磁场分布

（a）$S_y=3d$；（b）$S_y=2d$

1—$S_x=3d$；2—$S_x=5d$；3—$S_x=7d$

排列类型Ⅰ和Ⅱ在测量区域内磁场强度沿x方向的变化规律（见图7-21）近似地可用

式（7-57）表示。

排列类型 I 和 II（$S_x = 7d$）的磁场变化规律和单根的相似，用下式表示比较精确，即：

$$H_x = [2.13 - 1.02r_1/d + 0.38(r_1/d)^2 - 0.05(r_1/d)^3]H_0 \tag{7-68}$$

式中　H_0——背景磁场强度；

　　　x——离丝极表面的相对距离（d 为丝极厚度，r_1 为绝对距离），$x = r_1/d$。

一根矩形断面丝极吸着一个球形磁性颗粒，丝极尺寸和回收物料粒度的适宜关系推导为 $d_{丝}/d_{物} = 0.65$。

用前述方法求出丝极群的丝极尺寸和回收物料粒度的适宜关系为：

$$\frac{d_{丝}}{d_{物}} = 0.65 \sim 0.70 \tag{7-69}$$

球形颗粒所受磁引力和不同断面丝极尺寸与回收物料粒度之比（$n = d_{丝}/d_{物}$）的理论计算关系如图 7-22 所示。从图 7-22 看出：对于两种断面形状的丝极群，n 均选取适宜值范围时，矩形断面丝极对磁性颗粒的磁引力大于圆形断面的。

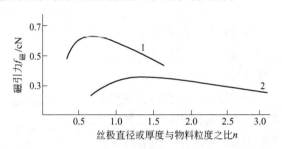

图 7-22　n 值对磁引力的影响

1—矩形断面丝极群；2—圆形断面丝极群

矩形断面丝极群的磁场力作用深度约为 $2d_{丝}$（见图 7-21），相邻两根丝极的磁场力作用范围约为 $4d_{丝}$。如选择丝极尺寸和回收物料粒度的适宜匹配关系为 $d_{丝} = 0.7d_{物}$，则相邻两根丝极距离约为 $3d_{物}$。如丝极表面吸着三层磁性颗粒之后，还有 1~3 个矿物颗粒能顺利通过的空间，这样，相邻丝极表面距离 S_1 就可确定为（6~9）$d_{丝}$。此时，丝极充填率 η 为：

$$\eta = \frac{5}{N^2 + 6N + 5} \tag{7-70}$$

式中，$N = \dfrac{S_1}{d_{丝}}$。

矩形断面丝极群的适宜充填率 $\beta = 3\% \sim 6\%$。

前面根据丝极群的磁场图推导出的丝极的适宜尺寸、充填率以及矩形断面丝极对磁性颗粒的磁引力大于圆形断面的，已被矿物分离实验结果所证实。

7.8　多层网极的参数

网可分成两类：压制成的钢板网和编制成的编织网。网的形状、尺寸和间隔等对磁场都有影响。

7.8.1　钢板网极

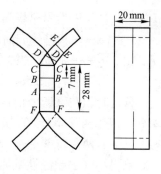

钢板网极是由许多呈 X 形的矩形断面的铁磁性基体（简称 X 形铁磁性基体）组成（见图 7-23）。图 7-24 示出不同偏角（指基体主干部的偏角）时，单个 X 形铁磁性基体沿水平方向上的磁场特性，而图 7-25 示出不同偏角时，单个 X 形基体沿垂直方向上的磁场特性。测量时，背景磁场强度 $H_0 = 190$ kA/m，X 形铁磁性基体尺寸见图 7-23。

从图 7-24 和图 7-25 看出：沿水平方向，离开基体主干部越远，磁场强度越低，磁场强度下降幅度较大。而沿垂直方向的磁场强度，在基体的中间位置（A—A 水平）附近最高，离开中间位置磁场强度虽然也下降，但下降幅度较小。这和基体主干部的形状规则（呈柱状）有关。

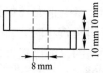

图 7-23　X 形铁磁性基体图

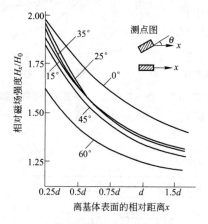

图 7-24　不同偏角时沿水平方向 X 形铁磁性基体的磁场分布

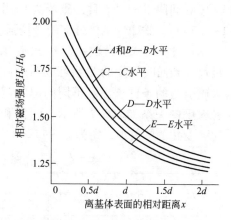

图 7-25　沿垂直方向 X 形铁磁性基体的磁场分布（偏角 $\theta = 0°$）

X 形铁磁性基体理论上应有一适宜的偏角（此时磁场力最高）。从测量结果可以推断出它的适宜偏角是在这样一个位置：X 形铁磁性基体的主干部断面的对角线和背景场方向一致（见图 7-26），此时它在背景场方向上的尺寸最长。适宜的偏角 θ 为：

$$\theta = \arctan \frac{d}{b} \qquad (7\text{-}71)$$

图 7-26　X 形铁磁性基体的适宜偏角

式中　d，b——X 形铁磁性基体主干部的厚度和宽度。

根据式（7-71）求出所研究的 X 形铁磁性基体的适宜偏角为 22°。不过，当 X 形铁磁性基体的偏角略大于或小于适宜偏角，对其磁场力的影响不明显。

适宜偏角下的 X 形铁磁性基体主干部外测量区域内（$X \leqslant 2d$）的磁场强度沿 x 方向的变化可用下式表示：

$$H_x = (a_0 + a_1 \mathrm{e}^{-a_2 x}) H_0 \qquad (7\text{-}72)$$

式中 H_0——背景磁场强度;

$\quad\quad x$——离基体表面的相对距离;

a_0, a_1, a_2——常数,当 X 形铁磁性基体为单层且其主干部较长时,$a_0 = 1.28$, $a_1 = 1.34$,$a_2 = 2.58$。

分选时,在磁场中钢板网极的平面和背景场方向垂直。相邻两个 X 形的铁磁性基体可有多种组合状态,其中有两种特殊的组合状态,即它们之间的磁相互影响很小(如铁磁性基体的间隔很大时)和它们之间的磁相互影响很大(如铁磁体的主干部在同一磁化方向且其间隔较小时)。前一种组合状态的磁场特性,近似单层网的,前已述及。后一种组合状态的磁场特性见图 7-27。

从图 7-27 看出:磁场强度随网极的间隔增大而降低,而网极的间隔 $S > 1.5d$ 时,磁场力作用深度才较大($(1 \sim 1.5)d$)。铁磁性基体外部的磁场强度 H_x 仍可用式(7-72)计算。式中常数 a_0、a_1 和 a_2 值见表 7-6。

网极尺寸和回收粒度的关系可以通过磁性矿粒中心受最大磁引力的条件求出。不同间隔时网极尺寸和回收矿粒粒度的关系如表 7-7 所示。网极和回收矿粒的尺寸比 n 变化范围较小,约为 $0.5 \sim 1$。

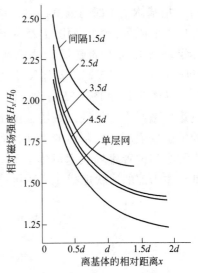

图 7-27 沿水平方向不同间隙时 X 形铁磁性基体的磁场分布

表 7-6 a_0、a_1 和 a_2 值(钢板网极群)

常 数	网极的间隔			
	1.5d	2.5d	3.5d	4.5d
a_0	1.94	1.64	1.49	1.28
a_1	1.61	1.70	1.48	1.34
a_2	4.54	4.07	3.15	2.58

表 7-7 钢板网极群 $d_{网}/d_{矿}(n)$ 值

网极的间隔	1.5d	2.5d	3.5d	4.5d
n	0.80	0.70	0.56	0.50

确定网极的适宜间隔对获得良好的分选指标也很重要。它可根据磁性矿粒在分选过程中在网极之间能受到较大的磁力作用和进入网极间隙时互不干扰这两个因素来考虑。

从图 7-27 看出:当网极的间隔大于 $1.5d_{网}$ 且小于 $3.5d_{网}$ 时,磁场强度高且磁场力作用深度较大,约为 $(1 \sim 1.5)d_{网}$。此时,在磁化方向上相邻两网极的磁场力作用范围约为 $(2 \sim 3)d_{网}$。如选择 $d_{网} = 1.0d_{矿}$,则相邻两网极间隔就约为 $(2 \sim 3)d_{矿}$,矿粒进入网极间隙时可互不干扰。因此,网极的适宜间隔可在 $(2 \sim 3.5)d_{网}$ 之间选取。

7.8.2 编织网极

编织网极是由许多呈正交的两种弯度不同的圆形断面的十字形铁磁线基体组成。根据研究，单根的同形状同尺寸的大弯度的铁磁线凸部周围的磁场分布特性和单层网极的大弯度铁磁线凸部周围的磁场分布特性基本一致。图 7-28 示出沿水平和垂直方向上单根大弯度铁磁线凸部周围的磁场分布。

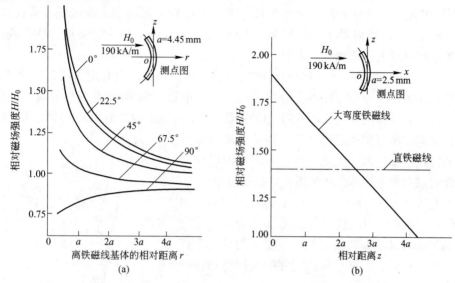

图 7-28　沿不同方向上单根大弯度铁磁线凸部周围的磁场分布
（a）沿水平方向；（b）沿垂直方向 $\phi=0°$

从图 7-28 看出：沿水平方向，方位角 $\phi<45°$ 时，离开铁磁线凸部越远，磁场强度越低，而且磁场强度下降幅度较大；沿垂直方向，$\phi=0°$ 时，磁场强度在凸部附近最高，离开凸部磁场强度下降幅度很大。这一点和 X 形铁磁性基体显著不同。这也被铁磁性颗粒的运动状态所证实。

大弯度铁磁线的弯曲是有规律的，线心是一条较规则的曲线（近似正弦波曲线），见图 7-29。在直角坐标系中曲线方程可近似地看成为：

$$x = A\cos kz - A \qquad (7-73)$$

式中　A——铁磁线的"波形振幅"；

　　　k——和铁磁线的"波形周期"有关的常数。

铁磁线凸部周围的磁场分布可通过求拉普拉斯方程的定解来获得。铁磁线凸部周围的磁场强度变化规律为：

$$H = \left[1 - EK'_1(kr) \right]H_0\cos\phi\alpha_r - \left[\frac{1}{r}EK_1(kr) - 1 \right]H_0\sin\phi\alpha_\phi$$

$$(7-74)$$

式中　$K_1(kr)$——第二类虚宗量贝塞尔函数；

　　　$K'_1(kr)$——第二类虚宗量贝塞尔函数的导数；

　　　α_r，α_ϕ——r 方向和 ϕ 方向的单位矢量；

　　　E——常数。

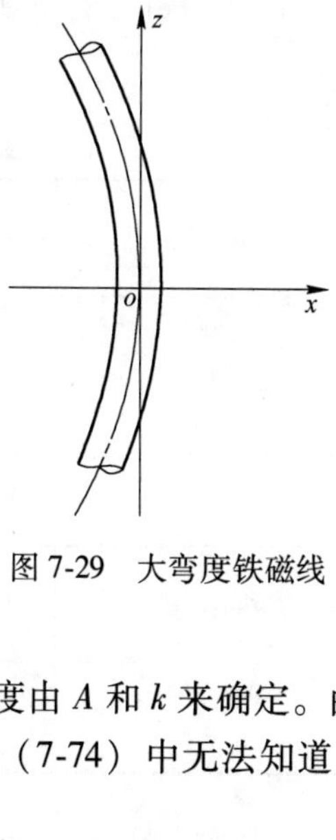

图 7-29　大弯度铁磁线

从式（7-73）可知，铁磁线的几何形状取决于它的弯度，而弯度由 A 和 k 来确定。由于铁磁线线心 o 取在坐标系原点（如图 7-29 那样选取），所以在式（7-74）中无法知道 A

132

的作用。但测量结果表明，当 k 值不变时，A 值的增加会引起磁场强度和磁场梯度的增加。

式（7-74）表明：当 r 和 ϕ 不变时，磁场强度只和 k 有关。k 值减少时，函数 $K_1(kr)$ 和 $K'_1(kr)$ 增加，反之则相反。由此可知，磁场强度随 k 值的增大而降低。从式（7-73）可知，k 值增加，曲线周期（或半周期）变小，反之则相反。因此，要提高铁磁线凸部周围的磁场强度可增大 A 值和减少 k 值。

铁磁线之间的间距对其磁场分布特性的影响较小。例如，当间距为 $(2.5\sim4.5)d$ 时，网极中铁磁线的磁场分布特性不受影响，只有间距小到 $1.5d$ 时才有较小影响。选择编织网极尺寸时，宜选择网孔尺寸大些的，以保证有较大的流通面积而不易产生堵塞现象。

研究表明：小弯度铁磁线凸部周围的磁场分布特性和直的铁磁线很近似。因此，做近似研究时可用直的铁磁线的磁场理论计算公式来研究其磁场分布。

从以上研究可知：编织网极的磁场特性基本上由两部分组成，其中大弯度铁磁线凸部（实为一个感应磁极）的磁场力高于和其相对的小弯度（为另一个感应磁极）的。所以，前者在分选过程中是捕获磁性颗粒的主要区域。

分选时，在磁场中编织网极群的平面和背景场方向垂直。相邻两个十字形的铁磁线基体的两种特殊的组合状态如同前述的 X 形铁磁性基体的一样。磁相互影响很大的组合状态的磁场特性见图 7-30。

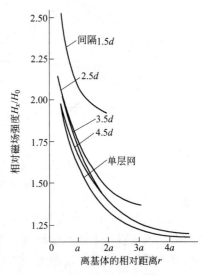

图 7-30　沿水平方向不同间隔时，十字形铁磁线基体的磁场分布

从图 7-30 看出：磁场强度随网极的间隔增大而降低，而网极的间隔 $S>1.5d$ 时，磁场力作用深度才较大 $((1\sim1.5)d)$。铁磁线基体外部的磁场强度 H_x 仍可用式（7-72）求出。式中常数 a_0、a_1 和 a_2 见表 7-8。

尺寸相同（网的厚度 d 和丝的直径 d）的钢板网极和编织网极群的磁场力计算值见表 7-9。

表 7-8　a_0、a_1 和 a_2 值（编织网极群）

常　数	网极的间隔			
	$1.5d$	$2.5d$	$3.5d$	$4.5d$
a_0	1.93	1.58	1.45	1.25
a_1	2.19	2.25	1.63	1.49
a_2	5.24	4.19	2.87	2.75

表 7-9　钢板网极和编织网极群的磁场力计算值 $H\mathrm{grad}H$　　　$\mathrm{kA^2/m^3}$

网的种类	网极的间隔	离网基本表面的距离			
		$0.25d$	$0.5d$	$0.75d$	d
钢板网	$1.5d$	5.76	1.59	0.48	
编织网		7.84	1.76	0.46	

网的种类	网极的间隔	离网基本表面的距离			
		$0.25d$	$0.5d$	$0.75d$	d
钢板网	2.5d	5.63	1.68	0.56	0.20
编织网		7.80	2.16	0.68	0.23
钢板网	3.5d	4.58	1.74	0.72	0.31
编织网		5.14	2.05	0.89	0.41
钢板网	4.5d	3.83	1.46	0.76	0.26
编织网		5.14	2.05	0.89	0.41

从表 7-9 看出：网极尺寸相同时，编织网极的磁场力高于钢板网极，特别是网极的间隔较小（$\leqslant 2.5d$）和在基体表面附近处。例如，在网极的基体表面附近（$0.25d$），编织网极的磁场力比钢板网极平均高 27% 左右（网极的间隔为（$1.5 \sim 2.5$）d）；在离基体表面 $0.5d$ 处，平均高 16% 左右（网极的间隔同上）。

磁场力的增加有利于磁性矿粒的回收，这被分离试验结果所证实（见表 7-10）。试验时赤铁矿石的给矿粒度为 -0.074 mm；网极的尺寸为 0.2 mm，背景磁场强度为 400 kA/m。

表 7-10 钢板网极和编织网极的分离试验结果对比

网的种类	钢板网			编织网		
网的间距	2.5d	3.5d	4.5d	2.5d	3.5d	4.5d
铁精矿品位/%	45.47	48.52	49.87	43.03	45.55	47.38
回收率/%	90.74	85.24	73.86	96.29	93.28	90.47

从表 7-10 看出，处理相同矿石，编织网极的回收率比钢板网极高得多。

编织网极尺寸和回收粒度的匹配关系和钢板网极的基本相同，网极和回收矿粒的尺寸比 n 变化范围仍约为 $0.5 \sim 1$（见表 7-7）。当这两种网极的间隔 $S = 2.5d$ 时，球形磁性矿粒所受磁引力和网极与矿粒尺寸比的关系如图 7-31 所示。

从图 7-31 看出：网极的适宜尺寸范围较窄，即 $n = 0.5 \sim 1$ 时矿粒所受磁引力接近最大值。可见，这两种网极的适宜尺寸为 $(0.5 \sim 1)d_{矿}$。但

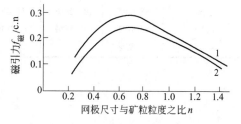

图 7-31 n 值对磁引力的影响
1—编织网极群；2—钢板网极群

是，由于网极的适宜尺寸小于和接近于回收矿粒的粒度，而矿粒粒度又很小，在实际中很难做到按适宜的 n 值关系来选取网极的尺寸。尽管如此，还是应尽量选取 n 值更接近于 1 的网极尺寸。

编织网极的适宜间隔和钢板网极的一样，也可在 $(2 \sim 3.5)d_{网}$ 之间选取。编织网极和钢板网极的分离试验结果见表 7-11 和表 7-12。从表看出：网极尺寸和间隔对分选指标有很大的影响。网极尺寸大，回收率低，精矿品位高。如网极尺寸为 $0.4 \sim 0.45$ mm 时，回收率显著下降。这是因为网极和矿粒尺寸比关系过于"失调"而引起的。网极的间隔大，回收率低，精矿品位高。网极的适宜间隔和网极的尺寸有关。网极尺寸小时，网极的间隔可大些（$\leqslant 3.5d_{网}$）；网极尺寸大时，网极的间隔宜小些（$\leqslant 2.5d_{网}$）。这样可同时保证精

矿品位和回收率。

从表还可看出：网极的尺寸和间隔相同时，编织网极的回收率明显地高于钢板网极，而精矿品位低于钢板网极。

表 7-11 分离试验结果（给矿粒度-0.074 mm）

网极的间隔	钢板网极尺寸 d/mm			编织网极尺寸 d/mm			注
	0.2	0.3	0.4	0.2	0.3	0.45	
1.5d	43.03%	46.15%	49.28%	38.93%	43.99%	47.73%	精矿品位
2.5d	45.47%	49.12%	50.31%	43.03%	46.35%	48.74%	
3.5d	48.52%	50.09%	50.57%	45.55%	49.40%	50.58%	
4.5d	49.87%			47.38%			
1.5d	94.26%	91.21%	83.09%	98.22%	94.74%	89.80%	回收率
2.5d	90.74%	82.53%	79.79%	96.29%	91.48%	86.07%	
3.5d	85.24%	78.47%	75.47%	93.28%	81.73%	75.67%	
4.5d	73.86%			90.47%			

表 7-12 分离试验结果（给矿粒度-0.04 mm）

网极的间隔	钢板网极尺寸 d/mm			编织网极尺寸 d/mm			注
	0.2	0.3	0.4	0.2	0.3	0.45	
1.5d	45.93%	47.95%	50.29%	42.57%	47.73%	49.55%	精矿品位
2.5d	48.03%	49.62%	52.55%	46.64%	49.47%	51.07%	
3.5d	49.00%	52.31%	53.33%	46.64%	52.16%	52.74%	
4.5d	51.83%			49.11%			
1.5d	94.00%	86.50%	79.29%	95.85%	91.32%	85.18%	回收率
2.5d	88.64%	81.26%	71.65%	93.85%	87.00%	80.41%	
3.5d	83.90%	69.88%	62.13%	93.02%	71.94%	68.49%	
4.5d	63.85%			85.94%			

8 回收磁力的计算

矿石通过磁选机时，不仅受到磁力作用，还受到机械力的作用（湿选时还要考虑水力的作用）。

根据矿石（或矿浆）通过磁选机磁场的运动形式，所有磁选机可以分成两类：

（1）上面给矿，矿粒做曲线运动的磁选机，如上面给矿的筒式和辊式磁选机等；

（2）下面给矿，矿粒做直线或曲线运动的磁选机，如下面给矿的带式、盘式、筒式和辊式磁选机等。

8.1 在磁选机圆筒（或圆辊）上吸住磁性矿粒需要的磁力

上面给矿，矿粒做曲线运动。在这种情况下，所需要的磁力决定于矿石的磁性和圆筒（或圆辊）的旋转速度以及磁选机的磁极排列方式。

8.1.1 磁极极性不变，圆筒（或圆辊）慢速运动

磁场中单位质量磁性矿粒所受力见图8-1，其中包括：

（1）垂直筒面指向筒轴的磁力，为了简化分析，把此力看成是常数，即 $F_磁 = \mu_0 \chi_0 H \mathrm{grad} H = c$；

（2）重力 g，它的两个分力为：垂直于筒面的重力分力 $g\cos\alpha$ 和与筒面相切的重力分力 $g\sin\alpha$（α 为矿粒在筒面上的位置）；

（3）垂直于筒面指向外的离心力，如矿粒尺寸、筒皮厚度小时，离心力 $F_离 = \dfrac{v^2}{R}$（v 为圆筒的旋转速度；R 为圆筒半径）。

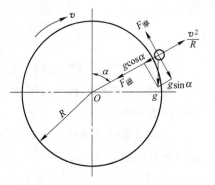

图 8-1 上面给矿圆筒慢速运动时矿粒受力情况

（4）磁性矿粒和圆筒表面间的摩擦力 $F_摩$。

如果圆筒表面上的磁性矿粒很少且表面很光滑，产生了磁性矿粒的滑动，则磁性矿粒沿圆筒表面滑动而产生附加的离心力。为了克服附加离心力，需额外多消耗比磁力：

$$\Delta F_磁 = 2g(1 - \cos\alpha) \tag{8-1}$$

当 $\alpha = 90°$ 时，$\Delta F_磁 = 2g$，而 $\alpha = 180°$ 时，$\Delta F_磁 = 4g$。

为了使磁性矿粒不滑动，圆筒表面不应太光滑且磁性矿粒应受到足够大的比磁力作用。此力可通过以下条件求出：

$$\left(F_磁 + g\cos\alpha - \frac{v^2}{R}\right)\tan\phi \geq g\sin\alpha$$

即
$$F_{磁} \geqslant \frac{v^2}{R} + g\frac{\sin(\alpha - \phi)}{\sin\phi} \tag{8-2}$$

式中　$\tan\phi$——矿粒和圆筒表面的摩擦系数。

如矿粒直径 d 和圆筒半径 R 比较不应忽视时 $\left(\frac{d}{R}>0.05\text{ 时}\right)$，则上式中的半径 R 应以圆

筒轴心到矿粒中心的距离 $R+0.5d$ 来代替，而圆筒的周速 v 应以 $\frac{v(R+0.5d)}{R}$ 来代替，此时：

$$F_{磁} \geqslant \frac{v^2(R+0.5d)}{R^2} + g\frac{\sin(\alpha - \phi)}{\sin\phi} \tag{8-3}$$

从上式看出，当 v、R、d 和 ϕ 已知时，所需要的比磁力 $F_{磁}$ 只取决于 α。

α 多大，即磁性矿粒在何位置时，为吸住这种矿粒所需要的比磁力 $F_{磁}$ 最大？

令 $\frac{\mathrm{d}F_{磁}}{\mathrm{d}\alpha}=0$，求 $F_{磁}$ 最大值：

由
$$\frac{\mathrm{d}F_{磁}}{\mathrm{d}\alpha} = g\frac{\mathrm{d}\frac{\sin(\alpha-\phi)}{\sin\phi}}{\mathrm{d}\alpha} = 0$$

求出
$$\alpha = 90° + \phi$$

将 α 值代入式（8-2）和式（8-3）中，得：

$$F_{磁(max)} = \frac{v^2}{R} + \frac{g}{\sin\phi} \tag{8-4}$$

$$F_{磁(max)} = \frac{v^2(R+0.5d)}{R^2} + \frac{g}{\sin\phi} \tag{8-5}$$

由此看出，当 $\alpha = 90°+\phi$ 时，吸住磁性矿粒所需要的比磁力最大。如 $\phi=30°$ 时，则 $\alpha=120°$，此时吸住磁性矿粒所需要的比磁力最大。同时又看出摩擦系数 $\tan\phi$ 较大时，所需要的比磁力较小。

在上面给矿辊式强磁选机上选别弱磁性矿石时，由于作用在磁性矿粒上的磁力很小，因此整个分选过程应在辊子上部第一象限内完成。因为在此象限内垂直于辊面的重力分力 $g\cos\alpha$ 方向和磁力方向一致，比磁力须克服的比机械力小。

如使磁性矿粒离开圆筒表面的脱落角 $\alpha=90°$，即磁性矿粒在第一象限末脱离圆筒表面，则圆筒的容许旋转圆周速度 v 可由式（8-2）和式（8-3）确定，即

$$v_{all} = \sqrt{R\left(F_{磁} - \frac{g}{\tan\phi}\right)} \tag{8-6}$$

和
$$v_{all} = R\sqrt{\frac{1}{R+0.5d}\left(F_{磁} - \frac{g}{\tan\phi}\right)} \tag{8-7}$$

由式（8-6）和式（8-7）可知，为了提高磁选机圆筒的旋转速度（即提高磁选机的处理能力），应提高作用在矿粒上的比磁力 $F_{磁}$，增大磁选机圆筒的半径 R 和矿粒与圆筒表面的摩擦系数 $\tan\phi$。

8.1.2 磁极极性交替，圆筒慢速运动

对于粒状和块状强磁性矿石，一般采用低频率的旋转磁场磁选机。旋转磁场是由在磁系上方移动矿石时产生的。磁选机工作时，如在圆筒表面上存在一层磁性矿粒和非磁性矿粒，且矿粒互相不接触，在这种情况下，为吸住磁性矿粒所需要的比磁力仍可用式（8-3）来估算。实际上，圆筒表面上的磁性矿粒以不同的比磁力被吸到筒表面上，比磁力大小同矿粒中磁性矿物的含量（或比磁化率）和磁选机的磁场力有关。磁选机的磁场是这样确定出的：能使磁性矿物含量为某一最低值（或比磁化率为某一最低值）以上的矿粒被吸到筒表面上。无疑，磁性矿物含量高的那一部分矿粒要以相对比较大的磁力吸在筒表面上，在筒面上不滑动。由于大量磁性矿物含量高的矿粒存在，使得磁性矿物含量较低的矿粒也不会在与筒面相切的重力分力 $g\sin\alpha$ 作用下沿筒面滑动。同时，由于磁性矿粒和非磁性矿粒之间的摩擦存在，而使得非磁性矿粒难以脱离筒面。因此在式（8-3）中应考虑修正系数 K，以减少所需要的比磁力。这一系数和被回收到磁性产品中的磁性矿粒（包括连生体在内）的含量 $\alpha_{磁}$ 有关。$K = 1 + \alpha_{磁}$。对于大多数磁铁矿石，磁性矿粒的含量 $\alpha_{磁} = 0.3 \sim 0.9$。

把修正系数 K 代入式（8-3）中，并去掉与筒面相切的重力分力 $g\sin\alpha$，得到：

$$F_{磁} \geqslant \frac{1}{1 + \alpha_{磁}}\left[\frac{v^2(R + 0.5d)}{R^2} - g\cos\alpha\right] \tag{8-8}$$

按式（8-2）计算筒式磁选机，筒表面上磁场强度 $H \approx 100$ kA/m（1250 Oe），筒旋转周速为 1 m/s 时，可以回收粒度为 $50 \sim 0$ mm，磁铁矿含量不低于 $80\% \sim 90\%$ 的矿块（即纯的矿块）。而按式（8-8）计算，在磁选机有一般磁场力 $H\mathrm{grad}H$ 值和筒旋转周速为 $1 \sim 1.5$ m/s 时，可以回收粒度为 $50 \sim 0$ mm、磁铁矿含量达 $1\% \sim 3\%$ 的矿块（连生体）。这符合实际情况。

分出尾矿（取 $\alpha = 90°$）应采取较大的圆筒旋转周速，以便尾矿能在第一象限内排出。此时圆筒旋转容许周速为：

$$v_t = \frac{R}{\sqrt{R + 0.5d}}\sqrt{(1 + \alpha_{磁})F_{磁}}$$

$$= \frac{R}{\sqrt{R + 0.5d}}\sqrt{(1 + \alpha_{磁})\mu_0 \chi_0' H\mathrm{grad}H} \tag{8-9}$$

式中，$F_{磁} = \mu_0 \chi_0' H\mathrm{grad}H$ 为尾矿（连生体）所受的比磁引力。

分出精矿（取 $\alpha = 180°$），圆筒旋转周速应低些，此时圆筒旋转容许周速为：

$$v_c = \frac{R}{\sqrt{R + 0.5d}}\sqrt{(1 + \alpha_{磁})F_{磁} - g}$$

$$= \frac{R}{\sqrt{R + 0.5d}}\sqrt{(1 + \alpha_{磁})\mu_0 \chi_0 H\mathrm{grad}H - g} \tag{8-10}$$

式中，$F_{磁} = \mu_0 \chi_0 H\mathrm{grad}H$ 为精矿（连生体）所受的比磁引力。

根据式（8-8）可以求出非磁性矿粒（尾矿）脱离筒面的脱落角 β，即

$$\beta = \arccos\left[\frac{v^2(R + 0.5d)}{R^2 g} - \frac{(1 + \alpha_{磁})F_{磁}}{g}\right] \tag{8-11}$$

因这些矿粒的 $F_磁$ 较小，做近似计算时，可以认为 $F_磁 \approx 0$，此时，有：

$$\beta = \arccos \frac{v^2(R + 0.5d)}{R^2 g} \tag{8-12}$$

从式（8-12）可以看出，非磁性矿粒的脱落角 β 随筒旋转周速的增加而变小，即尾矿的排出区向上移动，这可以提高选矿效率。在同一旋转周速下，开始分出的是粒度比较大的矿粒，之后分出的是粒度比较小的矿粒，再分出的矿粒更小。此时脱落角为：

$$\beta \approx \arccos \frac{v^2}{Rg} \tag{8-13}$$

实际上，非磁性矿粒的脱落角比按上式算出的要大些。这是因为吸在筒面上的磁性矿粒摩擦力的影响。这种影响随着矿粒粒度的减小和给矿中磁性矿物含量的增加而增加。

【例8-1】 在上面给矿的辊式磁选机上选褐铁矿石。假定矿石中不含有连生体且选前预先除去微细粒级部分。矿石粒度为 $-1+0.05$ mm。矿石中磁性矿粒（鲕石）的含量 $\alpha_磁 = 0.5$。鲕石的比磁化率 $\chi = 4 \times 10^{-7}$ m³/kg。求辊的旋转容许周速。

解：辊的齿距 s 定为 $3d_{max} = 3 \times 0.1 = 0.3$ cm。辊齿选为尖齿，齿尖角 β 定为 $50°$，齿尖的圆弧半径 r 定为 $0.1s = 0.03$ cm（见第7章）。辊的半径 R 定为 5 cm。

应用式（7-23）计算磁场力 $(H\mathrm{grad}H)_y$ 值，定齿尖处的磁场强度 $H_0 = 1300$ kA/m（约16300 Oe）。离齿距离 $y = 0.5d_{max} = 0.5 \times 10^{-3}$ m 处应产生一定的磁场力 $(H\mathrm{grad}H)_y$。考虑到矿粒的粒度上限 d 和辊的齿距 s 的关系（$d_{max} = 0.33s$），在式（7-23）中须引入一修正系数 0.5（因为沿齿对称面上磁场非均匀区深度 h 只是 $0.5s$，不是整个矿粒体积都对着磁场的最大非均匀区）。此时磁场力为：

$$(H\mathrm{grad}H)_y = 0.5 \frac{0.25s^2 H_0^2 K_1(0.5s - y)(1 - K_1)}{[0.25s^2 - K_1(0.5s - y)^2]^2}$$

式中，$K_1 = 0.3$（$s = 1$ cm 时）。将有关数值代入上式，得

$$(H\mathrm{grad}H)_y = 0.5 \frac{0.25(0.3 \times 10^{-2})^2 (13 \times 10^5)^2 \times 0.3(0.5 \times 0.3 \times 10^{-2} - 0.5 \times 10^{-3})(1 - 0.3)}{[0.25(0.3 \times 10^{-2})^2 - 0.3(0.5 \times 0.3 \times 10^{-2} - 0.5 \times 10^{-3})^2]^2} (A^2/m^3)$$

$$\approx 10^{14}(A^2/m^3)$$

已知 $\dfrac{d}{R} = \dfrac{0.1}{5} = 0.02$，辊的旋转容许周速由下式求出：

$$v_c = \sqrt{R\sqrt{(1 + \alpha_磁)\mu_0 \chi_0 H\mathrm{grad}H - g}}$$

$$= \sqrt{0.05\sqrt{(1 + 0.5)4\pi \times 10^{-7} \times 4 \times 10^{-7} \times 10^{14} - 9.8}} (m/s)$$

$$\approx 1.8 (m/s)(344 \ r/min)$$

8.1.3 磁极极性交替，圆筒快速运动

在圆筒做慢速运动的磁选机上干式磁选细粒磁铁矿石时很难选出尾矿和最终精矿。这是因为细粒特别是微细粒的强磁性矿粒进入磁场以后形成磁链。这些磁链由磁铁矿颗粒、连生体和包裹在它们当中的非磁性脉石颗粒组成。圆筒做慢速运动时很难清除磁链中的脉石颗粒，也很难把连生体同磁铁矿颗粒分开。即使是降低磁选机的磁场强度也是如此。如果圆筒做快速运动（产生旋转磁场），这些磁链就被破坏，可以清除其中的脉石颗粒和把连生体同磁铁矿颗粒分开，从而容易得到最终精矿。

在圆筒快速运动时，磁链除了随圆筒一起运动外，还围绕磁链自身的端在筒面上做磁翻转运动。此时产生附加离心力，比离心力大小为：

$$F'_{离} = \frac{v'^2}{a} \tag{8-14}$$

式中　v'——磁链重心对旋转点的移动线速度；

　　　a——磁链长度之半。

已知磁链走过一个极距 l 路径，磁链翻转 180°。它的重心线速度为：

$$v' = \frac{\pi a}{\dfrac{T}{2}} = \frac{\pi a v}{l} = 2\pi a f \tag{8-15}$$

式中　v——圆筒旋转周速；

　　　T——磁链翻转一整圈的时间（走过两个极距）；

　　　f——磁场频率。

将式（8-15）代入式（8-14），得：

$$F'_{离} = \frac{\pi^2 a v^2}{l^2} = 4\pi^2 a f^2 \tag{8-16}$$

它的径向分量为：

$$F'_{离(r)} = \frac{\pi^2 a v^2}{l^2} \sin\frac{\pi v}{l} t = 4\pi^2 a f^2 \sin 2\pi f t \tag{8-17}$$

式中　t——从磁链翻转开始算的时间（开始时磁链的轴方向沿着筒面切线）。

当磁链翻转开始时间 $t = 0$ 时，$F'_{离(r)} = 0$，而当磁链走过半个极距 0.5l，翻转 90° 时 $F'_{离(r)}$ 达到最大值。

回收磁性矿粒所需要的比磁力为：

$$F_{磁} = \mu_0 \chi_0 H \mathrm{grad} H = \frac{v^2}{R} + \frac{\pi^2 a v^2}{l^2} - g\cos\alpha$$

$$= \frac{v^2}{Rl^2}(l^2 + \pi^2 aR) - g\cos\alpha \tag{8-18}$$

在式（8-18）中不引入修正系数 $\dfrac{1}{1+\alpha_{磁}}$。因为圆筒快速运动时，磁性矿粒对非磁性矿粒的影响很小。

图 8-2 示出干选不同粒度磁铁矿石时，磁链的平均长度和旋转磁场频率的关系。从图看出，磁场频率和矿粒粒度越大，磁链的长度越短。磁场频率的增大，磁链长度的缩短，有利于精矿质量的提高。

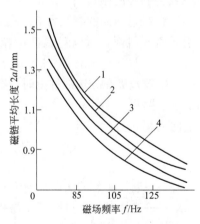

图 8-2　干选不同粒度磁铁矿石时磁链的
平均长度和磁场频率的关系

1—53 μm；2—74 μm；3—104 μm；4—147 μm

从式（8-18）可以确定出使磁性矿粒或磁链开始脱离筒面的圆筒临界旋转周速为：

$$v_c = \sqrt{\frac{Rl^2(\mu_0 \chi_0 H \mathrm{grad} H + g\cos\alpha)}{l^2 + \pi^2 aR}} \tag{8-19}$$

在式 (8-8)~式 (8-19) 中，除了考虑磁力和离心力以外，还考虑了重力。圆筒慢速运动时重力必须考虑，但在圆筒快速运动，如离心力超过重力很多倍（>10 倍）时，重力可以忽略。此时式 (8-8)~式 (8-19) 中的比重力 g 或其重力分力 $g\cos\alpha$ 可以忽略不计。

8.2　从磁选机的矿流中吸出磁性矿粒需要的磁力

下面给矿的磁选机，矿石和磁性产品通过磁选机的工作区可以有以下三种运动形式：

（1）矿石和磁性产品做直线运动；

（2）矿石做直线运动，而磁性产品做曲线运动；

（3）矿石和磁性产品做曲线运动。

8.2.1　下面给矿，矿石和磁性产品做直线运动

磁选的任务在于：在矿石中的磁性矿粒通过磁选机的工作区（长度 L）的时间内，利用磁力把它吸出离开斜面（给矿槽或给矿皮带）h 距离，而与非磁性矿粒分开成为单独的选矿产品（见图 8-3）。

作用在单位质量磁性矿粒上的力有：

（1）垂直于斜面的磁力，同前述一样，为了简化分析，把此力看成是常数，即 $F_{磁} = \mu_0 \chi_0 H \mathrm{grad} H = c$；

（2）重力 g，它的两个分力为：垂直于斜面的重力分力 $g\cos\alpha$ 和与斜面相切的重力分力 $g\sin\alpha$（α 为斜面的倾角）；

（3）矿粒对斜面的摩擦力 $F_{摩}$，磁性矿粒在磁力作用下离开斜面，所以对磁性矿粒而言，此力为零。

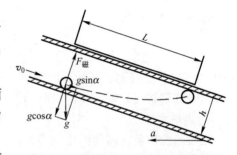

图 8-3　下面给矿，矿石和磁性产品做直线运动时的受力情况

磁性矿粒被吸在分选部件上时，在斜面法向方向走过了路程 h 的同时，在斜面的切线方向走过了路程 L。

法向路程 h 为：

$$h = \frac{1}{2} a_1 t_1^2$$

式中　a_1——磁性矿粒的法向加速度；

　　　t_1——磁性矿粒走过路程 h 需要的时间。

使磁性矿粒产生法向加速度的力为比磁力 $F_{磁}$ 和比重力的法向分力 $g\cos\alpha$ 之差，即

$$F_1 = F_{磁} - g\cos\alpha = a_1$$

如假定 $F_1 = c$（常数），则磁性矿粒沿法向方向做等加速度运动，此时：

$$h = \frac{1}{2} F_1 t_1^2 = \frac{1}{2}(F_{磁} - g\cos\alpha) t_1^2 \tag{8-20}$$

切向路程 L 为：

$$L = v_0 t_2 + \frac{1}{2} a_2 t_2^2$$

式中 v_0——磁性矿粒进入工作区时的初速度；

t_2——磁性矿粒走过路程 L 需要的时间；

a_2——磁性矿粒的切向加速度。

使磁性矿粒产生切向加速度的力为比重力的切向分力 $g\sin\alpha$，即：

$$F_2 = g\sin\alpha = a_2$$

由此得出：

$$L = v_0 t_2 + \frac{1}{2} g\sin\alpha t_2^2 \tag{8-21}$$

为了使磁性矿粒能从斜面吸向磁极必须使 $t_1 \leqslant t_2$。取 $t_1 = t_2$ 时，由式（8-20）和式（8-21）可得出：

$$F_磁 = g\cos\alpha + \frac{h}{L^2}(v_0^2 + Lg\sin\alpha + v_0\sqrt{v_0^2 + 2Lg\sin\alpha}) \tag{8-22}$$

矿粒做水平运动（$\alpha = 0$）时，上式可写成：

$$F_磁 = g + \frac{2hv_0^2}{L^2} \tag{8-23}$$

从上式看出，矿粒做水平运动时，需要的比磁力用来克服比重力 g 和运动矿粒的比惯性力 $\frac{2hv_0^2}{L^2}$。后一力正比于矿粒进入磁选机工作区时的初速度平方。

由计算结果知道（计算时取 $h = 0.5$ cm，$L = 4$ cm 和 $v_0 = 1$ m/s），增加给矿槽倾角 α 达 30°~40° 时，引起比磁力 $F_磁$ 的变化不大（见图 8-4），只有 $\alpha > 40°$ 时，比磁力 $F_磁$ 才有较大的变化。生产实践中，下面给矿磁选机的给矿槽倾角都不超过 30°~40°，因此可用式（8-23）代替较复杂的式（8-22）。

图 8-5 示出矿石做水平运动（$\alpha = 0$），矿粒运动初速度 $v_0 = 0.5$ m/s 和磁性矿粒运动路程 $h = 0.3$ cm 和 0.5 cm 时的 $F_磁 = f(L)$ 曲线。

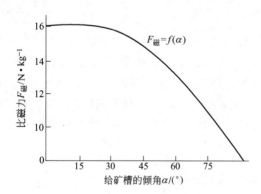

图 8-4 比磁力和给矿槽倾角的关系

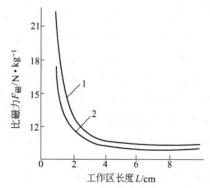

图 8-5 下面给矿，矿石做水平直线运动
时的 $F_磁 = f(L)$ 曲线（$v_0 = 0.5$ m/s）

1—$h = 0.5$ cm；2—$h = 0.3$ cm

从图 8-5 看出，当工作区长度 L 小于 $1\sim1.5$ cm 时，回收磁性矿粒所需要的磁力 $F_{磁}$ 显著增加。

在同一 $F_{磁}$ 值下，从式（8-23）看出，工作区长度 L 取决于矿粒运动路程 h 和其通过工作区的初速度 v_0。为了建立 L 和 h 的关系，取矿粒的运动速度 $v_0 = 1$ m/s 和 $\dfrac{2hv_0^2}{L^2} = 0.25\,g$。此时，可写出：

$$L \geqslant v_0\sqrt{\frac{2h}{0.25g}} = 0.9\sqrt{h} \tag{8-24}$$

矿粒做垂直运动（$\alpha = 90°$）时，式（8-22）可写成：

$$F_{磁} = \frac{h}{L^2}(v_0^2 + Lg + v_0\sqrt{v_0^2 + 2Lg}\,) \tag{8-25}$$

如矿粒通过磁选机的初速度 $v_0 = 0$，则有：

$$F_{磁} = \frac{h}{L}g \tag{8-26}$$

从式（8-26）看出，当 $L > h$ 时，$F_{磁} < g$，即当矿粒做垂直运动且运动初速度 $v_0 = 0$ 时，磁性矿粒需要的比磁力最小。

利用矿粒这种运动的方式可以造出重量轻、电耗低的、能回收一般弱磁性矿物的磁选机，或在通常的磁场力 $H\mathrm{grad}H$ 值下，可以回收比磁化率很低的矿物。例如，如矿粒层离磁选机齿极的距离 $h = 0.5$ cm 和工作区的长度 $L = 10$ cm，则根据式（8-26）算出回收磁性矿粒需要的比磁力 $F_{磁}$ 总共为 $0.05g$，而不是一般给矿（上面给矿和下面给矿）磁选机中的 $(1.5\sim2)g$。矿粒做垂直运动，磁性产品的质量不高（如不采取特殊的提高磁性产品质量的措施时），彻底排出磁性产品也是比较困难的事。

回收磁性矿粒需要的比磁力 $F_{磁}$，在矿粒做直线运动时，在很大程度上取决于矿粒通过工作区的初速度 v_0。

矿粒做水平直线运动时，矿粒通过磁选机的理论容许速度 $v_{0\mathrm{all}}$ 可由式（8-23）求出：

$$v_{0\mathrm{all}} = L\sqrt{\frac{F_{磁} - g}{2h}} = L\sqrt{\frac{\mu_0\chi_0 H\mathrm{grad}H - g}{2h}} \tag{8-27}$$

从上式看出，为了提高矿粒通过工作区的初速度（或磁选机的处理能力），应当提高比磁力 $F_{磁}$（或磁场力 $H\mathrm{grad}H$）和磁选机的吸引区长度 L，减少矿粒层到磁极的距离 h。

实践确定矿粒在盘式强磁选机中的运动速度，精选钛铁矿精矿时为 $0.5\sim0.6$ m/s；精选钨精矿时为 $0.3\sim0.4$ m/s；而精选磁性最弱的独居石精矿时为 $0.15\sim0.2$ m/s。磁性矿粒（产品）的排出速度，通常比矿粒通过磁选机工作区的速度高很多。这样可保证从工作区全部排出磁性矿粒。

8.2.2　下面给矿，矿石做直线运动，磁性产品做曲线运动

在某些磁选机中，矿粒沿给矿槽做直线运动进入工作区内，而磁性产品沿圆筒（或圆辊）表面做曲线运动被排出（见图 8-6）。在这种情况下，磁性矿粒的运动可以分成两个阶段：磁性矿粒的上升和磁性矿粒吸到圆筒表面上并被输送。在第一阶段，磁性矿粒做直

线运动，考虑到给矿槽的倾角一般不超过 40°，符合前述的式（8-23）的情况，即：

$$F_{1磁} = \frac{2v_0^2 h}{L^2} + g$$

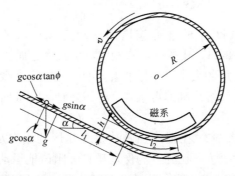

图 8-6　下面给矿时矿石做直线运动、磁性产品做曲线运动时的受力情况

在第二阶段，磁性矿粒做曲线运动，吸住磁性矿粒需要的比磁力为：

$$F_{2磁} = \frac{v^2}{R} + g\cos\beta \qquad (8-28)$$

式中　v——圆筒的旋转周速；

β——磁性矿粒在圆筒圆周上的位置。

圆筒的旋转容许周速为：

$$v_c = \sqrt{R\left[(1 + \alpha_{磁})\mu_0\chi_0 H\mathrm{grad}H + g\right]} \qquad (8-29)$$

8.2.3　下面给矿，矿石和磁性产品做曲线运动

矿石沿给矿槽自流进入磁选机的工作区内，之后沿和圆筒（或圆辊）同心溜槽（或磁化极）运动（见图 8-7）。磁性矿粒的运动，和前述的情况一样，也分成两个阶段。需要的磁力可用式（8-23）和式（8-28）计算。

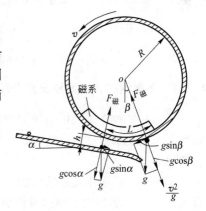

图 8-7　下面给矿时矿石和磁性产品做曲线运动时的受力情况

矿粒以如下的加速度沿给矿槽向下运动：

$$a_2 = g\sin\alpha - g\cos\alpha\tan\phi = \frac{g\sin(\alpha - \phi)}{\cos\phi} \qquad (8-30)$$

式中　ϕ——摩擦角。

如磁性矿粒沿给矿槽向下自流时的初速度等于零，则给矿槽的长度为：

$$l_1 = \frac{a_2 t^2}{2}$$

由此得出：

$$t = \sqrt{\frac{2l_1}{a_2}}$$

式中　t——和给矿槽长度 l_1 有关的矿粒运动时间。

磁性矿粒沿给矿槽自流进入磁选机工作区始端的运动速度为：

$$v_0 = a_2 t = \sqrt{\frac{2l_1 g \sin(\alpha - \phi)}{\cos\phi}} \tag{8-31}$$

给矿槽的倾角 α 和长度 l_1 的选择应恰当些，使速度 v_0 不应过大（它的临界值见式（8-27）），否则，式（8-23）中等式右边第二项值过大，而使回收磁性矿粒的比磁力显得不足。设计时应当考虑 l_1 的大小，尽量使 l_1 小些（即尽量使给矿点靠近工作区）。

圆筒（或圆辊）的旋转容许周速可按式（8-29）计算。被回收的磁性矿物的比磁化率高时，速度可以快些。

【例 8-2】　确定下面给矿时在辊式强磁选机工作区的始端从矿流中干选吸出磁性矿粒（钛铁矿）所需要的比磁力。已知：为保证矿粒无阻碍地运动，采用给矿槽的倾角 $\alpha = 45°$；给矿槽的长度 $l_1 = 20$ cm；工作区的长度 $l_2 = 5$ cm，高度 $h = 0.4$ cm；摩擦角 $\phi = 38°$（见图 8-7）。

解：在磁选机的工作区始端，矿粒的运动速度为：

$$v_0 = a_2 t = \sqrt{\frac{2l_1 g \sin(\alpha - \phi)}{\cos\phi}} = \sqrt{\frac{2 \times 0.2 \times 9.8 \sin(45° - 38°)}{\cos 38°}} (\text{m/s}) \approx 0.78(\text{m/s})$$

作用在钛铁矿矿粒上的比磁力必须等于（或大于）所有比机械力的总和，即：

$$F_{磁} = g\cos\alpha + \frac{h}{l_2^2}(v_0^2 + l_2 g \sin\alpha + v_0\sqrt{v_0^2 + 2l_2 g \sin\alpha})$$

$$= 9.8 \times \cos45° + \frac{0.004}{0.05^2} \times (0.78^2 + 0.05 \times 9.8 \times \sin45° +$$

$$0.78\sqrt{0.78^2 + 2 \times 0.05 \times 9.8 \times \sin45°})(\text{N/kg})$$

$$\approx 9.8(\text{N/kg})$$

8.2.4　下面给矿，矿浆和磁性产品做曲线运动

干选和矿粒在磁选机中的运动速度不很大时，空气对矿粒运动的阻力可以忽略不计。而当分选是在水介质中进行时，水介质对矿粒运动的阻力，特别对微细矿粒的运动阻力不能忽视。

矿浆沿给矿槽流入磁选机的工作区内，之后沿弧形溜槽运动，而磁性产品被吸向圆筒（或圆辊）做曲线运动而被排出（见图 8-7）。

作用在单位质量磁性矿粒上的机械力有：

（1）在水介质中的比重力：

$$g_0 = g\frac{\rho - 1000}{\rho}$$

式中　ρ——磁性矿粒的密度，kg/m^3。

（2）磁性矿粒沿磁力 $F_{磁}$ 方向运动时所受到的水介质比阻力（对于细粒，此力是阿连阻力，而对于微细矿粒，此力是斯托克斯阻力）：

$$F_{斯} = \frac{18\mu v}{d^2 \rho} \tag{8-32}$$

式中　μ——水的黏度（在 SI 单位制中，当 $t=15\ ℃$ 时，$\mu=10^{-3}\ N\cdot s/m^2$，而在 CGSM 单位制中，$\mu=10^{-2}\ P$（泊））；

　　　v——磁性矿粒沿磁力 $F_磁$ 方向对水介质运动的平均相对速度，m/s；

　　　d——磁性矿粒的直径，m。

假定磁性矿粒的运动为等加速度运动，此时 $h=\dfrac{a_1 t^2}{2}$ 和 $v=a_1 t$。由此得：

$$a_1 = \frac{2h}{t^2}\quad 和 \quad v=\frac{2h}{t} \tag{8-33}$$

但 $t=\dfrac{l_2}{v_0}$，所以有：

$$v = \frac{2h}{l_2}v_0 \tag{8-34}$$

式中　v_0——矿浆沿给矿槽向下运动进入工作区时的平均速度（假定等于在同方向上的磁性矿粒运动的平均速度）。

将式（8-34）代入式（8-32），得：

$$F_斯 = \frac{36\mu}{d^2\rho}\cdot\frac{h}{l_2}v_0 \tag{8-35}$$

这样，为了使磁选机中的磁性矿粒能通过比磁力 $F_磁$ 作用方向上的路程 h，就必须增加在这一路程上的比磁力，比磁力所增加之量应等于按式（8-35）求得的 $F_斯$ 值。这就是用以克服磁性矿粒运动时所受的水介质阻力必须的附加比磁力。

（3）使磁性矿粒具有平均速度 v 时所需要的力，等于加速度 a_1，即：

$$F_v = a_1 = \frac{2h}{t^2} = \frac{2hv_0^2}{l_2^2} \tag{8-36}$$

吸出磁性矿粒所需要的磁力为：

$$F_磁 \geq g_0 + \frac{2hv_0^2}{l_2^2} + \frac{36\mu hv_0}{d^2\rho l_2} = g\frac{\rho-1000}{\rho} + \frac{2hv_0}{l_2}\left(\frac{v_0}{l_2}+\frac{18\mu}{d^2\rho}\right) \tag{8-37}$$

磁选机工作区的必要长度为：

$$l_2 = \frac{18\mu hv_0 + v_0\sqrt{2h(162\mu^2 h + d^4\rho^2)(F_磁-g_0)}}{d^2\rho(F_磁-g_0)} \tag{8-38}$$

解式（8-37）得出回收磁性矿粒的粒度 d 下限为：

$$d \geq \sqrt{\frac{36\mu hv_0}{\rho l_2\left(F_磁 - g_0 - \dfrac{2hv_0^2}{l_2^2}\right)}} \tag{8-39}$$

从式（8-39）看出，在湿式磁选时，回收磁性矿粒的粒度下限随 $F_磁$、l_2 的增大和 h 的减小而减小。

根据式（8-39）计算出磁力同工作区的尺寸和矿粒粒度的关系（见图 8-8）（计算时取 $v_0=0.5\ m/s$，工作区充满水）。随着矿粒粒度的减小，在水中吸起磁性矿粒所需要的工作区相对长度应该显著地增加。例如，当 $F_磁/g\geq10$ 时，为了吸出 $d=500\ \mu m$ 的粗粒磁性矿粒，$l_2/h \leqslant 3$，而为了吸出 $d = 50~\mu m$ 的细粒磁性矿粒，l_2/h 值要比前一情况高得多。如 $l_2/h = 10$ 吸出粗粒磁性矿粒，$F_磁/g = 2$，而吸出细粒磁性矿粒，$F_磁/g = 24$。

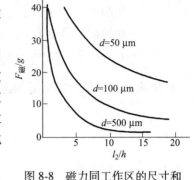

图 8-8　磁力同工作区的尺寸和矿粒粒度的关系

湿选时相当大的部分磁力是消耗在克服磁性矿粒周围介质的阻力上。为了减少消耗的磁力，应当减少通过磁选机工作区的矿浆的速度（即矿浆的体积）。这在逆流和半逆流底箱的筒式磁选机中由于分选初始时选出大部分磁性矿粒（约占给矿的 80%）很容易做到。此时有：

$$V_2 = (1 - 0.8 p_磁 \alpha_磁) V_1 \qquad (8\text{-}40)$$

式中　V_2——在逆流和半逆流底箱磁选机中通过工作区的 1 m 给矿宽度的矿浆体积；

　　　V_1——通过顺流底箱磁选机的 1 m 给矿宽度的矿浆体积；

　　　$\alpha_磁$——给矿中磁性矿粒的含量（以小数表示）；

　　　$p_磁$——磁性产品中固体的含量（以小数表示，对于筒式磁选机，$p_磁 = 0.5 \sim 0.7$）。

应该指出的是，无论是矿石（或矿浆）和磁性产品的运动形式如何，回收磁性矿粒所需要的比磁力，其理论计算值和实际情况还有一定距离。其原因就在于分析矿粒的受力情况时，简化了下列因素：认为矿粒所受的比磁力 $F_磁$ 是常数，实际上不是常数，矿粒越被吸近磁极，$F_磁$ 越大；在实际磁选过程中，矿粒存在的情况不是像前面所说的那样简单。矿粒除受磁力、重力、离心力、与圆筒（或圆辊）表面的摩擦力外，还受到相邻矿粒的摩擦力，多层给矿时还受到上部矿粒的压力。虽然如此，前述的计算公式仍可作为磁选机设计计算的基础。

8.3　在磁力脱泥槽中吸引磁性矿粒需要的磁力

磁力脱泥槽是在重力、磁力和上升水流力的作用下，使磁性矿粒和非磁性矿粒（矿泥）分离的磁选设备。磁力脱泥槽内产生的磁场对磁性矿粒主要起吸引作用，而不是起吸住作用，磁性矿粒在上升水流作用下仍能被吸向磁极从槽的下部排矿口顺利排出。磁力脱泥槽内按纵向大致可分成三个区：溢流区（尾矿区）、分选区和精矿区。分选区和它下部的磁铁（或中心磁极周围）的磁场强度应达到 16~40 kA/m（200~500 Oe），而磁场强度变化率为 40~240 kA/m²（5~30 Oe/cm）左右。上限值适于磁性弱的人工磁铁矿石，而下限值适于磁性强的天然磁铁矿石。

塔形磁系的永磁脱泥槽的磁场强度和磁铁总磁通量的关系如表 8-1 所示。

表 8-1　永磁磁力脱泥槽的磁场强度、总磁通量和设备规格的关系

设备规格 （直径×高）/mm×mm	槽口面积/m²	铁氧体磁铁的种类	磁场强度/kA·m⁻¹ （Oe）	磁铁放入槽中之前时的总磁通/mWb
1600×1400	2	钡（锶）	24~28（300~350）	约 11.5
2000×1400	3.1	钡	约 32（400）	20.5

设备规格 （直径×高)/mm×mm	槽口面积/m²	铁氧体磁铁的种类	磁场强度/kA·m⁻¹ （Oe)	磁铁放入槽中之前 时的总磁通/mWb
2200×1600	3.8	钡	36~40（450~500）	23.5
2200×1600	3.8	锶	36~40	18.5
2500×1800	4.4	钡	36~40	20.5
2500×1800	4.4	锶	约36	20
3000×2000	7.1	钡	约40	33
3000×2000	7.1	锶	约57（700）	35

【例 8-3】 已知永磁磁力脱泥槽的规格为 $\phi 2500$ mm，选用 65 mm×85 mm×18 mm，性能 $B_r = 3630$ Gs、$H_c = 2080$ Oe，$(BH)_{max} = 3.2 \times 10^6$ Gs·Oe 的锶铁氧体作为塔形磁源。要求产生 32~40 kA/m（400~500 Oe）的磁场，求磁源的尺寸和磁铁的数量。

解：根据表 6-6 的数据，磁源高度定为 550 mm，台阶高度定为 100 mm。磁铁的摞数为：

$$n = \frac{\Phi_m}{B'_d S_m} = \frac{20 \times 10^{-3}}{1640 \times 10^{-4} \times 6.5 \times 10^{-2} \times 8.5 \times 10^{-2}} \approx 22$$

为了安装方便，取 24 摞。将 24 摞磁铁组成塔形磁源，按圆周分两层排列：内层为 8 摞，高度为 550 mm；外层为 16 摞，高度为 450 mm。实际需要的磁铁数为：

$$（550×8+450×16）÷18（块）= 650（块）$$

9　磁　路　计　算

9.1　磁　路　定　律

磁选设备的磁路计算任务可分为两类：

（1）已知磁选设备选别空间的磁感应强度和各部分的几何尺寸，求所需要磁势的安匝数；

（2）已知设备的磁势安匝数和各部分的几何尺寸，求选别空间所产生的磁感应强度。

磁选设备的磁路计算任务通常是解决第一类问题。

根据磁路计算的基本任务提出的要求和已知条件，选择合适的计算公式，而计算公式又与某些磁量和定律有关。

表示某点磁场性质的基本磁量是磁感应强度 B。磁通的连续性是磁场的一个基本性质。在磁路（等效磁路）的每一个结点处，磁通的代数和等于零，即：

$$\sum \Phi = 0 \tag{9-1}$$

式（9-1）称为磁路第一定律。

磁感应强度和磁场强度的关系是 $B = \mu H$（μ 为磁介质的磁导率）。磁场强度和电流以安培环路定律联系。沿任一闭合回路，各部分磁位降的代数和等于绕在该回路上所有磁势的代数和，即：

$$\sum \Phi R_{\mathrm{m}} = \sum Hl = \sum IN \tag{9-2}$$

式中　Φ——磁通，Wb；

$\quad\;\; R_{\mathrm{m}}$——磁阻，$\mathrm{H^{-1}}$（A/Wb）；

$\quad\;\; H$——磁场强度，A/m；

$\quad\;\; l$——磁路各部分的长度，m；

$\quad\;\; I$——产生磁势线圈的电流，A；

$\quad\;\; N$——线圈的匝数。

式（9-2）称为磁路第二定律。

9.2　气隙磁导的计算

在计算磁选设备的磁路时，必须计算磁路中的气隙磁导。气隙磁导计算的是否准确，对磁路计算结果有很大影响。如出现很大的误差，这经常是由磁导计算引起的。因此，如何正确地进行磁导计算是磁路计算中重要的一个问题。由于磁极形状不同，磁极面磁通分布不均匀和存在边缘磁通，常常使磁导的计算不易得到准确的结果。计算气隙磁导的方法有分析法、分割磁场法、作图法、网格势位法、布里曲线法以及经验公式等。无论采用何种方法，设计者合理地选择磁通路径的经验是不可缺少的。现在就来介绍前三种方法，其余的方法可参考电磁场和电器学等图书。

9.2.1 分析法

分析法是根据磁场理论用数学推导出磁导公式。在列出数学公式时有两个假定：极面上的磁感应强度分布是均匀的；无边缘磁通（孪生在磁极边缘上分布不均匀且向外凸出扩散的那部分磁通）。如磁极间隙很小，则上面的两个假定可以成立，而用分析法也可得到较准确的结果。

用分析法决定两极间的气隙磁导的公式为：

$$\Lambda_g = \mu_0 \frac{S}{l_g} \qquad (9-3)$$

式中　Λ_g——极间的气隙磁导，H(Wb/A)；

　　l_g——气隙长度，m；

　　S——磁极端面积，m^2；

　　μ_0——空气的磁导率，$\mu_0 = 4\pi \times 10^{-7}$ H/m 或 Wb/(m·A)。

但是在一般情况下，决定任何两磁极间的气隙磁导常不可得。这时，可利用间接方法，即用决定具有和磁极几何形状相同的电极间电容的方法来求。因为在这种情况下，决定磁导和决定电容的方法完全相同。

已知两电极间的静电电通量为：

$$\Psi = Q = C(V_1 - V_2) \qquad (9-4)$$

式中　Q——电荷；

　$V_1 - V_2$——两电极间的电位差；

　　C——电极间的电容。

而两磁极间的磁通量为：

$$\Phi = \Lambda_g(U_1 - U_2) \qquad (9-5)$$

式中　$U_1 - U_2$——两磁极间的磁位差。

比较式（9-4）和式（9-5），得

$$\Lambda_g = \frac{\mu_0}{\varepsilon_0}C \qquad (9-6)$$

式中　ε_0——空气介电常数，$\varepsilon_0 = 8.854 \times 10^{-12}$ F/m；

　　C——电极间电容，F。

如已知 C，则可求出 Λ_g。

在某些情况下，磁极间的气隙磁导仍可用式（9-3）计算，不过直接用式（9-3）计算气隙磁导的例子并不多。

9.2.1.1 磁极端面平行

A　磁极端面为矩形

设磁极端面尺寸为 $a \times b$，磁极间的气隙长度为 l_g，当 $\dfrac{a}{l_g}\left(或 \dfrac{b}{l_g}\right) = 10 \sim 20$ 时，可以忽略

边缘磁通。此时气隙磁导为:

$$\Lambda_g = \mu_0 \frac{S}{l_g} = \mu_0 \frac{a \times b}{l_g} \tag{9-7}$$

如气隙较大和必须考虑边缘磁通时,可在式(9-7)中引入一修正系数 K。此时:

$$\Lambda_g = \mu_0 \frac{(a + Kl_g)(b + Kl_g)}{l_g} \tag{9-8}$$

式中,$K = \dfrac{0.307}{\pi}$。

B 磁极端面为圆形

当 $l_g < 0.4r$（r 为磁极端面半径）时,可以忽略边缘磁通,用式(9-3)求 Λ_g。而当 $l_g > 0.4r$ 时,须考虑边缘磁通,此时可用等值面积的正方形平面来代替圆形平面以计算磁导,即将 $a^2 = \pi r^2$ 代入式(9-8)中求出:

$$\Lambda_g = \mu_0 \frac{(\sqrt{\pi} r + Kl_g)^2}{l_g} = \mu_0 \frac{(1.77r + 0.098l_g)^2}{l_g} \tag{9-9}$$

9.2.1.2 磁极端面不平行

在实际应用中也常常遇到两个磁极的相对位置不是互相平行的,如图 9-1 所示。这时虽然不能直接代入前面一些公式,但是可以应用下面的方法进行计算。

当可以忽略边缘磁通时,磁极间的气隙磁导为:

$$\Lambda_g = \int_{r_1}^{r_2} d\Lambda_g = \mu_0 \int_{r_1}^{r_2} \frac{dS}{l_g} = \mu_0 \int_{r_1}^{r_2} \frac{b dx}{x\theta}$$

$$= \mu_0 \frac{b}{\theta} \ln \frac{r_2}{r_1} \tag{9-10}$$

式中,θ 以弧度计。

利用式(9-10)很容易近似计算出磁极端面为尖齿形磁极(见图 9-2)的气隙磁导。

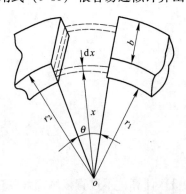

图 9-1 磁极端面不平行的磁极

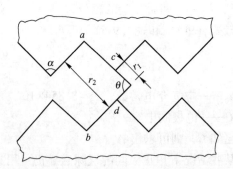

图 9-2 磁极端面为尖齿形的磁极

$abcd$ 场域的磁导为:

$$\Lambda_{g1} = \mu_0 \frac{b}{\theta} \ln \frac{r_2}{r_1}$$

如果每个磁极端面有 N 个齿,则气隙总磁导为:

$$\Lambda_g = 2N\Lambda_{gl} \tag{9-11}$$

磁极的等效间隙 $l_{等效}$ 可由下式求出：

令

$$\Lambda_{gl} = \mu_0 \frac{S}{l_{等效}}$$

所以

$$l_{等效} = \mu_0 \frac{S}{\Lambda_{gl}} \tag{9-12}$$

9.2.1.3　圆柱体面平行

设两圆柱体的半径分别为 r_1 和 r_2，长度均为 l，间距为 b（见图9-3）。

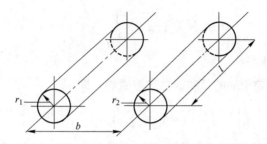

图 9-3　轴线平行的圆柱形磁极

根据电磁场的基本理论推出圆柱体侧表面的磁导为：

$$\Lambda_g = \mu_0 \frac{2\pi l}{\ln(K + \sqrt{K^2 - 1})} \tag{9-13}$$

当 $r_1 \neq r_2$ 时，有：

$$K = \frac{b^2 - r_1^2 - r_2^2}{2r_1 r_2} \tag{9-14}$$

当 $r_1 = r_2 = r$ 时，有：

$$K = \frac{b^2 - 2r^2}{2r^2} \tag{9-15}$$

当 $r_1 = r_2$ 且 $b>8r$ 时，有：

$$\Lambda_g = \mu_0 \frac{\pi l}{\ln \dfrac{b}{r}} \tag{9-16}$$

9.2.1.4　圆柱体和其平行的板

在忽略边缘磁通时，可以把图9-3中的等位面（对称面 YY）看成是真实的平面，圆柱体和此平面之间的磁导应是两圆柱体之间气隙磁导的两倍，由式（9-16）求出：

$$\Lambda_g = \mu_0 \frac{2\pi l}{\ln \dfrac{b}{r}}(b > 8r) \tag{9-17}$$

9.2.2　分割磁场法

当气隙较大，边缘磁通的扩散作用不能忽略时，常用分割磁场法计算磁导。所谓"分割磁场法"就是把磁极间包括边缘扩散磁场在内的整个磁场沿磁通路径分割成许多个具有简单几何形状的磁通管,如棱柱体、圆柱体和半球等。先计算出每个磁通管的磁导,这些并联磁导的总和就是磁极间的整个气隙磁导。

每一磁通管的磁导为:

$$\Lambda_i = \mu_0 \frac{S_{平均}}{l_{平均}} \tag{9-18}$$

式中　$l_{平均}$——磁感应线的平均长度;

　　　$S_{平均}$——磁通管的平均截面积。

或

$$\Lambda_i = \mu_0 \frac{V}{l_{平均}^2} \tag{9-19}$$

式中　V——磁通管的体积。

各分路磁通管的磁导相加的总和就是气隙磁导,即:

$$\Lambda_g = \sum_{i=1}^{n} \Lambda_i \tag{9-20}$$

用图9-4所示的矩形磁极 A 和无限大平面磁极 B 为例来说明分割磁场法的应用。

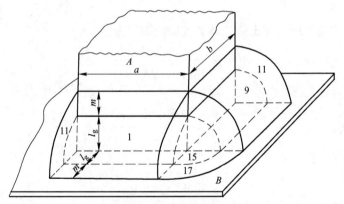

图9-4　分割磁场法

A—矩形磁极;B—无限大平面磁极

把整个磁场按图中所示的符号分割成下列几种磁通管:

1—平行直角六面体一个,其三边长为 a、b 和 l_g,而 l_g 为气隙的长度;

9—1/4 圆柱体四个,其半径为 l_g;

11—1/4 空心圆柱体四个,其内半径为 l_g,外半径为 l_g+m,m 为某一任意值,它表示出边缘磁扩散磁场的特性,通常它是由实验或经验判定,$m=(1\sim2)l_g$;

15—1/8 球体四个,其半径为 l_g;

17—1/8 空心球体(或称球壳)四个,其半径为 l_g,外半径为 l_g+m;

图9-4中各磁通管的磁导计算如下。

(1) 1—平行直角六面体:

$$\Lambda_1 = \mu_0 \frac{a \times b}{l_g} \qquad (9\text{-}21)$$

（2）9—1/4 圆柱体：

对半圆柱体来说（见图 9-5），磁感应线的平均长度是在直径 l_3 和半圆周 l_1 之间。平均长度通常是由作图法求得，但也可采用分析法求得。在图上取三根磁感应线，长度为 l_1、l_2 和 l_3。l_2 取得使其末端上两条半径间的夹角为 90°。

已知

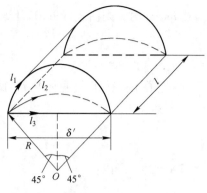

图 9-5　半圆柱体

$$l_1 = \pi \frac{l_3}{2} = 1.57 l_3 = 1.57 \delta'$$

$$l_2 = \frac{1}{2} \pi R = \frac{1}{2} \pi \frac{\delta'/2}{\sin 45°} = 1.11 \delta'$$

$$l_3 = \delta'$$

所以，磁感应线的平均长度为：

$$l_{平均} = \frac{1}{3}(l_1 + l_2 + l_3) \approx 1.22 \delta' \qquad (9\text{-}22)$$

平均面积为：

$$S_{平均} = \frac{V}{l_{平均}} = \frac{\frac{1}{2}\pi \left(\frac{\delta'}{2}\right)^2 l}{1.22 \delta'} = 0.322 l \delta' \qquad (9\text{-}23)$$

而半圆柱体的磁导为：

$$\Lambda = \mu_0 \frac{0.322 l \delta'}{1.22 \delta'} = 0.264 \mu_0 l \qquad (9\text{-}24)$$

所以，1/4 圆柱体 9 的磁导为：

$$\Lambda_9 = 2 \times 0.264 \mu_0 l = 0.528 \mu_0 l \qquad (9\text{-}25)$$

（3）11—1/4 空心圆柱体：

对半空心圆柱体（见图 9-6）来说，磁感应线的平均长度为：

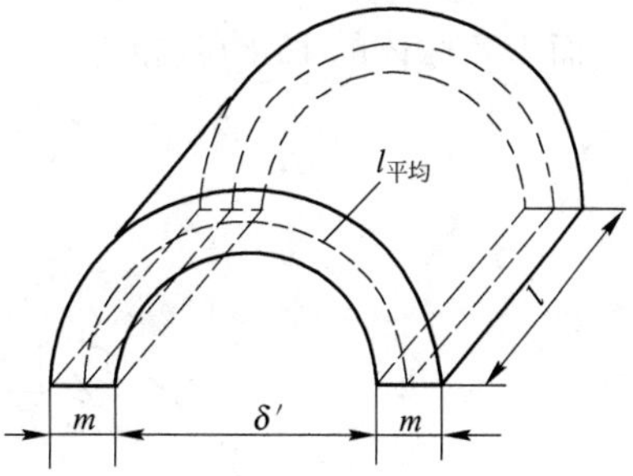

$$l_{平均} = \frac{\delta' + m}{2} \pi \qquad (9\text{-}26)$$

平均面积为：

$$S_{平均} = ml \qquad (9\text{-}27)$$

图 9-6　半空心圆柱体

则半空心圆柱体的磁导为：

$$\Lambda = \mu_0 \frac{S_{平均}}{l_{平均}} = \frac{2 \mu_0 l}{\pi \left(\dfrac{\delta'}{m} + 1\right)} \qquad (9\text{-}28)$$

当 $\delta < 3m$ 时，则由式（9-10）$\left(\text{令 } b = l, \ \theta = \pi, \ r_2 = \frac{1}{2}\delta' + m, \ r_1 = \frac{1}{2}\delta'\right)$ 得：

$$\Lambda = \mu_0 \frac{l}{\pi} \ln\left(1 + \frac{2m}{\delta'}\right) \tag{9-29}$$

1/4 空心圆柱体 11（见图 9-7）的磁导为：

$$\Lambda_{11} = \frac{4\mu_0 l}{\pi\left(\dfrac{\delta'}{m} + 1\right)} \tag{9-30}$$

但 $\delta' = 2\delta$，所以：

$$\Lambda_{11} = \frac{4\mu_0 l}{\pi\left(\dfrac{2\delta}{m} + 1\right)} \tag{9-31}$$

当 $\delta < 3m$ 时，根据式（9-29），则 1/4 空心圆柱体的磁导为：

$$\Lambda_{11} = \frac{2\mu_0 l}{\pi} \ln\left(1 + \frac{m}{\delta}\right) \tag{9-32}$$

（4）15—1/8 球体：

对于 1/4 球体（见图 9-8）来说，其磁感应线的平均长度用作图法得出约为：

$$l_{平均} = 1.3\delta' \tag{9-33}$$

其体积为：

$$V = \frac{1}{3}\pi\left(\frac{\delta'}{2}\right)^3 \tag{9-34}$$

所以：

$$S_{平均} = \frac{V}{l_{平均}} = 0.1\delta'^2 \tag{9-35}$$

则 1/4 球体的磁导为：

$$\Lambda = \mu_0 \frac{0.1\delta'^2}{1.3\delta'} = 0.077\mu_0\delta' \tag{9-36}$$

而 1/8 球体的 15 的磁导为：

$$\Lambda_{15} = 2 \times 0.077\mu_0\delta' = 0.154\mu_0\delta' = 0.308\mu_0\delta \tag{9-37}$$

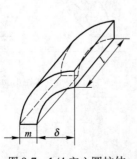

图 9-7　1/4 空心圆柱体

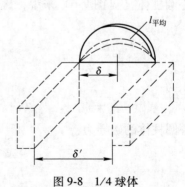

图 9-8　1/4 球体

（5）17—1/8 空心球体：

对于 1/4 空心球体（见图 9-9），其磁导为：

$$\Lambda = \frac{m}{4}\mu_0 \qquad (9\text{-}38)$$

则 1/8 空心球体 17 的磁导为：

$$\Lambda_{17} = \frac{m}{2}\mu_0 \qquad (9\text{-}39)$$

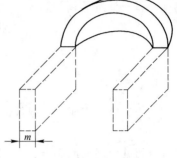

图 9-9　1/4 空心球体

求出每个磁通管的磁导以后，总的气隙磁导就可求出，为：

$$\Lambda_0 = \Lambda_1 + 4(\Lambda_9 + \Lambda_{11} + \Lambda_{15} + \Lambda_{17}) \qquad (9\text{-}40)$$

9.2.3　作图法

当磁极外形比较复杂时，用分析法或分割磁场法都无法求出气隙的磁导，这时可用电模拟作图法来求磁导。

磁场可用一些力线和位线来表示。根据磁场的基本特性，作图时必须满足的基本点是：

（1）磁铁的磁极表面（高磁导率的介质表面）可以看作是等位面；

（2）磁感 B 或磁场 H 线和等位线处处正交；

（3）在没有电流的空间，B 线起始于 N 极表面而终止于 S 极表面。当介质均匀时，B 线和 H 线的分布相同。

但满足上述要求所画出的场图，还只能定性地表明磁场分布。要定量地描绘磁场分布，作图时尚须满足的要求是：

（1）任何相邻的两等位线间的磁位差 ΔU_{m} 相等；

（2）任何相邻的两磁感 B 线间的磁通 $\Delta\Phi$ 相等。

我们知道，磁极表面上的磁荷密度和磁场空间任意点的磁场强度可近似地写成：

$$\sigma_{\mathrm{m}} = \frac{\Delta\Phi}{\Delta S}, H \approx \left|-\frac{\Delta U_{\mathrm{m}}}{\Delta n}\right| \qquad (9\text{-}41)$$

式中　ΔS——磁通线和磁极表面相截的面积；

　　　$\Delta\Phi$——穿过 ΔS 的磁通；

　　　Δn——在和磁等位线正交方向上的距离。

如在作图时进一步满足了上述两个要求，即处处保证 $\Delta\Phi$ 为定值和 ΔU_{m} 为定值，则必然会有：

$$\sigma_{\mathrm{m}} \propto \frac{1}{\Delta S} \quad 和 \quad H \propto \frac{1}{\Delta n} \qquad (9\text{-}42)$$

这就是说，从磁极表面各处磁感线的疏密程度可以看出磁荷密度的大小，而从图中等位线的疏密程度可以看出磁场强度的大小，依据这些即可进行场的定量分析。现在的问题是作图时怎样才能达到上述两个要求。下面结合两维场的情况加以分析说明。

在两维磁场的情况下（见图 9-10），沿轴向（垂直纸面）取单位长度，而用 Δb 代表相邻两条磁感线间的平均距离，用 Δn 代表相邻两条磁等位线间的平均距离，则穿过面积

$\Delta S = \Delta b \times 1$ 的磁通量应为：

$$\Delta \Phi = B \Delta S = \mu H \Delta b = \frac{\mu \Delta U_m \Delta b}{\Delta n}$$

或
$$\frac{\Delta n}{\Delta b} = \mu \frac{\Delta U_m}{\Delta \Phi} \tag{9-43}$$

式（9-43）表明，如要保证 ΔU_m 和 $\Delta \Phi$ 等于定值，在图上必须保证 $\frac{\Delta n}{\Delta b}$ 等于定值。为了简单起见，任选取 $\frac{\Delta n}{\Delta b} = 1$。

由此可以得出结论：如作图时除了满足场的基本点之外，还到处保持等位线的平均距离 Δn 和磁通线间的平均距离 Δb 相等，这样便将场域划分成许多曲线"方块"（它们的四个角都是直角），而由此作出的场图就能定量地描绘场的分布。

下面介绍气隙中的磁场图是怎样绘出的和绘好磁场图后又怎样求出整个空气隙的磁导问题。

当已知两条磁位为 U_{m1}、U_{m2} 的等位线和两条磁通线 Φ_1、Φ_2 时（见图9-11），显然，在 Φ_1 和 Φ_2 之间的磁通管穿过的为某一不变量的磁通 $\Delta \Phi = \Phi_1 - \Phi_2$。引出磁位差为 $\frac{U_{m1} - U_{m2}}{2}$ 的等位线 $N_1 N_2$（即平分磁位差 $\Delta U_m = U_{m1} - U_{m2}$ 的线），此线在和各磁通线的每一个交点处都成直角。于是由图得出的单元磁通管1和2的磁导是相等的（这里假定磁场是一些平行的平面，把一个立体磁场分割成许多厚 1 cm 的平面磁场），即：

$$\lambda_1 = \lambda_2 = \frac{\Delta \Phi}{\frac{\Delta U_m}{2}} \tag{9-44}$$

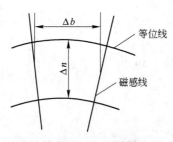

图 9-10　磁等位线和磁感线

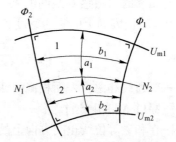

图 9-11　作图法的原理

如已把磁场分成厚 1 cm 的平面磁场，于是便可求出 λ_1 和 λ_2 的数值为：

$$\lambda_1 = \mu_0 \frac{b_1 \times 0.01}{a_1} \tag{9-45}$$

$$\lambda_2 = \mu_0 \frac{b_2 \times 0.01}{a_2} \tag{9-46}$$

式中　λ_1，λ_2——单元磁通管1和2单位长度的磁导，H/m；

　　　a_1，a_2——单元磁通管1和2的平均长度，m；

b_1，b_2——单元磁通管 1 和 2 的平均宽度，m；

μ_0——场元介质（空气）的磁导率，$\mu_0 = 4\pi \times 10^{-7}$ H/m。

如中间的等位线（$N_1 N_2$）作得很准确，则所得到的各元曲线"矩形体"应是相似的。也就是说，每一"矩形"磁通管的平均宽度 b 和平均长度 a 之比应是不变的。在适当地选择磁通线的数量时，则可得到这样的一些单元磁通管，其平均宽度 b 和平均长度 a 是相等的，这些单元磁通管的磁导各为：

$$\lambda = \mu_0 \frac{a \times 0.01}{a} = 0.01\mu_0 \tag{9-47}$$

气隙中的磁场就是按照这样的原则作成的。作好图以后就可求出整个空气隙的磁导，因为每一单元磁通管的磁导 $\lambda = 0.01\mu_0$。如在整个磁通管中含有 n 个单元磁通管，则其磁导为：

$$\Delta \Lambda = 0.01 \frac{\mu_0}{n} \tag{9-48}$$

如磁场是由 m 根平行的磁通管组成且其厚度并非 1 cm 而是 l cm，则其全部磁导即为：

$$\Lambda_T = 0.01\mu_0 \frac{m}{n} l \tag{9-49}$$

利用作图法作图时最好连续作几次和对结果进行比较，这样可得到较好的结果。作图法对立体的图形无能为力，对此应采用网格势位法，这里不再介绍。气隙磁导的计算公式见表 9-1。

表 9-1　气隙磁导的计算公式

序号	几何形状	磁导 Λ/H
1		当 $\dfrac{a}{l_g}$（或 $\dfrac{b}{l_g}$）$= 10 \sim 20$（忽略边缘磁通）时， 端面　$\Lambda = \mu_0 \dfrac{a \times b}{l_g}$ 当 $\dfrac{a}{l_g}$（或 $\dfrac{b}{l_g}$）< 10 时，端面 $\Lambda = \mu_0 \dfrac{(a + Kl_g)(b + Kl_g)}{l_g}$ $K = \dfrac{0.307}{\pi}$
2		忽略边缘磁通时，端面 $\Lambda = \mu_0 \dfrac{b}{\theta} \ln \dfrac{r_2}{r_1}$ （θ 以弧度计）

序号	几 何 形 状	磁导 Λ/H
3		内侧表面 $\Lambda = \mu_0 \dfrac{2\pi l}{\ln \dfrac{b + \sqrt{b^2 - r^2}}{r}}$ 当 $b > 4r$ 时，侧表面 $\Lambda = \mu_0 \dfrac{2\pi l}{\ln \dfrac{2b}{r}}$
4		两个同心圆面 $\Lambda = \mu_0 \dfrac{\theta b}{\ln \dfrac{R}{r}}$ 当 $r \gg l_g$ 时，$\Lambda = \mu_0 \dfrac{\left(r + \dfrac{l_g}{2}\right) b\theta}{2l_g}$
5		当 $\dfrac{l_g}{d} < 0.2$ 时，端面 $\Lambda = \mu_0 \dfrac{\pi d^2}{4l_g}$ 当 $\dfrac{l_g}{d} > 0.2$ 时，端面 $\Lambda = \mu_0 d \left(\dfrac{\pi d}{4l_g} + \dfrac{0.36d}{2.4d + l_g} + 0.48 \right)$ 距端面为 x 的侧表面 $\Lambda = \mu_0 \dfrac{xd}{0.22 l_g + 0.4x}$
6		当 $\dfrac{l_g}{a} < 0.2$ 时，端面 $\Lambda = \mu_0 \dfrac{\pi a^2}{l_g}$ 当 $\dfrac{l_g}{a} > 0.2$ 时，端面 $\Lambda = \mu_0 a \left[\dfrac{a}{l_g} + \dfrac{0.36a}{2.4a + l_g} + \dfrac{0.14}{\ln\left(1.05 + \dfrac{l_g}{a}\right)} + 0.48 \right]$ 距端面为 x 的侧表面 $\Lambda = \mu_0 \dfrac{xa}{0.17 l_g + 0.4x}$
7		$l_{平均} = 1.22\delta$ （图解计算） $S_{平均} = 0.322\delta l$ 1/2 柱内 $\Lambda = 0.264 \mu_0 l$

序号	几 何 形 状	磁导 $\varLambda/H$
8		1/4 柱内 $\varLambda = 0.528\mu_0 l$
9		$l_{平均} = \dfrac{\delta+m}{2}\pi$ 1/2 柱内 $\varLambda = \mu_0\dfrac{2l}{\pi\left(\dfrac{\delta}{m}+1\right)}$ 当 $\delta<3m$ 时， $\varLambda = \mu_0\dfrac{l}{\pi}\ln\left(1+2\dfrac{m}{\delta}\right)$
10		1/4 柱内 $\varLambda = \mu_0\dfrac{2l}{\pi\left(\dfrac{\delta}{m}+0.5\right)}$ 当 $\delta<3m$ 时， $\varLambda = \mu_0\dfrac{2l}{\pi}\ln\left(1+\dfrac{m}{\delta}\right)$
11		$l_{平均} = 1.3\delta$ （图解计算） $V = \dfrac{\pi}{3}\left(\dfrac{\delta}{2}\right)^3$ $S_{平均} = 0.18\delta^2$ 1/4 球内 $\varLambda = 0.077\mu_0\delta$ 1/8 球内 $\varLambda = 0.154\mu_0\delta$
12		1/4 球壳内 $\varLambda = \mu_0\dfrac{m}{4}$ 1/8 球壳内 $\varLambda = \mu_0\dfrac{m}{2}$

序号	几何形状	磁导 Λ/H
13		旋转体平均长度 $l_{平均} = 2\pi\left(r + \dfrac{l_g}{2}\right)$ $\Lambda = \mu_0 \dfrac{2l_{平均}}{\pi\left(\dfrac{l_g}{m}+1\right)} = \mu_0 \dfrac{4\left(r+\dfrac{l_g}{2}\right)}{\dfrac{l_g}{m}+1}$ 当 $l_g < 3m$ 时， $\Lambda = \mu_0 (2r+l_g)\ln\left(1+\dfrac{2m}{l_g}\right)$
14		内侧表面 $S_1 S_1'$ $\Lambda = \mu_0 \dfrac{1}{l_g}\left(a + \dfrac{1}{\pi}\right)\left(b + \dfrac{l_g}{\pi}\right)$ 外侧端面 $S_2 S_2'$ $\Lambda = \mu_0 \dfrac{a}{2\pi}\ln\left(2m^2 - 1 + 2m\sqrt{m^2-1}\right)$ $\left(m = \dfrac{2\Delta + l_g}{l_g}\right)$
15		内侧表面 $\Lambda = \mu_0 l\left(\dfrac{b}{c} + \dfrac{2a}{c+\dfrac{\pi a}{2}}\right)$ 上端面 $\Lambda = \mu_0 \dfrac{b}{\pi}\ln\left(1 + \dfrac{\pi a}{c}\right)$
16		内侧表面 $\Lambda = 2\mu_0 l\left(\dfrac{b}{c} + \dfrac{a}{c+\dfrac{\pi a}{4}}\right)$

9.3　磁　路　计　算

这里只介绍电磁磁选设备的磁路计算知识。

9.3.1　磁选设备磁系型式的选择

一个良好的磁选设备应尽可能满足以下几点要求：

（1）选别空间的磁场强度或磁场力值适宜，磁场特性合理。

（2）处理能力高，能耗少，选别指标好。

（3）投资少，生产费用低。

（4）制造容易，操作维修方便。

在磁路结构方面还应满足以下三个基本条件：

（1）当铁芯和磁极头接近磁饱和时，应能在选别空间产生符合要求的磁场强度或磁场力。

（2）铁磁导体磁饱和出现的位置应尽可能地靠近磁极头。如果要求的磁场强度或磁场力较高，磁饱和出现的先后顺序应当是：磁极头—铁芯—磁轭。通常是铁芯—磁极头—磁轭。如磁轭先饱和，则磁势安匝数必然有较大的浪费。

（3）激磁线圈应尽可能地靠近分选空间，以减少漏磁损失。

磁选设备磁系形式的选择是磁系设计很关键的一步。应对国内外比较先进磁选设备的磁系进行技术经济综合分析，并结合所处理的矿石粒度、性质和对精矿指标的要求加以选定。一般选择磁系形式应考虑以下几个原则：

（1）机重比要大。机重比大，设备消耗的材料少。

（2）磁路要短。磁路短，磁阻小，有利于提高设备的磁场强度或磁场力。

（3）漏磁要少，尽可能选择漏磁系数小的磁系。

（4）无用的空气隙要小。空气隙大的磁阻很大，减少空气隙可以减少磁阻，有利于提高设备的磁场强度或磁场力。

常见的磁选设备磁系的几种形式如图 9-12 所示。

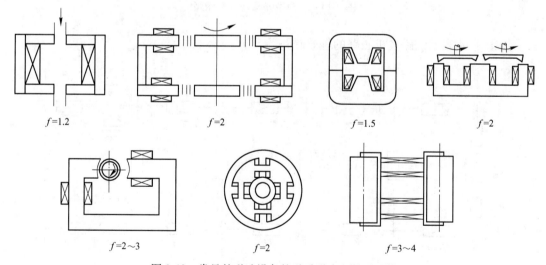

图 9-12　常见的磁选设备的磁系形式和漏磁系数

9.3.2　磁路计算的等效磁路法

进行磁路计算时经常用等效磁路法。它是基于磁路和电路之间存在的相似性，设法用类似于电路的网络来模拟和等效于所计算的磁路。等效磁路的解法可分为逐段逼近法、回路磁通法和结点磁位法。这里只介绍逐段逼近法。

　　经常遇到的是具有分布参数（铁磁阻和漏磁通）的非线性的 U 形磁路。这种磁路一般不易求解。为了求解方便，把磁通连续变化的铁磁导体分成数段（各段可相等，也可不相等。段数越多，计算结果的精度越高，但计算工作量大），并假设每段中的磁导率和磁通不变，而漏磁通集中在各段的交界处通过。

　　下面以实验室用的琼斯型强磁选机的磁路（图 9-13）为例（磁路左右对称，这里只画出一半）来介绍这种方法的应用。

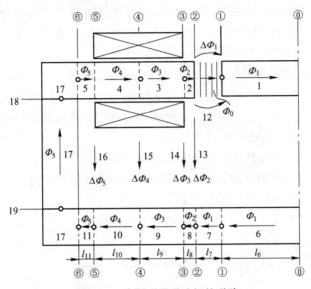

图 9-13　琼斯型强磁选机的磁路

用图 9-14 表示该磁选机磁路的等效磁路。

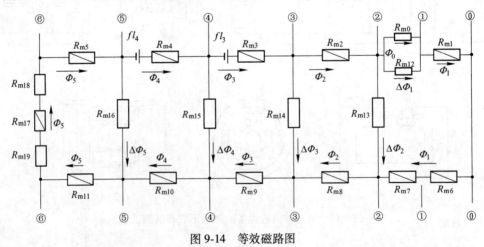

图 9-14　等效磁路图

各符号含义如下：

　　![铁磁阻符号]——铁磁阻；

　　![空气路径符号]——空气路径的磁阻；

　　R_{m0}——工作气隙的磁阻；

R_{m1}——旋转铁盘的磁阻；

R_{m2}，R_{m5}——未绕线部分的铁芯磁阻；

R_{m3}，R_{m4}——绕线部分的铁芯磁阻；

$R_{m6} \sim R_{m11}$——和 $R_{m1} \sim R_{m5}$ 对应的下磁轭的磁阻；

R_{m12}——磁极头和铁盘之间的漏磁阻；

$R_{m13} \sim R_{m16}$——铁芯和下磁轭之间的漏磁阻；

R_{m17}——侧磁轭的磁阻；

$R_{m18} \sim R_{m19}$——磁轭接合处的气隙磁阻；

$\Delta\Phi_1 \sim \Delta\Phi_5$——磁阻 $R_{m12} \sim R_{m16}$ 上的漏磁通；

F——线圈磁势。

已知选别空间的磁场强度 H_0 或磁通 Φ_0 值，求所需要的磁势安匝数 IN 值。

计算磁路各段的磁位降（假定铁导磁体的截面积完全相同）：

分选环中介质板和压盖的尺寸不大，其磁阻忽略不计。

（1）选别空间工作隙消耗的磁位降：

$$U_0 = \Phi_0 R_{m0} = \frac{\Phi_0}{\Lambda_0} = H_0 l_0 \tag{9-50}$$

（2）旋转铁盘消耗的磁位降：

$$U_1 = \Phi_1 R_{m1} = H_1 l_1$$

$$\Delta\Phi_1 = \frac{U_0}{R_{m12}} = U_0 \Lambda_{12}$$

$$\Phi_1 = \Phi_0 + \Delta\Phi_1 = \Phi_0 + U_0 \Lambda_{12} \tag{9-51}$$

（3）旋转铁盘和选别空间下部的下磁轭消耗的磁位降：

$$U_6 + U_7 = \Phi_1(R_{m6} + R_{m7}) = H_1(l_6 + l_7) \tag{9-52}$$

（4）铁芯柱 2 处消耗的磁位降：

$$U_2 = U_0 + U_1 + U_6 + U_7 = H_0 l_0 + H_1(l_1 + l_6 + l_7) \tag{9-53}$$

（5）铁芯柱 3 处消耗的磁位降：

$$U_3 = U_2 + \Phi_2(R_{m2} + R_{m8}) = U_2 + H_2(l_2 + l_8) = U_2 + 2H_2 l_2$$

$$\Delta\Phi_2 = \frac{U_2}{R_{m13}} = U_2 \Lambda_{13} = U_2 \lambda l_2$$

$$\Phi_2 = \Phi_1 + \Delta\Phi_2 = \Phi_1 + U_2 \lambda l_2 \tag{9-54}$$

式中　λ——单位长度漏磁导。

（6）铁芯柱 4 处消耗的磁位降：

$$U_4 = U_3 + \Phi_3(R_{m3} + R_{m9}) - fl_3 = U_3 + H_3(l_3 + l_9) - fl_3$$

$$= U_3 + 2H_3 l_3 - fl_3$$

式中　f——铁芯单位长度磁势，即 $f = \dfrac{F}{l} = \dfrac{IN}{l_3 + l_4}$。

$$\Delta \Phi_3 = \frac{U_3}{R_{m14}} = U_3 \Lambda_{14} = U_3 \lambda l_3$$

$$\Phi_3 = \Phi_2 + \Delta \Phi_3 = \Phi_2 + U_3 \lambda l_3 \tag{9-55}$$

（7）铁芯柱 5 处消耗的磁位降：

$$U_5 = U_4 + \Phi_4(R_{m4} + R_{m10}) - fl_4 = U_4 + H_4(l_4 + l_{10}) - fl_4$$
$$= U_4 + 2H_4 l_4 - fl_4$$

$$\Delta \Phi_4 = \frac{U_4}{R_{m15}} = U_4 \Lambda_{15} = U_4 \lambda l_4$$

$$\Phi_4 = \Phi_3 + \Delta \Phi_4 = \Phi_3 + U_4 \lambda l_4 \tag{9-56}$$

（8）铁芯柱 6 处消耗的磁位降：

$$U_6 = U_5 + \Phi_5(R_{m5} + R_{m11}) = U_5 + H_5(l_5 + l_{11})$$
$$= U_5 + 2H_5 l_5$$

$$\Delta \Phi_5 = \frac{U_5}{R_{m16}} = U_5 \Lambda_{16} = U_5 \lambda l_5$$

$$\Phi_5 = \Phi_4 + \Delta \Phi_5 = \Phi_4 + U_5 \lambda l_5 \tag{9-57}$$

至此得到 5 条横向支路磁通的第一次迭代值。H_i 值可根据铁磁导体材料的 $B = f(H)$ 关系曲线或关系式求出（$i = 1, 2, \cdots, 11, 17$）。

用试探法先假定一 f 值，按上述过程计算，最后得到 U_5' 值，而 $U_5 = \Phi_5(R_{m5} + R_{m11} + R_{m17} + R_{m18} + R_{m19}) = H_5(2l_5 + l_{17}) + \frac{B_5}{\mu_0}(2l_{18})$。如 $U_5' \approx U_5$，则说明假定的 f 值即为所求之值。否则，需重新假定 f 值再行计算。如 $U_5' < U_5$，则说明 f 值选择偏低，应增大。

用全回路上的磁势 F 和磁位降 $H_i l_i$ 之差的相对值作为判断计算是否完成的标志，即：

$$\frac{\Delta F}{F} = \frac{F - \left[\Phi_0 R_{m0} + \Phi_1 R_{m6} + \sum_{i=1}^{5} \Phi_i(R_{mi} + R_{mi+6}) + \Phi_5(R_{m17} + R_{m18} + R_{m19}) \right]}{F}$$

$$= \frac{F - \left[H_0 l_0 + H_1 l_6 + \sum_{i=1}^{5} H_i(l_i + l_{i+6}) + H_5 l_{17} + \frac{B_5}{\mu_0}(l_{18} + l_{19}) \right]}{F} \leqslant \varepsilon \tag{9-58}$$

式中，ε 称为控制变量。ε 值和磁路计算的精度要求有关。而计算精度应根据磁导、B-H 关系的计算和测量精度而定。如果它们的精度不高，把 ε 值定得很小就没有必要。$\varepsilon = 0.001 \sim 0.1$。一般取 $\varepsilon = 0.01$。式（9-58）左边 $\frac{\Delta F}{F}$ 应取绝对值。

如果控制变量 ε 大于要求，则应重新假定 f 值再行计算。

逐段逼近法符合磁路设计的规律，计算过程是迭代解的过程，收敛速度是快的。因为在求解磁通 Φ 和磁势 F 的过程中一个个地逐段地得出铁芯各段和磁轭中的磁通量等参数，比在解方程组前一次给出全部初始值要实际得多。

【例 9-1】 设计一台 ϕ800 mm 的仿琼斯型强磁选机。磁选机的磁路结构如图 9-15 所示，磁路分段图如图 9-16 所示。

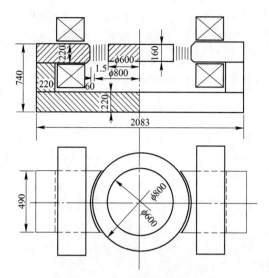

图 9-15 实验用琼斯型磁选机的
磁路各部尺寸（计算用）

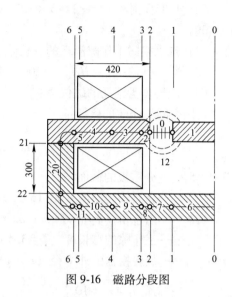

图 9-16 磁路分段图

已知数据：

（1）要求选别空间的磁场强度为 1200 kA/m；

（2）分选环内装有齿形介质板，介质板的厚度约为 7 mm，由工业纯铁制成。介质板之间的间隙约 2 mm，总间隙约为 34 mm（包括运转间隙 1.5 mm）；

（3）旋转铁盘的尺寸（内径、厚度和平均截面积）分别为 $d=60$ cm，$h=16$ cm，$S_1 = 784$ cm^2；

（4）铁芯和磁轭尺寸（长度和截面积）

$l_6 = 30$ cm，$S_6 = 1078$ cm^2；$l_7 = 10.15$ cm，$S_7 = 1078$ cm^2；

$l_2 = l_8 = 6$ cm，$S_2 = S_8 = 1078$ cm^2；$l_3 = l_4 = l_9 = l_{10} = 17$ cm，$S_3 = S_4 = S_9 = S_{10} = 1078$ cm^2；

$l_5 = l_{11} = 2$ cm，$S_5 = S_{11} = 1078$ cm^2；

$l_{20} = 74$ cm，$S_{20} = 1078$ cm^2；$l_{21} = l_{22} = 0.005$ cm，$S_{21} = S_{22} = 1078$ cm^2

（5）磁包角 $\theta = 75.5°$（弧度 1.32）

求需要的磁势安匝数。

磁路计算：

（1）查得工业纯铁材料的 B-H 曲线的表达式：

$$H = a_0 + a_1(B \times 10) + a_2(B \times 10)^2 + a_3(B \times 10)^3 + a_4(B \times 10)^4$$

单位：H 为 A/m，B 为 T。

多项式系数：

$B = 0.4 \sim 1.4$ T 时，$a_0 = 209.28$，$a_1 = -2.4521$，$a_2 = -73.143 \times 10^{-2}$，$a_3 = 38.78 \times 10^{-2}$，$a_4 = 18.938 \times 10^{-3}$。

1.4 T $< B \leqslant 1.85$ T 时，$a_0 = -18960.5$，$a_1 = 5202.9$，$a_2 = 33.671$，$a_3 = -52.186$，$a_4 = 2.2064$。

$B > 1.85$ T 时，$a_0 = -1146 \times 10^4$，$a_1 = 1516.8 \times 10^3$，$a_2 = -50592.8$，$a_3 = -606.4$，$a_4 = 39$。

（2）选别空间工作隙消耗的磁位降：

$$U_0 = H_0 l_0 = 1200 \times 10^3 \times 0.34 (\text{AT}) = 40800 (\text{AT})$$

（3）旋转铁盘消耗的磁位降：

选别空间工作隙的磁导：

$$\Lambda_0 \approx \mu_0 \frac{S_0}{l_0} \approx \mu_0 \frac{hr_1\theta}{l_0}$$

式中　S_0——介质板的截面积；

　　　h——介质板的高度（$h = 16$ cm）；

　　　θ——磁包角（$\theta = 75.5°$，1.32 rad）；

　　　l_0——工作隙的总长度（$l_0 = 3.4$ cm）；

　　　r_1——旋转铁盘的外半径（$r_1 = 40$ cm）。

$$\Lambda_0 \approx 4\pi \times 10^{-7} \times \frac{0.16 \times 0.40 \times 1.32}{0.034} (\text{H}) = 31.22 \times 10^{-7} (\text{H})$$

选别空间的漏磁导：

选别空间的漏磁导 Λ_{12} 由 Λ'_{12} 和 Λ''_{12} 并联组成（见图 9-17）。

$$\Lambda'_{12} \approx 0.264\mu_0 r_2\theta = 0.264\mu_0(r_1 + 0.0015)\theta$$
$$= 0.264 \times 4\pi \times 10^{-7} \times 0.4015 \times 1.32 (\text{H}) = 1.758 \times 10^{-7} (\text{H})$$

$$\Lambda''_{12} \approx \mu_0 \frac{r_2\theta}{\pi} \ln\left(1 + \frac{2m}{d'}\right) = \mu_0 \frac{r_2\theta}{\pi} \ln\left(1 + \frac{2l_2}{d'}\right)$$
$$= 4\pi \times 10^{-7} \frac{0.4015 \times 1.32}{\pi} \ln\left(1 + \frac{2 \times 0.06}{0.1015}\right) (\text{H}) = 1.656 \times 10^{-7} (\text{H})$$

$$\Lambda_{12} = 2(\Lambda'_{12} + \Lambda''_{12}) = 2(1.758 + 1.656) \times 10^{-7} (\text{H}) = 6.828 \times 10^{-7} (\text{H})$$

通过选别空间的主磁通：

$$\Phi_0 = U_0\Lambda_0 = 40800 \times 31.22 \times 10^{-7} (\text{Wb}) = 0.12738 (\text{Wb})$$

通过选别空间的漏磁通：

$$\Delta\Phi_1 = U_0\Lambda_{12} = 40800 \times 6.828 \times 10^{-7} (\text{Wb}) = 0.02786 (\text{Wb})$$

通过转盘的磁通：

$$\Phi_1 = \Phi_0 + \Delta\Phi_1 = 0.12738 + 0.02786 (\text{Wb}) = 0.15524 (\text{Wb})$$

转盘的磁感强度和磁场强度：

$$B_1 = \frac{\Phi_1}{S_1} = \frac{0.15524}{0.0784} (\text{T}) = 1.98 (\text{T})$$

$$H_1 = -1146 \times 10^4 + 1516.8 \times 10^3 (B_1 \times 10) -$$
$$50592.8(B_1 \times 10)^2 - 606.4(B_1 \times 10)^3 + 39(B_1 \times 10)^4$$
$$= 25243.5 (\text{A/m})$$

转盘消耗的磁位差：

$$U_1 = H_1 l_1 = 25243.5 \times 0.3 (\text{AT}) = 7573 (\text{AT})$$

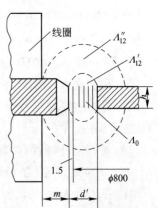

图 9-17　极头和铁盘之间的
漏磁导（计算用）

（4）旋转铁盘和选别空间下部的下磁轭消耗的磁位降：

$$B_6 = B_7 = \frac{\Phi_1}{S_6} = \frac{0.15524}{0.1078}(\text{T}) = 1.44(\text{T})$$

$$H_6 = H_7 = -18960.5 + 5202.9(B_6 \times 10) + 33.671(B_6 \times 10)^2 -$$
$$52.186(B_6 \times 10)^3 + 2.2064(B_6 \times 10)^4 = 1987.9(\text{A/m})$$

下磁轭消耗的磁位降：

$$U_6 + U_7 = H_6(l_6 + l_7) = 1987.9(0.30 + 0.1015)(\text{AT}) = 798(\text{AT})$$

（5）铁芯柱 2 处消耗的磁位降：

$$U_2 = U_0 + U_1 + U_6 + U_7 = 40800 + 7573 + 798(\text{AT}) = 49171(\text{AT})$$

（6）铁芯柱和磁轭之间的漏磁导：

比漏磁导：

$$\lambda = \mu_0 \left(\frac{b}{c} + \frac{2a}{c + \frac{\pi a}{2}} \right)$$

式中　a——磁轭和铁芯厚度（$a = 22$ cm）；

　　　b——磁轭和铁芯宽度（$b = 49$ cm）；

　　　c——磁轭和铁芯内侧面间的距离（$c = 30$ cm）。

$$\lambda = 4\pi \times 10^{-7} \left(\frac{0.49}{0.30} + \frac{2 \times 0.22}{0.30 + \frac{\pi \times 0.22}{2}} \right)(\text{H/m}) = 29.079 \times 10^{-7}(\text{H/m})$$

沿铁芯柱长度各处的漏磁导

$$\Lambda_i = \lambda l_{i-11} = 29.079 \times 10^{-7} l_{i-11}(i = 13, \cdots, 16)(\text{H})$$

（7）铁芯柱 3 处消耗的磁位降：

$$\Lambda_{13} = 29.079 \times 10^{-7} l_2 = 29.079 \times 10^{-7} \times 0.06(\text{H}) = 1.745 \times 10^{-7}(\text{H})$$

$$\Delta\Phi_2 = U_2\Lambda_{13} = 49171 \times 1.745 \times 10^{-7}(\text{Wb}) = 0.00858(\text{Wb})$$

$$\Phi_2 = \Phi_1 + \Delta\Phi_2 = 0.15524 + 0.00858(\text{Wb}) = 0.16382(\text{Wb})$$

$$B_2 = B_8 = \frac{\Phi_2}{S_2} = \frac{0.16382}{0.1078}(\text{T}) = 1.52(\text{T})$$

$$H_2 = H_8 = -18960.5 + 5202.9(B_2 \times 10) + 33.671(B_2 \times 10)^2 -$$
$$52.186(B_2 \times 10)^3 + 2.2064(B_2 \times 10)^4 = 2412.2(\text{A/m})$$

$$U_3 = U_2 + 2H_2l_2 = 49171 + 2 \times 2412.2 \times 0.06(\text{AT}) = 49460(\text{AT})$$

（8）铁芯柱 4 处消耗的磁位降：

$$\Lambda_{14} = 29.079 \times 10^{-7} l_3 = 29.079 \times 10^{-7} \times 0.17(\text{H}) = 4.943 \times 10^{-7}(\text{H})$$

$$\Delta\Phi_3 = U_3\Lambda_{14} = 49460 \times 4.943 \times 10^{-7}(\text{Wb}) = 0.02445(\text{Wb})$$

$$\Phi_3 = \Phi_2 + \Delta\Phi_3 = 0.16382 + 0.02445(\text{Wb}) = 0.18827(\text{Wb})$$

$$B_3 = B_9 = \frac{\Phi_3}{S_3} = \frac{0.18827}{0.1078}(\text{T}) = 1.75(\text{T})$$

$$H_3 = H_9 = -18960.5 + 5202.9(B_3 \times 10) + 33.671(B_3 \times 10)^2 -$$
$$52.186(B_3 \times 10)^3 + 2.2064(B_3 \times 10)^4 = 9620.4(\text{A/m})$$

$$U_4 = U_3 + 2H_3l_3 - \frac{F}{2} = 49460 + 2 \times 9620.4 \times 0.17 - \frac{F}{2}$$

$$= 52730.9 - \frac{F}{2}$$

假定 $F = 66000$ 安匝时，

$$U_4 = 52730.9 - \frac{66000}{2}(\text{AT}) = 19730.9(\text{AT})$$

(9) 铁芯柱 5 处消耗的磁位降：

$$\Lambda_{15} = 29.079 \times 10^{-7}l_4 = 29.079 \times 10^{-7} \times 0.17(\text{H}) = 4.943 \times 10^{-7}(\text{H})$$

$$\Delta\Phi_4 = U_4\Lambda_{15} = 19730.9 \times 4.943 \times 10^{-7}(\text{Wb}) = 0.0095(\text{Wb})$$

$$\Phi_4 = \Phi_3 + \Delta\Phi_4 = 0.18827 + 0.00975(\text{Wb}) = 0.19802(\text{Wb})$$

$$B_4 = B_{10} = \frac{\Phi_4}{S_4} = \frac{0.19802}{0.1078}(\text{T}) = 1.84(\text{T})$$

$$H_4 = H_{10} = -18960.5 + 5202.9(B_4 \times 10) + 33.671(B_4 \times 10)^2 -$$
$$52.186(B_4 \times 10)^3 + 2.2064(B_4 \times 10)^4 = 15985.1(\text{A/m})$$

$$U_5' = U_4 + 2H_4l_4 - \frac{F}{2} = 19730.9 + 2 \times 15985.1 \times 0.17 - 33000(\text{AT}) = -7834.2(\text{AT})$$

$$\Lambda_{16} = 29.079 \times 10^{-7}l_5 = 29.079 \times 10^{-7} \times 0.02(\text{H}) = 0.582 \times 10^{-7}(\text{H})$$

$$\Delta\Phi_5 = U_5'\Lambda_{16} = 7834.2 \times 0.582 \times 10^{-7}(\text{Wb}) = 0.00046(\text{Wb})$$

$$\Phi_5 = \Phi_4 + \Delta\Phi_5 = 0.19802 + 0.00046(\text{Wb}) = 0.19848(\text{Wb})$$

$$B_5 = B_{11} = B_{20} = \frac{\Phi_5}{S_5} = \frac{0.19848}{0.1078}(\text{T}) = 1.84(\text{T})$$

$$H_5 = H_{11} = H_{20} = 15985.1(\text{A/m})$$

$$U_5 = H_5(2l_5 + l_{20}) + 2\frac{B_5}{\mu_0}l_{21} = 15985.1(2 \times 0.02 + 0.74) +$$

$$2\frac{1.84}{4\pi \times 10^{-7}} \times 0.00005(\text{AT}) = 12614.8(\text{AT})$$

$U_5' \ll U_5$，说明 F 值选择偏低，应重新假定 F 值。

再假定 $F = 70000$ 安匝，则：

$$U_4 = 52730.9 - \frac{70000}{2}(\text{AT}) = 17730.9(\text{AT})$$

铁芯柱 5 处消耗的磁位降

$$\Lambda_{15} = 4.943 \times 10^{-7}(\text{H})$$

$$\Delta\Phi_4 = U_4\Lambda_{15} = 17730.9 \times 4.943 \times 10^{-7}(\text{Wb}) = 0.00876(\text{Wb})$$

$$\Phi_4 = \Phi_3 + \Delta\Phi_4 = 0.18827 + 0.00876(\text{Wb}) = 0.19703(\text{Wb})$$

$$B_4 = B_{10} = \frac{\Phi_4}{S_4} = \frac{0.19703}{0.1078}(\text{T}) = 1.83(\text{T})$$

$$H_4 = H_{10} = -18960.5 + 5202.9(B_4 \times 10) + 33.671(B_4 \times 10)^2 - 52.186(B_4 \times 10)^3 +$$
$$2.2064(B_4 \times 10)^4 = 15157.7(\text{A/m})$$

$$U_5' = U_4 + 2H_4l_4 - \frac{F}{2} = 17730.9 + 2 \times 15157.7 \times 0.17 - \frac{70000}{2}(AT) = -12116(AT)$$

$$\Lambda_{16} = 29.079 \times 10^{-7}l_5 = 29.079 \times 10^{-7} \times 0.02(H) = 0.582 \times 10^{-7}(H)$$

$$\Delta\Phi_5 = U'_5\Lambda_{16} = 12116 \times 0.582 \times 10^{-7}(Wb) = 0.00071(Wb)$$

$$\Phi_5 = \Phi_4 + \Delta\Phi_5 = 0.19703 + 0.00071(Wb) = 0.19774(Wb)$$

$$B_5 = B_{11} = B_{20} = \frac{\Phi_5}{S_5} = \frac{0.19774}{0.1078}(T) = 1.83(T)$$

$$H_5 = H_{11} = H_{20} = 15157.7(A/m)$$

$$U_5 = H_5(2l_5 + l_{20}) + 2\frac{B_5}{\mu_0}l_{21} = 15157.7(2 \times 0.02 + 0.74) +$$

$$2\frac{1.83}{4\pi \times 10^{-7}} \times 0.00005(AT) = 11969(AT)$$

判断

$$\frac{\Delta F}{F} = \frac{F - \left[H_0l_0 + H_1l_1 + H_6(l_6 + l_7) + \sum_{i=2}^{5}(l_i + l_{i+6}) + H_5l_{20} + 2\frac{B_5}{\mu_0}l_{21}\right]}{F}$$

$$= \frac{70000 - 69854}{70000} = \frac{146}{70000} = 0.002 < \varepsilon$$

需要的磁势安匝数为：

$$IN = 2F = 2 \times 70000 = 140000(AT)$$

9.3.3 磁路磁势的经验计算法

从上述等效磁路计算可以看出，磁路计算的工作量主要是用在计算磁通和磁导上。采用经验计算法可简化上述计算过程，不过设计者需有较丰富的设计经验。

磁路的总磁势可表达为：

$$IN = (IN)_0 + (IN)_{Fe} + (IN)_f \tag{9-59}$$

式中 $(IN)_0$——消耗在选别空间工作隙的磁势；

$(IN)_{Fe}$——消耗在铁磁导体中的磁势；

$(IN)_f$——消耗在非工作隙的磁势。

据统计，通常 $(IN)_{Fe}$和 $(IN)_f$之和约为总磁势 IN 的15%~30%，即：

$$(IN)_{Fe} + (IN)_f = (15\% \sim 30\%)IN = \alpha IN$$

所以：

$$IN = \frac{(IN)_0}{1 - \alpha} \tag{9-60}$$

工作隙的磁势 $(IN)_0$等于其磁位降，即：

$$(IN)_0 = H_0l_0 \tag{9-61}$$

式中 H_0——工作隙的磁场强度；

l_0——工作隙的长度。

将式（9-61）代入式（9-60）得：

$$IN = \frac{H_0 l_0}{1 - \alpha} = r H_0 l_0 \tag{9-62}$$

式中 r——磁阻系数，$r = \frac{1}{1-a}$，通常 $r = 1.1 \sim 1.5$。下列因素会引起 r 值的增加：

（1）非工作隙的存在，特别是磁路中的铁导磁体的磁感值很高时，由于其磁导率 μ 值显著降低，会引起 r 值增加；

（2）磁路中的铁导磁体接合不好，也会引起 r 值的增加。

如果知道漏磁系数 f 值（总磁通和工作磁通之比），也可简化计算总磁势的过程。某些磁选设备的漏磁系数 f 值见图 9-12。

9.4 柱形和马鞍形线圈磁场强度的计算

9.4.1 圆柱形线圈磁场强度的计算

9.4.1.1 未铠装线圈的磁场强度的计算

磁选辅助设备中的电磁预磁器和实验室用的磁力天平都用未铠装的圆柱形线圈。它们的磁场特性以线圈轴线上磁场强度的大小和变化来表示。圆柱形线圈如图 9-18 所示。

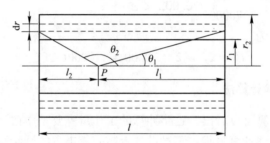

图 9-18 圆柱形线圈轴线上某点场强的计算用图

线圈轴线上某点 P 的磁场强度可用下式计算：

$$H_P = \int_{r_1}^{r_2} \mathrm{d}H = \int_{r_1}^{r_2} \frac{1}{2} nI (\cos\theta_1 - \cos\theta_2) \frac{\mathrm{d}r}{r_2 - r_1}$$

$$= \frac{1}{2} \frac{nI}{r_2 - r_1} \left(l_1 \ln \frac{r_2 + \sqrt{r_2^2 + l_1^2}}{r_1 + \sqrt{r_1^2 + l_1^2}} + l_2 \ln \frac{r_2 + \sqrt{r_2^2 + l_2^2}}{r_1 + \sqrt{r_1^2 + l_2^2}} \right) \tag{9-63}$$

式中 H_P——线圈轴线上某点的磁场强度，A/m；

  r_1，r_2——线圈的内、外径，m；

  l_1，l_2——线圈轴线上某点距线圈端面的距离，m；

  I——线圈导线的电流，A；

  n——轴向单位长度上的线圈匝数，T/m。

已知：

$$\frac{nI}{r_2 - r_1} = \frac{NI}{l(r_2 - r_1)} = \frac{NI}{(l_1 + l_2)(r_2 - r_1)} = Jf \tag{9-64}$$

式中 N——线圈的总匝数；

$\quad\quad J$——导线的电流密度，A/m^2；

$\quad\quad f$——线圈导线的填充系数，即线圈导线的总面积和线圈截面积之比，以小数表示，$f = 0.4 \sim 0.85$。

将式（9-64）代入式（9-63）得：

$$H_P = \frac{1}{2} Jf \left(l_1 \ln \frac{r_2 + \sqrt{r_2^2 + l_1^2}}{r_1 + \sqrt{r_1^2 + l_1^2}} + l_2 \ln \frac{r_2 + \sqrt{r_2^2 + l_2^2}}{r_1 + \sqrt{r_1^2 + l_2^2}} \right) \tag{9-65}$$

将上式进行约化，得：

$$H_P = \frac{1}{2} Jfr_1 \left(\beta_1 \ln \frac{\alpha + \sqrt{\alpha^2 + \beta_1^2}}{1 + \sqrt{1 + \beta_1^2}} + \beta_2 \ln \frac{\alpha + \sqrt{\alpha^2 + \beta_2^2}}{1 + \sqrt{1 + \beta_2^2}} \right) \tag{9-66}$$

式中，$a = \dfrac{r_2}{r_1}$、$\beta_1 = \dfrac{l_1}{r_1}$、$\beta_2 = \dfrac{l_2}{r_1}$ 分别是线圈的约化半径和约化长度（即以半径 r_1 为长度单位）。

线圈轴线的 P 点在轴线中心处（$\beta_1 = \beta_2$）时，P 点的磁场强度为：

$$H_P = Jfr_1\beta_1 \ln \frac{\alpha^2 + \sqrt{\alpha^2 + \beta_1^2}}{1 + \sqrt{1 + \beta_1^2}} = Jfr_1\beta_2 \ln \frac{\alpha + \sqrt{\alpha^2 + \beta_2^2}}{1 + \sqrt{1 + \beta_2^2}} \tag{9-67}$$

令

$$f(\alpha, \beta_1) = \beta_1 \ln \frac{\alpha + \sqrt{\alpha^2 + \beta_1^2}}{1 + \sqrt{1 + \beta_1^2}} \tag{9-68}$$

则上式可写成：

$$H_P = Jfr_1 f(\alpha, \beta_1) \tag{9-69}$$

式中，$f(\alpha, \beta_1)$ 在有关磁场设计的图书中可以查阅到。

线圈轴线上的 P 点在线圈端面$\left(\beta_1 = 0, \ \beta_2 = \beta = \dfrac{l}{r_1} \text{或} \beta_2 = 0, \ \beta_1 = \beta \right)$时，$P$ 点的磁场强度为：

$$H_P = \frac{1}{2} Jfr_1\beta \ln \frac{\alpha + \sqrt{\alpha^2 + \beta^2}}{1 + \sqrt{1 + \beta^2}} \tag{9-70}$$

线圈轴线上的 P 点在线圈外轴线上时，P 点的磁场强度可按以下方法计算（见图9-19）。

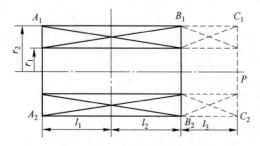

图9-19 P 点在线圈外轴线上时场强的计算图

设 $A_1B_1B_2A_2$ 为实际线圈，$A_1C_1C_2A_2$ 为计算 P 点的磁场强度而引入的虚构线圈（该线圈的内、外径和导线的电流密度以及线圈导线的充填系数均和实际线圈的相同)。

令 $l_1 = l_2$，$\beta_3 = \dfrac{l_3}{r_1}$。

从图9-19看出，所求的 P 点处的磁场强度等于长度为 $l_1+l_2+l_3$ 的线圈在 P 点产生的磁场强度减去长度为 l_3 的线圈在 P 点产生的磁场强度，即：

$$H_P = \frac{1}{2}Jfr_1\left[(2\beta_1 + \beta_3)\ln\frac{\alpha + \sqrt{\alpha^2 + (2\beta_1 + \beta_3)^2}}{1 + \sqrt{1 + (2\beta_1 + \beta_3)^2}} - \beta_3\ln\frac{\alpha + \sqrt{\alpha^2 + \beta_3^2}}{1 + \sqrt{1 + \beta_3^2}}\right] \quad (9\text{-}71)$$

9.4.1.2　铠装线圈的磁场强度的计算

间断工作的高梯度磁分离装置的线圈即为铠装的线圈。铠装后，线圈内部的磁场均匀，此时磁场强度可用下式计算：

$$H_P = nI \quad\quad\quad\quad\quad\quad (9\text{-}72)$$

铠装和未铠装的线圈轴线中心 P 点磁场强度的比值为：

$$K = \frac{nI}{Jfr_1 f(\alpha,\beta_1)} = \frac{nI}{\dfrac{nI}{r_2 - r_1}r_1 f(\alpha,\beta_1)} = \frac{\alpha - 1}{f(\alpha,\beta_1)}$$

$$(9\text{-}73)$$

当 $\alpha = 3$（未铠装圆柱形线圈的适宜尺寸 $\alpha = 3$，$\beta_1 = 2$）时，$K = f(\beta_1)$ 曲线如图9-20所示。

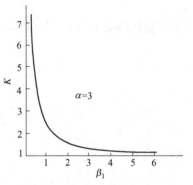

从图9-20看出，随着 $\beta_1\left(\beta_1 = \dfrac{l_1}{r_1}\right)$ 的增加，即随着线圈长度的增加，铁铠的作用逐渐变小。在 $\beta_1 = 2$ 时，$K \approx 1.4$，而在 $\beta_1 > 2$ 时，$K < 1.4$。

图9-20　线圈铠装和未铠装时的
场强的比值 K

9.4.2　矩形线圈的磁场强度的计算

用积木式方法计算线圈内的磁场强度。先将矩形线圈划分成四个直线段（见图9-21(a)），每段都是断面为矩形的柱体。然后再将这些柱体细分成许多小柱体，而每个小柱体都可看成为一根载电流的直导线（见图9-21(b)）。利用毕奥-萨伐尔定律先求出每根载流直导线在 O 点处的磁场强度，然后将这些磁场强度叠加再算出该点的总磁场强度。

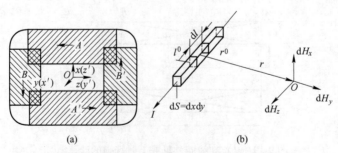

(a)　　　　　　　　　(b)

图9-21　矩形线圈内的磁场强度计算用图
(a) 矩形线圈分解图；(b) 电流元产生的磁场强度

电流元 Idl 在 O 点产生的磁场强度为：

$$d\boldsymbol{H} = \frac{1}{4\pi} \frac{Id\boldsymbol{l} \times \boldsymbol{r}^0}{r^2}$$

$$= \frac{I}{4\pi r^3} \begin{vmatrix} \boldsymbol{i} & \boldsymbol{j} & \boldsymbol{k} \\ dl_x & dl_y & dl_z \\ x & y & z \end{vmatrix} = \frac{I}{4\pi (x^2 + y^2 + z^2)^{3/2}} \begin{vmatrix} \boldsymbol{i} & \boldsymbol{j} & \boldsymbol{k} \\ dl_x & dl_y & dl_z \\ x & y & z \end{vmatrix} \tag{9-74}$$

式中　Idl——电流元，$Idl = I(dl_x\boldsymbol{i} + dl_y\boldsymbol{j} + dl_z\boldsymbol{k})$（$\boldsymbol{i}$，$\boldsymbol{j}$，$\boldsymbol{k}$ 为沿 x，y，z 坐标轴上的单位矢量）；

　　　　$\boldsymbol{r}^0$——r 方向上的单位矢量。

（1）柱体 A 在轴向中心 O 产生的磁场强度。

假定通过柱体 A（或 A'）的电流元 Idl 和 z 轴平行，此时：

$$dl_z = dz, \ dl_x = dl_y = 0$$

$$I = I_z = J_z dxdyf, \ I_x = I_y = 0$$

式中　J_z——沿 z 轴方向导线的电流密度，A/m^2；

　　　　f——导线的充填系数。

式（9-74）可改写成：

$$d\boldsymbol{H} = \frac{1}{4\pi} J_z f \frac{x\boldsymbol{j} - y\boldsymbol{i}}{(x^2 + y^2 + z^2)^{3/2}} dxdydz \tag{9-75}$$

或

$$dH_x = -\frac{1}{4\pi} J_z f \frac{y}{(x^2 + y^2 + z^2)^{3/2}} dxdydz$$

和

$$dH_y = \frac{1}{4\pi} J_z f \frac{x}{(x^2 + y^2 + z^2)^{3/2}} dxdydz \tag{9-76}$$

每一完整的柱体 A 在 O 点产生的磁场强度分量为：

$$H_z = 0$$

$$H_x = \int_{z_1}^{z_2}\int_{x_1}^{x_2}\int_{y_1}^{y_2} dH_x = -\frac{1}{4\pi} J_z f \int_{z_1}^{z_2}\int_{x_1}^{x_2}\int_{y_1}^{y_2} \frac{y}{(x^2 + y^2 + z^2)^{3/2}} dydxdz$$

$$H_y = \int_{z_1}^{z_2}\int_{y_1}^{y_2}\int_{x_1}^{x_2} dH_y = \frac{1}{4\pi} J_z f \int_{z_1}^{z_2}\int_{y_1}^{y_2}\int_{x_1}^{x_2} \frac{x}{(x^2 + y^2 + z^2)^{3/2}} dxdydz \tag{9-77}$$

采用共原点法可简化上式计算。所谓共原点法就是将一个载流柱体在 O 点产生的磁场强度用几个在原点有公共边的载流柱体在 O 点产生的磁场强度的代数和来代替。图 9-22 是计算断面为 $ABCD$ 的载流柱体在 O 点产生的磁场强度的示意图。

将断面为 $ABCD$ 的柱体分成断面相等的两部分：$ABFE$ 和 $EFCD$。先求出柱体 $ABFE$（或 $EFCD$）在 O 点产生的磁场强度，然后乘以 2 即是。

计算柱体 $ABFE$（或 $EFCD$）在 O 点产生的磁场强

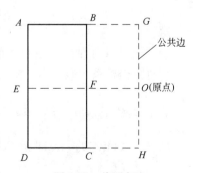

图 9-22　共原点法

度可这样进行，即：

矩形面积：$S_{(ABFE)} = S_{(AGOE)} - S_{(BGOF)}$

欲求柱体 ABFE 在 O 点产生的磁场强度分量，只计算柱体 AGOE 和 BGOF 在 O 点产生的磁场强度分量并进行叠加即可。此时，式（9-77）的积分下限可改为 0，即：

$$H_z = 0$$

$$H_x = -\frac{1}{4\pi} J_z f \int_0^z \int_0^x \int_0^y \frac{y}{(x^2 + y^2 + z^2)^{3/2}} \mathrm{d}y\mathrm{d}x\mathrm{d}z$$

$$H_y = \frac{1}{4\pi} J_z f \int_0^z \int_0^y \int_0^x \frac{x}{(x^2 + y^2 + z^2)^{3/2}} \mathrm{d}x\mathrm{d}y\mathrm{d}z \tag{9-78}$$

式中，H_x、H_y 是载流柱体长度之半（$0 \to z$）在 O 点产生的磁场强度，而整个柱体长度（$-z \to 0 \to z$）在 O 点产生的磁场强度还需再乘以 2。

式（9-78）的积分得：

$$H_x = -\frac{1}{4\pi} J_z f \left[z\left(\operatorname{arsinh} \frac{x}{z} - \operatorname{arsinh} \frac{x}{\sqrt{y^2 + z^2}} \right) + x\left(\operatorname{arsinh} \frac{x}{z} - \operatorname{arsinh} \frac{z}{\sqrt{x^2 + y^2}} \right) + \right.$$

$$\left. y \arctan \frac{xz}{y\sqrt{x^2 + y^2 + z^2}} \right] ;$$

$$H_y = \frac{1}{4\pi} J_z f \left[z\left(\operatorname{arsinh} \frac{y}{z} - \operatorname{arsinh} \frac{y}{\sqrt{x^2 + z^2}} \right) + y\left(\operatorname{arsinh} \frac{z}{y} - \operatorname{arsinh} \frac{z}{\sqrt{x^2 + y^2}} \right) + \right.$$

$$\left. x \arctan \frac{yz}{x\sqrt{x^2 + y^2 + z^2}} \right] \tag{9-79}$$

上式中的反双曲线正弦函数可由表查出。反正切用弧度表示。只要知道柱体 A 的长、宽、高和 O 点的位置，就可用式（9-79）计算出 H_x 和 H_y 值。

（2）柱体 B 在轴向中心 O 产生的磁场强度。

使通过柱体 B 的电流和 z 轴平行，以便再利用式（9-79），而将 xyz 坐标系按逆时针方向转 90° 成为一新坐标系 $x'y'z'$，再按前述同样的方法求柱体 B 在轴向中心 O 产生的磁场强度 $H_{x'}$ 和 $H_{y'}$。

【例 9-2】　有一矩形线圈（见图 9-23），线圈用方形空心铜管（16 mm × 16 mm × 4.5 mm）绕制，充填系数 $f = 0.64$，电流密度 $J_z = 430$ A/cm^2。求线圈轴向中心的磁场强度。

解：

（1）柱体 A 在轴向中心 O 产生的磁场强度。

在直角坐标系中假定通过柱体 A（或 A'）的电流和 z 轴平行，此时：

$$H_z = 0, \ H_y \neq 0, \ H_x = 0$$

只求线圈中轴线中点处的 H_y。

取柱体 A 和 A' 的 $\frac{1}{4}$，即 ABCD，它的面积为：

$$S_{(ABCD)} = S_{(ABEO)} - S_{(DCEO)}$$

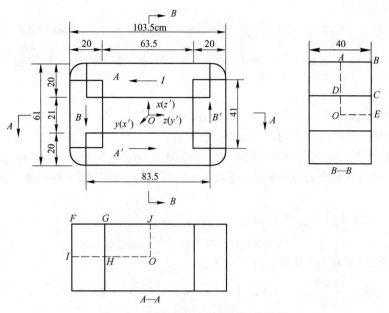

图 9-23　矩形线圈内场强的计算用图

断面积为 *ABEO* 和 *DCEO* 的柱体尺寸为：

$$x_{(AO)} = 20 + \frac{21}{2}(\text{cm}) = 30.5(\text{cm}), \quad y_{(OE)} = \frac{40}{2}(\text{cm}) = 20(\text{cm}),$$

$$z = \frac{20 + 63.5}{2}(\text{cm}) = 41.7(\text{cm})$$

和　　　$x_{(DO)} = \frac{21}{2}(\text{cm}) = 10.5(\text{cm}), \quad y_{(OE)} = 20(\text{cm}), \quad z = 41.7(\text{cm})$

将这些值代入式（9-79），得：

$$H_{y(ABEO)} = \frac{1}{4\pi} \times 430 \times 10^4 \times 0.64 \left[0.417 \left(\text{arsinh} \frac{0.20}{0.417} - \text{arsinh} \frac{0.20}{\sqrt{0.305^2 + 0.417^2}} \right) + \right.$$

$$0.20 \left(\text{arsinh} \frac{0.417}{0.20} - \text{arsinh} \frac{0.417}{\sqrt{0.305^2 + 0.20^2}} \right) +$$

$$\left. 0.305 \arctan \frac{0.20 \times 0.417}{0.305\sqrt{0.305^2 + 0.20^2 + 0.417^2}} \right] (\text{A/m})$$

$$= 60400(\text{A/m})$$

同理，有：

$$H_{y(DCEO)} = \frac{1}{4\pi} \times 430 \times 10^4 \times 0.64 \left[0.417 \left(\text{arsinh} \frac{0.20}{0.417} - \text{arsinh} \frac{0.20}{\sqrt{0.105^2 + 0.417^2}} \right) + \right.$$

$$0.20 \left(\text{arsinh} \frac{0.417}{0.20} - \text{arsinh} \frac{0.417}{\sqrt{0.105^2 + 0.20^2}} \right) +$$

$$\left. 0.105 \arctan \frac{0.20 \times 0.417}{0.105\sqrt{0.105^2 + 0.20^2 + 0.417^2}} \right] (\text{A/m}) = 28800(\text{A/m})$$

由上可求出：

$$H_{y(ABCD)} = H_{y(ABEO)} - H_{y(DCEO)} = 60400 - 28800(\text{A/m}) = 31600(\text{A/m})$$

$H_{y(ABCD)}$ 是柱体 A 和 A' 的 $\frac{1}{4}$ 在 O 点产生的磁场强度，整个柱体 A 和 A' 在 O 点产生的磁场强度应是：

$$H_y = H_{y(A)} + H_{y(A')} = 2 \times 2 \times 2H_{y(ABCD)} = 8 \times 31600(\text{A/m}) = 252800(\text{A/m})$$

（2）柱体 B 在 O 点产生的磁场强度。

使通过柱体 B 的电流仍能和 z 轴平行，以便再利用式（9-79），而将 xyz 坐标系按逆时针方向转 90° 成为一新坐标系 $x'y'z'$，再按前述同样的方法求柱体 B 在线圈内轴线中点的磁场强度 $H_{x'}$。

取柱体 B 和 B' 的 1/4，即 $FGHI$，它的面积为：

$$S_{(FGHI)} = S_{(FJOI)} - S_{(GJOH)}$$

断面积为 $FJOI$ 和 $GJOH$ 的柱体尺寸为：

$$x'_{(JO)} = \frac{40}{2}(\text{cm}) = 20(\text{cm}), \quad y'_{(IO)} = \frac{103.5}{2}(\text{cm}) = 51.7(\text{cm}),$$

$$z' = \frac{20 + 21}{2}(\text{cm}) = 20.5(\text{cm})$$

和　　　　　$x'_{(JO)} = 20(\text{cm}), \quad y'_{(HO)} = \frac{63.5}{2} = 31.7(\text{cm}), \quad z' = 20.5(\text{cm})$

将这些值代入式（9-79）得：

$$H_{x'(FJOI)} = \frac{1}{4\pi} \times 430 \times 10^4 \times 0.64 \left[0.205 \left(\text{arsinh}\frac{0.20}{0.205} - \text{arsinh}\frac{0.20}{\sqrt{0.517^2 + 0.205^2}} \right) + \right.$$

$$0.20 \left(\text{arsinh}\frac{0.20}{0.205} - \text{arsinh}\frac{0.205}{\sqrt{0.20^2 + 0.517^2}} \right) +$$

$$\left. 0.517 \arctan\frac{0.20 \times 0.205}{0.517\sqrt{0.20^2 + 0.517^2 + 0.205^2}} \right] (\text{A/m}) = 62080(\text{A/m})$$

同理，有：

$$H_{x'(GJOH)} = \frac{1}{4\pi} \times 430 \times 10^4 \times 0.64 \left[0.205 \left(\text{arsinh}\frac{0.20}{0.205} - \text{arsinh}\frac{0.20}{\sqrt{0.317^2 + 0.205^2}} \right) + \right.$$

$$0.20 \left[\text{arsinh}\frac{0.20}{0.205} - \text{arsinh}\frac{0.205}{\sqrt{0.20^2 + 0.317^2}} \right] +$$

$$\left. 0.317 \arctan\frac{0.20 \times 0.205}{0.317\sqrt{0.20^2 + 0.317^2 + 0.205^2}} \right] (\text{A/m}) = 52640(\text{A/m})$$

由上可求出：

$$H_{x'(FGHI)} = H_{x'(FJOI)} - H_{x'(GJOH)} = 62080 - 52640(\text{A/m}) = 9440(\text{A/m})$$

整个柱体 B 和 B' 在 O 点产生的磁场强度应是

$$H_{x'} = H_{x'(B)} + H_{x'(B')} = 8 \times 9440(\text{A/m}) = 75520(\text{A/m})$$

线圈内轴向 O 点的总磁场强度为

$$H = H_y + H_{x'} = 252800 + 75520(\text{A/m}) = 328320(\text{A/m})$$

9.4.3 马鞍形线圈磁场强度的计算

马鞍形线圈用在连续工作的高梯度磁选机的磁体上。这种线圈内磁场强度的计算方法和矩形线圈的相同。计算时可将马鞍形线圈划分成几个部分（见图9-24）。图9-24（a）是线圈左端部，右端部和左端部完全相同。图9-24（b）是中间部分。将 A，A'，B，B' 和 C 等各段柱体在 O 点产生的磁场强度分别求出再迭加即为整个线圈在 O 点产生的磁场强度。如果只计算 y 方向的磁场强度 H_y，端部 B 和 B' 段可以不计算，因为这两段对 H_y 没有贡献。

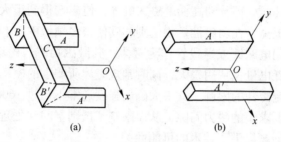

图 9-24　马鞍形线圈示意图

（a）左端部；（b）中间部分

10 超 导 磁 选

超导磁选是将超导技术应用到磁选领域而发展起来的一种新的磁分离方法。

为解决弱磁性矿物选别的问题，世界各国设计和研制了各种强磁选机，如琼斯型磁选机、高梯度磁选机、Slon 立环脉动高梯度磁选机等，使磁选得到很大的发展，其技术、经济效益也得到很大的提高，在弱磁性矿物选别和其他很多领域中占有重要地位。但由于目前强磁选机大都是采用电磁铁或螺线管作为磁体，其激磁功率与磁场强度的平方成正比，因此强磁选机运转时耗电量及费用很大，同时常规磁体所产生的磁场强度受到铁芯磁饱和以及线圈发热而需强制冷却的限制，其最大磁场强度通常不超过 1600 kA/m（2 T）。为保证达到最大场强，则要求小的磁力间隙，从而限制了选别空间和处理量。超导技术为突破上述强磁选机存在的问题提供了技术的可能性。

自 1961 年第一个超导磁体诞生以来，它已被广泛应用在许多领域，超导磁分离的应用就是其中之一。工业型超导磁选机已研制成功，并获得了实际应用，如用于处理高岭土、碳酸钙、滑石、煤与废水的除杂净化。

实践证明，超导磁选机和一般强磁选机相比已显示其优越性：易于在很大的分选空间获得很高的磁场强度（4000 kA/m 以上），体积小、重量轻，大大提高了单位机重的处理能力；稳定性好，选矿费用低等，为细粒弱磁性贫矿的选矿（如赤铁矿、褐铁矿和菱铁矿的选矿）开辟了新的前景。随着新的超导材料的研制成功和制冷技术的进展，超导电技术在磁选中的应用必将逐步得到推广，并将引起磁选的巨大变革。

10.1 超导电的基本理论

10.1.1 超导电性的基本概念

某些物质在极低的温度（如零点几开至几十开）下，电阻突然消失，这种现象称为超导电性。具有超导电性的材料称为超导体。现在已发现锡、铅等几十种金属元素、许多合金和化合物只要温度降到低于某个临界数值就会出现超导电性，这个临界数值称为该材料的临界温度（以 T_c 表示）。在临界温度以下，材料处于超导电状态，简称超导态；温度升到临界温度以上，超导电性不复存在，材料恢复正常导电状态，简称正常态。

处于临界温度以下的超导体，当外加磁场高于某一临界值时，超导体便从超导态转变为正常态。这个使超导体从超导态转变为正常态的磁场称临界磁场。

早在 1911 年荷兰物理学家卡默林·翁纳斯（H. K. Onnes）在测量低温下水银的电阻率时就发现超导电性的存在，但直到 1957 年人们才搞清楚超导电性的本质。后来超导电性在技术上的应用得到迅速发展。在高能物理、天体物理、国防、交通等许多领域得到应用并显示了很大的优越性。

10.1.2 超导体的基本性质

理想导电性和完全逆磁性是超导体的两个基本特性。

10.1.2.1 理想导电性（或零电阻性）

翁纳斯在测量低温下的水银电阻率时发现，当温度降到 4.2 K 附近时，水银的电阻"消失"了。人们把电阻的消失称为理想导电性或零电阻性。根据超导重力仪的观测表明，超导体即使有电阻，其电阻率也小于 10^{-23} $\Omega \cdot m$，而纯铜在 4.2 K 时的剩余电阻率为 10^{-7} $\Omega \cdot m$，即超导体的剩余电阻率为纯铜剩余电阻率的百万亿分之一。显然，可以认为超导体的电阻为零。

在常温下，电阻率 ρ 与温度 $t(\text{℃})$ 之间的关系可用下式表示：

$$\rho = \rho_0 + \alpha t \tag{10-1}$$

式中　ρ——常温下的电阻率，$\Omega \cdot m$；

ρ_0——0 ℃时的电阻率，$\Omega \cdot m$；

α——电阻率的温度系数（常数）；

t——温度，℃。

在低温下，电阻率 ρ 与绝对温度 T 之间的关系可用公式（10-2）表示：

$$\rho = \rho_0 + AT^5 \tag{10-2}$$

式中　ρ——低温下电阻率，$\Omega \cdot m$；

ρ_0——0 ℃时的电阻率，$\Omega \cdot m$；

T——绝对温度（$T=t+273.15$），K；

A——与材料有关的常数。

由公式可知，在常温下，导体的电阻随着温度的升高而增大，因为温度越高，晶格的热振动就越剧烈，从而增加了对价电子运动的阻碍，即电阻加大。当温度超过绝对温标的零点（$T=0$）时，热振动消失，AT^5 项为零，常数项 ρ_0 与晶格热振动无关，主要决定于晶格缺陷和杂质，即 $T=0$ 时，ρ_0 也不消失，此时的电阻率称为剩余电阻率。剩余电阻率通常极小，当电阻率小于 10^{-21} $\Omega \cdot m$ 时就可以认为"电阻消失"了。

在电阻为零的导体组成的回路中激励起电流后，由于没有电能消耗，电流可以保持不变，永不衰减，这种在超导体上所感生的持续电流称为持久电流。

10.1.2.2 完全逆磁性（又称迈斯纳效应）

完全逆磁性是超导体的另一重要特性。所谓完全逆磁性就是当给处于超导态的某一物质加一磁场时，磁力线无法穿透样品，而保持超导体内的磁通为零。这一特性是荷兰物理学家迈斯纳（Meissner）和奥森菲尔德（Ocenfeld）在 1933 年首先发现的，所以又称迈斯纳效应。完全逆磁性可用图 10-1 来描绘。用超导材料做成一个球，使它进入超导态，加上磁场（见图 10-1（a）），由于电磁感应，球中激励起沿球面流动的电流（见图 10-1（b）的虚线），按照电磁感应的楞次定律，感生电流的磁感应线（见图 10-1（b）的实线）应当跟外加磁场方向相反。这就是说，球具有逆磁性，球面纬圈的电流因而又称为逆磁电流。把图 10-1（a）的外加磁场和图 10-1（b）的逆磁电流的磁场叠加在一起得到总的磁场面貌如图 10-1（c）所示。在球内逆磁电流的磁场跟外磁场恰好互相抵消，因此这种逆磁性是完全的。换句话说，理想导电球所起的作用是把磁感应线完全排斥到球外去，因此说理想导电球具有完全逆磁性。由于逆磁电流使磁感应线不能进入球内，起一个屏蔽磁场的作用，所以又可把逆磁电流称为屏蔽电流。

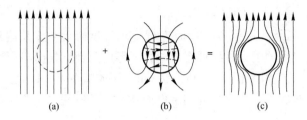

图 10-1　完全逆磁性描绘图

物质在磁场中被磁化，其磁化程度可用单位体积的磁矩即磁化强度 M 表示。磁化强度 M、磁感应强度 B 和磁化场强度 H_0 的关系为：

$$B = \mu_0(M + H_0) \tag{10-3}$$

物质在超导态时，磁感应线被完全排出，超导体内磁感应强度为零，因此，超导态的完全逆磁性可用下式表示：

$$B = 0 \tag{10-4}$$

此时，式（10-3）可改写为：

$$M = - H_0 \tag{10-5}$$

显然，磁化场越强，屏蔽越困难。当磁化场强度超过某个临界数值，逆磁性不再存在，理想导电性随之被破坏，超导态转入正常态。

10.1.2.3　临界参数

超导体只有在某种特定条件下才能从正常态突然变为超导态。这些特定条件即是超导体的临界参数。超导体的这一特性称为临界特性。

超导体的临界参数主要有临界温度 T_c、临界磁场 H_c 和临界电流 I_c。

A　临界温度

超导体温度只有低于某一定值 T_c 时，才由正常态转变为超导态。一旦温度高于 T_c，超导态又回到正常态。这一定值温度称为超导体的临界温度 T_c（以 K 为单位）。

各种超导材料有其各自的临界温度 T_c。例如在超导元素中，临界温度最高的是铌（Nb），其临界温度 $T_c = 9.2$ K，锝（Tc）次之，其临界温度 $T_c = 8.22$ K。一般超导金属元素的临界温度只有几开（K）。目前广泛使用并已有商品生产的铌（Nb）-钛（Ti）合金的临界温度为 18.2 K，钒三镓（V_3Ga）的临界温度为 16.8 K。1973 年做出的铌三锗（Nb_3Ge）的临界温度最高，其 $T_c = 22.3$ K。

显然，超导材料临界温度越高，其使用价值就越大，对工程技术的进步就更具有重大的意义。因此，提高临界温度的研究是超导理论研究的重要内容。

B　临界磁场

处于超导态的超导体，当磁化场超过某一定值 H_c 时，超导态被破坏而转为正常态。这一定值磁场称为超导体的临界磁场 H_c。

$$H_c = H_0 \left[1 - (T/T_c)^2 \right] \tag{10-6}$$

式中 H_0——某物质达到绝对零度时的临界场强。

H_c 与 T_c 关系曲线近似于图 10-2 所示的抛物线形状。一些主要的金属超导元素的 H_c-T 曲线如图 10-3 所示。

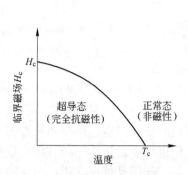

图 10-2 临界磁场和温度的关系图

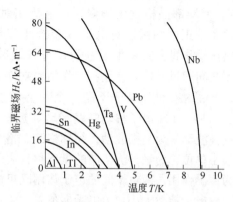

图 10-3 几种超导金属元素的 H_c-T 曲线

C 临界电流

不仅是外磁场可以使超导电性被破坏，而且当超导体样品通过某一定值电流 I_c 时，由于产生的表面磁场达到了临界磁场 H_c，也能使超导电性被破坏，电流值 I_c 称为临界电流。这就是西尔斯比法则。

综上所述，超导态存在是有条件的，只有在 $T<T_c$，$H_0<H_c$，$I<I_c$ 时，超导体才进入超导态，即在 H_0、T、I 的三维空间中，由 H_c、T_c、I_c 所围成的三元曲面代表从正常态向超导态转变的临界态，曲面内是超导态，曲面外是正常态（见图 10-4）。

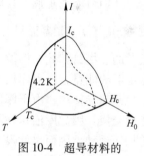

图 10-4 超导材料的
T_c、H_c 和 I_c

10.1.3 超导电性的物理本质——BCS 理论

自从 1911 年翁纳斯发现超导电现象以来，其物理本质很久没有得到满意的解释。经过长期的探讨，直到 1957 年才由三个美国物理学家巴丁（Bardeen）、库伯（Cooper）、施里弗（Schrieffer）用量子理论成功地阐明了物理学上这个长期的疑难问题——超导电现象。这个理论简称为 BCS 理论，其要点如下：

（1）物体在正常态时，所有电子都做杂乱运动，而在超导态时，一部分电子仍然做杂乱运动（这部分电子称为正常电子），另一部分电子退出了杂乱运动而处于较为有序的状态（这部分电子称为超导电子）。从杂乱到有序，能量有所降低即超导电子处于某种凝聚状态。

（2）超导电子就是两两组成库伯对的那些电子，在温度为零（K）时，所有电子都组成库伯对，都是超导电子，而在温度不为零（>0 K）时，晶格的热振动可能把一些库伯对拆散，使它们成为正常电子。温度越高，库伯对越少，正常电子越多。到临界温度 T_c 时所有库伯对全部拆散即全部电子都变为正常电子。

（3）由此可见，导致超导电性的作用应是电子之间的吸引力。但电子都是带负电的，其间的库仑力应是排斥力，那么，这个吸引力是什么？由同位素效应可知超导电性的作用是通过晶格互相吸引，如图 10-5 所示，电子 A 在晶格中运动时，吸引带正电的离子（即晶格正离子），例如带正电的正离子 1、2、3、4 受到运动着的电子 A 的吸引而移动到 1′、2′、3′、4′，使局部晶格发生形变，正电荷相对集中而呈现带正电。这个带正电的区域对电子 B 就产生了吸引作用。这样，以晶格振动作媒介就发生了电子 A 与 B 之间的交互作用。这个电子之间通过晶格间接地相互作用通常称为声子作用。

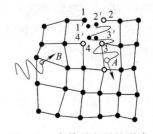

图 10-5　库伯对电子的形成

　　（4）晶格里的正离子不是一个一个孤立的，而是互相联系的，当某一个正离子移动必然牵动邻近正离子的移动，如此类推，以波的形式传播开来，这种波动称为晶格波动，简称格波。格波的能量不能连续改变，只能跳变，而其跳变有个最小单位称为量子。格波的量子称为声子。因此又把电子之间通过晶格间接地相互作用称为声子作用。两电子间的声子作用既可能是吸引作用也可能是排斥作用。吸引或排斥决定于两电子能量大小。两电子能量差大于声子能量，声子作用是排斥作用；两电子能量差小于声子能量，则声子作用是吸引作用。两电子能量差越小，吸引作用就越强。在费米能级附近，大于或等于声子能量范围内的那些能级上的电子通过声子作用而相互吸引。

　　（5）如果这个吸引的声子作用胜过排斥的库仑力作用，则两电子间的净作用力是吸引力，两电子就会互相围绕着运动，束缚在一起。这种束缚在一起，互相围绕着运动的一对电子称为库伯（Cooper）对。

　　库伯对的能量低于自由电子的能量，这个能量差值对应于凝聚能（超导体的凝聚能密度 $=\frac{1}{2}\mu_0 H_c^2$），凝聚能只有 10^{-7} eV（eV 为电子伏特）数量级，可见，库伯对的束缚是相当松散的。尽管如此，拆散一个库伯对仍然要供给一定的能量。到临界温度 T_c 时，电子得到足够的能量，所以库伯对全部被拆开，超导态被破坏而转变为正常态。

　　在超导体中，由于库伯对的形成以及它的总动量为零，库伯对与晶格之间实际上没有能量交换，因此库伯对就不会破坏晶格振动而散射，电流的流动不会发生变化，没有电荷的加速运动，因而也就没有电阻。这就是产生超导电性的本质和原因。

　　1962 年，约瑟夫逊（Josephson）效应的发现充分证明了 BCS 理论的正确性。

10.2　超 导 材 料

　　自 1911 年发现超导电性以来，人们一直想用超导体无功率损耗的特点来获得强磁场。在一个相当长的时间内，实用超导材料未能找到，致使超导电未能在技术部门得到应用。直到 20 世纪 60 年代，发现了铌-锆（Nb-Zr）合金，铌-钛（Nb-Ti）合金和铌三锡（Nb_3Sn）化合物等超导材料，并发展了制备这些材料的工艺之后，才使超导技术得到飞跃的发展并逐渐成为一门专门的新技术。显而易见，实用超导材料的研制和生产，是发展超导技术的重要基础。

　　目前已发现几十种超导金属元素，几千种超导合金和化合物。

10.2.1　超导元素

　　超导元素在周期表中是相当普遍的，如表 10-1 所示。在表中凡给出中文名字的是已知超导元素，数字是它的临界温度 T_c。

表 10-1 元素周期表

I_A	II_A	III_B	IV_B	V_B	VI_B	VII_B	VIII			I_B	II_B	III_A	IV_A	V_A	VI_A	VII_A	0
H																	He
Li	Be 铍 薄膜											B	C	N	O	F	Ne
Na	Mg											Al 铝 1.196	Si 硅 加压	P 磷 加压	S	Cl	Ar
K	Ca	Sc	Ti 钛 0.39	V 钒 5.3	Cr	Mn	Fe	Co	Ni	Cu	Zn 锌 0.87	Ga 镓 1.09	Ge 锗 加压	As 砷 加压	Se 硒 加压	Br	Kr
Rb	Sr	Y 钇 加压	Zr 锆 0.55	Nb 铌 9.2	Mo 钼 0.92	Tc 锝 8.22	Ru 钌 0.49	Rh 铑 外推	Pd	Ag	Cd 镉 0.56	In 铟 3.40	Sn 锡 3.72	Sb 锑 加压	Te 碲 加压	I	Xe
Cs 铯 加压	Ba 钡 加压	La 系	Hf 铪 0.37	Ta 钽 4.48	W 钨 0.012	Re 铼 1.7	Os 锇 0.65	Ir 铱 0.14	Pt	Au	Hg 汞 4.15	Tl 铊 2.39	Pb 铅 7.19	Bi 铋 加压	Po	At	Rn
Fr	Ra	Ac	Th 钍 1.37	Pa 镤 1.4	U 铀 加压	Np	Pu	Am	Cm	Bk	Cf	Es	Fm	Md	No	Lr	
La 系		La 镧 4.8	Ce 铈 加压	Pr	Nd	Pm	Sm	Eu	Gd	Tb	Dy	Ho	Er	Tm	Yb	Lu	

由表 10-1 可以看到，铁、钴、镍等强磁性金属和铜、银、金等金属良导体都不是超导元素，而一些导电性差的金属如铌、锆、钛等却是超导元素。在超导元素中以铌（Nb）的临界温度最高（9.2 K）。有些元素如铍（Be）做成薄膜，有些元素如硅（Si）、磷（P）、锑（Sb）、碲（Te）等加压后也可以变成超导元素。超导元素形成的合金多半也是超导体。

10.2.2 超导材料

10.2.2.1 对强磁场超导磁体材料的基本要求和分类

作为强磁场超导磁体材料必须满足下列要求：高的超导转变温度、高的临界磁场以及在强磁场下临界电流密度要高（一般要求在所设计的磁场条件下，超导线的临界电流密度至少要高于 $1 \times 10^4 \ A/cm^2$ 才具有实用价值），而且超导临界特性稳定性好，制作工艺简单可靠，成本低。

超导材料基本可分为两类：超导合金和超导化合物。铌-钛合金和超导化合物铌三锡（Nb_3Sn），钒三镓（V_3Ga）目前已被广泛使用。某些超导材料的临界参数的典型数值列于表 10-2 中。以铌-锆-钛（Nb-Zr-Ti）和铌-钛-钽（Nb-Ti-Ta）三元合金为代表的三元合金材料正在研究。

由于超导化合物材料比铌钛合金材料加工困难，价格昂贵，因此一般只用在产生特别高的场强（8~9 T）的磁体。

10.2.2.2 超导材料的种类和性能

目前已可生产多种牌号的超导材料，以满足制作各种高强度超导磁体的需要。图10-6 示出某些超导材料在短样品条件下的 $J_c\text{-}H$ 特性曲线。

表 10-2　某些超导体临界参数的典型数值

材料名称	临界磁场 H_c （在 4.2 K 时）/T	临界温度 T_c/K	临界电流密度 J_c （在 4.2 K，5 T 时）/A·cm^{-2}
铌-锆（Nb-Zr）	7~9	9~10	0.7×10^5
铌-钛（Nb-Ti）	9~12	8~10	1.5×10^5
V_3Ga	>22	14.5	4×10^5（在 3 T 时）
NbN	>21	17~19	
V_3Si	23.5	17.0	
Nb_3Sn	22.5	18.3	
$Nb_{3.76}(Al_{0.76}Ge_{0.27})$	41	20.7	

　　高强度超导磁体超导合金材料包括二元合金材料（Nb-Ti、Nb-Zr）和三元合金材料（Nb-Zr-Ti、Nb-Ti-Ta）两种。属于韧性材料，延展性好，可以用和难熔金属合金相似的方法加工成超导线或超导带。Nb-Ti 合金应用最广泛，它的承载电流密度为 10^4 A/cm^2（铜的承载电流密度为 $10^2 \sim 10^3$ A/cm^2），绕制的超导线圈可以产生约 10 T 的磁场。由于其临界磁场比 Nb-Zr 合金高，而且稳定性好，成本低，因此 Nb-Ti 合金逐渐代替了最先发展起来的 Nb-Zr 超导合金材料。在 Nb-Zr 合金基础上发展起来的 Nb-40Zr-10Ti 三元合金，在 6 T 以下比 Nb-Zr、Nb-Ti 的临界电

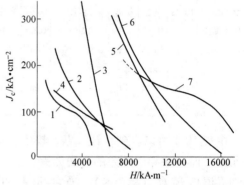

图 10-6　各种材料短样品的 J_c-H 特性曲线

1—Nb-Zr(Supercon A25)；2—Nb-Ti(Supercon T48B)；
3—Nb-Zr-Ti；4—Nb-Ti-(V)(SW25)；
5—Nb_3Sn(RCA)；6—Nb_3Sn(GE)；7—V_3Ga

流密度高很多，并已用来制造磁流体发电机的大型磁体。在 Nb-Ti 合金基础上发展起来的 Nb-Ti-Ta 三元合金的临界磁场可以比 Nb-Ti 合金进一步提高，而且临界电流也较高。

　　这类超导合金材料有线材和带材两种。线材又分单股、多股两种。为了提高和稳定材料的性能，现在使用的 Nb-Ti 等合金材料很少是单根导线形式，而常常将许多股超导线或带和良导体（如铜等）一起做成复合导体。Nb-Ti 合金超导材料我国已能生产。

　　金属化合物超导材料主要有 Nb_3Sn、V_3Ga 等金属化合物。Nb_3Sn 性能比 Nb-Ti 合金更好，承载的电流密度为 $(1~5) \times 10^6$ A/cm^2。但这类材料性硬且脆，无法采用合金的加工方法成材。通常采用两种办法来解决性脆的问题。其一是采用适当的方法使化合物在适当的基带（或细线）表面上形成，如表面扩散法、气相沉积法、等离子体喷涂法和反应性溅射法都属此类。其二是将由元素制成的导体绕成线圈，而后进行热处理生成化合物，如粉末芯线烧结法、多股线电缆热扩散法等。Nb_3Sn 超导材料我国也已能生产。

　　到目前为止，所有的超导磁体材料，尽管它有许多独特的性能，但都必须在很低的温度（一般在 4.2 K）下工作，这就限制了它的应用范围。因此，如何提高超导磁体的临界温度，特别是能在液氮温度，甚至是在室温下工作，则是一个十分重要的研究课题。金属

态的氢也是一种可能的高温超导体。有人正在企图通过超高压或在磁场下高速压缩等途径来制取金属氢，这一研究工作也是十分有意义的。如果室温超导体研制成功，势必会引起电工学上一次重大革命。

10.3 低温的获得和保持

1908 年最后一个惰性气体氦（He）被液化，获得了 4.2 K（-269 ℃）的极低温。三年后又发现某些物质冷却到这样低的温度时，电阻突然消失了，这就是前面已论述的超导电性。由此可见，低温是实现超导电的前提。

实用超导电材料的研制成功和制冷技术的发展是超导技术得以应用的必要条件。目前，在超导技术的应用中，必须有一套低温设备来获得和保持极低温。

物理学上的低温大致是指液态空气温度（81 K 即 -192 ℃）以下，绝对零度（-273 ℃）是低温的极限。根据热力学第三定律，绝对零度是不可能达到的，即不可能使一个物体冷到 0 K。目前，已经得到的最低温度为 3×10^{-7} K，并继续向绝对零度靠近。

10.3.1 气体液化的基本原理

为了获得低温，首先是液化气体。空气、氢气和氦气被液化后，可分别获得 -192 ℃，-253 ℃ 和 -269 ℃ 的低温（在一个标准大气压下）。

冷却、液化的基础是热力学第一定律和第二定律，常用的方法有两种：焦耳-汤姆逊效应（Joule-Thomson）和气体对外作功。

焦耳-汤姆逊效应是非理想气体节流膨胀时的冷却效应，即当高压气体突然地通过节流阀（一个小孔或具有几个小孔的塞子）时，其压力降低，便成为低温气体。要使气体通过节流阀后温度降低，必须先使气体的温度冷却到某一温度以下，否则温度反而会增加，这一温度称为转换温度。每种气体都有它自己特有的转换温度。在 15 MPa（150 个大气压）时，氢气和氦气的转换温度分别为 190 K 和 40 K。空气和其他气体的转换温度均高于室温，因此，液化空气不需要其他预冷剂，液化氢气时要用液态空气做预冷剂，液化氦气时要用液态氢气做预冷剂。所以，用焦耳-汤姆逊效应方法获得液氦时，实验室首先要有液态空气和液态氢气。

气体对外作功的制冷方法，通过机械功（如通过活塞的运动，透平的转动等作功）将气体的能量带走，从而使温度下降。

10.3.2 基本的液化制冷循环方式

气体的液化、制冷有各种方式，最基本的方式有下述三种。

10.3.2.1 焦耳-汤姆逊单膨胀式制冷方法

用它来液化空气，是一种最简单的液化、制冷方式。图 10-7 是这种制冷方法的流程简图，图 10-8 为其温-熵（*T-S*）图。两个图的序号是一致的，互相对应着。

图 10-7 表示空气液化的流程，在氦场合下，对应于点 1、2 的温度，通常在 20 K 以下。

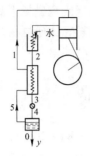

图 10-7　焦耳-汤姆逊单
膨胀式制冷循环

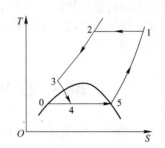

图 10-8　焦耳-汤姆逊单膨胀式
制冷循环的 T-S 图

10.3.2.2　级联式制冷方法

由于氦的转换温度在 40 K 附近，要通过焦耳-汤姆逊膨胀进行氦的液化，应先用某种方法将氦预冷到 40 K 以下。一般是用液氢进行预冷氦气，根据同样的理由，也要用液氮先预冷氢，再经过焦耳-汤姆逊膨胀将氢气液化为液氢。因此，这种液化氦的方式可以看成是氮、氢、氦三种焦耳-汤姆逊单膨胀式制冷方法的组合，故称级联式制冷法。图 10-9 就是气体级联式制冷法的流程图。

1908 年最早液化氦气时，就是采用这种方法。

10.3.2.3　膨胀机式制冷方法

它是一种通过压缩气体作机械功的制冷方式。现在氦的液化大多是采用这种方法。它是用热交换器和膨胀机来冷却气体。这种方法又分为两种，即迈斯纳型和柯林斯型。迈斯纳型是将通过液氮的蒸发冷却过的氦气再用一台膨胀机使其进一步冷却。而柯林斯型是以两台膨胀机不用液氮就能液化氦。在大型的氦液化器中，可以用高

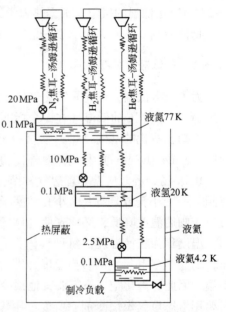

图 10-9　级联式制冷法流程

速旋转的透平膨胀机代替往复式膨胀机来实现装置的小型化。得到了液氦后，通过降低蒸汽压的方法可以使它的温度进一步降低，即用一个真空泵，将液氦容器里的氦气不断地抽走，使液氦的温度不断降低，用这种方法可将液氦的温度从 4.2 K 降到 0.8 K。

在现代，液氦制冷的低温技术仍是低温领域中重要的手段。在这几十年里，低温技术在不断取得新进展。利用稀释制冷现象做成的稀释制冷机，达到了 0.005 K 左右的低温，最低可达 0.002 K。还有一种降温方法称为热去磁法，即在绝热条件下，减小外加磁场会导致顺磁性物质温度降低；也可以对原子核进行绝热去磁，还可以采用把液体 ^{3}He 绝热压缩为固体 ^{3}He 的方法。用这些手段一般可得到 0.001 K 左右的低温。

10.3.3　液态气体的保存

得到了液态气体要妥善保存，否则就会很快蒸发掉。保存的方法是将它置于玻璃或金

属制的杜瓦瓶里。玻璃杜瓦瓶和普通的热水瓶相似，是一个双层的玻璃容器，夹层的内壁上镀了一层银膜，夹层中的空气被抽走，变成真空。这个真空夹层不传热，阻止了瓶内外的热量交换。另外，银层不太吸热，它能将辐射来的热能反射回去。这种杜瓦瓶用来保存液氦仍然不太有效。为了保存好液氦，需要特制的杜瓦瓶，它使用了高级绝缘材料，具有许多真空夹层，同时在外面还用液氮进行热屏蔽。由于玻璃杜瓦瓶容易损坏，也不能做得很大，故近年来，金属杜瓦瓶得到了广泛应用。它的形状完全不像一个瓶子，所以又称为杜瓦容器。今后可能用和金属同样强度的，甚至强度更高的高分子材料来制造。高分子材料一般在低温下热导率很小，而且很轻，热容量小。它随着极低温黏结剂的发展，密封问题若能解决，就可能取代金属。

10.4　超导磁选机及其应用

自 1970 年班尼斯特（Bannister）超导磁选机在美国取得第一个专利和英国的科恩（Cohen）及古德（Good）发表了他们的第一代超导磁选机（MK-1 型四极头超导磁选机）的论文之后，近几十年来已研制出各种不同类型的超导磁选机。其中联邦德国的柯·舒纳特（K. Schěnert）等人设计的超导螺线管堆磁选机，英国科恩和古德研制的 MK-2 型、MK-3 型和 MK-4 型超导磁选机以及科兰（Collan）等人研制的 MASU-3 型超导磁选机已应用于各种矿物分选的实验室试验或半工业试验。我国对超导磁选机也做了大量的研究工作，目前已研制出有超导螺线管磁滤装置和超导磁流体分离仪等。

和常规磁选机一样，超导磁选机也必须建立高度的非均匀磁场，以满足分选细粒弱磁性矿物的需要。超导磁选机和常规磁选机的最主要区别是以超导磁体代替了普通电磁铁或螺线管，因此形成了其独有的特点：

（1）磁场强度高是超导磁选机最主要的特点。迄今，超导磁选机的磁场强度可达到6 T 乃至十几特斯拉，而常规磁选机的磁场强度一般只能达到 2 T。

（2）能量消耗低是超导磁选机的第二个显著特点。超导磁体只需很小的功率就可以获得很强的磁场。唯一的能耗是系统中保持超导温度所需的能量。

此外，超导磁选机还具有重量轻、体积小、处理量大等优点，因而超导磁选机在技术上是一种先进的磁选设备。但由于目前超导材料稀贵，加之还需要附属的制冷设备和绝热设备，因而设备费用昂贵。

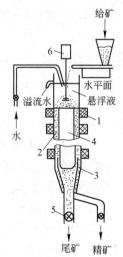

图 10-10　螺线管堆超导磁选机
1—超导线圈；2—分选区；
3—分隔板；4—分选区限制器；
5—阀门；6—搅拌器

10.4.1　螺线管堆超导磁选机

螺线管堆超导磁选机是连续操作的，它由数个螺线管组成，无充填介质，其结构示意图如图 10-10 所示。

该机由 10 个短而厚的螺线管组成，它们沿轴向排列，线圈彼此间有一定的间隔，间距等于其长度。激磁电流的方向要使线圈磁场的极性相反，线圈产生一个径向对称的不均匀磁场和方向向外的径向磁力。磁力在线圈附近最强，在轴线处降为零。电流密度为 30000 A/cm^2，产生的磁场强度为 1200～2000 kA/m（1.5～2.5 T）。环状分选器的直径为 110 mm，长为 700 mm。

入选的物料通过磁选机轴向流入一个具有环状横断面的空心圆柱状容器（分选器），磁化率较高的颗粒在容器壁附近富集。在容器的末端，矿浆被一分流板分成两部分，靠外部的为精矿、靠里面的为尾矿。

该机曾用于菱铁矿和石英混合物料的分选试验。分选物料粒度-0.2+0.1 mm，回收率 87%～97%，处理量 650～3000 kg/h。试验表明，影响分选效果的主要因素有给料中磁性矿物的含量、颗粒的粒度和分布、悬浮体的浓度及平均流速、分流器横断面积比等。

该机存在的主要问题是在分选区的外壁有磁性矿粒沉积，影响分选效果。可采用振动分选槽的方法来消除。

初步试验表明，这种磁选机是可行的。通过计算线圈螺线管堆中的磁力所得出的比磁力至少可达到工业上最新的强磁选机的数值。但它具有较大的分选空间，增大了处理能力。磁选机线圈是采用 Nb-Ti 合金超导线绕制的，如采用 Nb_3Sn 超导材料，将能产生高出四倍的磁力，更适用于处理磁性更弱的物料。美国已有这种类型的实验室用磁选机的商品生产。

10.4.2　科恩-古德超导磁选机

科恩-古德超导磁选机已发展到 MK-4 型。MK-1 型超导磁选机是 1969 年前后研制成功的，该设备是一种原型试验装置，其目的是测定超导磁体和低温系统的生命力和实际应用的可能性。1978 年到 1984 年先后研制成功了 MK-2 型、MK-3 型和 MK-4 型超导磁选机，并对多种物料进行选别试验，取得了良好的效果。

10.4.2.1　MK-1 型超导磁选机

A　结构

该机结构外形如图 10-11 所示。它主要由磁体和内、外分选管构成。磁体密封在低温容器中。

磁体由四个超导线圈组成，以圆柱对称形装配（见图 10-12）。线圈用铜基 61 股单丝，直径 0.6 mm 的铌-钛复合线绕制，每个线圈的匝数为 1850，绕制后压制成形，为了约束导线间的巨大磁力，整个磁体用玻璃丝加固，并用环氧树脂在

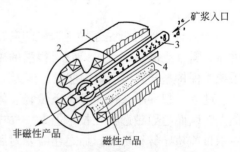

图 10-11　MK-1 型超导磁选机外形
1—磁体；2—超导线圈；3—内管；4—外管

真空中浸渍以得到高机械强度和通电良好的刚体结构。磁体高 300 mm，内径 140 mm，外径 195 mm。由于四极头磁体的环形排列，形成了圆柱状的对称磁场，圆柱体轴线上的场强为零。磁力方向从磁体轴心向外散射，从低温容器外部向内集中（见图 10-12（b））。磁体线圈通 70A 电流时，磁场强度达 1.8～2.0 T，磁场梯度为 35 T/m。

低温容器主要由内、外杜瓦瓶、液氮槽、液氦槽等部分组成（见图 10-13）。其作用是

将超导磁体冷却到临界温度以下，保证超导态不被破坏。超导线圈浸在 4.2 K 的液氦中。磁体和低温容器外壁之间的狭窄空间要有良好的热绝缘。液氮（77 K）制冷容器放在低温容器上部，保证外面热量不进入液氦槽中。气化的氦气和氮气可分别从上面的排气口排出。

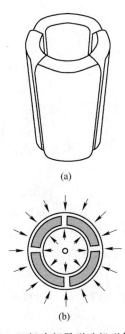

图 10-12　四极头超导磁选机磁体示意图
(a) 四极头线圈简要几何图形；(b) 横断面图

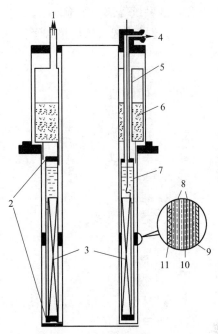

图 10-13　磁体结构剖面图

1—液氮进出口；2—支撑隔板；3—超导磁体；
4—液氦进出口；5—电流引入线；6—液氦；
7—液氮；8—铝化塑料薄膜做的超级绝热材料；
9—低温容器外壁；10—80 K 的热屏蔽板；11—液氮储槽壁

分选管由内、外分选管组成。内分选管管壁开了许多小孔，便于磁性矿粒在磁力作用下通过小孔进入外分选管。外分选管的作用是运输磁性产物。

B　分选过程

首先使磁体冷却到临界温度以下，然后给超导线圈接通可调的直流电，正常运行后，线圈用超导环路闭合开关构成回路，切断电源，电流在回路中持续流动，产生所需的磁场。之后将矿浆给入分选管，磁性矿粒在磁力作用下通过内分选管壁上的孔进入外分选管，被水流带到磁场外面，成为精矿。非磁性矿粒从内分选管末端排出，成为尾矿。

C　应用

用该机曾进行过铬铁矿、钨锰铁矿和赤铁矿的选别试验。对铬铁矿和石英的混合试样进行分离试验时，当给矿中铬铁矿含量为 25% 时，可获得 98.6% 的铬精矿，回收率86.2%。

该设备对于 30 μm 以上的磁性颗粒回收效果较好，对于回收更细的磁性颗粒，需在更高的场强中进行。

10.4.2.2　MK-3型超导磁选机

A　结构

MK-3型超导磁选机主要由装在不锈钢容器里面的磁体、分选管道、矿浆泵、制冷装置和电源控制系统等部分组成。

MK-3型超导磁选机的规格如下：

磁体

 直径   356.5 mm

 有效长度   135 mm

 处理能力   5~25 t/h

 磁场强度   0~3 T

 磁场梯度   0~0.8 T/mm

制冷系统

 高度   1010 mm

 直径（上部）   383 mm

   （下部）   365.5 mm

 重量   60 kg

压缩机部分

 尺寸   900 mm×1000 mm×1100 mm

 重量   250 kg

 能耗（包括控制系统）   10 kV·A

控制部分   PS120R电能供应在线圈中产生120 A电流，外加电子仪器以控制温度和自动控制系统

磁体由两个大小相等、极性相反的超导线圈组成，如图10-14所示。两个同样尺寸大小的螺线管线圈处在同一个垂直轴上，线圈间距为70~80 mm。由于两个超导线圈以不同方向缠绕，这就使两个线圈相邻端的极性相同，产生的磁力线在两个线圈间的空隙中以散射状被迫挤出，磁力线向圆柱状容器密集。磁场场强可达3~3.5 T，磁场梯度可达80 T/m。超导线是多股细丝铌-钛合金缠绕在铜质基体上，铜质基体先用玻璃纤维绝缘，线圈层间用细玻璃丝、环氧树脂作夹层，然后用

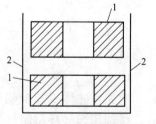

图10-14　超导线圈
1—超导线圈；2—不锈钢容器

Mylar超级网缠绕再放入不锈钢的真空容器内部达到最大的热绝缘。当通入很小的初始电流后，电流在超导线圈中产生永恒电流（关闭电流），其作用相当于永磁体。

制冷机紧密地与磁体容器装配在一起，置于磁体容器之上。冷却分为三个阶段：第一阶段由室温到60 K；第二阶段由60 K到15 K；第三阶段由15 K到4.2 K。蒸发的氦气可以返回到制冷机循环再用。每两三个星期从一个10 m³的氦气瓶中向磁体容器补充一些氦气，每瓶氦可用10~12个月。

分选管道分为干式和湿式两种。

湿式分选管道围绕在磁体容器周围（见图10-15）。分选管截面有方形、圆形、梯形、菱形等形状，其直径大小与磁场强度无关，断面尺寸根据处理量大小确定。例如当处理赤铁矿时，分选管可以选用 1613 mm^2、3226 mm^2 和 6452 mm^2，其处理能力每小时分别为 5 t、20 t 和 100 t。干式分选管道是围绕磁体容器环形裙式给矿在低的空气拖力下选别。可以垂直给矿，也可以根据处理的矿石和密度不同而以切向方向给矿。

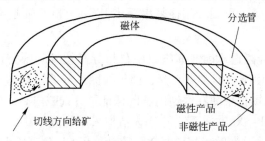

图 10-15　分选管道和磁体配置图

B　分选过程

湿式分选时，矿浆从切线方向给入管道，在离心力作用下，形成了横向二次循环矿浆流。靠近矿浆底部的摩擦力和黏着力较大，则在管道上部的矿浆向管道的外壁流动，下部的矿浆被上部向外流动的矿浆挤压而向内流动，这种横向二次循环流在管道中以切线方向前进，产生强烈搅拌，使颗粒反复地靠近管道内壁，磁性颗粒受强大的磁力吸引，这样靠内壁就堆积了一层磁性物料，在矿浆流的推动下，沿管道内壁排出，成为磁性产品，非磁性物料沿管道外壁排出，成为非磁性产品。

MK-3 型超导磁选机有以下特点：

（1）磁场强度高，外磁场可达 3 T，且大小可调。

（2）能耗小，据统计该机能耗为其他常规磁选机的 1/3～1/10。而且液氦消耗仅为其他超导磁选机的千分之一，大大降低了选矿成本。

（3）处理物料粒度范围宽（给矿粒度 3～0 mm），矿浆浓度高达 30%～35%，处理能力大（最大可达 100 t/h）。

（4）体积小，质量仅 0.7～1.0 t。

（5）该装置可作为预选设备，也可作为粗选和精选设备，既可用于干选也可用于湿选。

C　应用

MK-3 型超导磁选机用来分选赤铁矿、铬铁矿、黑钨矿、磷灰石效果良好。湿式分选赤铁矿时，当给矿含铁品位 39% 时，经选别可获得品位 62.2% 的铁精矿，尾矿品位为 11.1%，铁回收率为 79.6%。干式分选磷灰石矿石时，处理粒度为 -2+0.045 mm，当原矿品位为 14.9% 时，得到精矿品位为 52.3%，回收率为 86.3%。用来脱除煤中的硫时，可将硫由 4.0% 降到 0.37%。

10.4.3　国产 JKS-F-600 系列超导磁选机

相对而言，国内在超导磁选机的探索与研制方面较晚，20 世纪 80 年代起国内才开始研制实验室型的超导磁选机，受制于当时技术、经济及矿产资源应用领域的限制，超导磁选机在研制和推广应用上进展比较缓慢。近十多年来随着超导材料和冷却技术的进步，超导磁选机因其高效、低耗等优势备受关注，国产超导磁选机的研制与应用取得了重大进展。江苏旌凯中科超导高技术有限公司研制的超导磁选机有往复单列罐和双列罐超导周期式磁选机、转环式超导周期式磁选机等多种类型与规格的超导磁选机。目前所生产的往复串罐式超导磁选机在矿产资源分选领域已经应用三十余台，已成功用于高岭土、长石、伊利石等非金属矿除杂提纯。下面介绍往复串罐式 JKS-F-600 系列超导磁选机。

10.4.3.1　结构

JKS-F-600 系列超导磁选机由江苏旌凯中科超导高技术有限公司研制开发，工作原理如图 10-16 所示，主要由制冷器、真空套、超导线圈、分选罐和超导磁体电源等组成，超导线圈被铁铠包围，磁场被束缚在铁铠内，既保证了分选腔内高的磁场强度也避免磁场外泄对人员的危害。JKS-F-600 磁选系统的分选结构采用往复串罐式，以保证工作时给料与排料的连续性，分为两个分选腔，高梯度介质采用钢毛（处理高岭土时），其结构如图 10-17 所示。该磁选设备的技术特点是液零挥发，在正常工作中不消耗液氦，磁腔内液氦受热变成气氦挥发遇到磁体上端冷头后温度降低重新变回液氦，形成循环；磁场强度高，可达 4~6 T；口径大，旌凯公司的 JKS-F-600 超导磁选机是国内目前口径最大的工业化低温超导磁选设备；全自动化，该套磁选系统采用先进的自动化应用系统，进入自动模式后可实现无人监控操作，遇到故障则会自动停机，发出报警。

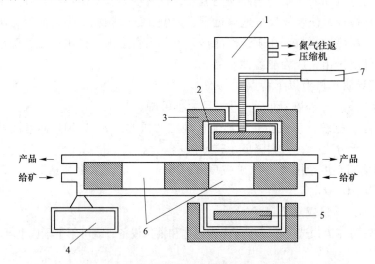

图 10-16　往复串罐式超导磁选机工作原理图

1—制冷器；2—真空套；3—铁铠；4—直线传动器；5—超导线圈；6—分选罐（往复列罐）；7—超导磁体电源

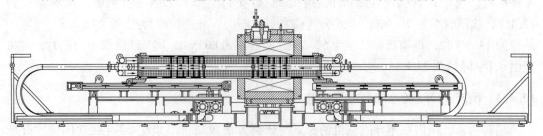

图 10-17　JKS-F-600 超导磁选机结构简图

JKS-F-600 超导磁选机的工作参数如表 10-3 所示。

表 10-3　JKS-F-600 超导磁选机的工作参数

处 理 能 力	30~40 m/h，矿浆浓度 15%~20%
耗 水 量	50~60 m/h，可循环重复使用
磁选系统耗电量	约 15 kW/h
原矿处理成本	小于 30 元/t（不含设备折旧）

10.4.3.2　分选过程

工作过程如下：如图 10-18 所示，原矿给入有效磁场区域内的分选腔，原矿中的铁、钛等磁性杂质由于磁力作用被钢毛捕获，无磁性的物料流出腔体；当钢毛吸附量接近饱和时，停止给矿并给清水，进行清洗，清洗结束后，腔体移出磁体，在无磁场条件下冲洗钢毛吸附的物料；一个分选腔给料以及进行磁场内清洗时，另一个分选腔进行磁场外冲洗，通过管道阀门自动切换实现设备的连续运行。

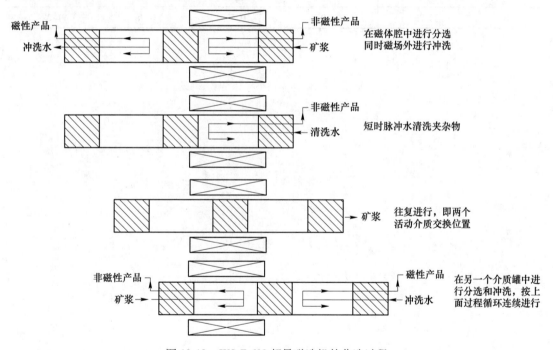

图 10-18　JKS-F-600 超导磁选机的分选过程

10.4.3.3　应用

JKS-F-600 超导磁选机研制成功后，首先在中国高岭土有限公司进行工业化试生产，试生产过程中进行两班倒连续运行 4 个月后，设备运行稳定，产品质量和产率均达到生产企业高度认可，随后该超导磁选机在茂名、佛山、漳州、龙岩等高岭土矿除杂增白上得到广泛应用。JKS-F-600 超导磁选机在中国高岭土公司现场连续生产指标如表 10-4 所示（原矿中 Fe_2O_3 的质量分数为 1.71%，TiO_2 的质量分数为 0.44%）。另外，该超导磁选机在锂矿浮选产生尾矿中锂矿物再次回收与富集、生产氧化铝除杂等行业也得到了进一步应用，生产指标稳定，发挥了常导磁选机无法比拟的优势。

表 10-4　中国高岭土有限公司某高岭土的工业化连续生产指标

编号	精矿中 Fe_2O_3、TiO_2 含量/%		尾矿中 Fe_2O_3、TiO_2 含量/%		精矿产率/%
	Fe_2O_3	TiO_2	Fe_2O_3	TiO_2	
1	0.74	0.16	8.58	0.94	87.12
2	0.79	0.25	11.69	1.15	93.55
3	0.77	0.23	11.71	0.92	89.40
4	0.85	0.29	11.31	1.10	86.19
5	0.74	0.25	10.61	1.04	85.13
6	0.81	0.22	10.84	1.18	89.37
7	0.77	0.24	9.85	0.96	90.53
8	0.74	0.23	10.72	1.06	83.76
9	0.85	0.26	11.02	1.02	88.86
10	0.79	0.20	10.53	0.98	91.22

11 磁流体分选

磁流体分选（MHS）是 20 世纪 60 年代发展起来的一种新的选矿方法。20 世纪 60 年代，苏联、美国、英国、民主德国、联邦德国、意大利和日本等国进行了磁流体分选理论、设备和工艺的研究，取得了实验室的初步成果。以后，各国开始研究其工业应用问题。在苏联，磁流体静力分选已在一些生产部门的实验室和矿物学实验室中应用，而磁流体动力分选已进行了工业性试验。我国从 20 世纪 70 年代开始研究磁流体分选，首先将其应用于地质部门矿物密度的考察，并研制出供分离单矿物用的磁流体静力分选仪。以后由分离单矿物研究进入选矿工业和其他工业应用方面的研究，并取得了较大的进展。但对于磁流体动力分选尚研究得很少。

11.1　磁流体动力分选（MHDS）法

某些流体在磁场或磁场与电场的联合作用下能够磁化，呈现出似加重现象，它对位于其中的颗粒产生磁浮力作用。这些流体称为磁流体。似加重后的磁流体仍然具有流体原来的物理性质（如密度、流动性、黏滞性等）。似加重后的密度称为视在密度。它可以高于流体原密度（真密度）的数倍。流体真密度一般为 1400~1600 kg/m³ 左右，而似加重后的流体视在密度可高达 19000 kg/m³。因此，磁流体分选可以分选密度范围较广的物料。

磁流体动力分选是在磁场（均匀或不均匀磁场）与电场的联合作用下，以强电解质溶液为分选介质，根据矿物之间密度、比磁化率和电导率的差异而使不同矿物分离的一种选矿方法。

放在磁场与电场的联合场中的溶液内产生的单位体积力为：

$$F' = F'_{电磁} + F'_{磁} + F'_{电} \tag{11-1}$$

式中　$F'_{电磁}$——在通有电流的、放入磁场中的电解质溶液产生的洛伦兹力；

　　　$F'_{磁}$——在放入非均匀磁场中的有很高磁化率的液体产生的磁力；

　　　$F'_{电}$——在放入非均匀电场中的有高介电常数的液体产生的电力。

在适当选择力 F' 的方向时，上面所研究的液体呈现似加重（或减轻）现象，这在作用于浸入液体中的颗粒的浮力改变上表现出来。液体的视在密度可以在 0~10000 kg/m³ 范围内随意调节。如果浸入在液体中的颗粒具有一定的电导率、磁化率或介电常数，则作用在颗粒上的力除重力和浮力外还有相应的洛伦兹力、磁力或电力，这些力和机械力一起决定颗粒的行为。这样，可以按密度、电导率、磁化率和介电常数以及按这些性质的不同的组合来分离矿物颗粒。

磁流体动力分选的研究历史较长，技术亦较成熟。它的优点是分选介质为导电的电解质，来源广，价格便宜，黏度较低；分选设备简单；处理量较大，处理 −6+0.5 mm 的物料时，处理量可达 50 t/h，最大可达 100~600 t/h。它的缺点是分选介质的视在密度较小；分选精度较低，只适用于对回收率要求不高的矿石的粗选。

11.2　磁流体静力分选（MHSS）法

这里介绍磁流体静力分选法的基本原理、磁流体的制备、分选装置和设备以及影响分选效果的主要因素。

11.2.1　磁流体静力分选法的基本原理

磁流体静力分选以顺磁性液体和铁磁性胶体（水基液或有机溶剂液）悬浮液为分选介质。这些分选介质在重力场、离心力场和磁场的作用下不产生凝聚和沉淀等现象。

磁流体静力分选和重液分选具有相似之处，都是浮沉分离固体颗粒，不过，前者除了有重力场作用外，还有磁场作用，而后者只有重力场作用。

设有一矿粒进入装有顺磁性液体的非均匀磁场中（如楔形磁极或双曲线形磁极，见图 11-1）沿垂直方向（z 轴方向）作用在单位体积矿粒上的力有：

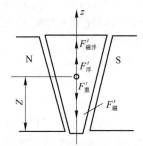

（1）垂直向下的重力 $F'_{重}=\rho g$；

（2）垂直向上的液体的浮力 $F'_{浮}=\rho' g$；

（3）垂直向下的磁力 $F'_{磁}=\mu_0\kappa_0 H\mathrm{grad}H$；

（4）垂直向上的磁浮力 $F'_{磁浮}=\mu_0\kappa'_0 H\mathrm{grad}H$。

其合力为：

图 11-1　矿粒沿垂直方向的受力分析

$$
\begin{aligned}
F' &= (F'_{磁}+F'_{重})-(F'_{磁浮}+F'_{浮}) \\
&= \mu_0\kappa_0 H\mathrm{grad}H+\rho g-\mu_0\kappa'_0 H\mathrm{grad}H-\rho'g \qquad\text{（11-2）} \\
&= \mu_0(\kappa_0-\kappa'_0)H\mathrm{grad}H-(\rho'-\rho)g
\end{aligned}
$$

式中　ρ，ρ'——矿粒、液体的密度，kg/m^3；

　　　κ_0，κ'_0——矿粒、液体的体积磁化率；

　　　H——矿粒浮升高度处的背景磁场强度，A/m；

　　　$\mathrm{grad}H$——矿粒浮升高度处的磁场梯度，A/m^2。

式（11-2）中 $\rho'g+\mu_0\kappa'_0 H\mathrm{grad}H$ 值决定液体的浮力和磁浮力，显然，$\rho'+\mu_0\kappa'_0 H\mathrm{grad}H/g$ 值也决定液体的浮力和磁浮力。此值称为液体的视在密度。$\mu_0\kappa'_0 H\mathrm{grad}H/g$ 是液体因受磁力作用而产生的附加密度，它在一个较大范围内是可调的，可通过改变背景磁场强度和磁场梯度来调节。

令 $\Delta\rho=\rho'-\rho$，$\Delta\kappa_0=\kappa_0-\kappa'_0$，则式（11-2）可写成：

$$
F' = \mu_0\Delta\kappa_0 H\mathrm{grad}H - \Delta\rho g \qquad\text{（11-3）}
$$

当 $F'>0$ 时，矿粒下沉；$F'<0$ 时，矿粒上浮；$F'=0$ 时，矿粒将处于浮沉的临界状态，此时：

$$
\frac{\Delta\rho g}{\mu_0\Delta\kappa_0} = H\mathrm{grad}H \qquad\text{（11-4）}
$$

对于密度和磁化率都确定的顺磁性液体和某种矿粒来说，$\Delta\rho$ 和 $\Delta\kappa_0$ 都是定值，因此 $\Delta\rho g/\mu_0\Delta\kappa_0$ 也是定值。这时矿粒在磁性液体中的悬浮高度主要取决于背景磁场力 $H\mathrm{grad}H$

值。可根据式（11-4）计算矿粒悬浮的临界背景磁场力值。当磁极形状、间隙和磁势一定时，一定密度和磁化率的矿粒只在相应的高度上悬浮。这样，不同密度和磁化率的矿粒将在不同高度上悬浮。也就是说，矿粒在磁性液体中分层悬浮。可用机械方法将它们分离。矿粒之间的分层悬浮高度差越大，分离的精度和效果就越好。

一般说来，磁流体静力分选只能用来分选非磁性矿物，但有时也可用来分选某些弱磁性矿物。由式（11-4）可得：

$$\frac{(\rho - \rho')g}{\mu_0 H \mathrm{grad} H} = \kappa_0' - \kappa_0 \tag{11-5}$$

因此，当弱磁性矿物的磁化率 κ_0 小于磁性液体的磁化率 κ_0'，其差值又满足式(11-5)时，该矿物也可在磁性液体中悬浮而同其他矿物分离。

矿粒不仅在垂直方向受力的作用并产生浮沉运动，而且在两个互相垂直的水平方向（x，y 轴方向）也受力的作用（见图11-2）。

在 x 轴方向（平行于分选槽的排矿方向），矿粒受力由分选槽中心指向磁极的边缘。这是由于沿磁极的同一高度处的 $dH/dx \neq 0$，且磁极边缘处磁场力高而引起的。矿粒在 x 方向的运动有利于分选，因为它有助于使在垂直方向上分层的产品顺利地自动排出去。

在 y 轴方向（垂直于分选槽的排矿方向），矿粒受力方向随磁极形状不同而异。在楔形磁极分选槽中，矿粒受力由槽中心线指向磁极面，而在双曲线形磁极的分选槽中，矿粒受力方向正好和楔形磁极时的相反。矿粒在 y

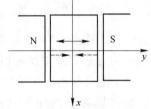

图 11-2　矿粒沿水平方向的
受力分析
——楔形磁极　----双曲线形磁极

方向的运动不利于分选，因为它使矿粒附着于分选槽的侧壁或向中间堆积，降低分选指标。

为了分离过程的正常进行和获得良好的分选效果，应根据分选的矿物性质，正确地选择分选介质的种类和浓度。

11.2.2　磁流体的制备和再生

磁流体静力分选中可以作为分选介质的顺磁性盐的水溶液有 $MnCl_2 \cdot 4H_2O$，$MnBr_2$，$MnSO_4$，$Mn(NO_3)_2$，$FeCl_2$，$FeCl_3$，$FeSO_4$，$Fe(NO_3)_2 \cdot 2H_2O$，$NiCl_2$，$NiBr_2$，$NiSO_4$，$CoCl_2$，$CoBr_2$ 和 $CoSO_4$ 等。这些溶液的体积磁化率不高（约为 $8 \times 10^{-7} \sim 8 \times 10^{-8}$）。为了提高溶液的磁化率（$\kappa_0'$）或视在密度（$\rho' + \mu_0 \kappa_0' H \mathrm{grad} H / g$），目前很多研究者对铁磁性胶粒悬浮液进行了研究。

磁铁矿的胶体微粒用表面活性剂进行表面处理以使其稳定地分散在水或有机溶剂中。1965 年美国学者 Papell 用机械粉碎法把磁铁矿放在含有油酸的非极性有机相（煤油）中进行长时间的粉碎。1966 年日本下饭坂润三教授等人提出水溶液中吸附-有机相中分散法，在水溶液中把油酸离子吸附在用湿法制得的磁铁矿微细颗粒表面上，然后水洗、脱水和分散处理。1972 年美国 Khalafalla 提出胶溶法，在 Fe^{2+} 和 Fe^{3+} 的共存溶液中添加碱，然后将磁铁矿颗粒的沉淀加入到沸腾的煤油和油酸的混合液中。上述制造方法都属于以煤油等非极性溶剂作为基体（载体）的磁流体制造方法。分散粒子的大小都小于 15 nm 左右，在其表面上有一层或双层（同样的或不同的两种）表面活性剂的吸附层。以上述方法为基础，如果改变表面活性剂的种类就可以制出各种分散介质（载液）的磁流体。磁流体分散介质的种类和特征见表 11-1。

表 11-1　分散介质（载液）的特征

种　类	特　征
水	低价格，低黏度
碳氢化合物	低价格，低黏度
（己烷、庚烷、辛烷等饱和碳氢化合物或煤油等）	
酯类	耐寒性
双酯类	低蒸气压，低黏度
聚苯基醚	低蒸气压，低黏度
氟碳化合物	不燃性，不溶性

我国已研制出油基和水基的铁磁流体，物理性能较好。用氧化-水解法，在 $FeSO_4 \cdot 7H_2O$ 和 NaOH 的混合溶液中通入适量的空气制备出磁铁矿微细颗粒。再用捕收-分散法将其水洗并与沸水混合，再加入油酸和煤油溶液进行搅拌分散直至分层，所得油相即为油基铁磁流体。如将热油酸钠加入到水洗过的磁铁矿微细颗粒中，再加入十二烷基苯磺酸钠（SDBS）搅拌分散，可制出水基磁流体。

根据不同的需要和使用场合，可选用不同的分散介质。

水基磁流体是磁铁矿微细颗粒表面经油酸分子吸附处理后进一步用十二烷基苯磺酸钠或油酸离子、聚（羟乙烯）壬基苯基醚（POENPE）等进行第二层反定向物理吸附而维持着它的高分散性。这些第二层的表面活性剂中使用 SDBS 的磁流体在较宽的 pH 值范围内保持稳定且黏度低，因此很适于作分选介质。

铁磁流体胶粒悬浮液几乎都是以磁铁矿为分散质，但是，把其他尖晶石型的 Mn，Ni，Mn-Zn，Ni-Zn 等单元或复合铁氧体作为分散质也比较容易。关于金属磁性胶体的分散研究的实例只有钴金属的报道。

对分选产品水洗后稀释的磁流体进行再生和使用是在磁流体分选的实用上不可缺少的。这里介绍分选产品水洗后被稀释的磁流体的浓缩方法和过程（见图 11-3）。

水基磁流体是由于第二层物理吸附的表面活性剂的亲水性而维持着高分散性。如把悬浮液作成酸性使表面活性剂 SDBS 的一部分变成中性分子就可以使它凝聚。这时如酸的添加量过少，就不产生凝聚。如酸的添加量过多，则迅速凝聚，但会有一部分磁铁矿被酸溶解。适宜的凝聚 pH 值为 2~3。由于存在凝聚体非常细，沉降速度慢，不能迅速过滤等问题，需添加凝聚剂以改善其沉降性。如采用上述方法凝聚，再在过滤的装置中添加碱溶液调节 pH 值到 7 左右，同时又添加过滤工序中损失的表面活性剂并进行搅拌就可得到较浓稠的磁流体。

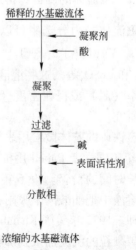

图 11-3　稀释水基磁流体的浓缩过程

磁流体的再生是影响磁流体分选在工业上应用的关键一环，再生的技术效果和经济效果是值得重视和需要研究的问题。

11.2.3 磁流体静力分选设备

以下介绍几种磁流体静力分选设备。

11.2.3.1 CLJ-300 型和 CLJ-500 型磁流体静力分选机

我国研制出的 CLJ-300 型和 CLJ-500 型的磁流体静力分选机如图 11-4 所示。该机主要由直流电源、磁系、分选槽、给料装置和矿物分层提取装置等部分组成。

磁系为电磁系。为适应多种矿物分选的需要和对产品数量、品位、回收率的不同要求，磁系配备有几种不同曲面形状的磁极，它们具有不同的磁场特性。

分选槽用有机玻璃板制成。它由槽体、给料斗、产品分离隔板和产品收集槽等部分组成（见图 11-5）。分选槽的主要参数是分选带长度。分选带长度越长，产品之间分层的效果越好，设备的处理能力也有一定的增长。适宜的分选带长度应根据被分离矿物的种类、粒度和处理量通过试验来确定。CLJ-300 型分选机的分选带最大长度为 200 mm。

给料斗由上部的电振装置振动，原料均匀分散地给入分选槽内的分选区。重产品下沉到槽底的产品收集槽中，轻产品和中间产品经过分选带由产品分离隔板分别进入轻产品和中间产品的收集槽中。给料量可以通过改变给料斗排出口高度和电振装置的振幅来调节。

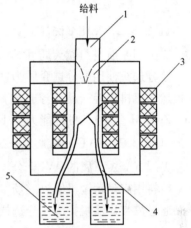

图 11-4 CLJ-300 型磁流体静力
分选机示意图

1—分选槽；2—磁极；3—线圈；
4—排料装置；5—产品收集槽

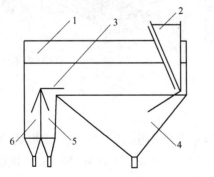
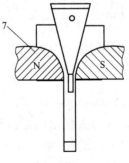

图 11-5 分选槽示意图

1—槽体；2—给料斗；3—产品分离隔板；4—重产品收集槽；
5—中间产品收集槽；6—轻产品收集槽；7—磁极

该分选机使用的分选介质是氯化锰和硝酸锰的水溶液。排矿采用间歇排矿。

磁流体静力分选机的技术特性如下：

设备型号	CLJ-300 型	CLJ-500 型
给料粒度下限	0.05 mm	0.05 mm
处理能力	0.05~0.25 kg/h	0.5~1 kg/h
背景场强最高值	1320 kA/m（16500 Oe）	1520 kA/m（19000 Oe）
背景磁场力值	384×10^{11} A^2/m^3	1280×10^{11} A^2/m^3
电源电压	220 V	220 V
分选介质（溶液）损失量（占处理原料的质量分数）	<15%	<15%
功率消耗	最大 4 kW	最大 4 kW

11.2.3.2　NASA 沉浮式分选机

美国国家航空与航天局（NASA）使用的 NASA 沉浮式分选机如图 11-6 所示。

该分选机使用的分选介质为铁磁性胶粒悬浮液。给料给入磁场空间内的分选区中，用刮板运输机排出轻产品（浮升物）和重产品（沉下物）。该机用于分离非磁性废金属（如 Cu、Zn、Al 金属），处理能力为 1 t/h。

11.2.3.3　AVCO 磁流体分选机

美国 NASA 下属的 AVCO 公司研制的 AVCO 磁流体分选机如图 11-7 所示。

给料用皮带运输机给入磁场空间内的分选区中。槽中装有煤油基磁流体。轻产品和重产品通过皮带运输机排出。分选槽大小为断面 200 mm 的四边形，处理能力为 2 t/h。

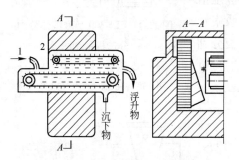

图 11-6　NASA 沉浮式分选机

1—给料；2—磁流体高度

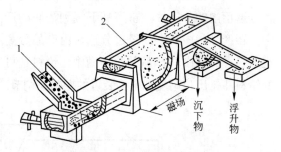

图 11-7　AVCO 磁流体分选机

1—给料；2—分选槽

11.2.3.4　J. Shimoiizaka 分选机

由 J. Shimoiizaka 等人提出的磁流体分选机如图 11-8 所示。该机的分选槽的分选区呈倒梯形，上宽 130 mm，下宽 50 mm，高 150 mm，纵向深 150 mm。该机的磁系为永磁系。分离高密度物料时，磁系用钐-钴合金磁铁（B_r = 0.78~0.84 T，H_c = 576~656 kA/m，$(BH)_{max}$ = 120~136 kJ/m^3（15.0~17.0 MGs·Oe））。每个磁体大小为 40 mm×123 mm×136 mm，两个磁体相对排列，夹角为 30°。磁体的工作点约为 368 kA/m。分离低密度物料时磁系用锶铁氧体磁铁。图中阴影部分相当于磁体的空气隙，物料在这个区域中被分离。图 11-9 示出磁体空气隙中心处的磁场强度、磁场梯度和离磁体底部距离的关系。

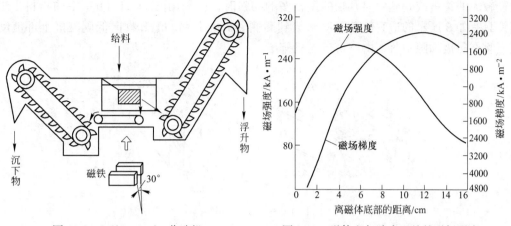

图 11-8 J. Shimoiizaka 分选机

图 11-9 磁体空气隙中心处的磁场强度、
磁场梯度和离磁体底部距离的关系

该机使用的分选介质是油基或水基磁流体。磁系用钐-钴合金时，视在密度可达
10000 kg/m³，用锶铁氧体磁铁时可达 3500 kg/m³。

该机可用于汽车的废金属碎块、低温破碎物和矿物分离上。预计每天的通过能力相当
于从 500 辆汽车垃圾中分选有色金属碎块的数量。

11.2.3.5 实验室磁流体分选装置

这里只介绍这种装置的磁系和分选方式。磁系为永磁系，如图 11-10 所示。分选低密
度物料时用锶铁氧体磁铁，而分选高密度物料时则用稀土-钴合金磁铁。图 11-10 所示的磁
路特点是磁路简单且能扩大浮力均匀区的空间。设计时设法使磁铁在接近最大磁能
积 $(BH)_{max}$ 点工作。用锶铁氧体磁铁，当磁极的下部开口距离 a 为 80 mm，磁铁矿含量约
为 500 kg/m³ 的磁流体时，磁流体的视在密度可达 3000 kg/m³ 左右。在此条件能浮上
铝（密度 2700 kg/m³）的分选区的体积为 60 mm（深）×400 mm×80 mm，并且能使铝和其
他非磁性金属类材料得到充分的分离。

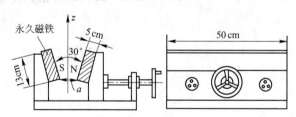

图 11-10 实验室磁流体分选装置的磁系

采用稀土-钴类磁铁，当磁铁的下部开口距离 a 仍为 80 mm，用同样的磁流体时，磁流
体的视在密度可达 8000 kg/m³ 左右，而且能够把锌（密度 7100 kg/m³）浮上来，铜（密度
8900 kg/m³）沉下去，使锌-铜得到分离。

分选物料的粒度决定着分选方式。由于粒径为数毫米左右的细物料沉降或浮升速度
慢，为实现有效分选，细物料的分选采用如图 11-11（a）所示的给料方法。这时磁铁具有
如 α 所示的适宜倾角。分选物料给到磁极之间，浮升物和沉下物用皮带运输机运出。分选

粒径较大的物料或处理含浮升物的量较多的物料时，应采用图 11-11（b）中的给料方法。磁铁具有如 β 所示的适宜倾角。物料给到高侧磁极的上部，浮升物向低侧磁极上部流动，沉下物在磁极间隙中落下由皮带运输机排出。

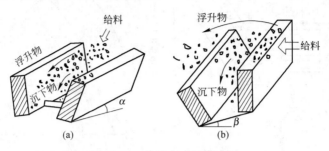

图 11-11　分选方式的模式图
（a）分选方式 Ⅰ；（b）分选方式 Ⅱ

11. 2. 4　影响磁流体静力分选效果的因素

分选机的磁铁的结构参数、分选介质的性质和分选物料的性质等是影响分选效果的主要因素。下面着重介绍磁铁的结构参数和分选介质的性质。

11. 2. 4. 1　磁铁的结构参数

磁极工作空间的磁场力大小和其变化规律是影响分选效果的最重要因素。

磁极的几何形状很重要。曾研究过楔形磁极、线性场力磁极和等磁力磁极等。各种磁极的磁场力特性如图 11-12 所示。

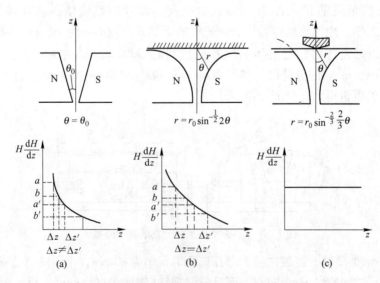

图 11-12　磁流体静力分选机的磁极形状及其磁场力特性
（a）楔形磁极；（b）线性场力磁极；（c）等磁力磁极

楔形磁极（见图 11-12（a））的磁场力 $H\dfrac{\mathrm{d}H}{\mathrm{d}z}$ 和 z 的关系近似为双曲线。不同的两个矿粒在 z 轴方向的不同位置上悬浮高度差不同，z 轴上部的悬浮高度差大。这种磁极适于分选密度差大的矿粒。

线性场力磁极（见图 11-12（b））的磁场力 $H\dfrac{\mathrm{d}H}{\mathrm{d}z}$ 和 z 的关系近似为直线（磁极上部除外）。不同两个矿粒在 z 轴方向的位置上悬浮高度差相同。这种磁极可分选任何矿粒，适用范围广。

等磁力磁极（见图 11-12（c））的磁场力 $H\dfrac{\mathrm{d}H}{\mathrm{d}z}$ 和 z 的关系近似为一平行于 z 轴的直线，即 z 轴上的各点的磁场力 $H\dfrac{\mathrm{d}H}{\mathrm{d}z}$ 值为常数。对于电磁铁，可以通过调节电流得到不同的 $H\dfrac{\mathrm{d}H}{\mathrm{d}z}$ 值，从而可间断地依次分选出与 $H\dfrac{\mathrm{d}H}{\mathrm{d}z}$ 值对应的不同密度和磁化率的矿粒。

磁极的几何尺寸也影响着分选效果。几何尺寸包括磁极的断面曲线极坐标最小矢径 r_0、高度 h 和宽度 b。

磁极面 r_0 的大小决定磁极间隙和磁场力的大小，影响分选机的处理能力和分离灵敏度。增大 r_0 可以提高分选机的处理能力和分离灵敏度，但同时要增大铁芯的截面积和磁势安匝数。

磁极的 h 对于线性场力磁极来说，在 r_0 相同的条件下，h 越大，$H\dfrac{\mathrm{d}H}{\mathrm{d}z}$ 和 z 的线性关系区越长，分离灵敏度越高。同样也要增大铁芯的截面积和磁势安匝数。

磁极的 b 决定矿粒分选所经过的路程长短，直接影响分选机的处理能力。一般说来，b 大时，矿粒在磁极间的运动速度较快，有利于处理能力的提高。b 小时，矿粒的运动速度较慢，处理能力要降低些。

11.2.4.2 分选介质的性质

分选介质的物理性质包括磁化率、密度、黏度和稳定性等。理想的分选介质应当有良好的物理性质。此外，还应当是无毒，无刺激味，透明度好，价格低，来源广。

分选介质的磁化率、密度和黏度决定磁浮力的大小和矿粒在分选机中的浮沉速度。在顺磁性盐溶液中比较理想的是氯化锰和硝酸锰的水溶液。常用的几种顺磁性液体的性质列于表 11-2 中。它们的体积磁化率和密度的关系见图 11-13。在相同的磁势条件下，顺磁性液体的浓度和悬浮矿物的密度有一定的联系。加大液体的浓度（即增大磁化率），使所悬浮的矿物密度也相应提高，但液体的黏度也增大，因此分选效果并不一定是最佳的。

表 11-2　常用的几种顺磁性液体的性质

液体名称	密度/kg·m^{-3}	比磁化率/m^3·kg^{-1}	体积磁化率	颜　色
氯化锰	1463	58.8×10^{-8}	86.0×10^{-5}	肉红色，透明
氯化铁	1570	49.6×10^{-8}	77.9×10^{-5}	深棕黑色，不透明
硝酸锰	1578	54.3×10^{-8}	85.7×10^{-5}	淡肉红色，透明

铁磁性胶粒悬浮液的磁化率除受分散质的种类、含量（浓度）、分散介质种类影响以外，还取决于背景磁场强度。可以认为悬浮液的磁化率主要取决于呈分散状态的分散质的

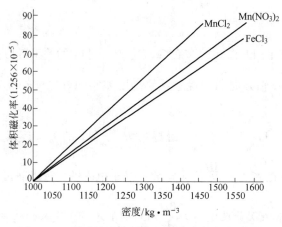

图 11-13　顺磁性液体的体积磁化率与密度的关系

磁性。图 11-14 和图 11-15 示出含磁铁矿（Fe_3O_4）3.15%的油基铁磁性胶粒悬浮液的体积磁化率和磁化强度与背景磁场强度的关系。

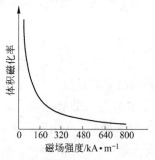

图 11-14　油基铁磁流体体积磁化率与磁场
　　　　　强度的关系（含 Fe_3O_4 3.15%）

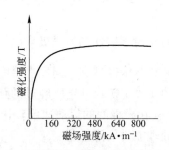

图 11-15　油基铁磁流体磁化强度与磁场
　　　　　强度的关系（含 Fe_3O_4 3.15%）

从两图中曲线可以看出，悬浮液的体积磁化率随背景磁场强度的增加而显著下降。磁化强度在背景磁场强度很高时也不易磁饱和。理想的悬浮液在磁化过程中不显示磁滞现象（没有剩磁和矫顽力）。这种超顺磁性的铁磁性磁流体具有很高的磁性。因此，在分选同一物料时，用这样的磁流体作为分选介质需要的背景磁场力 $H\mathrm{grad}H$，可以比用顺磁性盐的水溶液作为分选介质要小得多。

11.3　磁流体静力分选的应用

磁流体静力分选用于矿物或物料的浮沉分离。下面着重介绍用于矿物的浮沉分离上的几个实例。

11.3.1　金刚石的分选

目前我国金刚石原生矿的选矿工艺中以 0.5 mm 作为分选粒度下限，小于 0.5 mm 的细粒金刚石弃于尾矿中，这部分金刚石量很大，约占总产量的 20%左右。为了充分利用国家资源，进行了用磁流体静力分选回收−0.5+0.2 mm 的细粒金刚石的试验，取得了良好的结果。研究表明，浮选可以作为细粒级金刚石的粗选方法。其精矿产率较大，可再用强磁选-磁流体静力分选-浮选联合流程（见图 11-16）进行处理，以达到精选提纯的目的。在联合流程中磁流体静力分选占有重要地位。

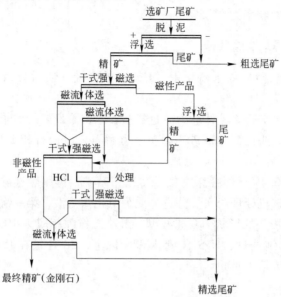

图 11-16　回收细粒金刚石的推荐流程

磁流体静力分选机的分选介质为氯化锰或氯化铁溶液，其真密度为 1450 ~ 1470 kg/m³，后者的优点是价格便宜，但它呈棕黑色，不易观察分选情况。分选机的磁极头形状为双曲线型。经第一段磁流体静力分选可得到产率为 0.92%，回收率为 82.65% 的细粒金刚石精矿。第二段磁流体静力分选（最终分选）可得到产率为 0.06%，回收率为 95% 的最终精矿，其纯度可达 95% 以上。

11.3.2　锆矿石的分选

日本进行过锆英石矿石的分选试验。原矿为锆英石与石英的混合物，粒度为 -1.0 + 0.5 mm。分选介质为氯化铁水溶液（$FeCl_3$ 的质量分数为 20%）。背景磁场强度为 1200 kA/m（15000 Oe）。分选结果为：轻产品中含石英 99%，锆英石 1%；重产品中含锆英石 99%，石英 1%。结果令人满意。

11.3.3　砂金矿原矿的分选

在过去，苏联对砂金矿原矿进行过实验室型磁流体静力分选机分选试验。原矿的矿物成分较复杂，除含金外，还含有氢氧化铁、长石、石英、绿泥石和硫化物等。分选时先除去小于 0.04 ~ 0.06 mm 的矿泥，再用强磁场磁选机（800 ~ 960 kA/m）除去磁性矿物，非磁性产品用磁流体静力分选机分选。分选槽长 400 mm，背景磁场强度为 1600 kA/m（20000 Oe），分选介质为氯化锰溶液，其真密度为 1400 kg/m³。粗选精矿和尾矿分别再选，共选出四种产品。分选指标如下：原矿含金 1675 g/t，精矿含金 74886 g/t，尾矿含金 1.7 g/t，回收率 84.8%（未计中矿）。

　　对金粗精矿也进行过磁流体静力分选实验。分选介质为铕、镝、铋或铽盐溶液。磁极间隙上部宽为 75 mm，下部宽为 8 mm，背景磁场强度相应为 800 kA/m 和 1760 kA/m（10000 Oe 和 22000 Oe）。粗精矿的粒度为+0.5 mm。分选结果为：含金量由 300~600 g/t 提高到 18~74 kg/t，回收率为 97.5%~98.5%。

11.3.4　从汞锑矿中提取高纯辰砂

　　药用的朱砂（即辰砂）要求硫化汞（HgS）的含量（质量分数）不低于 96%，而杂质硒（Se）的含量不大于 0.2%。

　　我国曾对某汞锑矿进行磁流体静力分选实验，取得了良好的效果。

　　汞锑矿主要矿物为辉锑矿、辰砂、石英、方解石、白云石和少量的针铁矿、磁铁矿、黄铁矿、黄铜矿、重晶石等。

　　原矿含辰砂仅为 0.4%，经摇床富集后得出粗精矿，再用磁选除去磁性矿物，非磁性产品用磁流体静力分选机处理两次。分选介质为氯化锰溶液，第一次浓度为 40%，第二次浓度为 45%。磁铁磁极头的形状为双曲线型。最小工作隙相应为 10.5 mm 和 4 mm。磁流体静力分选可选出高纯辰砂，HgS 含量达 98% 以上，Se 含量在 0.03% 以下，回收率达 58% 以上（给矿为摇床精矿时）。

12 磁力分析和磁测量仪器

在选矿的生产、试验和科研工作中，经常需要对矿石中磁性矿物的含量、矿物和矿石的磁性以及磁选设备的磁场强度、磁场特性等进行分析或测量。磁力分析、磁测量方法和仪器很多，本章着重介绍几种常用的磁测量和磁分析仪器。

12.1　磁力分析仪器

矿石磁力分析的目的是确定矿石（或产品）中磁性矿物的含量和它们的磁性。为矿石可选性试验、选矿厂产品检查和分析判断磁选机工作状况提供基础资料。

12.1.1　矿物磁性测定

矿物磁性测量方法可分为三大类：有质动力法、感应法和间接法。间接法是根据物质的各种磁效应来研究磁性的一种特殊方法，在矿物磁性测量中不常用。感应法，尤其是微振强磁计法，具有定标简单、灵敏度高，误差来源少等特点，它适用于铁磁性、顺磁性、抗磁性、超导电性等磁性能研究。它可以测试饱和磁化强度、磁化率、矫顽力、剩磁、磁化曲线、磁滞回线等磁性常数。现在微振强磁计已经广泛地应用到固体物理、化学和生物学各个领域中。有质动力法装置简单、有足够的灵敏度，对一般实验室，采用磁力天平就可以满足要求。

选矿领域的磁性测量主要是测定磁性矿物的比磁化率。这里着重介绍几种常用的有质动力法测量比磁化率的仪器。

有质动力法可分为两大类，即古依（Gouy）法和法拉第（Faradav）法。

12.1.1.1　古依法测定比磁化率

此法是直接测量比磁化率的方法，适用于强磁性矿物和弱磁性矿物的比磁化率测定。

A　测量装置

测量装置和线路如图 12-1 所示，主要由分析天平、薄壁玻璃管、多层螺管线圈、直流安培计、电阻器和开关等组成。

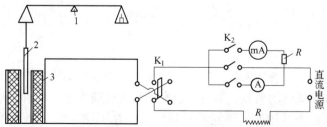

图 12-1　测定矿物比磁化率用的装置线路图

1—分析天平；2—薄壁玻璃管；3—多层螺管线圈

B　测量原理

将截面相等的长试样悬挂在天平的一端，使之处于磁场强度均匀且较高的区域，而另一端处于磁场强度较低的区域，试样在磁场中便受到和它的长度方向一致的磁力作用，即：

$$f_{磁} = \int_V \mu_0 \kappa_0 \frac{\partial H^2}{\partial y} dV = \int_V \mu_0 \kappa_0 \frac{\partial H^2}{\partial y} S dy = \frac{1}{2} \mu_0 \chi_0 \rho S (H_1^2 - H_2^2) \tag{12-1}$$

式中　μ_0——真空磁导率；

　　　　S——样品截面积；

　　　　χ_0——样品物体比磁化率；

　　　　ρ——样品（粉状）的假密度；

　　　　dV——样品的体积元；

　H_1，H_2——样品两端最高和最低的磁场强度。

当样品足够长，且 $H_2 \approx 0$ 时，有：

$$f_{磁} = \frac{1}{2} \mu_0 \chi_0 \rho S H_1^2 \tag{12-2}$$

由于　　　　　　　　　　　　$f_{磁} = \Delta mg$

所以　　　　　　　　　$\Delta mg = \frac{1}{2} \mu_0 \chi_0 \rho S H_1^2 = \frac{\mu_0 \chi_0 m}{2l} H_1^2 \tag{12-3}$

式中　Δm——样品在磁场中外观质量增加值；

　　　　m——样品质量（$m = lS\rho$）；

　　　　l——管中样品长度；

　　　　g——重力加速度。

由式（12-3）得到：　　　$\chi_0 = \frac{2l\Delta mg}{\mu_0 m H_1^2} = \alpha \frac{\Delta m}{H_1^2} \tag{12-4}$

式中，$\alpha = \frac{2gl}{\mu_0 m}$。

式（12-4）中 l、g 和 m 均为已知数，实验时改变 H_1 大小，测定 Δm 值，即可计算出 χ_0 值。

如果样品很长，截面积很小时，则其退磁因子很小，此时样品物体比磁化率 χ_0 可作为样品物质比磁化率 χ。

通过式（12-4）可计算出比磁化强度：

$$J = \chi H_1 = \frac{2l\Delta mg}{\mu_0 m H_1} \tag{12-5}$$

C　测定方法

在测定前先称量玻璃管的质量，将样品装入玻璃管中并捣固，直到所要求的长度时为止。再称量样品和玻璃管的质量，然后将装有样品的玻璃管挂在分析天平的左秤盘下，使它的下端接近螺管线圈的中心，将线圈接通电流，在不同电流下测量样品所受磁力的大小。将测得的有关数据代入前述公式即可求出矿物的比磁化率和比磁化强度，并绘制 $\chi = f(H)$ 和 $J = f(H)$ 曲线。

为了提高测量的精确度，在测弱磁性矿物时，要求天平和电流表的精密度高一些，磁场强度也应适当提高，并反复测量3~4次取其平均值。

为了消除玻璃磁性对测量的影响，可将玻璃管做成$2l$长，在中间封口，样品装在上半部，这样在任何场强下，玻璃磁性均将抵消。

12.1.1.2 法拉第法测定矿物的比磁化率

法拉第法一般用来测定弱磁性矿物的比磁化率。和古依法的主要区别是样品的体积较小，因此可近似地认为，在样品所占的空间内磁场力是个恒量。测定原理是在预先已知的$H\mathrm{grad}H$乘积的不均匀磁场中测定矿物所受的磁力，然后按下式求出样品的比磁化率值，即

$$\chi = \frac{f_磁}{H\mathrm{grad}H} \tag{12-6}$$

假如$H\mathrm{grad}H$之值是未知数，则可利用与已知比磁化率的标准试样相比较的方法来确定试样的比磁化率。

法拉第法可采用不同的测量装置，如普通天平、魏斯天平、自动平衡天平、库利-琴奈汶扭秤、苏克史密斯环秤、切娃利尔-皮尔测量仪等。其中普通天平法（即磁力天平法）虽精度不高（一般只达10^{-6}数量级），但由于结构简单，国内普遍采用。而扭秤（国产为WCF-2型扭力天平）测量精度可达$10^{-6} \sim 10^{-8}$数量级，已为测定矿物比磁化率的主要装置。现将这两种测量装置分述如下。

A　磁力天平法

磁力天平法又称比较法，是测定弱磁性矿物比磁化率最常用的方法。

a　测量装置

磁力天平测量装置如图12-2所示。一般称量天平的精度只要达到0.1 mg即可，而阻尼条件和全机械加码是保证称量系统稳定和快速测量所必要的。称量的悬挂系统由悬丝、玻璃球（或铜球）、平衡锤组成。玻璃球内装试样，球径一般为7~10 mm。上下平衡锤可使悬挂系统处于拉紧状态，防止悬丝因受力作用后产生位移。在最大场强下调节L_1和L_2之间的距离，可使玻璃球、重锤的磁性所引起的误差消除。

b　测定方法

将被测试样和标准试样制成粉末，放入玻璃球（或铜球）中。用非磁性材料制成的线将装有试样的小球吊在天平盘上，使之平衡，然后在电磁铁的线圈内通入需要的电流，分别测出标准试样和被测试样所受的磁力$f_{磁1}$和$f_{磁2}$，按下式计算被测试样的比磁化率：

$$\frac{f_{磁1}}{f_{磁2}} = \frac{\chi_1 H\mathrm{grad}H}{\chi_2 H\mathrm{grad}H} = \frac{\chi_1}{\chi_2}$$

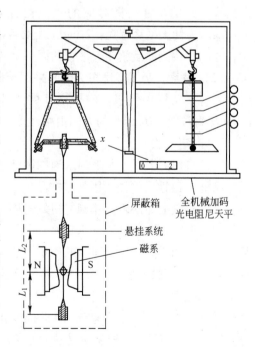

图12-2　磁力天平测量装置

故
$$\chi_2 = \chi_1 \frac{f_{磁2}}{f_{磁1}} \tag{12-7}$$

式中　χ_1——标准试样的比磁化率；

　　　χ_2——被测试样的比磁化率。

常见的标准物质比磁化率值如下：

焦磷酸锰（$Mn_2P_2O_7$）	146×10^{-8} m^3/kg
氯化锰（$MnCl_2$）	143.1×10^{-8} m^3/kg
硫酸锰（$MnSO_4 \cdot 4H_2O$）	81.5×10^{-8} m^3/kg
纯水（二次蒸馏水）	-9×10^{-9} m^3/kg

B　扭力天平法

扭力天平是一种用绝对法测定矿物比磁化率的仪器。一般用于测定弱磁性矿物的比磁化率，也可用于强磁性矿物比磁化率的测定。目前多用 WCF-2 型扭力天平。

a　测量装置

扭力天平法测量装置主要由扭力天平和磁系两部分组成。

（1）扭力天平。扭力天平的结构如图 12-3 所示。主要由天平臂、砝码盘、观测镜筒等主要部分组成。天平臂中点悬挂在水平面上与天平臂垂直的细金属扁丝上。臂中点有一圆形反光镜。当天平两臂平衡时，镜面是水平的。观测镜筒侧面有一进光小窗，可使外界光通过镜筒射至天平臂的反光镜上。由于光在镜筒内通过一划有三条刻线的透明板，所以可通过目镜看到这三条刻线的反射像。在镜筒的目镜上有标尺。当天平两臂平衡时，三条刻线中中间的一条和标尺中点的刻线重合。当天平摆动时，三条刻线的像便在标尺上移动。刻线在标尺上移动一格约相当于天平臂偏一分的角度。天平臂的哪一侧较重时，刻线即向哪一方偏。每一格对应的重量可用小砝码校正。没有特殊要求时，每格调节到 0.1 mg。为使天平量程大，2 mg 以上数字由砝码读出。为使天平感量不随样品重量而变化，砝码和待测样品放在天平臂的同一侧。

（2）磁系。WCF-2 型扭力天平采用等磁力磁极对（见图 12-4）。其磁极横断面为双曲线，并有三角形中性极。磁极之间的工作间隙对称面上，磁场力不随位置而变化，即 $H\mathrm{grad}H$ 为常数。$H\mathrm{grad}H$ 的方向由中性极指向磁极之间的最小间隙。

b　测定方法

首先将扭力天平上所附圆水泡细调至水平。然后根据被测样品磁性强弱选择适当大小的样品桶（磁性弱的样品用大号样品桶，磁性强的用小号样品桶），将样品桶挂在右秤盘下，在右秤盘上加砝码，并调节扭鼓轮旋转，使中间刻线指零，达到平衡，记下这时砝码数值。再调节励磁电流，从 500 mA 开始，每隔 500 mA 测定一次空样品桶所受的磁力。样品桶内加欲测样品，称量样品的质量（也可用其他天平称出一定数量的样品，再装入样品桶内），调节扭鼓轮旋钮，使中间刻线指零后，调节励磁电流达到所需的数值，称量样品所受的总磁力。

总磁力 = 砝码变化数 + 标尺读数 × 0.1 mg

样品所受磁力 $f_{磁}$ = 总磁力 - 空样品桶所受磁力

应该注意的是，测得的磁力单位为毫克，在计算比磁化率时应换算为牛顿。

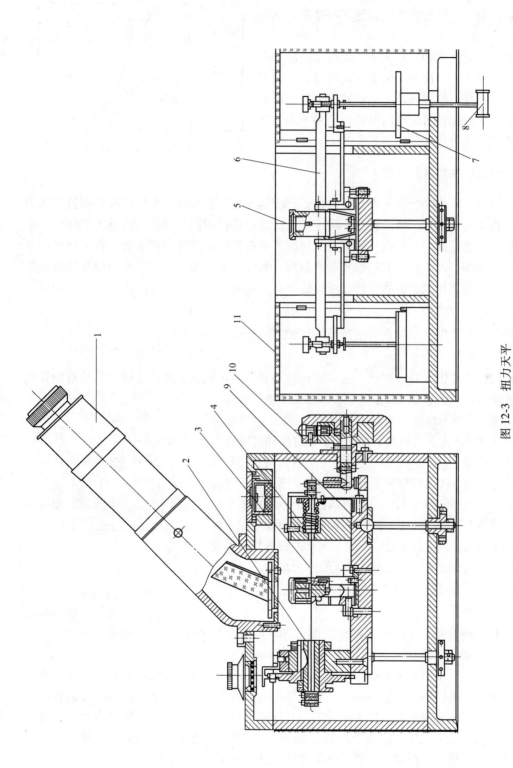

图 12-3 扭力天平

1—观测镜筒；2—扭鼓轮装置；3—金属扁丝；4—弹簧座；5—反光镜；6—天平臂；
7—砝码盘；8—样品盒；9—支座；10—旋钮；11—秤盘外罩；

为使读数稳定和避免样品因受到水平方向的分力而被磁极吸引，样品数量应以使其所受磁力不超过 200 mg 为宜。

用该仪器测定矿物比磁化率的优点：样品桶处于等磁力区域内，因此由于位置变化所引起的误差是很小的；对强磁性矿物还能测定其比磁化率随着外磁场的变化情况；对不规则形状样品和不均匀样品的比磁化率也可以测定。

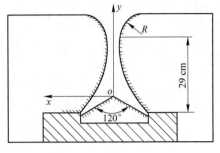

图 12-4　等磁力磁极对

12.1.2　磁性矿物含量的分析

在实验室中常用磁选管、磁力分析仪、感应辊式磁力分离机、强磁矿物分离仪等磁力分析器分析矿石中磁性矿物的含量，确定矿石磁选可选性指标，对矿床进行工艺评定，检查磁选机的工作情况。在磁选厂特别需要对原矿和选矿产品进行磁性分析，查明尾矿中金属损失量及原因，以改善工艺过程和磁选指标。同时，上述磁力分析器常用做提纯各种单矿物，以进行物质组成、矿物性质、可选性等方面的研究工作。

12.1.2.1　磁选管

磁选管是用于湿式分析矿物中强磁性矿物含量的磁分析设备。

A　构造

磁选管的构造如图 12-5 所示。其主要由电磁铁和在电磁铁工作间隙内移动的玻璃管组成。电磁铁由 C 形铁芯和线圈组成。在铁芯两端之间形成工作间隙，铁芯末端有角度约为 90°的圆锥形极头。由非磁性材料制成的架子固定在电磁铁上，架子上装有移动玻璃管的传动装置，玻璃管被嵌在夹头里，而夹头则借曲柄连杆和减速器的齿轮连接，玻璃管与水平成 40°~45°，管子上下移动的行程为 40~50 mm。此外，它还可以在一个不大的角度回转。玻璃管的上端是敞开的，被处理的试样由此装入。玻璃管的下端是尖缩的，在管端套有一根带夹具的胶皮管，夹具可用来调节水的排出量，冲洗水从玻璃管的上端给入。磁选管的最高磁场强度可达 240 kA/m（3000 Oe）。

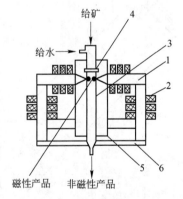

图 12-5　磁选管

1—C 形铁芯；2—线圈；3—玻璃分选管；
4—筒环；5—非磁性材料支架；6—支座

B　操作步骤

首先打开调节冲洗水管的下部和上部夹具，调节两个夹具使管内充满水，水面高于磁极头 100~120 mm 左右，并保持稳定。然后接通直流电源，并开动传动装置。其次将试样给入玻璃管内，试样中磁性颗粒被吸附在磁极附近的管内壁上，非磁性部分随洗水从玻璃管下端排出，玻璃管的上下移动和左右回转有利于非磁性矿粒排出，在连续冲洗 5~15 min 后（到管内水清澈时为止）分选即可停止。之后关闭两个夹具，切断电流，排出磁性部分。最后将磁性产品和非磁性产品澄清，烘干和称量，计算试样中磁性产品的含量。

试样应根据矿物的嵌布粒度磨细到 1 mm 以下。每次试样量一般为 5~10 g 或 10~

20 g，视磁选管直径大小而定。

12.1.2.2　磁力分析仪

磁力分析仪是用于干式和湿式分析物料中弱磁性矿物含量的设备。

A　构造

磁力分析仪构造如图12-6所示。其主要由励磁线圈、磁极、分选槽、给料斗、振动器和传动部分等组成。整个分析仪用心轴支放在悬臂式的支架上，悬臂支架用心轴固定在机座上。转动手轮可以改变分选槽的纵向坡度，转动另一手轮，可以改变分选槽的横向坡度。分选槽有三种，带振动器的分选槽和快速分选槽两种用于干式分离。前者分离纯度高，而处理速度低；后者处理速度高，但分离纯度较低。湿式分离时，分选槽为一玻璃分选管。

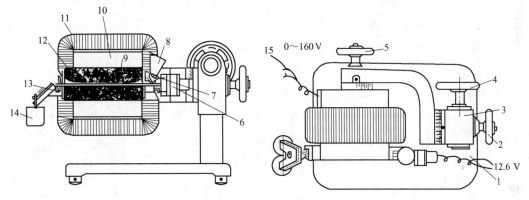

图 12-6　磁力分析仪

1—12.6 V交流低压接线；2—锁紧手轮；3—蜗轮蜗杆传动箱；4—大手轮；5—小手轮；
6—振动器；7—给料座；8—给料斗；9—分选槽；10—铁芯；11—线圈；
12—磁极；13—分流槽；14—盛样桶；15—励磁线圈接线

磁力分析仪的磁系采用等磁力磁极对（见图12-4），因此比磁化率相同的矿粒不论它们处于槽中任何位置时，它们所受的磁力是相同的，这就保证了矿粒按磁性分选的精确性。

应用带振动器的分选槽进行干式分选时，物料从漏斗中流入分选槽。分选槽置于磁极中，一端与振动器连接，使分选槽处于振动状态。物料在分选槽中受到的磁力是靠内侧弱，靠外侧强。磁性较强的矿粒受较强的磁力作用，克服重力分力而流向分选槽外侧，从外侧沟中流出。非磁性矿粒由于受重力作用而流向分选槽内侧，从内侧沟中流出。由于分选槽处于等磁力区内，使磁化率相同的各个颗粒朝着同一方向运动，保证了分离的纯度。

B　操作步骤

首先接通励磁电流和电磁振动器的电源，用试样的副样找出适宜的励磁电流、振动器的振动强度（即振动器的电流强度）、分选槽的纵向、横向坡度等，使分选槽上矿粒分带明显。之后切断电源，卸下分选槽，用刷子将它和磁极、盛样桶等清理干净。再接通电源将正式试样给入料斗中，进行分离，分离结束后将磁性和非磁性产品分别称重，计算出它们的质量分数。

应用快速分选槽进行干式分选时，将电磁铁整体部分转至适当的倾斜角度或垂直方向，装上快速分选槽和分流槽后进行物料分离。

湿式分离时，电磁铁整体部分旋转至垂直位置，将分选管（玻璃管）放到磁极空间间隙的等磁力区。之后，将水量调节装置的螺钉旋至最紧。向分选管内注水，直至水面升到漏斗底部为止。此时将试样和水混合后倒入给料斗内，调节磁极励磁电流到磁极间隙中见到有矿粉黏附于分选管壁为止。微微打开水量调节装置的螺钉，使管内水滴至管下的容器内。待玻璃管内水流净后，再将螺钉旋至最松位置，另换一容器，切断电源，将磁性产品用水冲下。

磁力分析仪的磁场强度可在 $8 \sim 1600$ kA/m（$100 \sim 20000$ Oe）范围内调节。干式分离时，物料的比磁化率比要大于 1.25 方可分开，而湿式分离时，物料比磁化率比必须大于 20。给料粒度，干式分离时为 $0.6 \sim 0.035$ mm，湿式分离时为 $0.03 \sim 0.005$ mm。

12.1.2.3 感应辊式磁力分离机

感应辊式磁力分离机用于干式分离弱磁性物料。

A 构造

感应辊式磁力分离机的构造如图 12-7 所示。其主要由线圈、磁轭和感应辊组成。感应辊（直径 100 mm、长度 80 mm）的表面有许多沟槽，由电动机带动旋转，并可被手轮升起或下落。振动给料槽的上端有一给料斗，下端有一接料槽。

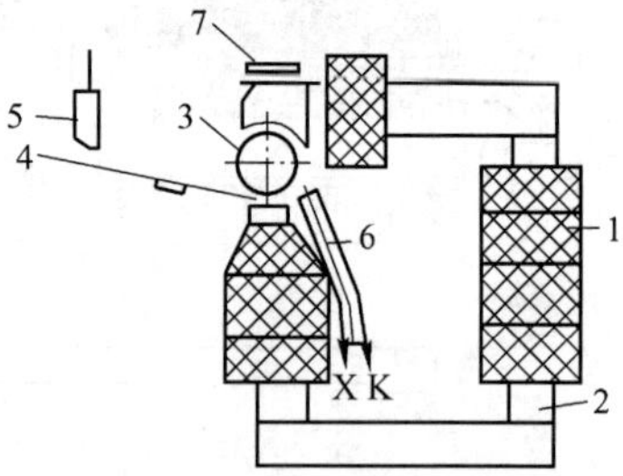

磁场强度可通过改变励磁电流和感应辊与下面磁极的距离（即间隙）来调节。当间隙为 1 mm 时，最大磁场强度可达 736 kA/m（9200 Oe）。

该设备的处理能力为 70 kg/h。

图 12-7 感应辊式磁力分离机

1—线圈；2—磁轭；3—感应辊；
4—振动给料槽；5—给料斗；
6—接料槽；7—手轮；
X—非磁性产品；K—磁性产品

B 操作步骤

首先接通线圈和振动给矿槽的电源，用副样找出适宜的励磁电流，感应辊间隙的大小，接矿槽分离隔板的角度以及振动给矿槽的振动强度，使不同磁性的物料有较好的分离效果。之后切断电源，用刷子清理干净，再接通电源给入试样进行正式试验。

12.1.2.4 强磁性矿物分离仪

强磁性矿物分离仪是用于强磁性矿物与非磁性矿物（或弱磁性矿物）之间的分离提纯以及两种或两种以上的强磁性矿物（当它们具有较大的 B_r 和 H_c 值时）的分离提纯。

A 构造

CKF-1 型强磁性矿物分离仪主要由恒定磁场线圈、交变磁场线圈、棒状铁芯以及电源控制系统等部分组成。其电原理如图 12-8 所示。该仪器采用了带有插入棒状铁芯的重叠螺线管开路磁系，下部螺线管产生直流磁场，上部螺线管产生交流磁场，通过插入铁芯的导引，在其分界面上形成了交直流叠加磁场。其主要技术性能如下：

磁场强度

直流磁场	0~80 kA/m	连续可调
交流磁场	0~80 kA/m	连续可调
交直流叠加磁场	0~160 kA/m	连续可调

最佳给矿粒度　　　　　　0.04~0.1 mm

处理能力　　　　　　　　1~5 g/次（每次分选时间 1 min）

精矿纯度　　　　　　　　≥95%

外接电源　　　　　　　　220 V 50 Hz 交流电

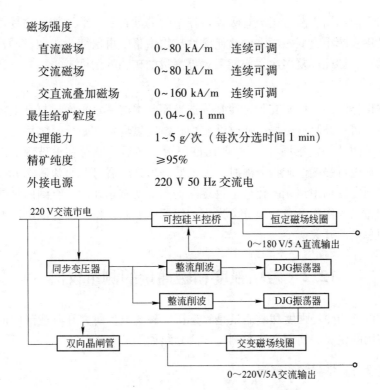

图 12-8　CKF-1 型强磁性矿物分离仪电原理

B　工作原理

被预先磁化的强磁性矿物具有一定剩磁，将它置于一开路螺线管的交流磁场中，当外加磁场小于矿物的矫顽力时，矿粒不被反复磁化，因而受到磁场的吸引力和排斥力的交替作用。由于磁力线的分布和矿粒重力的影响，吸引力和排斥力使矿物受力后产生的位移效果不相同。磁性矿物在交变磁场作用下，不断被推向四周，而非磁性矿物和弱磁性矿物仍留在原处，从而把非磁性矿物与剩磁及矫顽力大的磁性矿物完全分离。因此强磁性矿物与非磁性（或弱磁性）矿物分离，可在交流磁场中进行。

若把含有两种或两种以上的强磁性矿物分离，必须在交直流叠加磁场中进行。然后逐渐加大交流磁场，当交直流叠加磁场的磁场强度 H（且 $H_直 < H_交$）小于一种矿粒的矫顽力 H_c，而大于另一种矿粒的矫顽力 H_c 时，前一种矿粒不会被反复磁化，因而矿粒交替地受到磁场的排斥力和吸引力的作用，向四周扩散；而后一种矿粒被叠加磁场反复磁化，与螺线管端发生吸引作用，不向四周扩散，使两种不同矫顽力的强磁性矿物得到分离。

C　分离方法

分离矿物时要根据矿物比磁化率大小而分别采用不同的分离方法。将矿样放在激磁线圈的正中，缓慢地加大交变磁场，让磁性矿物向四周扩散，非磁性矿物留在中间，此法为扩散法。将矿样放在激磁线圈轴管的周围，缓慢地加大交变磁场，使磁性矿物由四周向中间运动，非磁性矿物仍留在四周不动，此法为集中法。这两种方法适宜在分选台的毛玻璃上进行干式分离。第三种方法是在瓷蒸发皿中进行湿法分离。将适量的酒精倒入 150 mL 的瓷蒸发皿中并加试样，然后将蒸发皿放在激磁线圈的轴管上，逐渐加大交变磁场。试样在磁场的作用下向四周扩散，用吸管吸掉留在中间的脉石后，继续加大磁场使扩散的矿物集中起来，又逐步减小交变磁场强度，使磁性矿物由集中再次变为扩散，同样用吸管吸掉留在中间的脉石，如此反复多次，便能大大提高目的矿物的精度。

D　操作步骤

首先调整仪器的四个可旋支脚，使其分选平面基本成一水平面。打开电源开关，加入砝码形铁芯后，再打开直流磁场，使磁性矿物在恒定磁场中被磁化。之后将恒定磁场旋钮调回到零位，关闭"恒定磁场开关"，取出砝码形铁芯后，就可在毛玻璃上进行强、弱磁性矿物分离。在进行强磁性矿物分离时，加入砝码形铁芯后打开直流磁场开关，先调直流磁场使矿物在恒定磁场中预先磁化后，再逐渐加大交变磁场强度，直到两种强磁性矿物在交、直流叠加磁场的作用下有效地分离为止。仪器用完后，将交、直流电压调节旋钮调到零位，再关闭总电源开关。

12.2　磁场强度和磁通量的测量仪器

测量磁选设备的磁场强度和磁通量是磁选厂、磁选设备研究和制造部门的一项经常工作。现将常使用的仪表、使用方法和测量方法介绍如下。

12.2.1　磁选设备磁场强度的测定

12.2.1.1　常用仪表

A　高斯计

高斯计是根据霍尔效应原理制成的一种测量磁场强度的仪表。由于使用简单、测量精度较高，高斯计是目前测量磁场强度最常用的仪表。

霍尔效应：一半导体薄片通过电流 I_x，并置于外磁场 B 中，这时由电流和磁场方向构成的平面垂直方向上将呈现电压 V_H，这种现象称霍尔效应（如图 12-9 所示），其基本关系为：

$$V_H = \frac{R_H}{d} I_x H f(l/b) \tag{12-8}$$

式中　V_H——霍尔电压；

　　　R_H——霍尔常数，由半导体材料决定的因素；

　　　d　——半导体薄片的厚度；

　　$f(l/b)$——霍尔元件的形状系数。

由此可见，当半导体材料和几何尺寸选定，电流 I_x 给定，那么霍尔电压与被测磁场强度成正比，利用此关系即可测出被测磁场强度的大小。

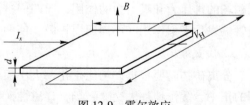

图 12-9　霍尔效应

I_x 可以是交变的，也可以是恒定的。同样，被测磁场可以是恒定的也可以是交变的，因此高斯计既可测量恒定磁场，也可测量交变磁场；不仅可测量磁场强度的大小，还能辨别磁极极性。它灵敏度高，量程大；探头可以做到小而薄，能够测量狭缝中的磁场和不均匀性较大的磁场。选矿工作中多使用 CT-3 型和 CT-5 型高斯计。

B　磁通计

磁通计的构造原理在于冲击地测量流过磁通计可动框架绕组的电量（测量线圈和可动框架绕组构成闭合回路，由测量线圈内磁通发生变化所产生）。当某一电量通过框架绕组时，在电流和磁场的电动力的相互作用下使框架偏转一定的角度，并在此位置上保持足够长的时间，在磁通计的框架上固定一小指针，它沿刻度盘移动，刻度盘上刻有毫韦伯（mWb）的刻度，每一单位刻度值（一小格）为 $0.1\ \mathrm{mWb \cdot N}$（$10^4\ \mathrm{Mx \cdot N}$）。磁通计的测量限度为 10 mWb。

根据下式计算出磁场强度：

$$H = \frac{800C\alpha}{NS} \tag{12-9}$$

式中　H——磁场强度，A/m；

α——磁通计指针的偏度（格数）；

C——磁通计的冲击系数，标准磁通计 $C = 1$ mWb/格；

N——测量线圈（或称探测线圈）的匝数；

S——测量线圈每匝的平均截面积，$\mathrm{m^2}$。

为保证测量的准确性，使用前应对磁通表进行校正。校对方法有比较法、标准互感器校对法和标准电容器校对法。后两种方法比较简单、可靠，尤其是用标准互感器法。比较法是将标准的冲击检流计、高斯计或已校对过的磁通计和被校对的磁通计同时测量相同的稳定磁场，如它们的测量结果相同或误差在允许范围内，就认为被校对的磁通计合格可以使用。

常用的标准互感器校对法的校对装置和线路如图 12-10 所示。用标准互感器校对原理在于将标准互感器二次线圈的感应电流作为输入讯号给到磁通计的输入端，磁通计指针的偏度正比于互感器一次线圈的电流变化 ΔI 和电感值 M 的乘积，即：

$$M\Delta I \propto \alpha$$

或

$$M\Delta I = C\alpha$$

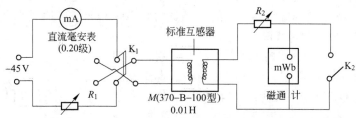

图 12-10　标准互感器校对磁通计的装置和线路图

常用的标准互感器校对法的校正方法如下。当把双掷开关 K_1 由一方向转向另一方向时，有：

$$C = \frac{2MI}{\alpha} \tag{12-10}$$

如果 M 单位为 mH，则 C 的单位为 mWb/格。通过可变电阻 R_1 调整 I 值可得不同的 α

值，用式（12-10）计算出不同的 C 值（此时令 $R_2 = 0$）。如果 C 值接近于 1，磁通计就可用，否则其测量值是不精确的。

国产 CT-1 型磁通计说明书规定使用时要求偏度不小于 50 格，并且测量线圈和磁通计接点组成线路的外电阻越小越好，在任何情况下也不应大于 20 Ω。实际测量某一点磁场强度时，测量线圈截面积必然很小，匝数很多，因此外电阻要有一定数值，测量较弱的磁场区域时，偏度也必然小于 50 格，故在测量时磁通计的冲击系数 C 不能视为常数，而和偏度 α 及外电阻 R_2 有关。

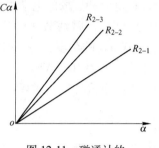

图 12-11 磁通计的
$C\alpha$-α 曲线

测量时磁通计的外电阻 R_2 采用阻值与测量线圈线路相同或直接地把测量线圈串接在互感器二次线圈和磁通计之间，用上述方法进行校对。

不同的 R_2 值有不同的 $C\alpha$-α 曲线（见图 12-11）。知道 R_2 和 α 值，就可从曲线查出 $C\alpha$ 值，$C\alpha$ 值才是准确的磁通值。

为了测定磁选设备工作间隙的磁场强度，测量线圈应有一定的灵敏度，灵敏度根据磁选设备的磁场强度而定。

线圈先按下式进行估算，然后经过校正再进行精确计算。

$$NS \approx \frac{800\alpha}{H} \tag{12-11}$$

式中　H——被测量的磁场强度范围，A/m。

前面已提到，测量线圈的电阻越小越好，在任何情况下也不应大于 20 Ω。线圈的匝数应这样计算，即使磁通计指针的偏度不小于刻度盘的一半。

线圈的内径一般为 1~2 mm，外径不大于 10~12 mm，由于测量条件不同，线圈的尺寸也不同。如果磁场强度不十分大，磁场非均匀程度也不十分大（如弱磁场磁选机的磁场），线圈的外径一般为 4~10 mm、厚度 2~4 mm。磁场强度很大，磁场非均匀程度也比较大（如强磁场磁选机的磁场），线圈的外径应比前一种情况小些，厚度也应小些。

测量线圈的校正：为了精确地确定出测量线圈的 NS 值，通常用比较法进行校正。先要制作一个已知 NS 值的标准线圈，它的 N 值通常是 20~30 匝，S 值通常是 3.14 cm^2。用磁通计按以下方法校正测量线圈。

将标准线圈连接在磁通计的两接线钮上，然后放到能产生恒定均匀磁场的设备或装置的磁场中，直流充磁机在极距很小时能产生这种磁场，或特制一个装置产生这种磁场，这种装置如图 12-12 所示。磁源是永久磁铁（磁块）和铁导磁体组成磁回路。在两个柱形铁导磁体之间产生恒定均匀磁场。

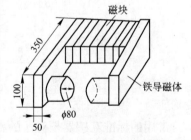

图 12-12 产生恒定均匀
磁场的装置
（单位：mm）

当直流充磁机通电或断电时（如使用上述装置可瞬时拿出标准线圈），磁通计指针的偏度为：

$$\alpha_{标} = \frac{H_{标}(NS)_{标}}{C_{标}} \tag{12-12}$$

用上述同样的方法将被校正的测量线圈测量同一磁场，指针的偏度为：

$$\alpha_{校} = \frac{H_{校}(NS)_{校}}{C_{校}} \qquad (12\text{-}13)$$

由于 $H_{标} = H_{校}$，则得出：

$$(NS)_{校} = \frac{(NS)_{标}\ \alpha_{校}\ C_{校}}{\alpha_{标}\ C_{标}} \qquad (12\text{-}14)$$

$C_{校}$ 和 $C_{标}$ 值可由 $C\alpha\text{-}\alpha$ 曲线查出。

测量线圈的匝数少者几十（如测强磁场），多者达 800～1400（如测弱磁场）。

使用磁通计测量磁场强度时，由于磁选设备的磁场是不均匀的，因而在工作空间不同点的磁场强度 H 的大小和方向也不同，磁场强度不是在工作空间任何地方随意放置测量线圈就能测得，而是根据在适当位置上用测量线圈沿三个互相垂直的坐标轴测得的磁场强度分量来计算，即：

$$H = \sqrt{H_x^2 + H_y^2 + H_z^2} \qquad (12\text{-}15)$$

式中　H_x，H_y，H_z——磁场强度在 x，y，z 轴方向的分量。

如果磁场强度只有两个或一个分量时，式（12-15）相应地可写成：

$$H = \sqrt{H_x^2 + H_y^2} \qquad (12\text{-}16)$$

$$H = H_x \qquad (12\text{-}17)$$

测量时，将测量线圈放到要测量的工作空间某一点后再迅速拿出来，此时磁通计的指针偏转，记下偏转角度，按前述公式计算出磁场强度。若测量电磁场也可将测量线圈固定在要测量的某一点上，然后接通和断开磁选设备磁系的直流电源，磁通计指针也同样发生偏转。

12.2.1.2　弱磁场磁选设备的磁场强度的测定

A　筒式磁选机磁场强度的测定

测量磁场强度的目的是了解磁选机的磁场特性与各主要部位的平均磁场强度。因此，在测定筒式磁选机的磁场强度时应按下列几方面测量：

（1）轴向。在磁选机磁系上需测三个断面，其中一个断面取在磁系正中，另两个断面分别取在离磁系的两端面 200 mm 处。

（2）圆周方向。在每个断面上沿磁极表面和磁极间隙取其测量点，用高斯计或磁通计进行逐点测量。

（3）径向。沿工作空间不同高度的各点测量磁场强度（一般在工作空间每隔 10 mm 为一个测量点）。

最后，将测量数据列表和绘图进行分析。一般要求筒面上三个断面测量的平均磁场强度均应符合技术要求。

B　磁力脱泥槽磁场强度的测定

根据磁力脱泥槽磁场分布对称性的特点，测量其磁场分布时只需测量槽内任一断面的二分之一的磁场分布即可。测定时在槽的径向和轴向相隔适当的距离选择其测量点，按各测量点逐点测量。在测量前，可根据槽的大小制作一个适宜的架，在其架上标出各测量点，这样可避免测量点串位。

C　强磁场磁选设备磁场强度的测定

强磁场磁选设备的种类很多，对每种设备磁场强度测量的方法也无统一的要求和规定，尤其对有多层聚磁感应介质的设备更是这样。因此，以下只能说明一下测量要求。

感应辊式磁选机磁场强度的测定时要求：测定断面应选择在选别空间的主要位置上；测量点应选在感应辊的测定断面各位置上和辊子轴向各分选位置上；若分选间隙较小只需要测量磁场强度时，则各点只需定在感应辊表面的齿尖和齿沟即可。若还需要了解磁场的不均匀程度，则还需要在感应辊与原磁极之间相隔适当距离选择一部分测量点。

对于采用齿板型聚磁介质的磁选机，测量点可选择在分选槽中的齿板对应的两齿尖（或尖沟）中心线上各点，从选别带到精矿卸矿带各分选槽的磁场强度都需要进行测量。

对于采用球或棒作聚磁介质的磁选机，由于聚磁介质之间的磁场强度是多变的，磁场强度的测量方法是各种各样的，没有一个统一的方法进行测量。例如，有用无磁介质时的磁场强度来表示磁选机磁场强度的，也有用有磁介质时磁极表面的磁场强度表示的，也有测球表面磁场强度的。大多数用平均磁场强度来表示，即在球介质中加两块与球高度相等的导磁板，之间相距 2~3 mm，其中的磁场强度认为是平均磁场强度，用它来表示磁选机的磁场强度。由于测量的方法不同，可能对同一台设备、同样条件而测出不同的磁场强度，有碍于比较分析，故有待今后进一步研究。

对于采用金属网和钢毛作聚磁介质的磁选机，由于它们的尺寸小，间隙小且形状复杂，可采用磁模法进行测量。

12.2.2　磁通的测量

为了测定磁选设备的工作磁通、漏磁通和导磁体各个不同区段的磁通，需要用磁通计进行测量，方法还是接通和断开通往磁选机磁系的电流时测量。

磁通（Wb）按下式计算：

$$\Phi = \frac{C\alpha}{N} \times 10^{-3} \tag{12-18}$$

如果总的磁通很大，用一匝线圈直接接于磁通计仍无法测量时，则必须降低磁通计的灵敏度，在磁通计的两接线钮上接上分流电阻和串联电阻，以扩大量程进行测量。

12.2.3　交变磁场的测量

为了测量磁极表面上和磁系工作间隙中的交变磁场强度（如脱磁器或交流磁选机），一般用感应法来测量，但测量的不是电流的脉冲，而是放在磁场中的探测线圈内所感应的交变电势，此电势可用真空毫伏计（GB-2 型）测量。

根据电磁感应定律，当一线圈中的磁通发生变化时，则将在线圈中产生感应电势，其大小与线圈匝数和磁通变化率成正比，此电势的方向与磁通增量的方向相反，此感应电势的有效值为：

$$E = 4.44 \times 10^{8} f N \Phi_{m} \tag{12-19}$$

式中　E——感应电势的有效值，V；

　　　f——交变电流频率，Hz；

　　　N——线圈匝数；

Φ_m——磁通的最大值，Wb。

又因

$$\Phi_m = S \cdot B_m = \mu_0 SH_m$$

所以

$$H_m = \frac{18 \times 10^{-4}E}{fNS} \qquad (12\text{-}20)$$

故交变磁场强度用真空毫伏计测得电势的有效值 E，按上式即可算出磁场强度的最大值 $H_m(A/m)$，如按有效值（A/m）计算则为：

$$H = \frac{12.66 \times 10^{-4}E}{fNS} \qquad (12\text{-}21)$$

测量时所用的探测线圈的校验与磁通计的探测线圈的校验方法相同。

另外，交变磁场强度也可用 CT-3 型高斯计直接测量得出。

12.3 永磁材料磁性能的测定

关于永磁材料磁性能的技术指标，现在还没有一个统一的衡量依据，在我国生产和使用的部门，都相应地进行了测试工作。但是，设备和方法上存在着差异，造成同一磁性材料在不同的单位测量，结果往往差别很大，这就给确定磁性材料指标带来了困难。以下介绍的磁性测量方法，主要是一般认为比较准确可靠的冲击测试法。

12.3.1 冲击测试法

冲击测试法的装置和线路如图 12-13 所示。

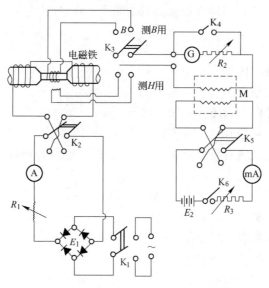

图 12-13 退磁曲线测量装置和线路图

R_1—滑线电阻；R_2，R_3—旋钮式电阻箱；$K_1 \sim K_6$—闸刀开关；E_1—硅整流器；E_2—钾电池；
A—直流电流表；mA—直流毫安表；G—AC3/4 型冲击检流计；M—标准互感器

利用冲击法测量永磁材料的 B_r、H_c 和退磁曲线，实际上就是利用冲击检流计测量磁通。

　　用冲击法测量磁通的原理，是借助于冲击检流计测量在测量线圈内当被测磁通发生变化时的感生电量，然后由这个电量与被测磁通变化量的关系计算得到被测磁通。此电量 Q 与磁通变化量 $\Delta\Phi$ 有如下关系：

$$QR = N\Delta\Phi \tag{12-22}$$

式中　R ——检流计回路的总电阻，Ω；

　　　　Q ——磁通变化的时间内流过检流计的总电量，C；

　　　　$\Delta\Phi$ ——磁通变化量，Wb；

　　　　N ——测量线圈的匝数。

　　当磁通变化时间很短，或其与检流计周期相比很小时，检流计的偏转与这个电量有如下关系：

$$Q = C'_\delta \alpha \tag{12-23}$$

式中　C'_δ ——检流计的冲击常数，C/mm；

　　　　α ——检流计的冲击偏转，mm。

　　于是，由上两式得到：

$$\Delta\Phi = \frac{C'_\delta \alpha R}{N} \tag{12-24}$$

　　在实际测量中，可以认为检流计回路的总电阻不变，因此，实际上 $C'_\delta R$ 也是常数。令 $C'_\delta R = C_\delta$，所以 C_δ 就是检流计以磁通分度的冲击常数，即单位为 Wb/mm。于是得到：

$$\Delta\Phi = \frac{C_\delta \alpha}{N} \tag{12-25}$$

冲击常数 C_δ（Wb/mm）可以借助标准互感线圈测定，即：

$$C_\delta = \frac{M\Delta I}{\alpha_\delta} \tag{12-26}$$

式中　M ——互感系数，H；

　　　　ΔI ——电流改变量，A；

　　　　α_δ ——电流改变时，检流计的冲击偏转，mm。

　　由此可见，测定了冲击常数，由检流计的冲击偏转即可得到被测磁通的变化量。

　　如果这个磁通的变化量对应于磁场强度的改变，例如将测量线圈从被测磁场内抽出，那么：

$$\Delta\Phi = \mu_0 HS$$

式中　μ_0 ——空气磁导率，$\mu_0 = 4\pi \times 10^{-7}$ H/m；

　　　　H ——被测磁场强度，A/m；

　　　　S ——测量线圈的横断面积，m^2。

　　于是可由下式计算得到被测磁场强度（A/m），即：

$$H = \frac{C_\delta^H \alpha_H}{\mu_0 (NS)_H} \tag{12-27}$$

式中　$(NS)_H$ ——测量 H 值线圈截面积与匝数之乘积，为常数值，可直接测得。

　　同样，如果磁通变化量是对应于磁感应强度变化，则可由下式求得磁感应强度 B（T），即：

$$B = \frac{C_\delta^B \alpha_B}{(NS)_B} \qquad (12\text{-}28)$$

式中　$(NS)_B$——测量 B 值线圈的匝数与被测磁铁截面积的乘积，也为常数值，可以直接测得。

退磁曲线和 B_r、H_c 的测量方法如下：

（1）测量前利用标准互感器测定冲击常数 C_δ，即线路图中的虚线方框内部分。

（2）被测定的永久磁铁表面应磨光滑，厚度一致，绕上单层细导线后（导线与磁铁之间不可有空隙），放在电磁铁的磁极间，用磁铁夹紧，然后进行正式测量。

（3）退磁曲线上每一点的测量，应包括测量磁化磁场强度 H_A 和它所对应的磁感应强度 B_A。

H_A 的测量是用置于表面上的测量线圈进行的：将 K_3 合到测 H 的线圈上，检流计偏转 α_{HA}，按前述公式计算得到 H_A。

B_A 的测量是这样进行的（见图 12-14）：先将磁化电流调到最大 I_m（它对应于 $H_m \approx (5\sim7)_{I_c}$），然后进行约 5 次来回反向 I_m 的磁性锻炼，在磁锻炼之后电流由 $+I_m$ 变到 $-I_m$，观察检流计偏转角 α_m，然后再使电流由 $+I_m$ 变到 $-I_A$（I_A 对应磁场 H_A），观察检流计偏转 α_{BA}，显然，B_A 应按下式计算：

$$B_A = \frac{C_\delta^B}{(NS)_B}\left(\frac{1}{2}\alpha_m - \alpha_{BA}\right) \qquad (12\text{-}29)$$

其余各点依此类推。

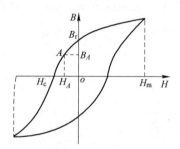

图 12-14　永磁材料磁滞回线

按上述方法得到的 H 和 B，即可绘出退磁曲线。由此还可以很容易求得 $(BH)_{max}$。

（4）B_r 的测量实际上与上述方法相同，如果 $I_A = 0$，即对应 $H = 0$ 时的 B 值则为 B_r。

（5）H_c 实际上是对应于 $B = 0$ 时磁场强度，调节电流 I_A，使 $\frac{1}{2}\alpha_m - \alpha_{BA} = 0$，此时电流 I_c 对应的磁场即为 H_c。

但是，有时对于退磁曲线在靠近 H_c 附近很陡的材料而言，要找到 I_c 这一点是比较困难的。对于这种情况，可以找两个电流值 I_c' 和 I_c''，使得它们对应的偏转 α_B' 和 α_B'' 都很靠近 $\frac{1}{2}\alpha_m$，但 $\alpha_B'' > \frac{1}{2}\alpha_m$，$\alpha_B' < \frac{1}{2}\alpha_m$，它们之间的差越小越好，这样同时测得与 I_c' 和 I_c'' 对应的 α_H' 和 α_H''，则 H_c 可按下式计算：

$$H_c = \frac{C_\delta^H}{\mu_0 (NS)_H} \left[\alpha_H' + \frac{\frac{1}{2}\alpha_m - \alpha_B'}{\alpha_B'' - \alpha_B'} (\alpha_H'' - \alpha_H') \right] \tag{12-30}$$

12.3.2　霍尔快速测试法

冲击测试法的测量准确度较高，但测量速度很慢，不能适应大批生产磁铁抽查测量的要求，因此采用霍尔快速测试法。此法比较简单，测量速度快，虽不如冲击测试法测试准确，但能适应大批生产磁铁的检验。

此法是采用两块高斯计，一块与测磁场强度 H 的霍尔元件（探头）相接，测 H 时使用。另一块与测磁感应强度 B 的霍尔元件相接，测 B 时使用。霍尔装置如图12-15所示。用高斯计迅速测出不同磁场下的磁场强度与磁感应强度的大小，可快速绘出退磁曲线。

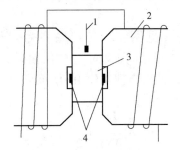

图 12-15　霍尔装置

1—测 H 的探头；2—电磁铁；3—被测磁铁；4—测 B 的霍尔元件

13 磁选的实践应用

13.1 磁选前的准备作业

影响磁力分选效果的因素总体上可概括为设备性能、矿石性质和操作控制三方面。磁选前的准备作业就是根据设备性能和操作控制的要求，调节矿石性质方面的因素，以便提高磁力分选效果。具体来说，影响磁力分选效果的矿石性质因素主要包括矿石矿物的磁性、粒度和水分等，因此，磁选前的准备作业包括筛分、除尘、脱泥、磁化、脱磁、干燥和磁化焙烧等。是否应用某一准备作业，要看被处理原料的物质组成和选别过程的条件。关于磁化和脱磁作业，前已述及，这里不再重复。

13.1.1 粒度准备和干燥

13.1.1.1 粒度准备

磁选机的磁场力 $H\mathrm{grad}H$ 值随着离开磁系磁极距离的增加而下降，下降幅度与磁选机的种类有关。此时，如分选未分级粒度范围宽的矿石时，矿石的最大矿粒和最小矿粒距磁极的距离差异很大，导致颗粒受到的磁场力 $H\mathrm{grad}H$ 值的差异也很大。这就给正确选择磁选机线圈电流（线圈安匝数）、磁系结构和工作参数（如分选弱磁性矿石时辊的齿距、极距、盘的厚度等）带来困难。因此，磁选前需要对被处理矿石进行粒度准备作业，如筛分、除尘和脱泥等。

生产实践已经证实，按粒度分级缩小被处理矿石颗粒的粒度范围，可以提高选矿指标。分选强磁性矿石，如其粒度为-50 mm 或-25 mm，最好在分选前将它分成两个级别：+6(8)mm 和-6(8)mm。分选弱磁性矿石，矿石粒度很少超过 5~6 mm，在某些情况下也要分成两个级别：+3 mm 和-3 mm 或更多级别。

对于细粒矿石，在多数情况下，通常采用除尘和脱泥的方法去除微细矿泥。

13.1.1.2 干燥

研究表明，干选细粒强磁性和弱磁性矿石时，矿石表面水分高，会降低选矿指标。这是因为矿石表面水膜的存在增加了矿粒间的黏着力，易使磁性产品混入大量的微细的非磁性矿粒和非磁性产品混入一些微细的磁性矿粒。矿石的容许水分与它的粒度有关，粒度越细，容许水分越低。例如，对粒度-20 mm 范围的矿石，容许水分为 4%~5%，而对粒度-2 mm范围的矿石，容许水分为 0.5%~1.0%。

13.1.2 弱磁性铁矿石的磁化焙烧

13.1.2.1 磁化焙烧的目的

磁化焙烧的目的是在一定条件下把弱磁性铁矿物（如赤铁矿、褐铁矿、菱铁矿和黄铁矿等）变成强磁性铁矿物（如磁铁矿或 γ-赤铁矿）。

磁化焙烧所消耗燃料量（包括矿石加热和还原、水分和结晶水蒸发等）比较大，约占原矿石重量的 6%～10%。因此只有在利用其他方法不能获得良好技术经济指标时才可考虑利用焙烧磁选法。

13.1.2.2 磁化焙烧的原理

矿石性质不同，化学反应不同。磁化焙烧按其原理可分为还原焙烧、中性焙烧和氧化焙烧。

（1）还原焙烧。这种焙烧适用于赤铁矿石和褐铁矿石。常用的还原剂有 C、CO 和 H_2 等。赤铁矿的化学反应如下：

$$3Fe_2O_3 + C \xrightarrow{570\ ℃} 2Fe_3O_4 + CO \tag{13-1}$$

$$3Fe_2O_3 + CO \xrightarrow{570\ ℃} 2Fe_3O_4 + CO_2 \tag{13-2}$$

$$3Fe_2O_3 + H_2 \xrightarrow{570\ ℃} 2Fe_3O_4 + H_2O \tag{13-3}$$

褐铁矿在加热过程中首先排出化合水，变成不含水的赤铁矿，然后按上述反应被还原成磁铁矿。

（2）中性焙烧。这种焙烧适用于菱铁矿石。菱铁矿在不通空气或通入少量空气的条件下加热到 300～400 ℃时，被分解变成磁铁矿，它的化学反应如下：

$$3FeCO_3 \xrightarrow{300\sim400\ ℃} Fe_3O_4 + 2CO_2 + CO \quad （不通空气时） \tag{13-4}$$

$$2FeCO_3 + \frac{1}{2}O_2 \longrightarrow Fe_2O_3 + 2CO_2 \quad （通入少量空气时） \tag{13-5}$$

$$3Fe_2O_3 + CO \longrightarrow 2Fe_3O_4 + CO_2 \tag{13-6}$$

（3）氧化焙烧。这种焙烧适用于黄铁矿石。黄铁矿在氧化气氛（或通入大量空气）中短时间焙烧时被氧化变成磁黄铁矿，它的化学反应为：

$$7FeS_2 + 6O_2 \longrightarrow Fe_7S_8 + 6SO_2 \tag{13-7}$$

如焙烧时间很长，则磁黄铁矿按下列反应变成磁铁矿，即：

$$3Fe_7S_8 + 38O_2 \longrightarrow 7Fe_3O_4 + 24SO_2 \tag{13-8}$$

这种焙烧方法多用于稀有金属精矿的提纯。

13.1.2.3 磁化焙烧炉

铁矿石的磁化焙烧炉有竖炉、回转窑和沸腾炉等。其中，竖炉主要用于块矿，回转窑主要用于处理粒度为-30 mm 的矿石，沸腾炉则主要用于处理粒度-5 mm 的矿石。

A 竖炉的结构

竖炉容积一般为 50 m^3。炉体的结构如图 13-1 所示。炉体高约 9 m，炉长约 6 m，宽约 3 m。炉子沿纵向自上而下分为三个作业带。

（1）预热带。从给矿漏斗向下直至斜坡和加热带交点为预热带，高为 2700 mm。预热带炉膛耐火砖砌体的角度对于矿石的下降速度和预热温度有直接关系。这一带的作用在于利用上升废气的热量预热矿石，废气温度平均为 150～200 ℃。

（2）加热带。这一带是由炉体腰部最窄处到炉体砌砖的斜坡交点（导火孔中心线至上部平行区），它的高度约为 900～1000 mm，宽为 400 mm。加热带的宽度对于炉体寿命、焙烧矿的质量影响非常大。在矿石粒度相同的情况下，加热带过宽，温度较低。特别是在炉体中心部位的矿石，加热温度低，还原质量就会降低，此时炉体寿命较长。加热带过窄，可使矿石温度过高，炉体砌砖磨损大，寿命短，炉子的产量也将降低。合适的宽度，对于块状矿石（-75+20 mm），以400~500 mm为宜，而对于粉状矿石，应当窄些。

加热带下部为避免矿石掉入燃烧室，导火孔下沿砌砖呈梯形扩散状。

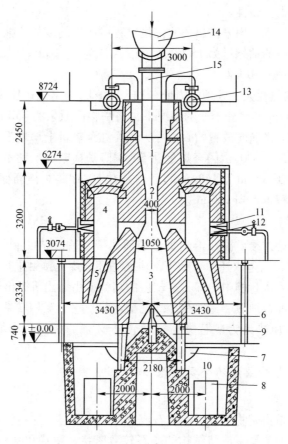

图 13-1   50 m³竖炉结构

1—预热带；2—加热带；3—还原带；4—燃烧室；5—灰斗；6—还原煤气喷出塔；7—排矿辊；8—搬出机；9—水箱梁；10—冷却水池；11—窥视孔；12—加热煤气喷嘴；13—废气排出管；14—矿槽；15—给料漏斗

（3）还原带。这一带是从加热带导火孔向下直至炉底，有效长度为2600 mm。为了使矿石在还原带充分和还原煤气接触，还原带向下逐渐变宽，呈向下的扩散状。

炉体的下部两侧有两个长6 m的冷却水箱梁，用来承受整个炉体的重量。为了防止炉壁受热变形，水箱内保持有足够的循环水量。

在炉子的中部两侧设有燃烧室，它的有效容积为9.55 m³。混合煤气和空气通过高压煤气喷嘴喷入燃烧室，在燃烧室内充分燃烧，起蓄热作用，温度一般为1000~1100 ℃，靠对流和辐射将热量从导火孔传给矿石。炉子下部还原带装有6个生铁铸成的还原煤气喷出塔，供给还原煤气。每个塔有3层檐，沿长度方向有4个孔，还原煤气由檐下喷孔喷出，和下落的热矿石形成对流，矿石被还原。

炉子的最下部两侧装有 4 个排矿辊，用来排出已经还原的矿石。它的转速可以根据矿石还原质量进行调节。在排矿辊的下面有搬出机，用来搬出已还原的矿石，全长 20700 mm，宽 830 mm，速度为 5.3 m/min，每个搬出机有 110 个斗子，电机容量为 4.5 kW。为了不使空气通过排矿辊处的排矿口进入还原带，采用水封装置，它是一个用混凝土筑成的水槽，其中有循环水。排出的矿石落入水封槽中冷却，避免在较高温度下和空气接触而重新被氧化失去磁性。

竖炉装有一台抽烟机，用来排出还原焙烧过程中产生的废气。抽烟机通过废气管道直接和炉内相通，抽烟机的抽烟量为 15000 m^3/h，风压为 $1\sim2$ kPa（$100\sim200$ mmH_2O），转数为 1300 r/min，功率为 20 kW。

50 m^3 的炉型结构热耗大、处理能力低（$14\sim15$ t/h），焙烧矿质量不够均匀。70 m^3 的竖炉是在 50 m^3 竖炉的外形尺寸不变的情况下，将炉腰由原来的 450 mm 扩大到 1044 mm，同时，在加热带增设一排横向放置的 6 根导火索，在预热带上部增设 5 个集气管，在还原带增设 4 个煤气喷出塔。100 m^3 的竖炉是在 50 m^3 竖炉横断面尺寸不变的情况下，将炉体加长一倍，容积扩大到 100 m^3。160 m^3 的竖炉是在 70 m^3 竖炉横断面尺寸不变的情况下，将炉体加长了一倍，容积扩大到 160 m^3。

B 还原焙烧过程

矿石由炉顶矿槽通过给矿漏斗给到炉子的预热带之后，靠自重自动下落经过加热带，被加热到 $700\sim800$ ℃ 以后进入还原带和下部供给的还原煤气接触进行还原。还原后从炉内排出，经由排矿辊卸入水封槽中冷却，冷却后的焙烧矿由搬出机搬出运往下道工序处理。

焙烧过程中矿石经过加热、还原和冷却三个环节，它们互相联系互相影响。其中，还原是一个主要环节，加热是为矿石进行还原创造必要的条件，冷却是为了保持还原的效果。

13.1.2.4 影响竖炉焙烧的主要因素

A 矿石的性质

矿石的性质主要是指矿物的种类、脉石成分和结构状态。这些性质决定了矿石被还原的难易程度。一般来说，具有层状结构的矿石较致密状、鲕状和结核状的矿石容易还原。脉石成分以石英为主的矿石，因受热后石英发生晶形转变、体积膨胀，引起矿石的爆裂，增加了矿石的气孔率，而有利于气固还原反应的进行。

B 矿石的粒度和粒度组成

矿石粒度的大小及其组成对还原过程的影响主要是矿石被还原的均匀性。在焙烧时间、温度、还原剂成分和用量等条件相同时，小块矿石较大块矿石先完成还原过程，而大块矿石，它的表层较其中心部位先完成还原过程。为了克服矿石在还原过程中的不均匀性，提高焙烧矿的质量，必须缩小入炉矿石的粒度上下限。根据我国的生产实践，竖炉焙烧矿石的粒度以 $-75+20$ mm 比较合适。

C 焙烧温度

在工业生产中，赤铁矿的还原温度下限是 450 ℃，适宜的还原温度不应超过 $700\sim800$ ℃。对于气孔率小、粒度大的难还原矿石或采用固体还原剂时，需要的还原温度是 $850\sim900$ ℃。当温度过高时，将会产生弱磁性的富氏体（FeO 溶于 Fe_3O_4 中的一种低熔点混合物）和弱磁性的硅酸铁。这样会降低焙烧矿的磁性，并影响炉子的正常生产（高温造成的炉料软化熔融或过还原生成的硅酸铁熔融体都会黏附在炉壁或附加装置上）。当温度过低时（如在 250~300 ℃以下），虽然赤铁矿也可以被还原成磁铁矿，并不发生过还原现象，但是还原反应的速度却很慢，它不仅影响焙烧炉的处理能力，而且在低温下生成的 Fe_3O_4 磁性较弱。因此，在工业生产上不能采用低温还原焙烧。各种不同矿石的适宜还原温度，由于矿石性质、加热方式和还原剂的种类不同而变化很大，应该对具体情况进行具体分析，通过试验确定。

D 还原剂成分

工业上用的还原剂有气体还原剂和固体还原剂。气体还原剂主要是各种煤气和天然气，固体还原剂如焦炭和煤粉等。我国处理铁矿石的竖炉还原焙烧所用的还原剂是各种煤气，如炼焦煤气、高炉煤气、混合煤气（炼焦煤气和高炉煤气）、发生炉煤气和水煤气等。各种煤气的主要成分见表 13-1。

表 13-1 各种煤气的主要成分（容积占比）　　　　　　　　%

煤气种类	CO_2	C_nH_m	O_2	CO	H_2	CH_4	N_2	Q_H(标态)/kJ·m^{-3}
炼焦煤气	3.0	2.8	0.4	8.80	58	26	1.0	20064
混合煤气	13.0	0.4	0.5	22.3	14.3	5.1	44.4	6487.36
高炉煤气	15.36	—	—	25.37	2.11	0.36	56.80	3469.40
水煤气	8.0		0.6	37.0	50.0	0.4	4.0	10157.4

在还原焙烧过程中，起还原作用的主要成分是 CO 和 H_2。采用 CO 作还原剂时，当温度大于 250~300 ℃时，赤铁矿便开始被还原成磁铁矿，即：

$$3Fe_2O_3+CO \longrightarrow 2Fe_3O_4+CO_2 \tag{13-9}$$

而在温度达到 570 ℃或更高时，上述反应进行得比较迅速。

还原煤气中 CO 的浓度增加时，矿石的还原速度也不断增加。但在还原反应过程中生成的 CO_2 对还原是不利的，因为 CO_2 被矿石表面吸附的能力较 CO 强，CO_2 在矿石表面的吸附阻碍了 CO 的吸附，使还原速度降低，同时 CO_2 浓度的增加将导致还原反应过程新生成的 CO_2 向外扩散发生困难。因此，CO_2 的浓度越大，还原反应的速度也就越慢。因此，生产上必须保持烟道有一定抽力以排出炉内的废气。

另一方面，CO 的浓度并不是越高越好，当 CO 的浓度太高或焙烧矿在还原气氛中停留的时间太长，则将发生如下的过还原反应：

$$Fe_3O_4+CO \longrightarrow 3FeO+CO_2 \tag{13-10}$$

$$FeO+CO \longrightarrow Fe+CO_2 \quad （温度为 570 ℃） \tag{13-11}$$

反应所生成的 FeO 是弱磁性的，对下一步磁选不利，会降低回收率，而反应所生成的金属铁是强磁性的，磁选虽然可以回收，但是浪费了燃料和还原剂，降低了炉子的处理能力。因此，在生产中对还原煤气流量和焙烧矿排出速度的控制是十分必要的。

实践证明，用单一的 CO 作还原剂时，铁矿石的还原速度是较慢的，如还原气体中含有适量的 H_2 之后，能够显著提高还原反应的速度。赤铁矿在温度超过 570 ℃时，被 H_2 还原的化学反应如下：

$$3Fe_2O_3+H_2 \longrightarrow 2Fe_3O_4+H_2O \tag{13-12}$$

$$Fe_3O_4+H_2 \longrightarrow 3FeO+H_2O \tag{13-13}$$

$$FeO+H_2 \longrightarrow Fe+H_2O \tag{13-14}$$

在工业生产中，具有实际意义的还原剂是含有 CO 和 H_2 的混合气体。表 13-2 是使用混合煤气、炼焦煤气和水煤气作还原剂所得焙烧矿的分选结果。

表 13-2　不同还原剂所得焙烧矿的分选结果　　　　　　　　%

煤气种类	原矿品位	精矿品位	尾矿品位	铁回收率
混合煤气	36.95	62.55	10.94	85.30
炼焦煤气	35.24	56.27	11.95	83.91
水煤气	33.02	63.20	8.04	86.40

从表 13-2 中可以看出，焙烧矿质量以水煤气作还原剂最好，混合煤气次之，炼焦煤气最差。

用水煤气作还原剂还有以下三方面的优点：

（1）其中有效还原剂成分高，$CO+H_2$ 的含量达 87%（而炼焦煤气为 66.8%，混合煤气为 36.6%），它的还原性能好。

（2）其中 CH_4 和高级碳氢化合物少，热耗损失少。因为在还原焙烧条件下，CH_4 燃烧不完全而损失掉。

（3）CO 含量高，还原反应放热量较大，因而相应地可减少加热煤气的用量。

尽管用水煤气作还原剂有上述优点，但使用水煤气时需要建立煤气发生站，增加基建投资且水煤气的成本较高。因此，在冶金联合企业中，采用混合煤气作还原剂，不仅焙烧效果良好，而且有利于冶金企业的煤气平衡，这样从技术上、经济上都是比较合理的。

E　焙烧矿的冷却

为了保证焙烧矿的质量，应当使焙烧矿出炉后在隔绝空气的条件下冷却到 400 ℃ 以下，然后再和空气或水接触，以保持焙烧矿的磁性。如在 400 ℃ 以上就接触空气，焙烧矿将被氧化成弱磁性的 α-赤铁矿，焙烧矿质量将显著下降。

13.2　铁矿石的磁选

13.2.1　铁矿石类型

我国重要的铁矿石类型有六种：鞍山式、宣龙式、大庙式、大冶式、白云鄂博式和镜铁山式等。

根据铁矿物的不同，有工业价值的铁矿石主要有：磁铁矿石、赤铁矿石、褐铁矿石、菱铁矿石和混合类型铁矿石（如赤铁矿磁铁矿混合矿石、含钛磁铁矿石、含铜磁铁矿石以及含稀土元素铁矿石等）。

13.2.2　铁矿石一般工业要求和产品质量标准

13.2.2.1　铁矿石一般工业要求

需选矿后才能冶炼的矿石见表 13-3，不需选矿直接进入冶炼的矿石见表 13-4，铁矿石中综合回收伴生金属最低品位参考指标见表 13-5。

表 13-3 铁矿石一般工业要求（1）

矿石类型	边界品位，Fe/%	工业品位，Fe/%
磁铁矿石	20	25
赤铁矿石	25	30
镜铁矿石	20	25
菱铁矿石	18	25
褐铁矿或针铁矿石	20~25	25~30

表 13-4 铁矿石一般工业要求（2）

矿石类型		边界品位，Fe/%	工业品位，Fe/%	杂质平均允许含量[①]/%							
				S	P	SiO$_2$	Pb	Zn	Sn	As	Cu
高炉富矿（炼铁用）	磁铁矿石 赤铁矿石 镜铁矿石	≥45	≥50	<0.3	<0.25		<0.1	<0.2	<0.08	<0.07	<0.2
	褐铁矿石 针铁矿石	≥40	≥45	<0.3	<0.25		<0.1	<0.2	<0.08	<0.07	<0.2
	菱铁矿石	≥35	≥40	<0.3	<0.25		<0.1	<0.2	<0.08	<0.07	<0.2
平炉富矿（炼钢用）	磁铁矿石 赤铁矿石 镜铁矿石	≥50	≥55	<0.15	<0.15	<12	<0.04	<0.04	<0.04	<0.04	<0.04
	褐铁矿石 针铁矿石	≥45	≥55	<0.15	<0.15	<12	<0.04	<0.04	<0.04	<0.04	<0.04

①含量指质量分数，下同。

表 13-5 铁矿石中综合回收伴生金属最低品位参考指标　　　　　　　　%

元素	Co	Cu	Zn	Mo	Pb	Ni	Sn	TiO$_2$	V$_2$O$_5$	Ga	Ge	P
含量	0.02	0.2	0.5	0.02	0.2	0.2	0.1	5	0.2	0.001	0.001	0.8

13.2.2.2　产品质量标准

精矿质量标准一般由国家（或相关部门）规定，在确定选矿厂的分选指标时，必须在保证精矿质量的基础上，最大限度地提高精矿的回收率。

13.2.3　磁铁矿石的选别

下面分别以本钢南芬选矿厂、太钢峨口铁矿选矿厂、首钢大石河选矿厂、酒钢钢铁公司选矿厂、攀钢矿业公司选矿厂、大冶铁矿选矿厂、包钢选矿厂为例，介绍不同类型矿石的矿石性质和选矿工艺流程。

13.2.3.1　本钢南芬选矿厂

A　矿石性质

南芬选矿厂处理的矿石为来自南芬露天铁矿的前震旦纪鞍山式沉积变质铁矿床。矿石中的含铁矿物主要为磁铁矿，有少量赤铁矿；脉石矿物主要为石英岩，有少量角闪石、绿泥石、透闪石、方解石等。矿石主要为条带状构造，少数为隐条带状和块状构造。矿物以粒状变晶结构为主，少数为纤维粒状变晶结构、交代结构等。铁矿物结晶好，呈自形、半自形晶产出，与脉石接触较规则平滑。矿石中铁矿物平均嵌布粒度为 $-0.071+0.034$ mm，石英平均嵌布粒度为 $-0.108+0.056$ mm，属细粒嵌布的贫磁铁矿石。原矿品位约 30%，矿石密度 $3.3×10^3$ kg/m^3，岩石密度 $2.6×10^3$ kg/m^3，磁性率 38% 左右，矿石硬度 $f=12\sim16$。矿石化学多元素分析结果见表 13-6。

表 13-6　南芬选矿厂处理矿石化学多元素分析结果　　　　　　　%

元素	TFe	SFe	FeO	SFeO	Fe$_2$O$_3$	SiO$_2$
含量	30.03	28.70	12.95	11.50	28.55	42.27
元素	Al$_2$O$_3$	CaO	MgO	P	S	Mn
含量	0.981	2.615	2.885	0.059	0.195	0.142

B　选矿工艺流程

选矿厂工艺流程为三段一闭路碎矿—二段阶段闭路磨矿—三段磁选—磁选柱精选—中矿浓缩再磨—高频振网筛自循环，属于单一磁选选矿工艺（见图 13-2）。

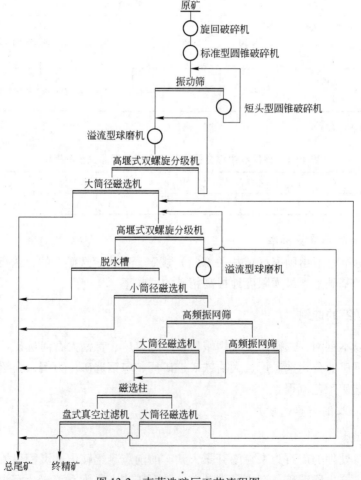

图 13-2　南芬选矿厂工艺流程图

粗破碎采用旋回破碎机,给料粒度为-1200 mm,破碎后的产品粒度为-320 mm。中破碎采用标准型弹簧圆锥破碎机,碎矿产品粒度为-60 mm。中碎产品采用自定中心振动筛进行预先筛分,筛下产品粒度为-12 mm,进入磨选车间原矿仓,筛上产品进入短头型弹簧圆锥破碎机和液压圆锥破碎机进行细碎。细碎产品返回自定中心振动筛进行检查筛分,构成预先筛分和检查筛分合一的闭路循环。

磨矿为二段阶段磨矿流程,均采用溢流型球磨机。一段磨矿排矿进入分级机进行检查分级,一段分级溢流产品粒度-0.45 mm占90%,分级溢流进入一次选别,分级返砂返回一段球磨再磨。一段分级溢流产品进入磁选机进行选别,一段精矿经脱磁器脱磁后至二次分级机进行分级,二次磨矿分级作业是预先分级和检查分级合一的磨矿分级作业,二次分级返砂返回二次磨矿再磨,其排矿进入二次分级机,二次分级溢流-0.125 mm占87%。二次分级溢流产品进入二段选别设备,二段精矿进入三段选别设备。三段精矿进入高频振网筛,高频振网筛筛下产品进入筛下磁选机,振网筛筛上产品直接返回二次磨矿再磨。筛下磁选精矿进入磁选柱。磁选柱精矿作为最终精矿,磁选柱中矿进入浓缩磁选机,浓缩精矿返回二次磨矿再磨。

2006年选矿厂处理的原矿品位为29.10%,精矿品位达到68.50%,尾矿品位降低到8.35%,金属回收率达到82.5%。

13.2.3.2 首钢大石河选矿厂

A 矿石性质

大石河铁矿选矿厂所处理的矿石为鞍山式沉积变质矿床的贫磁铁矿石。矿石中金属矿物主要为磁铁矿,其次有少量假象赤铁矿和赤铁矿;脉石矿物以石英为主,其次为辉石、角闪石等,有害杂质较少。磁铁矿与脉石矿物共生形态简单,容易解离。磁铁矿嵌布粒度较粗且均匀,结晶粒度为-0.5+0.062 mm的晶粒占60%~70%,-2.0+0.5 mm占10%~20%,-0.062 mm含量占10%左右。赤铁矿粒度较细,脉石矿物结晶粒度亦较粗,在0.18~0.35 mm之间。矿石磨至-0.074 mm占75%~80%时,有用矿物与脉石基本达到单体解离。矿石硬度(磁铁矿)$f=8\sim12$,密度为3.24×10^3 kg/m³。

矿石化学多元素分析和铁物相分析见表13-7和表13-8。

表 13-7 大石河磁铁矿石化学多元素分析结果   %

元素	TFe	FeO	SiO$_2$	MgO	CaO	Al$_2$O$_3$	S	P
含量	27.87	10.08	51.20	2.39	1.54	0.75	0.02	0.048

表 13-8 大石河磁铁矿石铁物相分析结果   %

矿相	磁铁矿中铁	赤褐铁矿中铁	硅酸铁中铁	菱铁矿中铁	黄铁矿中铁	全铁
含量	19.53	3.13	4.79	0.80	0.11	28.36
分布率	68.86	11.04	16.89	2.82	0.39	100.00

B 选矿工艺流程

大石河铁矿选矿厂处理磁铁矿石和伴生赤铁矿两类矿石,原矿最大粒度1000 mm,破碎流程为旋回破碎机、标准圆锥破碎机和短头圆锥破碎机构成的三段一闭路流程,破碎产物最大粒度为 12 mm。细碎产品采用两段永磁筒型干式磁选机预选抛尾，流程如图 13-3 所示，精矿产品进入球磨。该厂磨选流程为阶段磨矿阶段选别流程（如图 13-4 所示），其中，一段磨矿采用高堰式双螺旋分级机与磨机构成闭路，二段磨矿采用高频振网筛与二段磨机形成闭路。选别流程包括三次磁选、一段筛分、一次磁聚重选和一段尾矿回收扫选。一段磨矿产品经一次磁

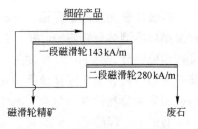

图 13-3　磁滑轮预选工艺流程

选，其精矿经二段磨矿后给入二次磁选，二次磁选精矿经高频振动筛处理，筛上产品返回二段磨矿，筛下产品进入复合闪烁磁场精选机。复合闪烁磁场精选机精矿进入三段磁选，第三段磁选精矿成为最终精矿。前两段磁选的尾矿集中通过尾矿回收机，回收的精矿返回一次磁选。

　　2006 年选矿厂处理的原矿品位为 26.23%，铁精矿品位为 67.15%，精矿实际回收率为 81.08%。

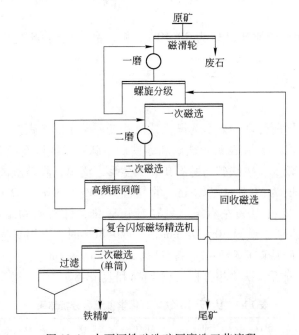

图 13-4　大石河铁矿选矿厂磨选工艺流程

13.2.3.3　太钢峨口铁矿选矿厂

A　矿石性质

　　峨口铁矿选矿厂所处理的矿石属鞍山式沉积变质岩型贫磁铁矿。矿体分南北两区。矿石共划分为两种自然类型，即含碳酸盐磁铁矿石英岩型（简称石英型），含碳酸盐镁铁闪石磁铁石英岩型（简称闪石型）。磁铁矿结构一般以半自形晶粒状变晶结构为主，其次为他形或自形晶粒结构，局部有交代结构，属酸性矿石。

　　矿石以条带状构造为主，贫磁铁矿条带与脉石矿物条带相间，脉石矿物条带较宽。矿石中有用矿物主要是磁铁矿，呈不均匀细粒嵌布，嵌布粒度大多数在 0.01~0.1 mm 之间，

南区一般在 0.1 mm 左右，北区在 0.01~0.5 mm，约 60% 的粒度在 0.05~0.15 mm 之间，0.05 mm 以下占 10%~30%，其次为碳酸铁矿物（铁白云石、镁菱铁矿等）、硅酸铁矿物、黄铁矿、磁黄铁矿、褐铁矿、假象赤铁矿等。脉石矿物主要是石英，其次为角闪石类矿物、硅酸盐类矿物，以及少量的绿泥石等。矿石硬度 $f = 13~17$。原矿化学多元素分析结果见表 13-9，原矿铁物相分析结果见表 13-10。

表 13-9　峨口铁矿选矿厂原矿化学多元素分析结果　　　　　　　%

项　目	TFe	MFe	SiO_2	Al_2O_3	CaO	MgO	P	S	烧损
南区生产样	27.90	18.60	43.63	1.45	3.54	2.00	0.056	0.18	9.35
北区生产样	29.20	19.25	47.28	1.54	2.46	1.81	0.060	0.14	2.98

表 13-10　峨口铁矿选矿厂原矿铁物相分析结果　　　　　　　%

项　目	矿　相	磁铁矿中铁	赤褐铁矿中铁	硅酸铁中铁	菱铁矿中铁	黄铁矿中铁	全　铁
南区生产样	含量	18.60	2.67	3.45	3.40	0.20	28.32
	分布率	65.68	9.43	12.18	12.00	0.71	100.00
北区生产样	含量	16.80	5.87	4.35	1.80	0.18	29.00
	分布率	57.96	20.24	14.99	6.19	0.62	100.00

B　选矿工艺流程

选矿厂目前生产流程分"221"工艺流程和"321"工艺流程两种，分别处理不同采场矿石。其中，"321"工艺流程是在"221"工艺流程基础上，针对峨口铁矿北区采场矿石中磁性矿物的结晶粒度细，原工艺流程无法适应的状况，对原流程的一半进行工艺改造，由两段磨矿改为三段磨矿，二段的双螺旋分级机改为旋流器，增加细筛作为三段分级设备，同时用磁团聚重选机先对筛下物料进行选别。"321"工艺流程如图 13-5 所示。

破碎工艺流程采用三段一闭路工艺流程，并且采用干选进行预先抛尾，提高入磨原矿品位，减少细碎循环负荷。入磨粒度为 -16 mm 占 88% 以上。磨矿为两段闭路磨矿加中矿再磨流程，选别为单一磁选。

2006 年选矿厂处理原矿品位为 28.64%，精矿品位为 66.61%，尾矿品位为 13.55%，精矿中铁的回收率为 66.13%。

13.2.4　赤铁矿石的选别

鞍山式贫赤铁矿石在我国铁矿石资源中占有重要地位。下面以鞍钢齐大山选矿厂为例，介绍这类矿石的矿石性质和选矿工艺流程。

13.2.4.1　矿石性质

齐大山选矿厂处理的矿石为典型的沉积变质型"鞍山式"铁矿石。齐大山矿石主要工业类型为假象赤铁矿石，其次是磁铁矿石和半氧化矿石。矿石的主要自然类型为石英型矿石和闪石型矿石。矿石多为粗-中条带状构造，少量为块状构造、斑块状构造、碎裂构造、揉皱构造。工业矿物主要有：假象赤铁矿、赤铁矿、磁铁矿、赤-磁铁矿、镜铁矿、褐铁矿、菱铁矿；脉石矿物主要有：石英、单斜闪石（透闪石和阳起石）、绢云母、绿泥石、铁白云石以及微量磷灰石、黄铁矿等。各类型矿石多元素分析结果表明：矿石中

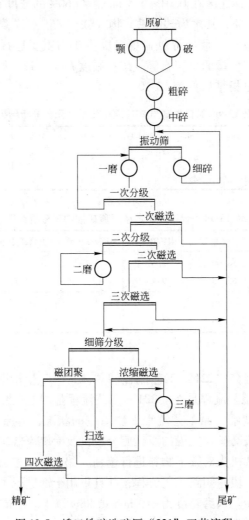

图 13-5 峨口铁矿选矿厂 "321" 工艺流程

TFe 26%~33%，FeO 1%~11%，SiO_2 48%~54%。各类型矿样物相分析结果如表 13-11 所示。

表 13-11 齐大山铁矿各类型矿样物相分析结果   %

矿样名称	项 目	TFe	磁铁矿中铁	$FeCO_3$ 中铁	$FeSiO_3$ 中铁	假象赤铁矿和半氧化矿石中铁	赤铁矿和褐铁矿中铁
北采红矿	含量	35.16	8.77	0.95	0.15	5.30	19.99
	分布率	100.00	24.94	2.70	0.43	15.07	56.86
北采混合矿	含量	32.28	6.94	0.80	0.55	9.39	14.60
	分布率	100.00	21.50	2.48	1.70	29.09	45.23
西石硅子红矿	含量	30.14	5.13	1.05	0.38	0.70	22.88
	分布率	100.00	17.01	3.48	1.28	2.32	75.91

矿样名称	项　目	TFe	磁铁矿中铁	$FeCO_3$中铁	$FeSiO_3$中铁	假象赤铁矿和半氧化矿石中铁	赤铁矿和褐铁矿中铁
黄泥段红矿	含量	29.08	3.29	1.33	0.63	0.60	23.23
	分布率	100.00	11.30	4.57	2.17	2.08	79.88
南采红矿	含量	30.65	2.65	0.65	0.65	5.10	21.60
	分布率	100.00	8.65	2.12	2.12	16.64	70.47
南采透闪矿	含量	31.12	22.27	0.85	1.02	1.29	5.69
	分布率	100.00	71.56	2.73	3.28	4.15	18.28
南采半假象矿	含量	32.89	8.13	1.12	1.58	10.11	11.95
	分布率	100.00	24.72	3.41	4.80	30.74	36.33
二矿区红矿	含量	26.77	4.37	0.88	0.65	0.85	20.02
	分布率	100.00	16.32	3.29	2.43	3.18	74.78

13.2.4.2　选矿工艺流程

齐大山选矿厂最早采用一段破碎—干式自磨——段闭路磨矿—弱磁—强磁的生产工艺。之后经过三次大型改造，到 1992 年形成了两段开路破碎、粉矿和块矿分别处理的工艺流程，其中，粉矿采用阶段磨矿—粗细分选—重选—磁选—酸性正浮选工艺流程，块矿采用焙烧—磁选的工艺流程，铁精矿品位达到 63.3% 左右。2001 年，选矿厂对生产流程进行了进一步改造，增加了细碎作业，取消了焙烧作业，并采用 H8800 中碎机、HP800 细碎机、立环脉动磁选机、BF-8 大型浮选机和 RA515 等新设备和新药剂，形成了目前的生产流程，即三段一闭路破碎—阶段磨矿—粗细分选—重选—磁选—阴离子反浮选联合工艺流程，铁精矿品位由过去的 63.3% 提高到 67.68%，铁精矿的回收率为 78.92%。

齐大山选矿厂目前的生产流程如图 13-6 所示。原矿最大粒度为 1000 mm，经过三段一闭路破碎后产品粒度为-10 mm。一次磨矿处理破碎产物，磨矿产物经旋流器分级，构成一次闭路磨矿分级系统。二次磨矿处理粗粒级的选别中矿，磨矿产物直接返回粗细分级旋流器，属于开路磨矿作业。一次磨矿产物经旋流器分级的溢流再经粗细分级旋流器进行预先分级，分为粗、细两个粒级，实行粗细分级分选。粗细分级旋流器沉砂给入粗选、精选、扫选三段螺旋溜槽和弱磁机（采用半逆流湿式弱磁场永磁筒式磁选机）、中磁机（采用 Slon-1500 立环脉动高梯度磁选机进行扫选）两段磁选作业，选出粗粒合格重选精矿，并抛弃粗粒尾矿；中矿给入二次分级作业旋流器，沉砂给入球磨机，磨矿后的产品与二次分级溢流混合后返回粗细分级作业。粗细分级旋流器溢流给入永磁作业（采用湿式中磁场永磁筒式磁选机）。永磁机尾矿给入浓缩机进行浓缩，其底流经过一段平板除渣筛进入 Slon-1750 立环脉动高梯度强磁机。永磁精矿、强磁精矿合并给入浓缩机进行浓缩。浓缩底流给入浮选作业，浮选作业经一段粗选、一段精选、三段扫选选出精矿。重选精矿、浮选精矿合并成为最终精矿，Slon 中磁机尾矿、强磁尾矿、浮选尾矿合并成为最终尾矿。

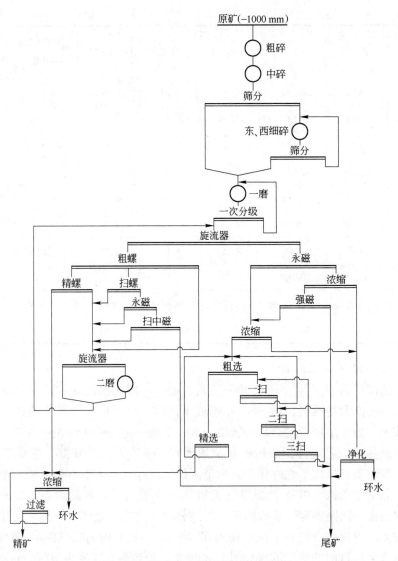

图 13-6 鞍矿齐大山选矿厂生产流程

13.2.5 镜铁矿石的选别

镜铁山式铁矿石在铁矿石储量中占有一定地位。酒泉钢铁公司选矿厂处理该类型铁矿石，下面介绍其矿石性质和选矿工艺流程。

13.2.5.1 矿石性质

镜铁山铁矿为一大型沉积变质铁矿床。矿石结构构造有不规则条带状、块状、浸染状等。矿石中有用矿物以镜铁矿、菱铁矿、褐铁矿为主，并有少量的磁铁矿、黄铁矿；脉石矿物主要有碧玉、石英、重晶石、铁白云石、绿泥石、绢云母等。矿石中各种铁矿物共生关系比较密切，常以混合矿形式产出，不同矿体中各种铁矿物比例变化较大。铁矿物嵌布粒度一般为 0.01~0.2 mm，矿石硬度 f = 12~16。原矿多元素分析结果见表 13-12。

表 13-12　酒钢选矿厂原矿多元素分析结果　　　%

元素	TFe	FeO	Fe_2O_3	SiO_2	Al_2O_3	CaO	MgO	MnO
含量	33.77	10.10	37.05	23.78	2.95	2.12	2.82	1.11
元素	BaO	S	P	Ig	K_2O	Na_2O	V_2O_5	TiO_2
含量	4.17	0.98	0.02	11.99	0.84	0.08	0.01	0.2

13.2.5.2　选矿工艺流程

酒钢选矿厂处理的原矿为矿山粗碎、中碎、预选后的产品。进入选矿厂的矿石粒度为 -75 mm，经振动筛筛分，分为粒度为 -75+15 mm 的筛上产品（产率约 57%，以下简称块矿）和粒度为 -15 mm（产率约 43%，以下简称粉矿）的筛下产品。筛上块矿进入焙烧磁选系统选别，筛下粉矿进入强磁选系统选别。

A　块矿焙烧磁选系统

块矿焙烧磁选系统的焙烧工艺流程如图13-7所示。块矿首先经过振动筛的再次筛分，分成 -75+50 mm 的大块矿石和 -50+15 mm 的小块矿石，然后分别焙烧，焙烧后矿石经干式磁选机选出磁性产品送往矿仓，不合格产品送往返矿炉再次焙烧后，用磁滑轮再选，磁性产品也送至矿仓，不合格产品送往废石场。焙烧炉为 100 m^3 鞍山式竖炉，焙烧过程中所用加热和还原气体均为高炉焦炉混合煤气。竖炉按工艺要求分大块炉、小块炉和返矿炉，分别处理 -75+50 mm 的大块矿石、-50+15 mm 的小块矿石和焙烧磁选后的返回矿石。2007 年 1~8 月入炉矿石品位为 37.49%，焙烧矿石品位为 42.67%，单台炉处理能力为 24.01 t/(台·h)，焙烧不合格产品产率约为 12%。

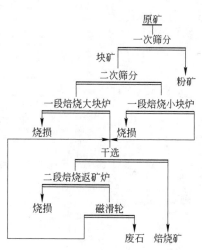

图 13-7　酒钢选矿厂焙烧流程

与焙烧系统对应的弱磁选系统处理焙烧后的矿石，采用如图 13-8 所示工艺流程。一段磨矿为格子型球磨机与水力旋流器组成的闭路磨矿系统，旋流器溢流粒度为 -0.074 mm 占 65%，经一段磁力脱水槽和一段筒式磁选机选别后，抛出约 25% 的尾矿，磁选精矿进入二段磨矿。二段磨矿还是采用格子型球磨机与水力旋流器组成闭路，二段旋流器溢流粒度为 -0.074 mm 占 80%，再经过二段脱水槽，二段、三段筒式磁选机选别后得到弱磁选精矿，精矿品位约为 56%，精矿回收率约为 85%。各段脱水槽和磁选机的尾矿合并为最终尾矿，尾矿品位约为 17%。

B　粉矿强磁选系统

强磁选系统处理一次筛分 -15 mm 的粉矿，采用两段连续磨矿—强磁粗细分选工艺流程，如图 13-9 所示。一段磨矿为格子型球磨机与高堰式双螺旋分级机组成闭路，产品粒度为 -0.074 mm 占 55%。分级机溢流给入一段电磁振动高频振网筛分级，筛上产品给入旋流器组与格子型球磨机构成的二段闭路磨矿系统，产品粒度为 -0.074 mm 占 80%。旋流器溢流与一段高频振网筛筛下产品经隔渣后进入中磁机选别，中磁机尾矿给入粗选 Shp 型强磁选机选别，强磁机粗选尾矿经旋流器组分级，沉砂 -0.037 mm 含量为 32.83%，进入 Shp

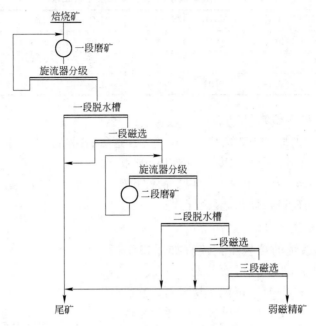

图 13-8 酒钢选矿厂弱磁选流程

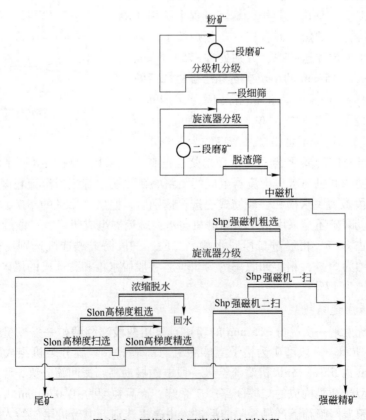

图 13-9 酒钢选矿厂强磁选选别流程

型强磁选机进行二次扫选。旋流器溢流 −0.037 mm 含量为 94.97%，经过高效浓密机浓缩后，浓密机底流给入 Slon 立环脉动高梯度磁选机进行一次粗选、一次精选、一次扫选。中磁机选别精矿与粗细两种强磁选精矿混合即为强磁选精矿。

2006 年该系统处理的原矿品位为 36.37%，精矿品位为 51.28%，回收率为 73.62%。

13.2.6 含钒钛磁铁矿石的选别

含钒钛磁铁矿石是我国铁矿石的主要工业类型之一，河北承德大庙铁矿和四川攀枝花铁矿都属于这类矿石。下面介绍攀钢矿业公司选矿厂处理这类矿石的矿石性质和选别工艺流程。

13.2.6.1 矿石性质

攀枝花钒钛磁铁矿床为岩浆分异型铁矿床。矿石中金属矿物主要为钛磁铁矿、钛铁矿、镁铝尖晶石及少量硫化物，脉石矿物主要为硅酸盐矿物及少量磷酸盐、碳酸盐矿物。矿石结构主要有结晶结构和固溶体分离结构，其次为交代结构。矿石主要构造有浸染状构造、致密块状构造、条带状构造、流层状构造和斑杂状构造。

矿石中主要有益元素为铁、钛、钒、钴、镍、镓、钪、铜、铬、锰等，有害元素为硫和磷。矿石中钛、钒、铬、镓含量随铁品位增高而增高。铁主要赋存于钛磁铁矿中，其次是钛铁矿、硅酸盐矿物、碳酸盐矿物和硫化物之中。钛主要赋存于钛磁铁矿、钛铁矿中，其次为硅酸盐矿物之中。钒主要以类质同象赋存于钛磁铁矿中，仅有少部分存在于脉石矿物和钛铁矿之中。磷主要赋存于磷灰石中，矿石中磷灰石含量较少，且分布不均匀，在上部含矿带的部分岩石中较富集，底部含矿带中磷含量极少。硫主要赋存在硫化物中，在钛磁铁矿、钛铁矿中含量较少。矿石化学多元素分析结果见表 13-13，铁、钛的物相分析结果见表 13-14。

表 13-13 攀枝花含钒钛铁矿石化学多元素分析结果　　　%

组分	TFe	TiO$_2$	V$_2$O$_5$	S	P$_2$O$_5$	SiO$_2$	Al$_2$O$_3$	CaO
含量	23.65~34.88	9.12~12.03	0.22~0.34	0.56~0.66	0.052~0.098	18.18~29.47	8.04~9.62	5.15~8.91
组分	MgO	MnO	Cr$_2$O$_3$	Co	Ni	Ga	Sc$_2$O$_3$	Cu
含量	5.61~6.77	0.28~0.30	0.086~0.096	0.013~0.02	0.011~0.023	0.003~0.0036	0.0028~0.0039	0.016~0.02

表 13-14 攀枝花含钒钛铁矿石铁、钛的物相分析表　　　%

矿物名称	矿物含量	TFe 金属量	TFe 分布率	TiO$_2$金属量	TiO$_2$分布率	V$_2$O$_5$金属量	V$_2$O$_5$分布率
钛磁铁矿	43.01	24.67	80.59	5.61	49.06	0.28	95.16
钛铁矿	10.56	3.41	11.14	5.43	47.45	0.003	1.11
硫化物	1.56	0.54	1.75	0.008	0.07		
脉　石	44.87	2.00	6.52	0.39	3.42	0.011	3.73
合　计	100.00	30.62	100.00	11.438	100.00	0.294	100.00

13.2.6.2 选铁工艺流程

攀钢集团矿业公司密地选矿厂生产流程如图 13-10 所示。

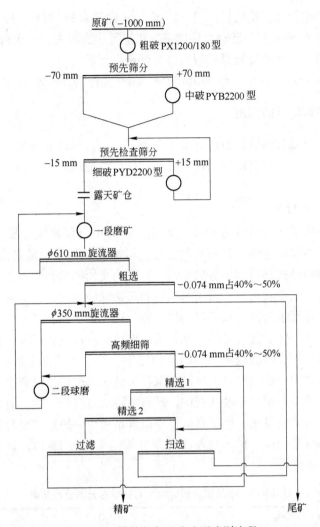

图 13-10　攀枝花密地选矿厂选别流程

　　原矿最大粒度为 1000 mm，经三段闭路破碎，破碎产品粒度为-15 mm。磨矿选别采用阶段磨选工艺。一段球磨机采用格子型球磨机与旋流器组成一段闭路磨矿，旋流器溢流给入半逆流永磁磁选机进行粗选，粗选精矿至二段旋流器分级，二段旋流器沉砂直接进入溢流型球磨机再磨，磨矿产品返回二段旋流器形成闭路磨矿，二段旋流器溢流给入高频细筛再次分级，筛下矿进入两次精选磁选机，筛上物自流至浓密箱浓缩后进入二段磨机再磨。精选尾矿进入半逆流永磁磁选机进行扫选，扫选精矿返回二段球磨机再磨。2006 年，选矿厂原矿品位为 34.47%，铁精矿品位达到 54% 左右，铁的回收率为 68.41%。

13.2.6.3　选钛工艺流程

　　选钛厂处理攀钢矿业公司选矿厂产生的全部尾矿，按粗细粒级分级选钛，生产流程如图 13-11 所示。粗粒物料进入"重选—电选"流程（主流程）后，经重选、脱铁、脱硫、过滤后，得到粗钛精矿，粗钛精矿经干燥、电选后得到粗粒钛精矿。细粒物料，经强磁—浮选流程选别后，得到细粒钛精矿。

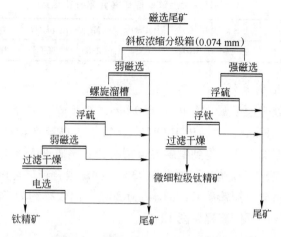

图 13-11 攀枝花矿业公司选钛流程

13.2.7 含铜磁铁矿石的选别

大冶铁矿为该类型矿石。下面介绍这类矿石的矿石性质和大冶铁矿选矿厂的生产工艺流程。

13.2.7.1 矿石性质

大冶铁矿是一个大型的接触交代硅卡岩型含铜磁铁矿矿床，常称为大冶式磁铁矿类型，铁矿体分布于闪长岩和大理岩的接触带内。根据矿石中矿物共生组合与结构构造特征，大冶铁矿矿石自然类型可分为磁铁矿矿石，磁铁矿-菱铁矿矿石，菱铁矿-赤铁矿矿石（或赤铁矿-菱铁矿矿石），磁铁矿-赤铁矿矿石，磁铁-赤铁-菱铁矿矿石。矿石结构以半自形-他形晶粒状结构为主，其次为交代残余结构、交代结构、胶状结构、雏晶结构等。矿石构造主要为致密块状构造，其次为浸染状、似条带状构造。

矿石中的组成矿物有 30 多种。主要金属矿物为磁铁矿，其次为赤铁矿、菱铁矿、少量褐铁矿。硫化物以黄铁矿、黄铜矿为主，其次为斑铜矿，少量白铁矿、辉铜矿、磁黄铁矿、胶黄铁矿等。脉石矿物以方解石、白云石、透辉石为主，其次为金云母、方柱石、长石、柘榴石、绿帘石、阳起石、绿泥石、石英、玉髓、高岭土等。

矿石中有益组分有铁、铜、钴、镍、金、银。有害组分主要有硫、磷、砷等。铁的主要工业矿物为磁铁矿，一般粒度为 $0.016 \sim 0.056$ mm，并有少量假象赤铁矿（粒度一般小于 0.033 mm）和菱铁矿，菱铁矿晶粒通常在 0.01 mm。此外，在硅酸盐矿物和硫化物中，铁的占有率分别为 3.49% 和 3.94%。铜主要以黄铜矿产出，少量存在于斑铜矿中。钴在黄铁矿中主要以类质同象存在，尚未发现钴的独立矿物。金以自然金和银金矿产出。金的粒度在 $0.05 \sim 0.01$ mm 的占 93%，且以裂隙金为主，主要载金矿物为黄铜矿，其次为黄铁矿。银的赋存状态尚不够清楚。据电子探针探测结果推测，部分银系以银金矿产出。硫主要赋存于黄铁矿、黄铜矿等金属硫化物中，部分以硬石膏出现。大冶铁矿原矿多元素分析结果见表 13-15。

表 13-15　大冶铁矿原矿多元素分析结果　　　　　　　%

元素	TFe	Cu	S	Co	CaO	MgO	Al$_2$O$_3$	SiO$_2$	Au	Ag
含量	45.35	0.325	2.026	0.02	6.34	2.85	4.06	14.34	1.0 g/t	4.0 g/t

13.2.7.2　选矿选别流程

大冶铁矿选矿厂处理原矿最大粒度为 650 mm，经粗碎—中碎—洗矿筛分—抛废—细碎闭路流程，破碎至-18 mm，并抛出 10%左右的废石；破碎产物经过两段全闭路的磨矿流程，进入铜硫混合浮选作业，得到铜硫混合精矿，其尾矿进入磁选工序，经三段弱磁选得到品位为 64%的铁精矿，铁精矿回收率约 73%；铜硫混合精矿再进行铜硫分离浮选，分别得到铜精矿和硫钴精矿，铜精矿 Cu 品位约为 20%，回收率约为 74%，硫钴精矿含 S 约34%，回收率约为 43%。具体流程见图 13-12。

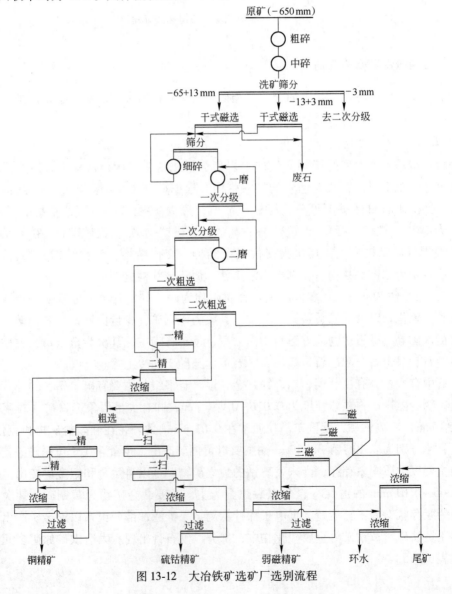

图 13-12　大冶铁矿选矿厂选别流程

13.2.8 含稀土元素铁矿石的选别

白云鄂博式铁矿是我国最重要的含稀土元素的铁矿石，也是我国重要的铁矿石类型。下面介绍这类矿石的矿石性质和包钢选矿厂的选别流程。

13.2.8.1 矿石性质

白云鄂博矿床属沉积-岩浆期后高温热液交代多次成矿作用的铌、稀土、铁等大型复杂矿床，矿产储量大，矿物种类多。主要有用矿物为铁矿物、稀土矿物及铌矿物。铁矿物主要有磁铁矿、半假象赤铁矿、假象赤铁矿、赤铁矿及褐铁矿；稀土矿物主要有氟碳铈矿物和独居石两种；铌矿物则以铌铁矿、铌铁金红石、黄绿石和易解石为主。主要脉石矿物有萤石、钠辉石、钠闪石、石英、长石、白云石、方解石、云母类矿物、重晶石和磷灰石等。根据氧化程度可分为氧化矿石和磁铁矿石两种，根据矿物组合又分为块状型、萤石型、钠辉石型、钠闪石型、黑云母型、白云石型等六种。各种矿物的自然嵌布粒度因矿石类型不同而有所差异，但总体表现为嵌布粒度很细，特别是铌和稀土矿物更细，铌矿物粒度一般为 0.01~0.03 mm，稀土矿物粒度一般为 0.01~0.07 mm，铁矿物粒度一般为 0.01~0.2 mm，0.1 mm 以上占90%。此外，有用元素铁、稀土和铌有少量分散在其他矿物之中，铁的分散量在萤石型矿石中为 5%左右，在钠辉石型矿石中为 5%~15%。矿石中常见且分布较广的有四种构造形式：条带状构造、块状构造、浸染状构造、浸染条带状构造。矿石的结构，按矿物的结晶形态、颗粒大小及嵌布关系可分为：自形-半自形不等粒结构、他形不等粒结构、他形等粒结构、镶嵌结构、包含结构。

入选矿石多元素分析见表 13-16，铁物相分析见表 13-17。

表 13-16 包钢入选原矿多元素分析结果　　　　　　　　%

项　目	TFe	SFe	FeO	Fe_2O_3	SiO_2	K_2O	Na_2O
磁铁矿石	33.00	30.20	12.90	32.84	10.65	0.823	0.853
氧化矿石	33.10		7.20		7.73	0.35	0.52
项　目	P	S	F	ReO	CaO	Al_2O_3	MgO
磁铁矿石	0.789	1.56	6.80	4.50	12.90	0.75	3.50
氧化矿石	1.09	1.08	8.43	6.50	16.60	0.82	1.16

表 13-17 包钢入选原矿铁物相分析结果　　　　　　　　%

铁物相		磁性铁中的铁	赤褐铁矿中的铁	硅酸盐中的铁	硫化矿中的铁	总　计
氧化矿石	含量	21.00	5.10	6.10	0.10	32.30
	分布率	62.02	15.79	18.88	0.31	100.00
磁铁矿石	含量	21.10	9.50	1.49	0.60	32.69
	分布率	64.54	29.08	4.65	1.83	100.00

13.2.8.2 选矿工艺流程

包钢选矿厂原矿最大粒度为 1200 mm，在矿山经粗碎至-200 mm。中细碎车间建在选矿厂，其中，氧化矿石处理分别采用标准型和短头型圆锥破碎机进行两段开路破碎，破碎产物中+20 mm 粒级含量小于 10%；磁铁矿石处理分别采用标准型、短头型和细碎型（分别为西蒙斯圆锥破碎机和 HP800 液压圆锥破碎机）进行三段闭路破碎，破碎产物中+13 mm 粒级含量小于 8%。氧化矿与磁铁矿的破碎产物均采用相同的三段连续磨矿流程（含一段开路棒磨和两段旋流器闭路球磨），磨矿产物最终粒度达到-0.074 mm 占 90% 以上。矿石选别分为氧化矿石和磁铁矿石两种流程。

　　氧化矿石的选别流程为弱磁选—强磁选—反浮选，其原则工艺流程见图 13-13。连续磨矿产品细度为-0.074 mm 占 90% 以上，有用矿物基本单体解离，采用弱磁选—强磁选工艺将矿物分组，获得富含铁的磁选铁精矿、富含稀土和铌矿物的强磁中矿以及含一部分稀土和大量脉石的强磁选尾矿。然后，对弱磁选精矿与强磁选精矿分别进行浮选处理，除去氟、磷等碳酸盐、磷酸盐矿物。对弱磁选精矿采用反浮选，提高精矿铁的品位。对强磁选精矿采用先反浮选后正浮选的工艺，首先在碱性矿浆中通过反浮选，将强磁精矿中的重晶石、萤石、稀土、碳酸盐等易浮矿物抛出，再在酸性介质中利用正浮选抑制含铁硅酸盐矿物而浮出弱磁性铁矿物，达到硅铁分离的目的，从而获得优质的正浮选精矿。正浮选精矿与弱磁反浮选精矿合并作为氧化矿混合精矿输出，氧化矿铁精矿品位达到 65% 以上。

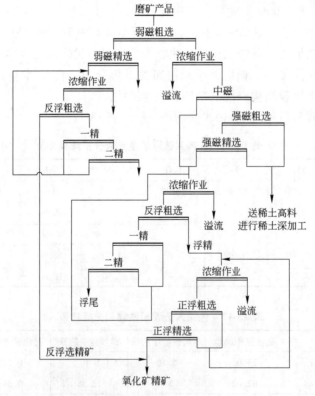

图 13-13　中贫氧化矿选别流程

　　磁铁矿石的选别流程为弱磁选—反浮选，原则选别流程见图 13-14。该流程比较简单，主要问题是铁精矿品位低，TFe 约 64%，F 0.4%，SiO_2 4% 左右。根据工艺矿物学查定，铁精矿中脉石矿物以含铁硅酸盐和碳酸盐矿物为主，含量高达 6% 以上，其次为石英、长石、萤石等，均为影响冶炼性能的脉石矿物。为进一步提高磁铁矿石铁精矿品位，企业已经进行阶段磨矿—细筛再磨—磁选—浮选工艺的工业试验。

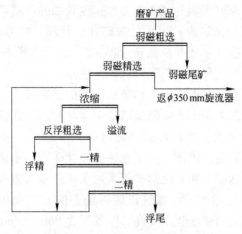

图 13-14　磁铁矿选别流程

13.3　锰矿石的磁选

锰是一种重要的金属，在工业上应用非常广泛。世界锰矿储量 90% 以上集中在南非、俄罗斯、澳大利亚、加蓬、巴西和印度等国。我国锰矿储量丰富，居世界前列。

13.3.1　锰矿石的工业类型和工业要求

锰矿石按其自然类型分为碳酸盐锰矿和氧化锰矿两大类。我国碳酸盐锰矿多，约占锰矿总储量的 57%。

根据工业用途，锰矿石分为冶金和化工用两大类。世界约有 92% 的锰用于钢铁工业。据统计，世界平均锰矿石的产量为钢产量的 3%~4%。我国由于锰矿石含锰量较低，每吨钢消耗量为 5%~10%。我国冶金用锰矿石技术标准见表 13-18。

表 13-18　我国冶金锰矿石技术标准

品　级	Mn/%	Mn/Fe	P/Mn	粒度/mm
一	≥40	≥7	≤0.004	≥3
二	≥35	≥5	≤0.005	≥3
三	≥30	≥3	≤0.006	≥10
四	≥25	≥2	≤0.006	≥10
五	≥18	不限	不限	

注：该标准为原冶金工业部 1965 年颁布的冶金锰矿石产品技术标准。

各国对选出的锰精矿品位要求不一，主要取决于原矿品位和对精矿的不同用途。

13.3.2　锰矿石的选别

在世界范围内，随着钢铁工业的发展，锰矿石的需要量日益增加。各国富锰矿石日趋减少，开采出的贫锰矿石越来越多。因此，贫锰矿石的选矿为各国所重视，并得到较快的发展。对于原矿矿物成分比较简单且嵌布粒度较粗的矿石，可以用洗选、筛选、重选和磁选等方法取得合格精矿，而对于成分复杂、嵌布粒度较细的贫锰矿石，需采用一般选矿方法和特殊选矿方法（主要是化学法）的联合选矿方法处理，才可能得到高品位的锰精矿。目前，锰矿选矿方法有重选（主要是跳汰选、摇床选）、重介质—强磁选、焙烧—强磁选、单一强磁选、浮选以及包括几种方法的联合选矿方法。

锰矿物属于弱磁性矿物，其比磁化率和脉石矿物的差别较大，因此，锰矿石的强磁选占有重要地位。很早以前就采用干式强磁选机处理锰矿石，干式强磁选机的缺点是不能选别细粒嵌布的锰矿石。近年来，各种湿式强磁选机发展较快，并越来越广泛地用于选别 -0.5 mm 粒级乃至更细的矿石。因此，用磁选法处理锰矿石显示了广阔的前景。对组成比较简单嵌布较粗的碳酸盐锰矿石和氧化锰矿石采用单一强磁选流程已在生产上使用，并获得较好的指标。选别碳酸盐锰矿石，磁选机的磁场强度需在 480 kA/m（6000 Oe）以上，而选别氧化锰矿石，磁选机的磁场强度要高，一般要在 960 kA/m（12000 Oe）以上。

我国锰矿石资源丰富，类型很多，但富矿石极少，贫锰矿石多（占 90% 以上），而且酸性矿多，碱性矿少，高磷高铁矿多，低磷低铁矿少。这些特点造成了选矿的难度以及流程的复杂性。近几年来，我国自己研制出的各种强磁选机相继生产，使锰矿石强磁选成为锰矿石的主要选矿方法。下面以广西大新锰矿为例介绍其矿石性质和选矿生产工艺流程。

13.3.2.1 矿石性质

广西大新锰矿属于海相沉积层状碳酸锰矿床，该矿石产在上泥盆统五指山组硅质岩系中。矿石有菱锰矿型、钙菱锰矿-锰方解石型、硅酸锰-菱锰矿型，多属于酸性矿石。矿层上部矿体受氧化作用而形成氧化矿石，下部为原生碳酸锰矿石。

氧化锰矿石以显微隐晶结构、微粒-细粒结构、泥质结构为主，其次为残余变晶结构、胶体及残余胶体结构；矿石构造主要为胶状、凝块状、土状、空洞状、粉末状、葡萄状及肾状构造。氧化锰矿石的主要含锰矿物有软锰矿、硬锰矿、偏酸锰矿、隐钾锰矿、苏恩塔矿、拉锰矿和水羟锰矿，主要含铁矿物为褐铁矿、赤铁矿和针铁矿。脉石矿物以石英、玉髓、高岭土及水云母为主。表 13-19 为氧化锰矿石的多元素分析结果，表 13-20 为氧化锰矿石的锰物相分析结果。

表 13-19　氧化锰原矿多元素分析结果　%

产品名称	MnO$_2$	Mn	Fe	P	Ca	Mg	S	Si	Co	Ni	氧化系数
1 号原矿样	52.94	35.87	11.21	0.220	0.490	0.059	0.010	6.55	0.021	0.047	1.48
2 号原矿样	48.78	33.55	10.95	0.164	0.590	0.240	0.012	9.54	0.020	0.049	1.45
3 号原矿样	46.99	31.96	8.49	0.169	0.190	0.059	0.015	12.79	0.021	0.048	1.47
平均值	49.57	33.79	10.22	0.184	0.423	0.119	0.012	9.63	0.021	0.048	1.47

表 13-20　氧化锰矿样锰物相分析　%

锰相名称	MnO$_2$	Mn$_2$O$_3$	MnO	MnCO$_3$	MnSiO$_3$
锰含量	26.8	0.3	0.3	0.93	2.80
占总量	86.09	0.96	0.96	2.99	9.00

碳酸锰矿石以微粒结构、细粒结构、显微鳞片泥质结构、生物碎屑结构、显微柱状结构、显微叶片结构、显微鳞片结构组成。各矿层的矿石均以微粒结构为主，有少量细粒结构、显微鳞片结构、柱状结构等；矿石的构造有块状构造、豆鲕状构造、条带（条纹）状构造、结核状构造、斑点状构造、斑杂状构造、微层状构造等。碳酸锰矿石的主要含锰矿物为菱锰矿、钙菱锰矿、锰方解石，次为蔷薇辉石、锰帘石、锰铁叶蛇纹石和红帘石；脉石矿物主要是石英、绿泥石、黑云母，次为绢云母、阳起石、白云母、石榴石、方解石和碳质泥岩。表 13-21 为碳酸锰原矿多元素分析结果，表 13-22 为碳酸锰原矿的锰物相分析结果。

表 13-21　碳酸锰原矿多元素分析结果　　　　　　　　%

产品名称	Mn	Mn^{2+}	Mn^{4+}	Fe	Cu	Co	Ni	Pb	Zn	SiO_2	AlO_3	CaO	MgO	P
矿样 1	17.48	15.68	0.064	5.76	0.0202	0.0281	0.081	0.00115	0.0531	31.97	2.64	8.03	2.46	0.0204
矿样 2	18.16	15.16	0.170	6.29	0.0195	0.0281	0.074	0.00095	0.0527	34.65	2.15	7.23	2.00	0.0992
矿样 3	16.05	15.42	0.064	6.29	0.0191	0.0287	0.079	0.00121	0.0545	29.48	1.95	10.81	2.53	0.0821
矿样 4	20.55	17.98	1.26	6.96						34.46		3.16	2.09	0.144

表 13-22　碳酸锰原矿锰物相分析结果　　　　　　　　%

锰相名称	MnO_2	Mn_2O_3	MnO	$MnCO_3$	$MnSiO_3$
锰含量		0.3	5.0	11.32	1.00
占总量	0	1.70	28.38	64.25	5.67

13.3.2.2　选矿工艺流程

中信大锰大新分公司下设 60 万吨/年碳酸锰选厂和 30 万吨/年氧化锰选厂两座选矿厂。

氧化锰选厂选别流程如图 13-15 所示。破碎部分采用三段一闭路流程，原矿最大粒度 350 mm，经过颚式破碎机粗碎、圆锥破碎机中碎和对辊机细碎，破碎产品粒度为 -7 mm。粗碎后进行洗矿，洗矿矿泥进入摇床选别，块矿经中碎、细碎后进入跳汰选别。粗选跳汰的精矿经精选后得到电池锰砂（$60\% \leqslant w(MnO_2) \leqslant 66\%$）和化工锰砂（$49\% \leqslant w(MnO_2) \leqslant 53\%$）两种产品；粗选跳汰尾矿和精选跳汰尾矿合并进入 DPMS 湿式永磁磁选机磁选，得到冶金精矿和最终尾矿。洗矿机溢流部分（ -1 mm）用摇床选别，得到的产品是摇床粉矿，其中含锰在 26%~33% 的粉矿作冶金锰用，含锰 33% 以上的粉矿作化工锰用。

2009 年，氧化锰选厂处理的原矿品位为含 Mn 32.95%，得到二级锰砂品位为含 Mn 41.70%，三级锰砂品位为含 Mn 34.96%，摇床精矿品位为含 Mn 31.54%，冶金锰块品位为含 Mn 29.29%，废砂品位为含 Mn 14.27%，尾矿品位为含 Mn 17.55%，总精矿品位为含 Mn 31.18%，精矿回收率为 72.82%，选矿比为 1.30。

碳酸锰选厂选别流程如图 13-16 所示。破碎部分采用三段一闭路流程，原矿最大粒度 450 mm，经颚式破碎机粗碎和圆锥破碎机中碎后，给入双层筛（筛孔尺寸分别为 20 mm 和 7 mm）进行湿式筛分，其中 -7 mm 筛下产物给入 DPMS 湿式永磁选机进行粗选和扫选，得到细粒精矿和最终尾矿，-20+7 mm 的筛下产物给入 DPMS 干式永磁选机预粗选，得到粗粒级精矿，+20 mm 的筛上和干式永磁选机的尾矿一并给入圆锥破碎机进行细碎，细碎产物返回到双层筛筛分。

2009 年碳酸锰选厂处理的原矿品位为含 Mn 20.04%，碳酸锰精矿品位为含 Mn 22.49%，废砂品位为含 Mn 5.93%，尾矿品位为含 Mn 11.21%，精矿回收率为93.65%，选矿比为1.20。

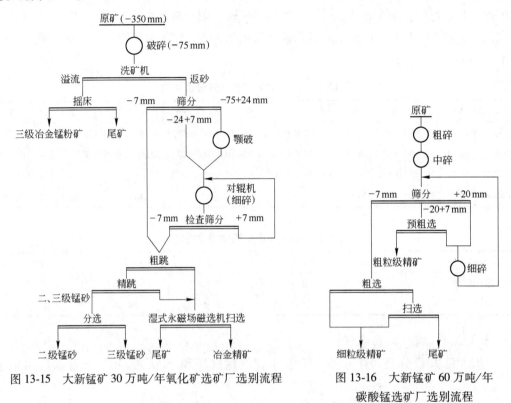

图 13-15　大新锰矿 30 万吨/年氧化矿选矿厂选别流程

图 13-16　大新锰矿 60 万吨/年碳酸锰选矿厂选别流程

13.4　有色和稀有金属矿石的磁选

磁选广泛应用于有色和稀有金属矿石（脉钨矿、脉锡矿、砂锡矿和海滨砂矿等矿石）重选粗精矿的精选。

在这些矿石中一般都含有多种磁性矿物，如磁铁矿、赤铁矿、磁黄铁矿、钛铁矿、黑钨矿、钽铁矿、铌铁矿和独居石等。这些金属矿物的密度一般比脉石矿物的密度大，通常先用重选法将它们富集，得到混合粗精矿。粗精矿经干燥、筛分分成若干级别，再根据其矿物成分、粒度组成和其他性质可采用单一磁选或磁选与其他选矿方法（浮选、粒浮、电选和重选）的联合流程进行精选，以达到提高精矿质量和综合利用矿产资源的目的。

13.4.1　粗钨精矿的精选

无论是脉钨矿和脉锡矿的重选粗精矿或是砂锡矿的重选粗精矿，除含有黑钨矿和锡石，还含有其他多种矿物。对脉矿粗精矿而言，尚含有磁铁矿、赤铁矿和多种硫化矿，而砂矿粗精矿中还含有多种稀有金属矿物，如锆英石、金红石、独居石和褐钇铌矿等。因此，粗精矿的精选，一般采用包括磁选在内的较复杂的联合流程。一般在钨锡精选厂，其原料性质相差很大，根据其中锡和硫的含量不同，分为高锡钨精矿和高硫钨精矿，根据钨的品位，分为高品位钨精矿和低品位钨精矿。对于高品位粗钨精矿和高锡粗钨精矿，采用先磁选后重浮的流程，而对于低品位粗钨精矿和高硫粗钨精矿则采用先重浮后磁选的流程。某黑钨矿重选粗精矿的精选流程如图 13-17 所示。

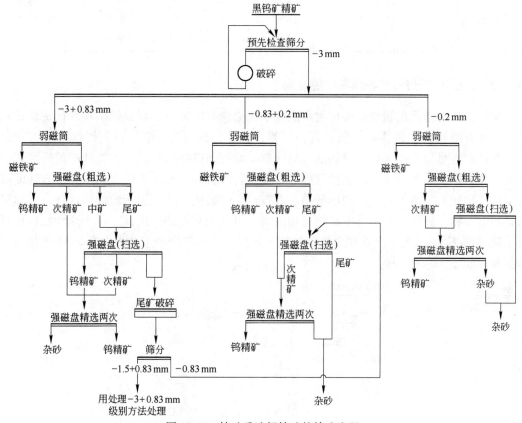

图 13-17　钨矿重选粗精矿的精选流程

首先将混合粗精矿用闭路流程破碎到 3 mm 以下，然后通过振动筛分为三级：-3+0.83 mm，-0.83+0.2 mm，-0.2 mm，分别给入干式盘式强磁选机中分选。生产实践证明分级入选比不分级入选的效果好。

粗钨精矿中一般都含有一些磁铁矿，因此在物料给入强磁选机之前要采用弱磁场磁选机分出磁铁矿，以保证强磁选机的正常工作。强磁选设备目前多采用双盘式干式强磁选机。在粗选作业中，第一盘的磁场强度稍低，选出高质量的黑钨精矿，第二盘的磁场强度稍高，除选出单体黑钨矿外还选出一部分连生体，称为次精矿。尾矿用同样的办法扫选一次，得出合格黑钨精矿和次精矿。粗选和扫选的次精矿，合并精选两次得出合格黑钨精矿和杂砂（尾矿）。杂砂主要矿物是白钨、锡石和其他硫化物，送到下一步作业综合回收其中有用成分。由流程中可以看出，绝大部分合格黑钨精矿均由强磁选得出。按照该流程所取得的强磁选指标见表 13-23。

表 13-23　黑钨粗精矿精选指标　　　%

矿石类型	原矿品位		精矿品位			尾矿品位		回收率
	WO₃	Sn	WO₃	Sn	S	WO₃	Sn	
高锡易选 1	59.19	约4.0	71.09	0.079	0.42	7.51	23.18	92.45
高锡易选 2	55.89	约7.0	71.39	0.094	0.23	11.93	31.63	89.03
低锡易选	56.67	约1.4	71.06	0.035	0.51	22.27	5.69	88.25
高硫难选	46.87	约0.1	68.83	0.054	1.10	13.70	1.58	75.40
高硫高锡难选	24.9	24.56	65.35	1.095	1.27	2.25	51.85	63.37
低硫低锡难选	58.27	0.15	71.27	0.022	0.39	19.88	1.18	85.13

13.4.2　含钽铌-独居石矿物粗精矿的选别

含钽铌矿物的重选粗精矿中矿物组成复杂，除含有锆英石、褐钇铌矿和其他铌钽矿物外，还含有磁铁矿、钛铁矿、独居石、石英、云母、石榴石、电气石和褐铁矿等多种矿物。磁铁矿含量较多，采用弱磁场磁选机回收，而铌钽矿物与独居石、钛铁矿的磁性相差不大，仅采用磁选不能完全达到精选分离这些矿物的目的，必须采用磁选与其他方法的联合流程。独居石、锆英石可以用油酸钠、水玻璃、碳酸钠等药剂进行粒浮。此外，铌钽矿物是导电矿物，独居石不是导电矿物，用电选分离也是有效的。因此，对于这种粗精矿可以采用磁选-粒浮、磁选-电选联合流程处理。某厂含铌钽矿物的重选混合精矿的磁选-粒浮精选流程如图 13-18 所示。

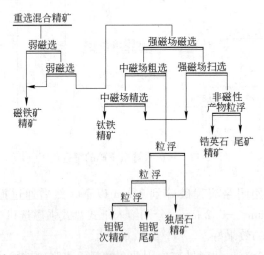

图 13-18　某厂含铌钽独居石粗精矿的精选流程

该厂重选粗精矿的矿物组成为：磁铁矿约占 50%，钛铁矿约占 30%，独居石约占 2%，锆英石约占 5%，褐钇铌矿约占 2%，石英约占 9%，锡石、云母、石榴石、电气石和褐铁矿约占 2%。

首先用弱磁场磁选机分出磁铁矿，以保证进入强磁选作业的矿砂中不含有磁铁矿。强磁场粗选和强磁场扫选作业的目的是尽最大可能把铌钽矿物、独居石和钛铁矿等弱磁性矿物回收到磁性产物中去。磁性产物用中磁选经粗选-精选获得钛铁矿精矿。中磁选的尾矿和强磁选扫选的中矿主要是褐钇铌矿和独居石，用碳酸钠、水玻璃、油酸钠等药剂进行粒浮，浮物为独居石精矿，沉物为钽铌精矿。强磁场扫选的尾矿主要矿物是锆英石和石英，采用上述同样药剂进行粒浮，浮物为锆英石精矿，沉物为石英。分选指标如下：

钽铌精矿——$(Nb \cdot Ta)_2O_5$ 含量为 30.74%，回收率为 61.74%；

钽铌中矿——$(Nb \cdot Ta)_2O_5$ 含量为 5.94%，回收率为 4.92%；

独居石精矿——R_2O_3 含量为 60.94%，回收率为 65.43%；

锆英石精矿——ZrO_2 含量为 59.83%，回收率为 88.49%；

钛铁矿精矿——TiO_2 含量为 43.24%，回收率为 89.99%；

磁铁矿精矿——Fe 含量为 67.18%，回收率为 95.45%。

某选厂的入选钽铌原矿系风化壳钽铌铁矿床，有用矿物为铌钽铁矿、锆英石、富铪锆英石、铷云母；脉石矿物为石英、长石、云母、高岭土和黏土等。

该厂采用的强磁选流程如图 13-19 所示，强磁选的入选物料为重选流程中的细泥。分选指标表明，钽铌矿的回收率为 90.72%，富铪锆英石、铷云母也富集在粗精矿中，达到了综合回收的目的。

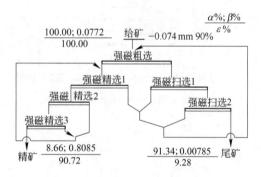

图 13-19 某厂钽铌矿泥的湿式强磁选流程

13.4.3 海滨砂矿粗精矿的精选

海滨砂矿重选粗精矿中主要回收矿物为钛铁矿、独居石、金红石和锆英石等。钛铁矿磁性最强，独居石次之，金红石和锆英石都是非磁性矿物，而金红石的导电性比锆英石高得多。因此，处理这种矿石时，一般可采用磁选-电选联合流程。

我国某矿原矿以海滨砂矿和冲积砂矿为主，主要金属矿物有锆英石、金红石、锐钛矿、磁铁矿和褐铁矿，而脉石矿物以石英、长石和云母为主。该矿所采用的磁选-电选精选流程如图 13-20 所示。

在重选粗精矿中，弱磁性矿物较多，如钛铁矿、赤铁矿、石榴子石、角闪石、绿帘石、榍石和白钛矿等，用强磁场磁选机将它们分离出来。磁选尾矿中主要含非导电矿物的锆英石和导电矿物的金红石、锐钛矿，通过电选可以达到将它们分离的目的，并得到合格的精矿。由于金红石和锐钛矿污染程度较大，同时还含有较多的锆英石包裹体和其他矿物，难以选出合格产品，故作为尾矿丢掉。

所用磁选设备主要为干式单盘和双盘强磁选机，其回收率为 96%~98%。电选作业分两次精选，回收率在 94% 以上。最终精矿锆英石品位（含 ZrO_2）达 60% 以上。

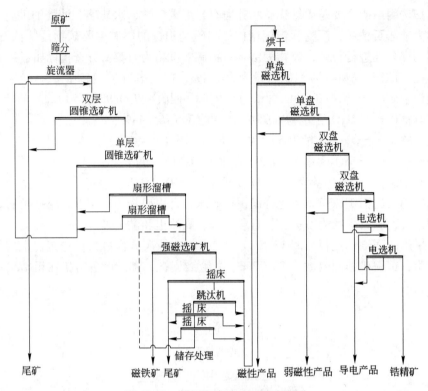

图 13-20　某厂海滨砂矿选矿流程图

第2篇　电　　选

　　电选是利用物料中各组分的电性差异而使之分选的方法。如常见矿物中的磁铁矿、钛铁矿、锡石、自然金等，其导电性都比较好；石英、锆英石、长石、方解石、白钨矿以及硅酸盐类矿物，则导电性很差，从而可以利用它们电性质的不同，用电选将其分开。

　　图1为鼓筒式高压电选机简图。转鼓接地，鼓筒旁边为通以高压直流负电的尖削电极，此电极对着鼓面放电而产生电晕电场。矿物经给矿斗落到鼓面而进入电晕电场时，由于空间带有电荷，此时不论导体和非导体矿物均能获得负电荷（如果电极为正电，则矿粒带正电荷），但由于两者电性质不同，导体矿粒获得的电荷立即传走（经鼓筒至接地线），同时受到鼓筒转动所产生的离心力及重力分力的作用，在鼓筒的前方落下；非导体矿粒则不同，由于其导电性很差，所获电荷不能立即传走，甚至较长时间也不能传走，于是吸附于鼓筒面上而被带到后方，然后用毛刷强制刷下而落到矿斗中。可见导体矿粒与非导体矿粒两者的运动轨迹明显不同，故可使之分开。

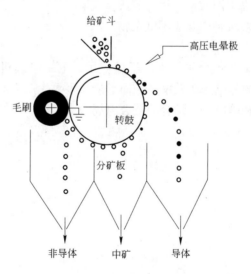

图1　鼓筒式电选机简图

　　从上述电选过程可知，实现电选，首先与矿物电性质和高压电场特性有关，同时还与机械力的作用有关，即对导体矿粒而言，$\sum F_{机} > F_{电}$；对非导体矿粒而言，$F_{电} > \sum F_{机}$。

　　电选在工业上的应用始于1908年，当时在美国威斯康星建立了第一座利用静电场分选铅矿的选矿厂。由于当时条件的限制，电选只能在静电场中进行，因为分选效率低，处理能力小，发展受到了很大的限制。直到20世纪50年代，电选才有了新的发展，得到了更为广泛的应用，这主要是由于工业的迅速发展，对各种矿物原料的需求量日益增长。例如，由于国防工业和其他工业的发展而需要钛的量不断增加，因此就大量开采和利用海滨砂矿中的钛铁矿、金红石和原生钛铁矿。为了提高钛铁矿精矿品位和降低其中有害杂质二氧化硅和含磷矿物的含量，电选是最为有效的方法；经重选后的白钨锡石粗精矿，用重选、浮选和磁选都无法分开，而电选则是最为有效的方法。同时科学技术的发展，特别是电晕带电方法的应用，使分选效率得到显著提高；加之电选是干式作业，不产生废水、不污染环境等，人们日益重视电选技术的开发研究，促使电选的应用范围不断扩大。

国内在生产中采用电选是在 1964 年，此后逐步用在钨矿中分选白钨锡石，随后又用于钛铁矿和钽铌矿的精选。但总的情况是应用范围仍不广泛，研究也不够深入。

电选目前主要有下列几方面的应用：

（1）有色、黑色和稀有金属矿的精选。例如白钨与锡石的分离，磁铁矿、赤铁矿、铬铁矿、锰矿的分选，钽铌矿、钛铁矿、金红石、独居石的分选，黄金的分选等。

（2）非金属矿物的分选。例如石英、长石的分选，石墨、金刚石、磷灰石、煤和石棉等的分选。

（3）超纯铁精矿的生产。例如采用电选生产高质量的铁精矿，含 Fe 大于 66%，含 SiO_2 小于 3%，这对降低焦比、节约能源和降低成本具有优越性。

（4）各种物料的分级。可按物料的形状和粒度进行分级。

（5）碎散金属粉末、细粒与其他绝缘材料的分选。

（6）塑料中除去非铁质的金属物质。

（7）城市固体废弃物中回收铜、铝等有用金属。

（8）粮食及其他谷物选种中除去不纯杂物。

（9）茶叶的分选。

电选之所以能大规模在各个领域里广泛地应用，电晕电选机的发明起了很重要的作用。这是因为它比以前的静电选矿效率高，而目前大多数生产上和实验室型的电选机，其使用的电场则又以电晕和静电场相结合的复合电场最为广泛。

14　矿物的电性质

矿物的电性质是电选的依据。只有两种矿物的电性质（即导电性的差别）不同，才有可能进行电选。所谓电性质主要指矿物的介电常数、电导率及相对电阻、电热性、比导电度及整流性等。由于矿物的组分不同，其电性质也就不同，即使同种矿物也常常因成矿时条件不同及晶格缺陷等表现出的不同电性质。但不管如何，各种矿物的电性质参数仍然存在着一定的数值范围，据此可以判定其可选性。实际中通常采用矿物的介电常数、电导率、比导电度及整流性研究矿物电选的可选性。

14.1　介　电　常　数

介电常数以符号 ε 表示，ε 越大表示矿物的导电性越好，反之则导电性差。一般情况下，$\varepsilon > 10 \sim 12$ 者属于导体，能利用通常的高压电选分开，而低于此数值者则难以采用常规的电选法分选。当然大多数矿物主要属于半导体矿物。

介电常数 ε 不决定于电场强度的大小，而与所用的交流电的频率有关，还与温度有关。R. M. Fuoss 研究后指出，极化物料在低频时，介电常数大，高频时介电常数小。现在各种资料所介绍的介电常数，都是在 50 Hz 或 60 Hz 条件下测定的。

介电常数的测量方法如图 14-1 所示，系两个面积为 A 的平行电容板，两极板 A 之间的距离为 d，但 d 远比 A 小。先按图 14-1（a），即两极板之间为空气时测定其电容，然后按图 14-1（b），即两极板之间整个空间充满待测矿物时测出其电容。两电容之比即为矿物的介电常数 ε（实际上是相对介电常数，选矿界习惯上将其称为介电常数），即：

$$\varepsilon = \frac{C}{C_0} \tag{14-1}$$

式中　C_0——两极板之间为真空或空气时的电容；

　　　C——两极板之间为待测定矿物时的电容。

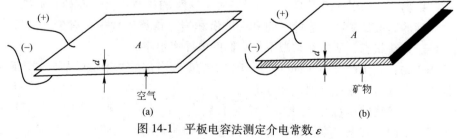

图 14-1　平板电容法测定介电常数 ε

（a）空气；（b）矿物

电容单位为法拉或微法，在 SI 单位制中，介电常数 ε 等于真空介电常数 ε_0 与相对介

电常数 ε_r 的乘积，即：

$$\varepsilon = \varepsilon_0 \times \varepsilon_r \qquad (\text{F/m}) \qquad (14\text{-}2)$$

$\varepsilon_0 = 8.85 \times 10^{-12}$ F/m。

各种矿物的介电常数（一般在选矿领域中为相对介电常数，若本书以下内容中无特殊说明，则介电常数即为相对介电常数）可查阅附表 4。如果两种矿物其介电常数均较大，且属于导体，则视其相差的程度而定，如相差很悬殊，常规电选仍可利用其差别使之分开，当然相对于导体与非导体矿物的分选效果会差。如果两种矿物均属非导体时，例如磷灰石与石英，常规电选则难以将其分开，但仍可利用其差别，用摩擦带电的方法使之分选。

14.2　电　导　率

电导率是导体的一个重要电性指标。它是表示导体传导电流能力大小的物理量，常用 σ 表示。σ 值越大，导体的导电能力越强。

矿物的电导率是指长 1 cm、截面积为 1 cm^2 的直柱形导体沿轴线方向的导电能力。其数值为电阻率的倒数，单位是 S/cm（或 $\Omega^{-1} \cdot$ cm^{-1}）。电导率的数学表达式为：

$$\sigma = \frac{1}{\rho} = \frac{l}{RS} \qquad (14\text{-}3)$$

式中　ρ——电阻率，$\Omega \cdot$ cm；

R——电阻，Ω；

S——导体的截面积，cm^2；

l——导体的长度，cm。

电导率又有容积电导率和表面电导率之分。容积电导率即物体本身的电导率；表面电导率是物体表面传导电流的能力，它仅仅决定于物体的表面状态，而与内部组成无关。对于纯净的非导体，表面电导率仅为容积电导率的一部分。但是，当非导体表面涂有一层导体膜时，它的表面电导率将大大超过容积电导率，而使非导体表现出导电能力，但这只是表面的导电能力。

根据电导率的大小，矿物可分为三类：

导体矿物：$\sigma > 10^4$ $\Omega^{-1} \cdot$ cm^{-1}。属于这类的矿物很少，只有自然金属、石墨等。这类矿物中，导电机构为自由电子，自由电子的数目和运动速度都较大。

半导体矿物：$\sigma = 10^4 \sim 10^{-10}$ $\Omega^{-1} \cdot$ cm^{-1}。属于这类的矿物很多，有硫化矿物、金属氧化物、含铁锰的硅酸盐矿物、岩盐、煤和一些沉积岩。这类矿物中具有少量的自由电子，多数电子处于束缚状态，所以在常温下，它们的电导率很小。

非导体矿物：$\sigma < 10^{-10}$ $\Omega^{-1} \cdot$ cm^{-1}。属于这类的矿物有硅酸盐及碳酸盐矿物。矿物中电子完全处于束缚状态，故在常温下无导电能力。

应当指出，矿物的电导率不是一个绝对的数值。它的波动范围有时很大。同一种矿物，由于产地不同，其电导率常常有不同的数值；即使是同一块矿物，在不同部位上，其电导率数值也可能相差较大。

电导率本身受许多因素的影响，主要有：

（1）温度。对于导体，温度升高，电导率降低。对于半导体，温度升高，电导率增大。这是因为温度升高时，导体内部分子热运动剧烈，增加了电子热运动的阻力。因此电阻增大，电导率降低。对于半导体，温度升高时，束缚电荷受到热能的激发而释放，因此自由电子增多，电导率增大。研究表明，多数矿物具有半导体的温度与电导率关系的特性，也有少数矿物不符合这一规律。由此可知，电选前将物料加温对多数矿物来说有利于提高电导率，从而有利于分选。

（2）晶体的结构特征。近代固体物理学已经证明在半导体中任何偏离化学组成的多余原子、外来杂质和晶格结构的缺陷，都会显著地改变其导电性能。例如方铅矿的成分，在接近化学式 PbS 时，其电导率为 $10^{-2} \sim 10^{-3}\ \Omega^{-1} \cdot cm^{-1}$，而当它含有显著过量的 Pb 或 S 时，其电导率显著地增加到 $10^2 \sim 10^3\ \Omega^{-1} \cdot cm^{-1}$。水晶中的外来钠离子，闪锌矿中外来的铁、锰离子都会显著地增大这些矿物的电导率。

（3）矿物的表面状态。矿物的表面状态决定了它的表面电导率。所谓表面状态指的是表面化学组成和表面物理状态。后者包括表面水分、孔隙度和机械污染等。

对于电导率小的矿物来说，仅仅矿物表面化学组成的变化，就足以显著地改变其表面电导率，而完全不必深入到晶体内部。因此电选中，在某些情况下，可用某些药剂处理矿物表面，使矿物表面覆盖一层新的薄膜，从而可以改变矿物的表面电导率。例如利用某些表面活性物质选择性地吸附在矿物表面，往往是提高电选效果的措施之一。

与矿物相比，水具有较好的导电性能。因此，如果电导率低的矿物表面上有水膜存在时，其表面电导率将远远超过其本身的容积电导率，从而表现出导电能力。

矿物的表面水分与表面的物理化学性质有密切关系。如果矿物表面是极性的，具有未饱和键，那么水的偶极子，便在矿物表面吸附形成水膜。根据矿物表面对水的亲和力的高低，可分为亲水性表面和疏水性表面。这些对水亲和力不同的表面，对空气湿度的敏感性也不同。随着空气温度的增大，亲水性矿物的表面水分增大，而疏水性矿物则变化不大。例如，当空气湿度由零增大到70%时，疏水性的石蜡的表面电导率毫无变化，而亲水性的大理石的表面电导率则显著增大，其电阻由 $10^{15}\ \Omega$ 下降到 $10^{10}\ \Omega$。金刚石表面是疏水性的，因此物料中的水分含量或空气湿度在一定范围内时，其电导率不变。

矿物的孔隙度对电导率有影响。亲水性矿物表面的孔隙度大时，由于其比表面积大，具有强烈的吸湿性。因而当空气湿度增大时，其表面电导率也显著增大。

矿物表面的机械污染主要指矿尘或矿泥的污染。被污染的表面，其电导率会显著改变，从而恶化电选效果。因此电选前需要除尘、脱泥，在必要时还可以用酸碱清洗矿粒表面。

在电选中，矿物的电导率有时可用电阻率来衡量。电阻率大的电导率小，电阻率小的电导率大。

14.3　矿物的比导电度

在电选中，矿物的导电性也常用比导电度（相对导电系数）来表示。比导电度越小，其导电性越好。

研究表明，矿物颗粒的导电性除了与颗粒本身的电阻有关外，还与颗粒和电极的接触面电阻有关。界面电阻又与高压电场的电位差有关。只有电场的电位差足够大时，电子才能流入或流出导电性差的矿粒，即获得电子或损失电子而带负电或正电。在高压电场中，由于受电场力的作用，非导体和导体颗粒在电场中表现出的运动轨迹不同。利用此原理，人们在电极上通以不同电压以测定各种矿物的偏离情况。

测定的装置如图 14-2 所示。被测物料由给料斗给到转筒上，通过两个电极所形成的电场。当电压达到一定值时，导电性较好的颗粒按照高压电极的极性获得或损失电子，从而带正电或负电并被高压电极吸引，致使其下落的轨迹发生偏离。导电性较差的颗粒则在重力和离心惯性力的作用下，基本沿着正常的下落轨迹落下。采用不同的电压，就可以测出各种物料成为导体时所需要的最低电压。石墨是良导体，所需的电压也最低，仅为 2800 V，国际上习惯以它作为标准，把其他矿物在电场中成为导体时所需要的电位差与此标准相比较，两者的比值称为矿物的比导电度。例如，钛铁矿所需的最低电压为 7800 V，其比导电度为

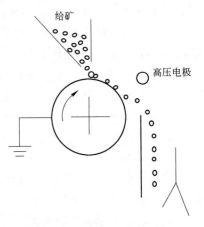

图 14-2　比导电度和整流性测定装置

2. 79（=7800/2800）。显然，两种物料的比导电度相差越大，就越容易在电场中实现分离。

附表 5 所列各种矿物的比导电度为国外所测定，仅供参考。矿物的比导电度越大，该矿物所需之最低电压就越高。必须说明的是，此种数据只是相对的，因测定时仅以静电场为条件，加之矿物的组分也不相同（因含杂质数量不一），但仍可作为分选时的参考。

14.4　矿物的整流性

人们在实际测定矿物的比导电度时发现，有些矿物只有当高压带电电极的极性为负，且电压达一定数值时，才能获得正电荷，成为导体。而当电极为正时，则为非导体。有些矿物则相反，只有当高压带电电极的极性为正，且电压达一定数值时，才能获得负电荷，成为导体。而当电极为负时，则为非导体。例如，在测量石英的比导电度过程中，当偏转电极带负电时，石英属非导体，从鼓筒的后方排出，但当电极改为正电时，石英却成为导体从前方排出。还有一些矿物，不管高压带电电极的极性如何，只要电压达一定数值时，都能获得与电极极性相反的电荷，成为导体。例如石墨、方铅矿、黄铜矿等。矿物所表现出的这种性质，称为矿物的整流性。由此规定：

（1）只能获得负电的矿物称为负整流性矿物，此时的电极应带正电，如石英、锆英石等。

（2）只能获得正电的矿物称为正整流性矿物，此时的电极应带负电，如方解石等。

（3）不论电极带正电还是负电，矿粒均能获得电荷，具有此种性质的矿物称为全整流性矿物，如磁铁矿、锡石等。

根据前述矿物介电常数的大小、电导率的大小，可以大致确定矿物用电选分离的可能性；根据矿粒的比导电度，可大致确定其分选电压，当然此种电压乃是最低电压；还可通过查表（附表 5）以了解矿物的整流性，然后确定电极采用正电或负电。但在实际中往往都采用负电进行分选，而很少采用正电，因为采用正电时，对高压电源的绝缘程度要求更高，且并未带来更好的效果。

15　电选机的电场

电选机所采用的电场有静电场、电晕电场和复合电场三种。

15.1　静　电　场

由物理学可知，凡是有电荷的地方，四周就存在着电场，即任何电荷在自己周围空间都会激发电场。在电选实践中，都是采用高压直流电源来产生高压静电场的，矿粒在高压电场中获得负电荷或正电荷，根据静电场理论，它们必然会相互作用。

15.1.1　库仑定律

电荷和电场间相互作用力在电选中是大量发生的，其大小由库仑定律决定，即：

$$F = \frac{Q_1 Q_2}{4\pi\varepsilon_0 r^2} \qquad (15\text{-}1)$$

式中　F——静电力的大小，N；

　Q_1，Q_2——两个点电荷的电量，C；

　　　　r——两电荷间的距离，m；

　　　　ε_0——真空介电常数，F/m。

15.1.2　电场强度

电荷周围有力作用的空间称为电场。将单位正电荷置于电场中某点所受力的大小，称为该点的电场强度，这个力的方向就是电场的方向。电场强度等于力除以电量，是一个矢量。可以想象在电场中存在着许多曲线，这些曲线即为电力线。图15-1为各种形式的静电极形成的电力线分布情况。与上述形式相似的几种电选形式如图15-2所示。

电力线总是由正极出发，止于负极，电力线有相互排斥的现象，但又不能交叉。静电选矿机中的静电极不会放电，即无电子流，矿物在静电场中只是由于感应、传导和极化，根据同性电荷相斥及异性电荷相吸的原理而产生运动轨迹上的偏离，从而达到分选。

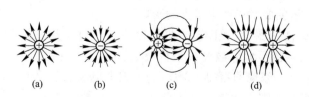

(a)　　　(b)　　　(c)　　　(d)

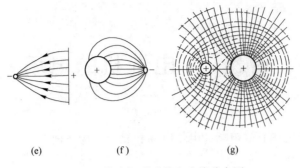

图 15-1　静电极形成的电力线分布图

（a）单个正电极；（b）单个负电极；（c）两个等值异号电极；（d）两个等值同号电极；

（e）点电极与平板电极；（f）两个不等值的异号电极；（g）两个不等值的同号电极（虚线为等势面）

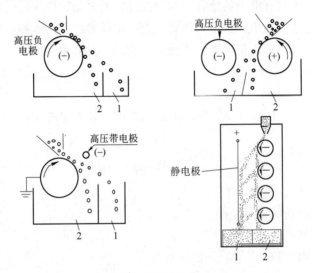

图 15-2　几种静电选矿机

1—导体；2—非导体

15.2　电晕电场

电晕现象就是带电体表面在气体或液体介质中局部放电的现象，常发生在不均匀电场中电场强度很高的区域内（例如高压导线的周围，带电体的尖端附近）。这是电选中广泛使用的一种电场。当两电极相隔一定距离时（通常称极距），其中一极采用直径很小的丝电极（或称电晕极），曲率很大，通以高压直流负电或正电；另一极为平面或很大直径的鼓筒（接地）。此时放电是以自持局部的形式，负电晕放电为辉光放电。不论丝极为正或负，均是以局部击穿的形式表现出电晕放电。对此种不均匀电场放电来说，电压、极距、极性、气体种类和丝极的曲率均产生很大的影响。

电选中以负电极使用最多，正电极使用较少。放电电极的直径极小，仅为 0.2 ~ 0.5。另一极则为直径很大的鼓筒或平板极，前者曲率很大，后者曲率很小，两者直径之比相差极大。例如，鼓筒直径 $\phi = 350$ mm，放电电极直径 $\phi = 0.2$ mm，两者相差达 1750 倍；如为平面极时，则为无限大，从而极易产生电晕放电。

图 15-3 为常用电选机的电晕极与各种形式接地极配合形式及电力线的分布图。电晕电场与静电场最大的不同之处，就是有电子流动。电晕放电时，从丝极上发出负电子，在强电场作用下，电子本身在电场中运动速度很高，又进一步使空气电离而产生正负电荷，加之原来空气中就存在有少量正负电荷，此时正电荷迅速飞向高压负电极，负电荷又迅速飞向接地正极，如此连续不断地进行，从而形成了整个空间都带有电荷，即体电荷。显然，靠近接地极的鼓筒或平面极则均为负电荷，这正是电选所希望创造的稳定条件，而不希望出现火花放电。因火花放电会使空间电荷极不稳定，很不利于电选。

产生电晕放电时，可以从几个方面来进行检查。一是在丝电极上会出现浅紫色的辉光；二是会发出嘶嘶的声音；三是会产生臭氧、氧化氮等，在附近可以嗅到此种特殊气味。

在大多数电选实践中，均采用高压负电通到丝极，很少使用正电。这主要是使用负电时，产生电晕放电所需的电压比使用正电要低，这可以从各国的研究数据中得到说明。至于在什么电压时开始产生电晕放电，则不可一概而论。在上述条件下（电晕极直径 $\phi = 0.2 \sim 0.5$ mm，鼓径 $\phi = 250 \sim 350$ mm），且极距为 50 mm 或 60 mm 时，约在 $12 \sim 15$ kV 时就可产生电晕放电。

根据实际测定，电晕电流在鼓面上的分布，属于正态分布状态，但稍有一点差别，其图形如图 15-4 所示。测定时，使用一根电晕极（$\phi = 0.2$ mm），电压 17.5 kV，鼓筒直径 $\phi = 250$ mm。

从图 15-4 看出，电晕极正对着鼓面部位的电流最大，以此为对称点向两边逐渐减小。

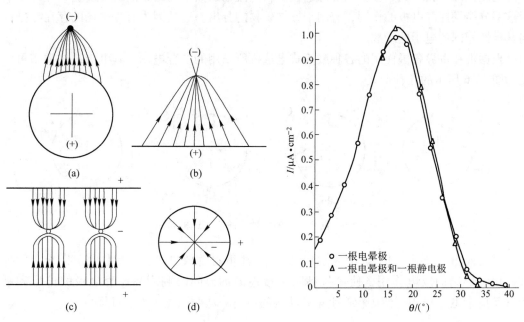

图 15-3　电晕极与各种接地极配合的电力线分布图
（a）点状；（b）尖端；（c）平行板；（d）圆形

图 15-4　电晕电流在鼓筒面上的分布情况

15.3　复 合 电 场

所谓复合电场是指电晕电场和静电场相结合的电场。这种电极的结构形式是鼓筒式电选机发展史上的一个重大进展，因为单纯地采用静电极，分选效率很低，单纯地采用电晕极，分选效果也不理想，因而人们在实践和理论的基础上研究出了各种形式的复合电极，其典型的形式和电力线的分布如图 15-5 所示。

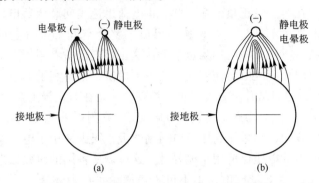

图 15-5　复合电极典型结构电力线分布图

（a）电晕极与静电极并列；（b）电晕极正对着静电极下面

此种电极结构形式的鼓筒式电选机已发展到许多种类型，其结果是大大提高了分选效果。

一根电晕极与一根静电极配合时的鼓面电流分布曲线见图 15-4。从未使用静电极到使用静电极，两者相对比，发现增加静电极后，电流在鼓面上的分布范围要减小 7°左右，恰恰这部分能发挥静电极的作用，有助于导体矿物的分出。这是因为有静电场的存在，排斥与其极性相同的电子的缘故。

根据现在世界各国使用的各种鼓筒式电选机所采用的复合电场，其电极结构类型可归纳为图 15-6 所示的几种形式。

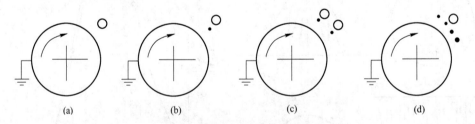

图 15-6　复合电场的各种鼓筒式电选机简图

显然，图 15-6 中（b）~（d）三种形式电极注重附着效果以及排斥作用，即充分发挥和利用电晕场的放电作用，使矿粒黏附于接地鼓面，同时利用高压静电极的排斥和吸引（感应带电）作用，使矿粒产生运动轨迹的偏离，从而强化了电选过程。

16 电选的基本理论

16.1　矿粒在电场中带电的方法

16.1.1　矿粒在静电场中的带电

16.1.1.1　传导带电

传导带电的方法是很简单的物体带电方法。较早的鼓筒式电选机就是按照这一原理设计出来的。

将矿粒与带电电极接触时，导电性好的矿粒由于电荷的直接传导作用，将带上与带电电极符号相同的电荷。利用这一带电原理，可使导电性不同的矿粒带上不同数量的电荷。如图 16-1 所示，假设将一导体颗粒和一非导体颗粒放在高压静电场中的一个电极上，例如负电极上。由于它们的电导率不同，它们在电场中将呈现不同的行为。导体颗粒由于电导率高，立即获得与负电极符号相同的负电荷，并且受到库仑斥力的作用。当库仑斥力大于其本身的重力时，颗粒便发生起跳而离开负电极。非导体颗粒由于电导率很小，不能获得负电荷，故不被负电极排斥。而由于极化作用，非导体颗粒的正负电荷中心产生偏移，使得颗粒两端呈现正负束缚电荷。而且由于其正束缚电荷更接近于负电极，反而和负电极产生微弱的静电吸力。利用导体颗粒与非导体颗粒和带电电极接触时这种行为的差别，就可以将它们分选开来。英国的 Sturtevent 公司在 20 世纪 50 年代曾经生产过此种直接传导的鼓筒式电选机，但实践已经证明其分选效率低，目前已很少再使用。

16.1.1.2　感应带电

此种带电方法与传导带电方法不同之处是矿粒不与带电电极直接接触，而是在电场中受到带电极的感应，从而使矿粒带电，如图 16-2 所示。

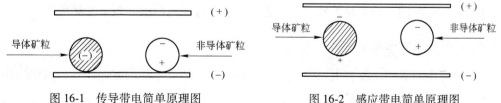

图 16-1　传导带电简单原理图　　　　图 16-2　感应带电简单原理图

当导体矿粒置于电场中时，立即被电场感应，靠近负电极一端感应产生正电荷，靠正极的一端感应产生负电荷，此感生的正负电荷均可移走；如果将其中的一种电荷移走，则它就带上了一种电荷。此时它的运动轨迹就要发生改变，或被电极吸引，或被电极排斥。非导体矿粒则不然，同前述的传导带电相似，只是在电场中极化，正负电荷的中心发生偏移，而此正负电荷却不能传走，因此电性上仍然是中性的，在均匀电场中，其运动轨迹不发生改变。

感应带电方法在电选实际中却很有用处，这对于在强电场作用下，使导体矿粒吸出，而防止非导体矿粒混杂于导体中有着重要作用。

总之，不论是传导还是感应原理使矿粒带电，总是根据同性电相斥和异性电相吸引的原理，使矿粒吸向电极或离开电极。

16.1.2　矿粒在电晕电场中带电

矿粒在电晕电场中带电的情况，可由图 16-3 来说明。

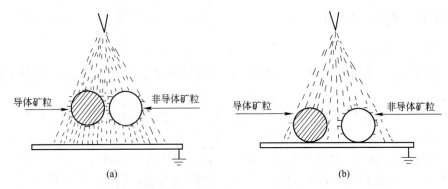

图 16-3　矿粒在电晕电场中荷电及与接地极接触后的情况
（a）矿粒在电晕电场中荷电；（b）荷电后与接地极接触后的情况

从矿粒处于电晕电场中的情况可知，不论导体和非导体均能获得负电荷，但导体矿粒的介电常数大，获得电荷比非导体矿粒多，且导体矿粒由于其导电性好，因此电荷吸附于其表面后，能在表面自由移动；相反，吸附于非导体表面的电荷则不能自由流动。一旦导体、非导体矿粒与接地极（常为正极）接触后（进入图 16-3（b）的情况），情况就发生了显著的变化。导体表面所吸附的电荷在极短的时间内（常为 1/40～1/1000 s），即经接地极传走，表面不再留有电荷；而非导体则不然，由于其导电性很差或不导电，表面吸附的电荷又不能传走或要比导体至少大 100 倍乃至 1000 倍的时间才能传走一部分。既然非导体的电荷不能传走，则必然与接地极（+）相吸引，在实际电选中，常常要采用毛刷强制将其刷下，有时刷下的矿粒仍残留有一定的电荷，这在电压很高时，尤其明显。

16.1.3　矿粒在复合电场中带电

已有研究资料表明，复合电场确实具有优越性。按矿粒运动的方向而言，电晕电极在前，静电极在后，或如美国 Carpco 电选机的电晕极与静电极混装，电晕极靠近鼓面，静电极远离鼓面。矿粒在复合电场中带电，实际上是电晕电场和静电场两者结合而产生的共同作用。其过程可以图 16-4 表示，设想导体矿粒在电晕电场中获得电荷，只要偏移电晕电场一些距离，由于其导电性良好，所获电荷几乎全部经接地极传走，不剩或所剩余的电荷极少，同时由于受到一强大的高压静电场的作用而被感应，故以图 16-4（a）的轨迹吸向静电极；图 16-4（b）为非导体矿粒，此时与导体矿粒情况完全不同，经过电晕极下面时，非导体矿粒也获得负电荷，但此电荷既不能经接地极传走，又不能沿表面流动，可视为一个负电荷，而静电极也带负电荷，两者同属负电性，故互相排斥而黏附于接地极上面，所以非导体总是带负电荷。

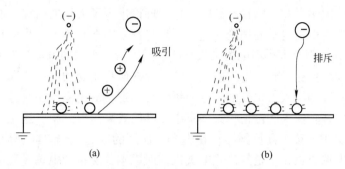

图 16-4　导体与非导体矿粒在复合电场作用下的情况
（a）导体矿粒；（b）非导体矿粒

如果电晕极与静电极的结构如美国 Carpco 电极时，情况与上述相类似，但此时强大的高压静电场会发挥更大的作用而将导体矿粒吸出，并使电晕电流有所减弱，作用范围也有所减小；对非导体矿来说，可防止它混杂于导体矿中。

16.1.4　矿粒摩擦带电

根据物理学原理，两个表面性质不同的物体，相互接触产生摩擦时，在两物体之间将发生电子转移的现象，当将它们分开后，得电子的物体带上负电，失去电子的带上正电，这种现象称为摩擦带电。摩擦带电时，两种摩擦电荷符号相反，数量相等。摩擦带电是一种普遍现象，利用这一现象，在电选中，通过矿粒与矿粒间的摩擦及矿粒与某种材料相接触或滚动等可使矿粒带电，这样矿粒获得了电荷（或失去电荷）在电场中就会产生吸引或排斥的效应。例如，石英粒子与镀镍金属板相接触会产生摩擦电荷，若两种不同矿粒互相摩擦时，介电常数（ε）大者产生正电，而介电常数小者产生负电。影响摩擦带电的原因是多方面的，除了物料性质和金属板材料性质外，还与空气的湿度和温度有关。近些年来，国外对这方面进行了不少研究，特别是俄罗斯、加拿大和意大利等国，试图用此种方法使矿粒带电，达到用电选分离细粒矿物的目的。

早在过去，苏联学者研究认为，摩擦电荷值取决于费米能级的大小和矿物结构上的晶体缺陷。V. N. Rlazanov 和 I. E. Lawver 从事这方面的研究较多，1980 年，V. N. Revnivtsev 和 E. A. Khopanov 提出石英结构中的缺陷是由外来铝原子（Al）的存在而引起的，即硅中的一个硅原子被类质同晶形的一个铝原子所取代。并且说明石英结构中的缺陷使之可能被看成外来半导体，而摩擦电荷的数值取决于杂质的类型和浓度，亦即取决于矿物的费米能级，而电子是从逸出功较小的物质转移到较大的物质上，也取决于摩擦起电的符号。逸出了电子则带正电，获得了电子的矿粒则带负电。在苏联及其他国家也证明，用此种方法选别磷酸盐、碳酸钾盐、石英、长石等非金属矿物比其他方法优越，但仍有其局限性，主要是产生的摩擦电荷比较少，生产能力比较小，故未能更广泛地应用于生产。

16.2　电选过程的基本理论

长期以来，各国学者对矿物在电场中分选的理论进行了大量的研究，但多数只能是一般的定性分析，难以得出定量的理论，这主要是与许多因素有关，一是矿物的分选是在两极（即正极和负极）距离很小而电压又很高的空间进行，采用的电场又有静电场和电晕电场，电场的测定和计算存在着一定的困难；二是存在矿物本身的电性质及其他机械力作用的影响等。随着研究的深入，定性的理论分析已转为定量的研究，并取得了一定的成果。

目前研究最多并较深入的理论，大多集中在鼓筒式高压电选机。这主要是因为世界各国（如俄罗斯、美国、英国和德国等）在生产中使用的电选机仍以此种形式占绝大多数。我国工业使用的电选机也完全是鼓筒式电选机，所以本节所指的电选过程的理论，也是以此为根据的。

16.2.1　矿粒在电场中获得电荷

当矿粒从给矿槽进入电晕电场后，此时不论导体矿粒还是非导体矿粒均能获得电荷，在瞬时 t 内获得的电荷为：

$$Q_t = \left(1 + 2\frac{\varepsilon - 1}{\varepsilon + 2}\right) Er^2 \frac{\pi Knet}{1 + \pi Knet} \qquad (16\text{-}1)$$

式中　Q_t——球形矿粒在瞬时 t 内所获得的电荷，C；

　　　t——矿粒在电场中所停留的时间，s；

　　　ε——矿粒的介电常数；

　　　E——矿粒所在位置的电场强度，V/m；

　　　r——球形矿粒半径，m；

　　　K——离子迁移系数，即电场强度为 1 V/cm 时，离子的运动速度。在标准的大气压力下，$K = 2.1 \times 10^{-4}\ \mathrm{m^2/(V \cdot s)}$；

　　　n——离子浓度，$n = 1.7 \times 10^{14}$ 个/$\mathrm{m^3}$；

　　　e——电子电荷，$e = 1.601 \times 10^{-19}$ C。

由上述公式可以看出，矿粒获得电荷 Q_t 主要与电场强度 E、矿物颗粒半径 r 和矿物的介电常数 ε 直接有关。场强越高，矿粒半径越大，则经过电晕场时所获得的电荷越多。

根据国外学者研究，矿粒在电晕电场中获得最大电荷值 Q_{max} 并不需很长时间，其测定结果如表 16-1 所示。

表 16-1　矿粒荷电达到 Q_{max} 与时间的关系

矿粒荷电时间/s	达到 Q_{max} 的百分数/%	矿粒荷电时间/s	达到 Q_{max} 的百分数/%
1×10^{-3}	9.1	1×10^{-1}	91.0
5×10^{-3}	33.3	5×10^{-1}	98.0
1×10^{-2}	50.0	1	99.0
5×10^{-2}	84.0		

实际上，矿粒在分选时并不需要达到 Q_{max}，Q_{max} 计算公式如下：

$$Q_{\max} = \left(1 + 2 \frac{\varepsilon - 1}{\varepsilon + 2} \right) Er^2 \qquad (16\text{-}2)$$

当矿粒为导体时，介电常数大于 30 乃至 80，则公式（16-2）可简化为：

$$Q_{\max} \approx 3Er^2 \qquad (16\text{-}3)$$

而对于非导体矿粒，介电常数为 4~8 时，有：

$$Q_{\max} = 2Er^2 \qquad (16\text{-}4)$$

从上面几个关系式可知，要使矿粒在电晕电场中迅速达到接近 $Q_{\max}$，其中最重要的是电场强度与矿粒半径，场强 E 越大，矿粒越易达到 $Q_{\max}$，而真正进入电选的矿石粒度大都小于 1 mm，因此场强 E 起着非常重要的作用。这也就是电选为什么从原来较低电压（10000~20000 V）发展到现在高电压（40000~60000 V）的一个重要原因。

16.2.2 矿粒在电场中受到的电场力作用

矿粒在电晕场中荷电后，一方面受到机械力的作用（此处暂不讨论），另一方面受到电场的作用力，主要有下述几种。

16.2.2.1 矿粒受到的库仑力

矿粒获得电荷后，在电场中受到的库仑力为：

$$F_1 = QE \qquad (16\text{-}5)$$

式中 F_1——作用于矿粒上的库仑力，N；

　　　　Q——矿粒电荷，C；

　　　　E——电场强度，V/m。

导体矿粒与非导体矿粒从电场中吸附电荷后，由于其电性质不同，导体矿粒如果不再吸附电荷，只要与鼓面接触（接地极）后，只需 1/40~1/1000 s 的瞬间即将其电荷传走，如果矿粒在电场中继续吸附电荷，则同时也不断地放走电荷，从宏观来说，获得电荷极大值需要的时间长，而放电速度快需要时间短；对非导体矿粒来说，由于其导电性很差，所获得电荷不能在其表面自由移动，大部分电荷仍留存在非导体矿粒表面上，如果剩余电荷值以 $Q_{(R)}$ 表示。则此时式（16-5）的库仑力应改写为：

$$F_1 = Q_{(R)}E \qquad (16\text{-}6)$$

式中，$Q_{(R)}$ 表示矿粒的剩余电荷，其大小与矿粒和鼓面的界面电阻有关。对于导体矿粒，$Q_{(R)} \to 0$，对于非导体矿粒，$R \to \infty$，故 $Q_{(R)}$ 也就很大。$Q_{(R)}$ 计算公式如下：

$$Q_{(R)} = \left(1 + 2 \frac{\varepsilon - 1}{\varepsilon + 2} \right) Er^2 \mu(R) \qquad (16\text{-}7)$$

式中，$\mu(R)$ 为电阻 R 的函数。从公式（16-6）和式（16-7）就可得到库仑力为：

$$F_1 = \left(1 + 2 \frac{\varepsilon - 1}{\varepsilon + 2} \right) E^2 r^2 \mu(R) \qquad (16\text{-}8)$$

从而可见，电选中矿粒所受到的库仑力大小与电场强度有极大的关系。

16.2.2.2 矿粒受到的镜面吸力

对非导体矿粒而言，产生的镜面吸力是最为重要的力，其原因来自于上述的 $Q_{(R)}$，例如矿粒吸附有大量负电荷而不能传走，则可视为一个点电荷，鼓筒是金属构件，必然与之发生感应，对应感生正电荷，从而吸在鼓筒表面，当然此种电荷是比较微弱的，但由于电场强度大，并且还受到上述库仑力的作用，因而更紧密地吸于鼓面，这就是矿粒所受到的镜面吸力（或镜像力）以 F_2 表示，则：

$$F_2 = \frac{Q^2_{(R)}}{r^2} \tag{16-9}$$

亦即：

$$F_2 = \left(1 + 2\frac{\varepsilon - 1}{\varepsilon + 2}\right)^2 E^2 r^2 \mu^2(R) \tag{16-10}$$

在分选细粒矿物时，电压越高，则场强 E 越大，此种镜面吸力表现越明显，如果不采用毛刷（或压板刷）从鼓筒的后方刷下非导体矿粒，则细粒会不断地吸在鼓面而随之转动；即使用毛刷强制刷下时，还可见到此剩余电荷 $Q_{(R)}$ 的互相排斥现象。为了避免这种现象的产生，可用一金属板置于接矿斗中（金属板与地线相连），便可消除其影响。

16.2.2.3 非均匀电场的作用力

电选机的高压带电极是很细小的电极，它一方面放出电子，另一方面则在其周围产生一非均匀电场作用力 F_3，F_3 的方向是指向电场梯度 $\mathrm{grad}E$ 最大的方向。F_3 用下式表示：

$$F_3 = r^3 \frac{\varepsilon - 1}{\varepsilon + 2} E \frac{\mathrm{d}E}{\mathrm{d}l} \tag{16-11}$$

式中，$\dfrac{\mathrm{d}E}{\mathrm{d}l}$ 为电场梯度，或用 $\mathrm{grad}E$ 表示。

必须指出，在各种电选机中，越靠近鼓面的 $\dfrac{\mathrm{d}E}{\mathrm{d}l}$ 越小，愈靠近电晕极和静电极的 $\dfrac{\mathrm{d}E}{\mathrm{d}l}$ 愈大。由于电选分选物料的粒度本来较小，因此 r^3 就更小，F_1 比 F_3 至少大 100 倍以上，故 F_3 的作用小到可以忽略不计。

上述公式由苏联学者 Н. Ф. Олофинский 提出，但他没有给出 $\mu(R)$ 具体的函数关系，难以计算，如将所有矿粒按球形考虑和计算，又不符合实际情况。而 Олофинский 给予了我们一些明确的概念，他对整个电选的贡献还是很大的。

16.2.3 电选的作用机理

美国的 R. G. Mora 从电学的基本理论出发，研究矿物在电晕电场和静电场中的充电和放电过程，解释了分选的机理，对高压电选理论的发展有很大的影响。在电晕电场和静电场中，他对导体和非导体矿粒进行了比较形象的分析，其分析如图 16-5 所示。

矿粒在电场中受到传导感应带电、电晕带电和接触带电三种带电效应的共同作用。如图 16-5 所示，导体矿粒与非导体矿粒有着完全不同的充放电过程，非导体矿粒从电晕区到静电场区，其电荷符号不变，即带有与高压负电电极极性相同的同种电荷，而导体矿粒在电晕区内其电荷符号与非导体矿粒相同，但进入电场后，其电荷极性（亦即符号）将发生改变，这个转变时间很短暂。由于导体矿粒介电常数比非导体矿粒大，从这一点说，它获得的最大电荷比非导体多，但由于导体矿粒的电阻小，因而实际上当电荷达到平衡时，导体矿粒上的电荷就比非导体要少，可以与 Mora 之图形比较。

明显的差别是表现在两种矿粒一旦离开电晕区时，导体矿粒上的电荷很快地传走（经接地电极），在高压静电极的作用下，电荷极性发生了变化，因此从鼓面弹起，对鼓面来

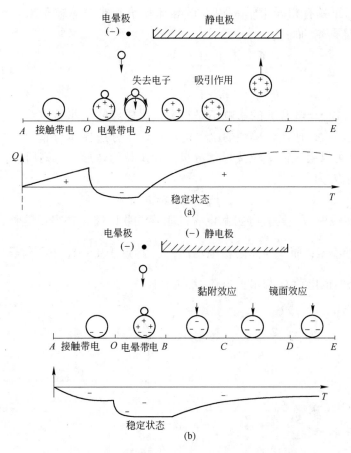

图 16-5 电选中导体与非导体矿粒的不同充放电行为

(a) 导体矿粒；(b) 非导体矿粒

说是发生排斥作用，对高压静电极来说，则为异性电荷相吸引。非导体矿粒则不相同，在电晕电场中所获电荷很难传走，这是由于其电阻大，加之又受到静电极的排斥作用，紧吸于鼓面，即 Mora 所说的黏附效应，从而非导体矿粒在鼓筒的后方用毛刷刷下，导体矿粒从鼓筒的前方落下，两者落下的轨迹明显不同，故能分开。Mora 推导出矿粒最大电荷 Q_{m} 的公式为：

$$Q_{\mathrm{m}} = 4\pi\varepsilon_0 a^2 \left(\frac{C^2}{a^2} + \frac{2}{3} \times \frac{1}{\frac{1}{\varepsilon-1}+N} \right) E_0 \qquad (16\text{-}12)$$

式中　E_0——电晕电场场强（假定是均匀电场），V/m；

　　　ε——矿粒的介电常数；

　　　ε_0——真空介电常数，F/m；

　　　N——去极化因子，N 是 $\dfrac{C}{a}$ 的函数。

式（16-12）中，假定矿粒为旋转椭球体，C 为旋转半轴，a 为另一半轴，如图 16-6 所示。假定半轴 C 与电场强度 E_0 平行。

Mora 认为对于具有相同半轴 a 和 C 的导体粒子和非导体粒子来说，Q_m 取决于因子 K，而：

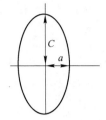

图 16-6　椭球体半轴图

$$K=\frac{C^2}{a^2}+\frac{2}{3}\times\frac{1}{\dfrac{1}{\varepsilon-1}+N} \qquad (16\text{-}13)$$

可以看出，此处介电常数的影响不是很大，这样导体与非导体粒子的电荷差别也不大，他认为单纯的电晕电场不适于分选导体与非导体矿粒，相反却可以用来使矿粒按形状分级。如矿粒为球形时，则所获得的最大电荷 Q_m 为：

$$Q_m=4\pi\varepsilon_0 a^2 K E_0 \qquad (16\text{-}14)$$

Mora 还将矿粒视为一具有电阻和电容的阻容并联电路，并得出这样的结论：对于导体矿粒，$\dfrac{Q_s}{Q_m}$ 趋近于零；而非导体矿粒则不同，$\dfrac{Q_s}{Q_m}$ 趋近于 1。图 16-7 为导体矿粒与非导体矿粒在稳定状态时的电荷 Q_s 与最大电荷 Q_m 的示意图。

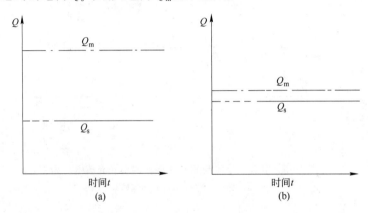

图 16-7　导体与非导体矿粒稳定状态电荷 Q_s 与 Q_m 的关系示意图

（a）导体矿粒；（b）非导体矿粒

显然，这一分析是比较合乎实际的，对我们了解矿粒在电场中的分选是很有意义的。

在静电场中，导体粒子电荷极性会发生改变，而改变的时间取决于 $\dfrac{Q_s}{Q_m}$ 和 $\dfrac{E_0}{E_s}$（E_0 为电晕电场强度，E_s 为静电电场强度），而 $\dfrac{Q_s}{Q_m}$ 又与粒子的导电性质相关，导电性质越好，则 $\dfrac{Q_s}{Q_m}$ 比值越小，导体越易从鼓筒的前方分出。非导体由于 $\dfrac{Q_s}{Q_m}$ 比值近于 1，故保持原来的极性，而不发生极性改变，且受到静电极的排斥作用，故不会在静电极的作用范围内乃至更远距离落下。由此可知，在此矿粒的电阻是最主要的因素。

Mora 对鼓筒直径的选择，也得出了明确的结论：要保证回收率，鼓筒的直径不得小于 300 mm，这对后来的生产实际和理论发展都起到了重要作用。实践证明，大直径鼓筒比小直径优越。

法国的 J. F. Delon 在 Mora 的研究基础上，进一步发展了高压电选理论。他更加突出了矿粒电阻的重要性，认为电选时存在着一个电阻临界区，只有当两种矿粒分属于此临界区外的不同电阻区时，才有可能顺利地分选；而当其中一个属于临界区时，分选效果不好；当两种矿物属于同一个区时，就不能分选。这时只有人为地改变表面状态才有可能进行分选。他经过许多分析和推导后，也得出了与 Mora 同一结论，对于非导体而言，平衡时的电荷与最大电荷之比近乎等于 1；而导体矿粒的平衡电荷与最大电荷之比等于零。

苏联的 А. И. Месеняшин 对鼓筒式高压电选机的理论研究较多，他从电动力学的观点，对矿粒的荷电的过程作了仔细的研究，得到了一些观点。他认为，粒子一落到鼓面电场中，不论粒子电性如何，作用于粒子上的电力（包括库仑力、镜面吸力、电场作用力等）的合力都是指向电晕极的，这是因为在未接受电晕电流之前，矿粒就发生了极化，这种极化十分迅速，只要 $10^{-4} \sim 10^{-14}$ s 即可完成。这时所有矿粒均企图脱离鼓面，无疑会使分选指标下降。因此，在电极布置中应使矿粒一落到鼓面就受到电晕电流的作用，且得出作用在平板状矿粒上的电力大于等轴矿粒所受的电力。

导体矿粒一出静电场就会受到与原来相反方向的电力作用，粒子被吸向鼓筒，尽管这个力很小，但对于微细粒矿物，它足以使导体小矿粒吸在鼓面上而进入非导体产品中，这对分选细粒矿物是不利的。这主要是当外电场急剧减小时，粒子来不及放电，而有剩余电荷，造成了镜像力，将粒子吸向鼓面。

他所阐述的原理具有一定的意义，也使人们受到一些启发。但应该指出的是其观点也有片面之处。根据对电场电流的测定，矿粒进入电场即会很快地从电晕电场中获得电荷，虽然获得电荷的时间也是很短的，但一旦获得电荷后，便立即受到电力作用和镜像力作用（对非导体矿粒而言）而吸在鼓面，似乎不存在脱离鼓面的情况。

电选过程是比较复杂的，它涉及的主要问题是：矿粒颗粒本身的电性质、电场、各种机械力，还有对产品质量要求等各方面的问题。

矿物本身电性质是电选中是否能使之分选的根本依据。必须承认，在选矿中的所谓导体矿物是相对的，从宏观来说，绝大多数矿物不论导体和非导体矿都属于半导体这一大类，而不像金属导体材料与一般绝缘材料，其差别极为显著。矿粒在电晕电场中得到电荷后，由于导体矿与非导体矿毕竟还有差别，导体矿粒本身的电阻小，经鼓面会漏掉很大一部分电荷，残余电荷很小；非导体矿物则不能或仅仅极少一部分传走电荷，残余电荷很大，特别是矿粒与鼓面接触又不是很紧密，即界面电阻很大，故很难传走所获电荷。因此苏联学者 Олофинский 和美国 Mora 的观点是正确的。但当前主要的问题是矿粒在电场中所获电荷量很难测量，即如何测定在电场中导体矿粒能获得多少电荷，获电荷后又经多少时间将此电荷放走多少，残留多少。由于各种矿物的导电性质很不相同，这种电荷值又很微小，是难以测量准确的。对于非导体矿粒则稍有不同，主要是它获得电荷后，很不容易传走，大部分仍残留于矿粒表面，基本上可以假定其未传走电荷，但这种电荷也是很微弱的，给精密测定同样带来困难，如能得到解决，则会大大推动电选理论的定量计算、分析的发展。再者矿粒在不同电场中电性质又会发生什么变化，这都有待于进一步深入研究。

电场是进行电选的主要条件，究竟需要产生什么电场，采用什么结构形式的电极才能达到最佳分选效果，这是电选中比较重要的问题。

研究和实际应用结果表明：高压电场能强化分选，提高效率；高压电晕电场必须与高压静电场相结合，纯电晕电场或静电场的分选效果不如复合电场优越；电极结构是影响电选的重要因素，对不同矿石性质、不同粒度和产品质量，要求不同的电极结构。

目前生产和实验型电选机常用的高压电压达 40～50 kV，少数达 60 kV 以上，比以前的 10～20 kV 大大提高，不但扩大了它的应用范围，且大大提高了分选效果，这与前述关于如何使矿粒获得 Q_m 是相符的。

实际效果对比，以及从理论上分析和电场测定结果，均证明采用复合电场时，效果最好。在相同条件下（即电压、极距、电极结构、转速、处理矿石性质和粒度等），导体矿的回收率和品位都比纯电晕电场高 1%～3% 左右。这也就是后来美国的 Mora 及 Carpenter 为什么要将电晕与静电极结合，而后又改进成为两个 Carpco 电极的原因。图 16-8 为不同电极结构和矿粒（导体与非导体）的落下轨迹。

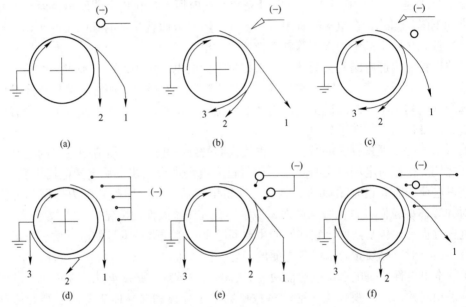

图 16-8　不同电极结构时，导体、非导体运动轨迹示意图

（a）1 根静电极；（b）1 根电晕极；（c）1 根电晕极和 1 根静电极；
（d）5 根电晕极；（e）2 根电晕极和 2 根静电极；（f）4 根电晕极和 1 根静电极
1—导体矿；2—中矿；3—非导体矿

由图 16-8 可见，电极结构不同，导体矿粒与非导体矿粒运动的轨迹有很大差别。图 16-8（a）电极结构是完全静电极，导体矿粒靠感应传导带电而吸向电极，略偏离于正常的离心力和重力作用下所产生的轨迹；非导体颗粒则按正常轨迹落下，效果极差，因而在生产中很少再使用。图 16-8（b）电极则产生电子流，不论导体和非导体，只要经过此高压电场作用区时，均可获得负电荷。导体矿粒导电性好，很快地由鼓筒传走其电荷，故在离心力和重力分力的作用下而抛离鼓面；非导体则不能立即传走其所获电荷，与鼓筒感应产生对应的电荷而吸在鼓面，由于只有一根电晕极，吸附的电子也很有限，故此种电极突出的缺点是非导体颗粒易混杂于导体颗粒中，而导体颗粒则不易混杂于非导体颗粒中。图 16-8（c）电极结构比上述两种有改进，导体偏离的轨迹更大，非导体不易于混杂到导体产品中，主要是增加了静电极，有利于吸出导体，将非导体压于鼓面（排斥作用），不易落于导体中，从而导体的品位比较高。图 16-8（d）电极结构则纯系采用电晕电场，优点是非导体和导体均有足够的机会获得电荷，电场作用区域范围很大，从而非导体很难有机会落至导体中，但导体则由于吸附过多的电荷，不能全部传走而被带到中矿和非导体中，结果是导体精矿品位高，回收率低；非导体回收率高，而品位低（导体混入所致）。图 16-8（e）电极结构则克服了图 16-8（d）结构的弱点，导体的回收率提高，原因是增加了静电极。但由于只有两根电晕极，产生的电场作用区域仍然不够，从而非导体易于混杂于导体中，因此导体品位不高，中矿量大，例如美国 Carpco 电选机的电极只有一个时，中矿量高达 50%~80%，而改为两根后，可降到 40% 左右。图 16-8（f）电极结构则在总结了上述五种情况基础上而设计出来，从实际的一次分选效果看，的确比上述几种优越，既有静电场，又增加了电晕电场，导体不易落到非导体中，非导体也不至于混杂于导体中，故它们落下的轨迹相差悬殊，分选指标高，中矿量少，通常只有 10%~20%。

16.2.4 作用在矿粒上的机械力和电力

矿粒进入电场后，既受到各种电力作用，又受到各种机械力的作用。大量的实验证明，鼓筒的转速、电压高低和电极的结构形式三者的交互影响最为显著，当电极形式固定后，电压和鼓筒转速则互为影响，鼓筒转速实际上决定了离心力的大小。电力和机械力的大小决定了矿粒运动轨迹，实际上决定了分选效果的好坏。图 16-9 为导体、中矿和非导体矿粒落下的轨迹范围。

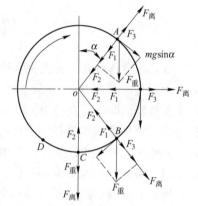

令 F_1、F_2、F_3 分别表示作用于矿粒上的库仑力、镜面吸力和非均匀电场的作用力。而机械作用力为：

离心力 $$F_{离} = m \frac{v^2}{R}$$

重力 $$F_{重} = mg$$

对于导体矿粒，必须在鼓筒的 AB 范围内落下，应满足关系式：

$$F_{离} + F_3 > F_1 + F_2 + mg\cos\alpha$$

图 16-9 矿粒落下轨迹范围图

对于中等导电性矿粒，必须在 BC 范围内落下，应满足关系式：

$$F_{离} + F_3 > F_1 + F_2 - mg\cos\alpha$$

对于非导体矿粒，必须在 CD 范围内落下，应满足关系式：

$$F_2 > F_{离} + mg\cos\alpha$$

当然这是理想的情况，如电压不够高，非导体所获电荷太少，而鼓筒的转速又很高，则势必由于离心力过大，镜面吸力小，造成非导体混杂于导体中；如提高电压，电晕极又达到一定的要求，即作用区域恰当，非导体有机会吸附较多的电荷，产生的镜面吸力 F_3 足够大，非导体矿物则不易落到导体中，而远远超出 CD 的下落范围，必须用毛刷强制刷下。

17 电 选 机

电选机的种类多达几十种，但目前尚无统一的分类方法，有的按电场的特征分类，有的按结构形式分类，有的按给矿方式分类，有的则按分选粗粒或细粒分类，常见的有以下几种：

（1）按矿物带电方法分为接触传导带电电选机、电晕带电电选机、摩擦带电电选机。

（2）按构造特征分为鼓筒式电选机、滑板式或溜槽式电选机、室式电选机、带式电选机、圆盘式电选机、振动槽式电选机、摇床式电选机。

（3）按分选粒度的粗细分为粗粒电选机、细粒电选机。

由于在国内外生产中，90%以上使用的电选机为鼓筒式电选机（小直径者也称为辊式），故本章也着重介绍鼓筒式电选机。

17.1 鼓筒式电选机

鼓筒式电选机现已发展成多种类型，按着接地鼓筒电极的数量可以分为单鼓筒、双鼓筒（串联型、并列型）、多鼓筒型。按着鼓筒的直径大小可以分为两类：一类是比较古老的小直径型，即鼓筒直径为 120 mm、130 mm、150 mm 的电选机；另一类是现在世界各国生产的鼓径为 200~350 mm 的电选机。其鼓筒的长度和转鼓数各不相同，采用的电压和电极结构也不同，当然分选效果也不一样。但总的来说，早期产品使用的电压低，一般最高电压为 20 kV，效率很低。新的鼓筒式电选机，从各方面来说都比老产品优越，现分述如下。

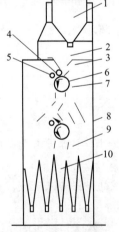

图 17-1 双辊电选机
1—给矿器；2—溜矿板；
3—给矿漏斗；4—电晕电极；
5—静电极；6—辊筒；
7—毛刷；8—机架；
9—分矿板；10—产品漏斗

17.1.1 φ120 mm×1500 mm 双辊电选机

17.1.1.1 构造

设备构造如图 17-1 所示。它由主机、加热器和高压直流电源三部分组成。

（1）主机部分。由上下两个转辊（直径 φ120 mm，长 1500 mm）、电晕电极、静电极、毛刷和分矿板几部分组成。

鼓筒表面镀以耐磨硬铬，由单独的电机经皮带轮传动，但辊筒的转速要通过更换皮带轮才能调节。

电晕电极采用普通的镍铬电阻丝，直径为 0.5 mm，静电极（又名偏移极）采用直径为 40 mm 的铝管制成，两者皆平行于辊筒面（电晕极用支架张紧），然后用耐高压瓷瓶支承于机架，而支架必须使两者相对于辊筒的位置可调。高压直流电源的负电则由非常可靠的电缆引入，上下两辊电极的固定方法相同。

毛刷采用固定压板刷，电选时，由于非导体矿的剩余电荷所产生的镜面吸力紧吸于辊子表面，必须用刷子强制刷下至尾矿斗中。

物料经分选后，所得精、中、尾矿（或称导体、半导体、非导体）的质量、数量除通过电压、转速等调节外，还可通过调节分矿板的位置来调节（如图17-2所示）。每个辊可分出三种或两种产品，对全机来说，则可分出五种产品，调节分矿板可使第一辊的精、中、尾矿再选，经第二辊又可分出三种产品。

（2）加热器。加热器设在给矿斗内，有效容积为 0.3 m³，加热组件是用 18 根直径为 25 mm 的钢管，内衬以直径为 20 mm 的瓷管绝缘，然后在瓷管里面装以 18 号镍铬电阻丝，加热面积为 0.3 m²。在加热器的底部，沿电选机的长度方向，每隔 100 mm 钻有直径为 7 mm 的圆孔，已加热的原矿经这些圆孔均匀地给进电选机选别。

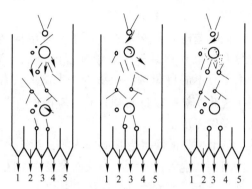

图 17-2　分矿板调节示意图

（3）高压直流发生器。由普通单相交流电先升压，采用二极管半波整流，并加以滤波电容，将正极接地，负极用高压电缆引至电选机的电极，最高电压为 20 kV。

ϕ120 mm×1500 mm 双辊电选机的主要技术参数见表 17-1。

表 17-1　ϕ120 mm×1500 mm 电选机的技术特性

名称	技术参数	名称	技术参数
辊筒数	2 个	高压整流器最大功率	275 W
辊径和长度	120 mm×1500 mm	加热器有效容积	0.3 m³
辊筒转速	400 r/min、500 r/min	处理矿石粒度	−3 mm
电晕极	每辊 1 根，ϕ0.5 mm	处理量	0.3~0.5 t/h
偏移极	每辊 1 根，ϕ40 mm	机器外形尺寸	2090 mm×1020 mm×2855 mm
高压电源电压	0~22 kV	机重（不包括高压电源）	约 2 t
加热器功率	13 kW		

17.1.1.2　分选过程与分选原理

此种电选机采用电晕极和静电极相结合的复合电场，其电极与辊的相对位置如图17-3所示。当高压直流负通至电晕极和静电极后，由于电晕极直径很小，从而向着辊筒方向放出大量电子，这些电子又将空气分子电离，正离子移向负极，负电子则移向辊筒（接地正极），因此靠近辊筒一边的空间都带负电荷，静电极则只产生高压静电场，而不放电。矿粒随转辊进入电场后，此时不论导体或非导体都同样地吸附有负电荷，但由于矿粒电性质的不同，运动和落下的轨迹也不同。导体矿粒获得负电荷后，能很快地通过转辊传走，与此同时，又受到偏移极所产生的静电场的感应作用，靠近偏移极的一端感生正电，远离偏移极的另一端感生负电，负电又迅速地由辊筒传走，只剩下正电荷，由于正负相吸引，故它被偏移极吸向负极（静电极），加之矿粒本身又受到离心力和重力的切向分力作用，致使导体矿粒从辊筒的前方落下而成为精矿（导体）。对非导体来说，虽然也获得了负电荷，但由于其导电性很差，获得的电荷很难通过辊筒传走，即使传走一部分也是极少的，从而此电荷与辊筒表面发生感应而紧吸于辊面。电压越高（电场强度越大），此吸引力也就越大，随辊筒被带到转辊的后方，用压板刷强制刷下，此部分即为尾矿（非导体）。而介于导体与非导体之间的中矿则落到中矿斗中。静电极对非导体矿粒还有一个排斥作用，避免其掉入导体部分。

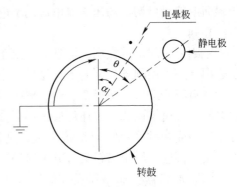

图 17-3　转辊与电极相对位置图
α—电晕极与辊中心角度；
θ—静电极与辊中心角度

17.1.1.3　优缺点

该电选机的优点为：采用了复合电场，提高了分选效果（相对于纯电晕和静电场）；结构比较简单，不需特殊材料，易于加工制造；有上下两个辊筒，下一辊筒可再选上一辊筒的任一产品，且辊筒较长，处理量也较大；运转可靠，操作简单。

该电选机的缺点为：电压太低，额定最高电压 22 kV，故应用范围和效果就受到了很大的限制；辊筒直径太小，从而电场作用区太小，不利于导体与非导体矿粒的分选；辊筒无加热装置，严重影响分选效果；电极（包括电晕极和静电极）相对于辊筒的角度很难调节，又无标记，难以区别。

17.1.2　DXJ ϕ320 mm×900 mm 高压电选机

国内外的生产和研究表明，电选机的电压太低，使得不少矿物难以或不能分选，另外理论和实践都证明，鼓筒直径太小时，很不利于分选。基于上述分析，我国研制成功了这种高压电选机，随后在国内有色和稀有金属选矿厂中推广应用，取得了显著的效果。

17.1.2.1　构造

本机采用了一个转鼓，直径为 320 mm，鼓筒用无缝钢管加工而成，表面镀以耐磨硬铬，转鼓可以加温至 50~80 ℃，加热组件为电加热器，温度可自控，转速采用直流马达无级变速，在操作台上可以直接读数。

电极采用栅状弧形电极，电晕极最多可装 6 根，采用 0.2 mm 镍铬电阻丝，用螺钉张紧于弧形支架上，并装有直径为 ϕ40~50 mm 的静电极（偏移极）。为了适应不同条件的要求，整个电极可以在水平方向平行移动，以此调节极距，同时也可以沿鼓筒方向调节入选角。这些调节都不必停车进行，并都有标记刻度。电极的调节是转动转鼓轴上的手轮，再经齿轮传动而使整个电极绕鼓筒方向旋转。电极转动部分的重量平衡是通过滑轮和重锤实现的，从而使手轮操作轻便省力。电选机简图和电极结构与鼓筒相对位置如图 17-4 所示。

给矿装置由给矿斗、闸门、给矿辊、电磁振动给矿器等组成。

物料经闸门（可调给矿口的大小）由给矿转辊排料至振动给矿板，给矿辊的作用是保证物料均匀地给到振动板。当选别细粒级物料时才开动振动板，在给矿板上安装有电加热装置，使物料能在此过程中得到充分加热，这样做即能省电，又保证了分选效果，且给矿板的角度也能调节。

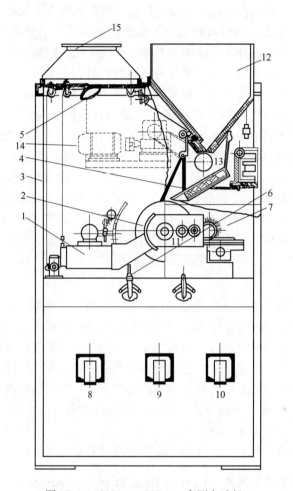

图 17-4 φ320 mm×900 mm 高压电选机

1—电极传动平衡装置；2—转鼓（正极，接地）；3—机壳；4—给矿板；5—照明装置；
6—分矿板；7—毛刷传动装置；8—导体排出口；9—中矿排出口；10—非导体排出口；
11—入选角和极距调节装置；12—给矿斗；13—给矿辊；14—给矿辊传动部分；15—排风罩

　　毛刷的作用是从鼓面上强制刷下吸住的非导体物料，考虑到鼓筒的加热，只有在正式分选时才能将毛刷贴在鼓面，不给料转动时则应离开鼓面。毛刷的排列也与其他电选机不同，采用螺线形，有利于刷矿，其转速为鼓筒转速的 1.25 倍。

　　分矿板的位置可以调节，以适应产出精、中、尾矿的要求。分出的三种产品落到下部矿斗中，然后用振动器分别排出，振动器频率为 733 次/min，振幅为 2 mm。

　　给矿辊、鼓筒及毛刷和排矿振动器分别用马达传动，以适应各自不同的要求。

17.1.2.2　分选过程与原理

　　物料经给矿板加温后给到转鼓，由转鼓带入高压电场，由于采用了多根电晕极，加之鼓筒直径较大，从而电场作用区域比较大，从电晕极放出的电子也较多，导体和非导体矿粒都有更多的机会吸附电子。导体矿粒尽管吸附了电荷，但很快传走，加之有强的静电场的感应，在离心力、重力分力和电力的作用下，从鼓筒的前方落下即为精矿；而非导体矿粒获得电荷后，由于其导电性很差，未能迅速传走所获的电荷，故剩余的电荷多，因而在鼓面产生较大的镜面吸力，被吸在鼓面上，随鼓筒转到后方，然后用毛刷刷落到尾矿斗中，再由振动排矿器排出；处于导体和非导体之间的矿粒，则落入导体与非导体之间的位置成为中矿；这样就可得到精、中、尾三种不同的产品。

为了适应各种矿物的分选需要，电晕极可以采用一根或多根。如要求非导体矿物很纯，即要求非导体产品中含导体矿粒尽可能降低到最小限度时，则可采用较少根数电晕极；反之，如要求导体矿中尽可能少地含非导体矿（即要求导体矿品位很高时），应采用多根电晕极。但不论何种情况，静电极却不可缺少。例如采用较少电晕极分选白钨和锡石，当锡石含量不是很高（3%～8%）时，经一次分选，即可得到含锡低于 0.2% 以下的优质白钨精矿；在分选钛铁矿（精选）时，入选原料中钛铁矿含量高，而要求钛铁矿精矿品位又很高时，如果采用多根电晕极，只经 1～2 次分选，即可得到含二氧化钛（TiO_2）大于 48% 以上的优质精矿。实验还证明，采用多根电晕极，分选时还可将导电性较差的共生矿物如褐铁矿等排除于中矿中，提高了钛精矿的品位。

17.1.2.3　优缺点

该电选机的优点为：电压最高能达 60 kV，从而增加了电场力，也提高了分选效果，扩大了应用范围。例如，在低电压下，钽铌矿无法电选，白钨锡石的分选效率也很低，用这种高压电选机都能有效地分选，突出表现在一次的分选效率高；采用了多根电晕极与静电极相结合的复合电场，增加了矿粒通过电场荷电的机会，从而可提高分选效果。此外，极距和入选的角度有调节装置，有利于多种矿物的分选；采用转鼓内加温，使鼓筒表面温度保持在 50～80 ℃，可提高分选效果；鼓筒转速采用直流马达无级变速，调节灵活方便；毛刷采用螺纹形式，比固定压板刷优越。

该电选机的缺点为：只有一个转鼓，多次分选时需要返回中矿，不是很方便。

17.1.3　美国卡普科高压电选机（Carpco High Tension Separator）

美国卡普科高压电选机为美国 Carpco 公司生产的一种新型高压电选机，共有 6 个鼓筒。第一个鼓筒分出的三个产品可送到第二个鼓筒再选，这样可进行多次分选。采用三鼓筒并列，共享高压电源的方法安装。其构造简图如图 17-5 所示。

该机的主要特点如下：

（1）电极结构与其他电选机不同，是由美国 J. H. Carpenter 所研制，后由美国 Carpco 公司所垄断。其电场实为电晕极与静电极结合在一起的复合电场。最早只有一套电极，后增加至两套。可以调节电极与鼓筒的距离（极距），也可调节入选角度。

这种电极结构可从电极向鼓筒表面产生束状电晕放电，提高分选效果，加之高压电源可用正电或负电，电压最高可达 40 kV。

（2）采用大鼓筒，直径有 200 mm、250 mm、300 mm 和 350 mm 等多种，特别是研究型还可更换鼓筒，用直流马达传动，可无级变速。

（3）处理量大：据报道，每厘米鼓筒长每小时处理量可达 18 kg，现在有许多国家选厂采用此种形式的电选机。如加拿大瓦布什选厂采用这种电选机每小时处理量达 1000 t 的高品位铁精矿；在瑞典每年生产 100 万吨高品位铁精矿，也都采用此种形式的电选机。

此机的缺点是中矿循环量仍比较大，据报道，中矿循环量仍达 20%～40%。

17.1.4　三鼓筒式高压电选机

三鼓筒式高压电选机与上述三种不同之处，主要是采用了三个直径较大的鼓筒。图17-6为苏联电晕电场三鼓筒电选机（ИГДАН型）。该机的鼓径为300 mm，长2 m，工作电压50 kV（击穿电压80 kV），最大电流50 mA。它的优点是电压高，处理能力大，可达30 t/h左右。电极结构的特点是只用电晕极而无静电极。由于从上至下有三个转鼓，故可将第一鼓筒分出的导体、非导体和中矿进一步在第二或第三鼓筒上精选或再精选。

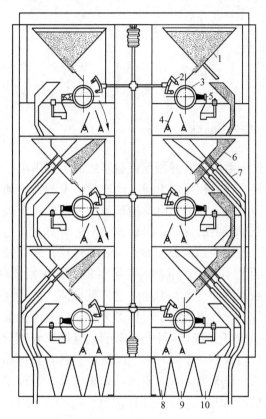

图 17-5　美国 Carpco 工业型电选机

1—给矿斗；2—电极（两个）；3—鼓筒；
4—分矿板；5—排矿刷；6—给矿板；
7—接矿槽；8—导体矿斗；9—中矿斗；
10—非导体矿斗

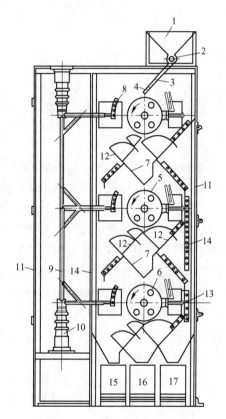

图 17-6　三鼓筒式高压电选机

1—矿斗；2—给矿器；3—溜槽；
4—给矿槽盖；5—转鼓（接地极）；
6—管状电加热器；7—中矿斗；
8—电晕电极；9—高压电源支架；
10—绝缘瓷瓶；11—机架；12—调节隔板；
13—格板；14—下料管；15~17—盛矿斗

17.2　其他类型电选机

除鼓筒式电选机外，世界各国研究出的其他形式的电选机种类很多，由于这些电选机中许多都存在局限性，为此只选择具有实际和理论意义或在工业上已经应用并可能有发展前途的加以介绍。

17.2.1　自由落下式电选机（Free Fall Separator）

自由落下式电选机的构造原理简图如图 17-7 所示，在电极上通以高压电，矿石由给矿斗排出后进入振动给矿器，然后进入给矿槽，再送入分选区。

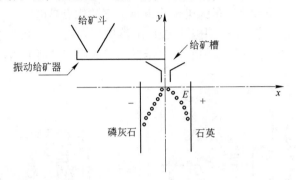

图 17-7　自由落下式电选机

分选原理是：使两种不同性质的物料经过振动给矿器时相互接触摩擦而引起带电，根据摩擦带电原理，两种矿粒将分别带上数量相等符号相反的电荷，让这种带电的物料通过高压电场时，带正电荷的矿粒就会被电场负极吸引，而带负电荷的矿粒则会被电场正极吸引，从而两种不同性质的物料得到了分选。至于带电的原因，目前说法不一。有人认为是由于电子转移，也有人认为是离子转移，还有人认为是电子与离子两者都转移，现在还进行了采取添加表面活性剂的方法来控制电荷的大小和产生电荷的符号（即产生正或负电）的研究。当然，导体矿物同样也可以由于接触摩擦而带电，但由于它们是导体，在进入电场分选之前会将电荷损失掉。因此这种接触带电分选不适宜于导体的分选，只对两种都是介电体（即非导体）才有实际意义。最典型的例子是从石英中分选长石，从磷灰石中分选石英，从钾盐中分出岩盐等。例如，当石英和磷灰石两个颗粒接触摩擦后，各自获得相反符号的表面电荷，磷灰石介电常数 ε 比石英的介电常数 ε 大，磷灰石带正电荷，石英带负电荷。因此我们将各自带有相反符号的矿粒给入电场后，它们会产生完全相反的运动轨迹。

美国采用此种电选机对佛罗里达州的磷矿石进行了分选试验，该种矿石由小粒的石英和磷灰石组成，用水清洗干净后，干燥并加温到 100 ℃，采用振动给矿槽的方法使矿粒有充分的机会互相接触、碰撞和摩擦，从而能很容易地在均匀电场中进行分选。表 17-2 即是磷灰石与石英用此种设备进行分选的结果。

表 17-2　磷灰石与石英的分选结果　　　　　　　　　　　　%

产品名称	矿的质量分数	磷灰石	石英
精矿	47.0	97.1	2.9
尾矿	53.0	8.2	91.8
给矿	100.0	50.0	50.0

注：给矿速度为 3.6 kg/(h·mm)，即 200 lb/(h·in)（按电极宽度）；电极空间宽 152.4 mm（6 in）；电压（两极间）60 kV；分选粒度 -0.3+0.15 mm。

17.2.2 电场摇床

17.2.2.1 构造

电场摇床与普通重选摇床有相似之处，也是采用床面，并沿横向有一定倾斜角度，也有摇动机构，但不是产生非对称性的摇动。它与重选摇床相比有许多不同的地方。电场摇床是干选而不是湿选，床面为金属床面并接地，支承于下面四个支点上。床面有的有来复条，有的没有，来复条有的是在床面刻成槽形，或刻成切面成半圆形而均不突出，也有用绝缘材料做成条，总之有各种类型。来复条并不沿床面纵向排列，而是与纵向成一角度，但不能使用凸出型来复条，这样容易产生电晕放电。床面的振动是采用交流电磁铁，每秒振动120次。当然，最大的不同是在床面上加上直流高压电场，其构造形式如图17-8所示，可见条状金属电极布满整个床面，它与床面的空间距离为25~75mm，且与床面平行，高压电是间断而瞬时地加于电极，可以采用静电极，也可采用电晕极，在电极上通以4~8kV/cm的高压电。

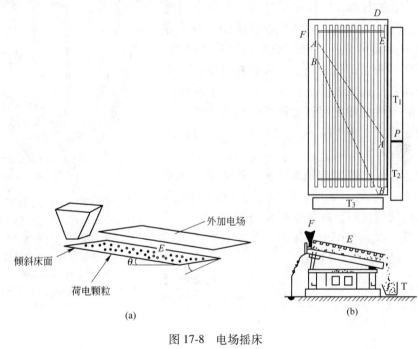

图 17-8 电场摇床

(a) 简图；(b) 俯视、侧视图

17.2.2.2 分选原理

当矿粒给到床面后，此时高压电极瞬时接通高压电，矿流层会发生松散，即导电性良好的粒子会立即从接地极获得正电荷，而当电极带高压负电时，也会使导体矿粒感应产生正电荷，立即跳出床面而吸到电极，在吸上去的这一瞬间，恰恰高压电源已中断，矿粒又落到床面，由于床面是倾斜且又是振动，从而导体矿粒按图17-8（b）中的 AA 斜线落到图的接矿槽 T_1 中（即为导体部分）；非导体矿粒与床面接触紧密，加上本身重量和惯性，床面给予它向前的推动力，从而不断地往前运动（沿床面纵向）。当然在电场作用下，非导体也可以极化而产生微弱的黏附力，但比之床面振动而使其前进的力要微小得多，再者高压电的供给又是瞬时断开的，因此非导体一直向前运动至床面的末端而从 T_3 处排出。至于中矿则沿 BB 线由 T_2 处排出。

由于供电是周期性的脉动，并且每一周期时间很短，故在床面上的导体矿粒不断地吸起和落下，而介电体矿粒则沿床面前进，它们的运动方向不同。

17.2.3　回旋电选机（悬浮电选机）

回旋电选机是意大利卡利亚里大学研制而成的一种结构形式比较特殊的电选机，其构造简图如图 17-9 所示。

该机是一个近乎椭圆的闭合环形管道，管的切面为矩形。从 1 处给入气体，3 处给入物料，从而物料与气流沿管道而上升。2 为调节活门。在管道 4 处安有电晕极。5 为接地电极一边，故进入矿物的带电是在 BC 这一部分进行的，不论是导体或非导体获得电荷后，由于电性质的不同，导体矿粒吸附的电荷立即通过接地电极 5 而传走，并随气流带走，从 9 排出；非导体粒子则不能立即传走电荷，吸附在管壁内。由于气流的带动而落到 8 处排出；介于导体与非导体中间矿粒则仍沿气流循环被再选。根据选别各种矿物带电和电荷转变所需时间的不同，电极的尺寸（即 BC 和 CD 的长度）可以改变。

如利用此种电选机来选别摩擦带电的矿物，则不需安装电极 4 和 5，可以利用矿粒与管壁摩擦带电，为此管壁内衬以其他材料，以利于矿粒的带电。在 6、7处安装静电极，以分选带电荷不同的矿物。此机采用的电压较高，最高达 100 kV。

回旋电选机分选时，物料呈悬浮状态，从而能够得到充分的分散，因此这种电选机适合于细粒或微细粒物料的分选。

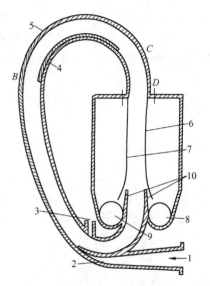

图 17-9　回旋电选机

1—热风管道连接口；2—调节活门；
3—物料给入口；4—电晕电极；
5—接地电极；6—接地极；
7—静电极；8—非导体矿排出口；
9—导体矿排出口；10—分矿板

17.2.4　筛板式电选机

筛板式电选机是在溜槽式电选机的基础上发展起来的一种静电选矿机，其构造简图如图 17-10 所示。

接地极为一溜板，上面为一高压静电极，通以高压负电或正电，此电极的切面为椭圆形，支承于溜板之上。两种形式的电选机被设计成相同的标准尺寸，其部件可以互相更换。给矿经给矿板（振动）溜下至接地极溜板而进入电场作用区域，矿粒被电极感应而荷电，导体矿粒被感应所带的电荷符号与带电极符号相反，从而吸向带电极，由于同时受到振动和重力分力的作用，故其运动轨迹不同于非导体，从最前方排出；非导体矿粒虽然也受到电极的电场作用，但只能极化，由于受到振动和矿流的向下流动的力的作用，继续向下流动而不会吸向电极。在分选中，由于细粒受到电场力的影响最大，因此总是含在导体产物中。此种电选机主要用来从大量非导体产品中分选出含量很少的导体矿物。如在澳大利亚各海滨砂矿，从锆英石粗精矿中分出少量的金红石和钛铁矿，且常常是许多台这种电选机串联，构成一个或几个系列的连续分选。据报道，此种电选机还可用于分选不同电性质的非导体矿物，其系列使用简图如图 17-11 所示。

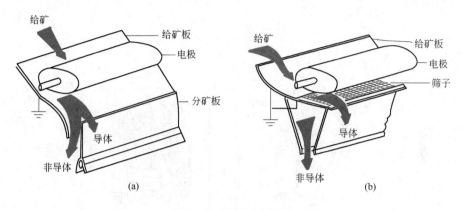

图 17-10　筛板式电选机

（a）板式；（b）筛网式

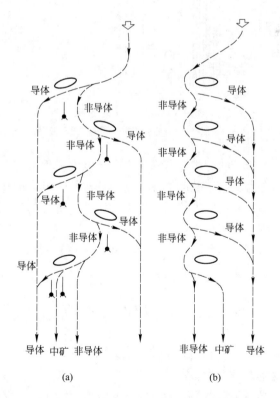

图 17-11　板式电选机串联生产图

（a）板式；（b）筛网式

17. 2. 5　箱式电晕电选机

箱式电晕电选机结构简单，没有运动部件。其结构示意图见图 17-12。物料由漏斗 1
经溜槽 2 落入 3 与 4 之间的分选空间，电晕电极 3 为一框架结构，框架上水平地布有多根
0. 2~0. 6 mm 的镍铬丝电晕极。在电晕极的对面装有百叶窗状接地垂直矿槽 4，机架的下
部装有水平矿槽 5。

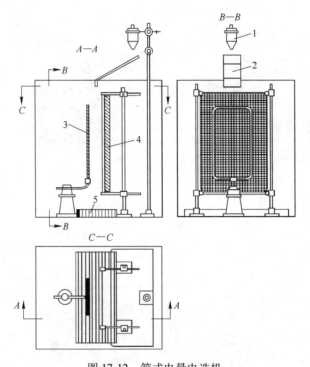

图 17-12　箱式电晕电选机
1—物料漏斗；2—给料溜槽；3—电晕电极；4—接地垂直矿槽；5—水平矿槽

矿粒在分选空间内，所受的力主要有水平方向的电力和垂直方向的重力。矿粒运动的
轨迹取决于这两个力的合力。对于粒度细而密度小的矿粒，电力的作用较重力大，于是收
集在接地垂直矿槽的上部；对于粒度粗而密度大的矿粒，重力的作用比电力大，则被收集
在接地垂直矿槽的下部或水平矿槽中。

实践表明，箱式电选机对于除尘、分级以及分选密度差别较大的矿物，有很好的
效果。

17.3　电选机的安全问题

不论何种形式的电选机，都必须采用高压电，因此，电选机的安全问题比较突出，应
引起高度重视，防止发生人身和设备事故。

在设备的设计上，必须采取各种严密的安全措施。无论是工业生产型和实验型电选
机，都必须具有这些安全条件。例如为了防止电极裸露于外，机罩等都应有闭锁装置；为

了防止变压器的损坏，必须设有过流保护装置。电选机应配有专门地线，地线可布置成格状或蛛网状，埋于离地表 1 m 以上的潮湿地里，每个连接点必须焊接好且牢固可靠，从电选机连接线至整个地线的电阻规定为 2~4 Ω 左右。

如采用电子管整流的高压直流发生器，当电源开始工作前，应事先将灯丝加热 10~15 min 后才能将高压电送至电选设备进行电选，否则很容易损坏高压整流管或减少其寿命。如果移动了变压器的油箱，还必须静置 2 h 后才能使用。

使用电选机时，必须严格按照操作程序操作，开机前一定要检查机器本身与专用地线是否连接好，切不可接触高压带电电极。停车切断电源后，一定要将放电棒与带电电极接触使之放电，否则电极上的剩电仍会产生危险。

17.4　电选的影响因素

电选过程的影响因素较多，归纳起来有两个方面，一是物料因素，二是设备及操作因素。

17.4.1　物料影响因素

17.4.1.1　物料的粒度组成

入选物料粒度范围太宽，对分选不利，特别是对于电导率相差不大的矿粒，更是如此。这是由于粗粒非导体矿粒因本身的重力和离心力较大，容易混杂到导体产品中去，而细粒导体矿粒则易混杂到非导体产品中。故电选前应将入选物料进行分级。为了解决这个问题，工业上可以采用多鼓筒电选机，这种电选机上面第一个鼓筒只作分级用，下面的几个鼓筒才用作分选。

目前电选矿石的有效粒度范围为 -2.0+0.05 mm，而最适宜的处理粒度为 -1.0+0.5 mm，粒度越小，则分选效果越差。

17.4.1.2　物料的温度

实践证明，电选前将物料加温是有利的。加温后消除了物料中水分的有害影响。对某些矿物，温度还能直接影响到其本身的电性变化。

对电选过程发生影响的是物料的表面水分，内部水分影响很小。矿粒表面水分含量高时，会在矿粒表面覆盖一层水膜，降低了矿物间导电性的差异，从而增大分选的困难，同时过高的水分含量会使导体和非导体矿粒之间相互黏附，改变它们原来的表面性质，使电选效果变坏。因此，电选前应对物料进行干燥，以恢复不同矿物的电性，并使物料松散。干燥温度一般约为 100~300 ℃。

加温还能促使某些矿物的电性发生变化。例如，我国山东某金刚石原生矿，在常温下电选时不能得到满意的结果。因为常温下金刚石的电导率与伴生矿物的相近。但在加温至 120 ℃ 情况下，金刚石的导电性有所增强，而伴生矿物则有所降低。此时两者的导电性差异增大，从而可以实现分选。在加温到 120 ℃ 然后冷却到 60 ℃ 的情况下，金刚石的导电性变化不大，而伴生矿物则明显降低，两者导电性差异更大，对电选更有利。又如几个白钨与锡石的分离实践表明，200 ℃ 的温度最为适宜，温度过低或过高都使分选效果变坏。

可见，对这样的矿物，适当的温度是实现电选的前提。

17.4.1.3　物料的湿度

某些物料的电选需要保持一定的湿度才能有效地进行。金刚石矿在常温下的电选就是如此。

金刚石的重选粗精矿中，许多伴生矿物的电导率与金刚石的相近，在干燥的情况下不能有效地分选。但在物料有一定的润湿程度时，则可以分选。这是因为金刚石表面疏水性较强，在一定的物料湿度下，电导率不变，而伴生矿物由于吸附了水分，使表面电导率增大。当然物料湿度也不能过大，否则金刚石表面也能被水润湿，从而使金刚石的电导率也增大，分选效果变坏。在金刚石矿电选过程中，通常物料的湿度（水分含量）以 2.0% ~ 3.5% 为宜。

17.4.1.4　物料的表面性质

物料表面特性对矿粒的表面电性有显著的影响。为了改善矿粒的表面性质，有时需要对物料进行表面预先处理。

物料进行表面预先处理的目的有两种：第一种是为了清洗矿粒表面，除去其污染薄膜，以恢复矿粒的表面电性；第二种是为了使矿粒表面覆盖一层新的薄膜，以改变矿粒的表面电性。前者可以用酸碱来处理，也可以采用机械方法例如在球磨机中擦洗；后者必须采用某些特殊药剂，使它选择性地吸附在某些矿粒的表面。第二种的处理方式一般采用湿式，即在某种条件下，将物料置于药剂的水溶液中浸泡一定时间，然后将处理过的物料烘干，再进行电选。有时也可以采用干式，即将物料与固体药剂混合加热，使药剂蒸发，其蒸气就吸附在矿粒表面。

例如金刚石的重选粗精矿电选前用 0.5% 浓度的氯化钠溶液处理，可以改善分选效果。此时，共生重矿物（钛铁矿、磁铁矿等）表面覆盖了一层具有导电性的氯化钠薄膜，提高了它们的导电性。而金刚石的表面不受影响，导电性不变。从而增大了金刚石与伴生矿物的电性差异。也可以采用非极性油（例如机油和柴油等）对金刚石物料进行表面处理。实践证明，经过这样处理后，金刚石的电选回收率提高了。这是因为非极性油吸附在非极性的金刚石表面上，形成了疏水性的薄膜，改善了它的表面性质。

17.4.1.5　给矿方式和给矿量

电选要求均匀给矿，并使每个矿粒都应该有接触鼓筒的机会，否则会因导体不能接触鼓筒而不能将电荷放掉，致使其混入非导体产品中，影响分选效果。

给矿量大小直接影响电选效果。给矿量过大，鼓筒表面分布的物料层厚，外层矿粒不易接触到辊筒，而且矿粒会相互干扰和夹杂，易使分选效果下降。给矿量过小，又会使设备生产能力下降。适宜的给矿量应通过试验来确定。

17.4.2　设备及操作影响因素

17.4.2.1　电压

电压是影响电选效果的一个重要因素。适宜的电压是实现电选的前提条件。电压的调节是电选过程的基本操作因素。

电压的高低直接决定着电场强度的大小。电压越高，电场强度越大，从电晕极逸出的电子越多，越有利于电选。但也不能笼统地认为电压越高越好，因为各种具体矿物所要求的分选电压各不相同。电选时所需电压的高低，除了取决于物料本身的电性外，还与物料的粒度有关。粒度大时，需要较高的电压，粒度小时，电压也应低些。

表 17-3 是采用 $\phi320\ mm \times 900\ mm$ 电选机，对 $-450+100\ \mu m$ 白钨与锡石进行的不同电压分选试验结果。

表 17-3 白钨与锡石不同电压分选试验结果

电压/kV	产品名称	产率/%	品位/%		回收率/%		备 注
			WO₃	Sn	WO₃	Sn	
18	导 体	25.65	53.70	16.70	21.14	90.57	
	非导体	74.35	69.10	0.60	78.86	9.43	
	原 矿	100.00	65.15	4.73	100.00	100.00	
24	导 体	18.84	43.82	24.10	12.67	96.18	
	非导体	81.16	70.09	0.22	87.33	3.82	电极极距：$L=60\ mm$；
	原 矿	100.00	65.14	4.72	100.00	100.00	鼓筒转速：$n=80\ r/min$；
30	导 体	14.14	33.70	32.14	7.32	96.00	导体为锡石，非导体为白钨精矿
	非导体	85.86	70.32	0.22	92.68	3.11	
	原 矿	100.00	65.14	4.73	100.00	100.00	
36	导 体	13.05	34.00	32.71	6.81	90.26	
	非导体	86.95	69.81	0.53	93.19	9.74	
	原 矿	100.00	65.14	4.73	100.00	100.00	

由表 17-3 可知，电压在 30 kV（5 kV/cm）时，分选效果最为显著。一次电选即可获得近乎合格的白钨精矿，锡石的回收率达 96%，白钨回收率达 93%。

此外，对某海滨砂矿的精选也明显地表现出来，如要得高质量的钛精矿，电压不能低于 40 kV（6.7 kV/cm），否则不可能得到含 TiO_2 大于 48% 的钛精矿。对钽铌矿精选时，电压低于 40~50 kV 同样也不能有效地分选。

17.4.2.2 电极的极性

电选时必须正确地选择高压电极的极性。如果极性选择不当，将大大影响分选效果，甚至无法分选。

前已述及，高压电极的极性一般为负，但实践中也有例外，确实有的矿采用正电极优于负电极。例如对于金刚石的分选，从国内外的电选实践来看，有的采用负电极较好，有的采用正电极更优越，这是由不同地区不同矿床矿粒的电性质差别造成的，因此高压电极的极性需根据具体情况确定。

高压电极的极性有时还会使分选过程起根本变化。安哥拉在分选路西罗砂矿时发现，十字石、电气石、金刚石在通常情况下都是非导体，用盐水处理时它们都难被盐水润湿。当高压电极为正时，它们都一起进入精矿中，但当高压电极为负时，金刚石则成为导体而偏离，十字石、电气石仍为非导体。

17.4.2.3 电极间相对位置

电晕电极与鼓筒断面中垂线的夹角影响电晕电场的位置。当该夹角增大时，电晕电场

290

的位置相应下移，但电晕电流不变。而随着电晕电极与鼓筒间距离的减小，电晕电场的强度增大。不同矿石进行分选时，有最佳的电极角度和距离，这需要经试验来确定。静电电极（偏向电极）同鼓筒相对位置的变化，能改变静电场的位置和强度。即偏向电极角度增大或减小时，静电场的位置下移或上移；偏向电极的距离越小，静电场强度越大，因而对矿粒的作用力也大。但距离过小，将引起火花放电，一般静电极离鼓筒表面的距离为 60~80 mm，它的角度在 30°~90° 范围之内。

电晕电极与偏向电极之间的距离也是一个重要的电场参数，它对电场的位置和强度都有影响。试验表明，随着两极间距离的减小，电场强度减弱，并使电场位置向上推移。相反，随着两极间距离的增大，电场位置向下移，偏向电极的作用推迟。

17.4.2.4 鼓筒的转速

提高鼓筒转速，使作用在矿粒上的离心力增大；同时，矿粒通过电晕放电区时间减少，所获得的电荷减少。因此，导体产品的产率增加，非导体产品的产率则相应减少。相反，鼓筒的转速过低，将导致导体矿粒混入非导体产品中，并且处理量急剧降低。因此，对于不同粒级的物料有一最佳的鼓筒转速。通常，辊筒转速的调整同原料粒度和性质有关，一般粒度大时转速小些，粒度小时转速大些。当原料中大部分为非导体矿物时，为了提高非导体产品的质量，选用的转速可高些，而当原料中大部分为导体矿物时，为了提高导体产品的质量，转速可稍低些。

表 17-4 是采用 ϕ320 mm×900 mm 电选机，对 $-450+100$ μm 白钨与锡石进行的不同鼓筒转速电选试验结果。

表 17-4 白钨与锡石不同鼓筒转速电选试验结果

转速 /r·min^{-1}	产品名称	产率/%	品位/%		回收率/%		备 注
			WO$_3$	Sn	WO$_3$	Sn	
70	导 体	13.0	30.26	33.41	6.04	91.73	
	非导体	87.0	70.35	0.45	93.96	8.27	
	原 矿	100.00	65.14	4.73	100.00	100.00	
80	导 体	16.4	39.64	27.98	9.98	97.00	
	非导体	83.6	70.14	0.17	90.02	3.00	电极极距：$L=60$ mm；
	原 矿	100.00	65.14	4.73	100.00	100.00	电极电压：$U=30$ kV；
100	导 体	18.8	43.64	24.16	12.62	96.22	导体为锡石，非导体为白钨精矿
	非导体	81.2	70.13	0.22	87.38	3.78	
	原 矿	100.00	65.15	4.72	100.00	100.00	
120	导 体	38.2	59.51	11.56	34.82	93.34	
	非导体	61.8	68.61	0.51	65.18	6.66	
	原 矿	100.00	65.33	4.73	100.00	100.00	

由表 17-4 的结果可知，鼓筒转速越低，导体品位越高，而非导体很少混杂于导体中；反之，转速越高，导体品位越低，非导体易于混入导体中，此时非导体的品位则很高。

根据作业要求不同，鼓筒转速应当有别。导体产品为精矿时，扫选作业宜用高转速，以尽可能保证导体的回收率；精选作业时，为保证导体品位，宜用较低转速。

17.4.2.5　分离隔板位置

分离隔板的位置直接影响电选产品的质量与产量，应从产品质量、回收率和产率分配等方面全面考虑，将电选机的分离隔板调整至适宜位置，以获得最佳分选指标。

18　电选的实践应用

目前世界各国采用电选大部分是用作精选作业，入选前的物料，一般都是经过了重选或其他选矿方法而得到的粗精矿。采用电选的目的，一种是为了提高精矿品位以得出合格精矿，另一种是为了使共生矿物分开以便综合回收，或两者兼顾。现在电选已逐步被应用到其他行业，就是在选矿方面，实践中也有一部分直接用来分选原矿石，其应用的领域和范围不断扩大。本章主要介绍有色、稀有及非金属矿应用电选的实践。

18.1　有色金属矿石中白钨锡石的电选

白钨与锡石常常共生在一起，这在我国各钨矿山是比较普遍的。钨矿选矿大都采用重力选矿方法预先富集而得出混合粗精矿，粗精矿再用强磁选分出黑钨矿石，强磁的非磁性产品即为白钨与锡石为主的混合矿。由于白钨矿与锡石两者密度相近（白钨密度为 $5.9 \times 10^3 \sim 6.2 \times 10^3 \ kg/m^3$；锡石密度为 $6.8 \times 10^3 \sim 7.2 \times 10^3 \ kg/m^3$），又均无磁性，因此用重选和磁选法不能使两者分开。一般在生产中粗粒用台浮，细粒用浮选，效果都很差，效率也极低。然而两者的电性质则有显著的差别。白钨矿的介电常数为 $5 \sim 6$，电阻大于 $10^{12} \ \Omega$，锡石的介电常数为 $24 \sim 27$，电阻只有 $10^9 \ \Omega$ 左右。因此，采用电选是最有效的分选方法。电选流程简单，生产成本低，不用药剂，不产生污染问题，所以国内外大多采用此种方法来分选白钨和锡石。

国内真正在生产中用电选来分选白钨和锡石是在 1964 年后。在当时条件下，研制出的电选机只有一种 $\phi120 \ mm \times 1500 \ mm$ 双辊电选机，目前有的选厂还在使用此种设备。由于受到历史条件的限制，这种电选机的性能相对较低，因而造成分选流程复杂，电选效率很低，最终精矿质量和回收率都很不理想，特别是只能分选较粗粒（例如 $+154 \ \mu m$）的白钨和锡石，而细粒级则无法进入电选，且中矿返回量很大。

图 18-1 是湖南某矿白钨锡石的电选实际流程。该厂采用 $\phi120 \ mm \times 1500 \ mm$ 双辊电选机，其电压较低，为 17.5 kV。

电选原料为重选后的混合粗精矿，经台浮脱除硫化矿，烘干后进入电选。进入电选时的原料中含有的矿物有：白钨矿 70% 以上，锡石约 15% ~ 20%，赤铁矿和褐铁矿约 5%，辉铋矿约 2%，辉钼矿约 1% 左右。此外，尚有少量锆英石、黄铁矿、闪锌矿、萤石、黑钨矿、泡铋矿等。由于经台浮脱硫，因此原料中硫、磷、砷、铜含量均不高。

流程考查结果表明，白钨回收率仅为 60% 左右，品位则高达 74.51%，但白钨精矿中含锡常大于 0.2% ~ 0.3%，很少低于 0.2%；锡石电选也无法得出精矿，必须经二次磁选和再次电选（磁选去黑钨矿和其他磁性矿物），所得最终锡精矿的品位仅为 47.3%，回收率 90% 左右，但含 WO_3 却大于 20%，属于不合格精矿。

对上述矿山的白钨与锡石，采用 DXJ 型 $\phi320 \ mm \times 900 \ mm$ 高压电选机进行了大量试验，对小于 1 mm 的物料进行电选时，可使电选工艺流程大为简化，只需一次电选即可得到高质量的白钨精矿，白钨精矿中 $w(WO_3) \geq 70\%$，回收率可达 90%～95% 以上，含锡（Sn）低于 0.2%；对 -0.42+0.1 mm 粒级，只经一次电选，白钨精矿 $w(WO_3)$ 为 70.4%，锡含量为 0.14%～0.18%，WO_3 的回收率为 96%；锡石回收率可达 96%～97%，锡石品位一次分选能达 40% 以上。如对锡精矿精选一次，品位可达 50% 以上，回收率 96%。

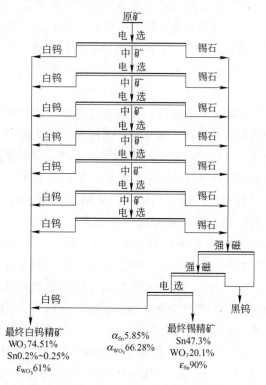

图 18-1　湖南某矿白钨锡石电选流程图

广东某精选厂也采用上述 ϕ120 mm×1500 mm 双辊电选机。其原料来自各矿山的黑白钨粗精矿。同样预先筛分成不同的粒级，再用干式强磁选分出黑钨精矿，余下的非磁性物为白钨、锡石、硫化矿、云母、磷灰石和石英等。粗粒先台浮除去硫化矿，再用摇床富集白钨和锡石，所得精矿干燥后电选。不同之处是将物料分成了较窄粒级 -2+1.4 mm、-1.4+0.83 mm、-0.83+0.2 mm、-0.2 mm，各粒级分别进入电选，所用电选工艺流程大体与上述湖南某矿相同（五次电选），最终得到总的白钨精矿 $w(WO_3)>65\%$，$w(Sn)$ 为 0.2%～0.3%，$\varepsilon_{WO_3} \geq 80\%$。

该厂现已不用 ϕ120 mm×1500 mm 双辊电选机，而改用 60 kV 高压电选机。更换电选机后，白钨精矿量比原来增加 20% 左右，锡精矿产量增加 22%，锡回收率提高 9.55%。可见采用高压电选比过去用低压电选时效果显著。

日本大谷山选矿厂，也是采用电选分选白钨矿和锡石。原料中含有硫化矿，先用浮选将其脱除。电选所用的设备为 ϕ125 mm×500 mm 和 ϕ125 mm×1000 mm，电压为 20 kV 的电选机。将原料分级成 +1.65 mm、-1.65+0.83 mm、-0.83+0.32 mm、-0.32+0.18 mm、-0.18+0.10 mm 等几个窄粒级。先用磁选脱去磁性矿物，再分别进行多次电选。

18.2　稀有金属矿石的电选

18.2.1　钛铁矿、金红石的电选

钛铁矿、金红石矿分原生矿、陆地砂矿和海滨砂矿，但不论原生矿或砂矿，都必须经过重力选矿预先富集，然后再对重选粗精矿进行电选。工业上一般要求钛精矿中含 TiO_2 大于 48% 以上。例如四川某钛铁矿选厂，就是先将原矿进行重选，然后采用热风干燥，分级电选，所用电选机为 $\phi300$ mm×2000 mm 三鼓筒式高压电选机，经该工艺选别后，钛精矿含 TiO_2 达 48% 左右。

在全世界范围内，目前钛铁矿和金红石大部分还是从海滨砂矿中回收，这是当前最主要的钛原料来源，产量仍在不断增加。最早是在美国佛罗里达州的海滨砂矿中回收钛铁矿和金红石。此后，澳大利亚从海滨砂矿中回收钛矿物，产量居世界第一位。此外，还有其他国家用电选从海滨砂矿或陆地砂矿中回收钛矿物，年产量也不低。我国海滨钛矿具有相当数量的资源，目前主要集中在广东、海南和广西海滨一带，每年回收一定数量的钛精矿。这些海滨砂矿最突出的特点是矿物都已单体解离，因此不需要前面的破碎和磨矿作业，一般每立方米海滨砂中含有用重矿物在 $1 \sim 3$ kg 不等，且还有一个优点，就是细粒级（$-100+75$ μm）含量极少。生产企业一般都在海滨建立重选粗选厂，海砂经重选得出的含有磁铁矿、钛铁矿、金红石、锆英石和独居石等这一类型的粗精矿，然后在海滨或陆地集中精选，而电选则是从其中得出合格钛精矿、锆英石和独居石的主要选别手段。

例如南方某精选厂的主要粗精矿就是来自海南岛，原料在海滨或陆地用重选方法进行预先富集，粗精矿集中到该厂精选。进入精选厂的原料中 TiO_2 含量为 30%~38%，ZrO_2 含量为 6%~7%，总稀土 TR_2O_3 含量为 0.63%~0.7%。组成矿物为钛铁矿、锆英石、金红石、独居石、磷钇矿、磁铁矿、褐铁矿、白钛石，并有少量锡石、黄金、钽铌矿。脉石矿物有石英，石榴子石、电气石、绿帘石、十字石和蓝晶石等。该厂采用的电选机为 $\phi120$ mm×1500 mm 双辊电选机（20 kV）。其选别流程如图 18-2 所示。

由于该精选厂原料来自各个地区，性质也比较复杂，因此采用的流程也是比较复杂的，但它具有较大的灵活性，其分选指标如表 18-1 所示。

表 18-1　选矿精选指标

产品名称	品位/%				回收率/%	备　注
	TiO_2	ZrO_2	TR_2O_3	Y_2O_3		
钛铁矿	50				85	1. 金红石精矿是指金红石、板钛矿、锐钛矿、白钛石组成高钛矿物； 2. 原矿中 TiO_2 是指总含量
金红石	85				65	
锆英石		60~65			82	
独居石			55		72	
磷钇矿				30	68	
原矿	35	6.5	0.65	0.05	100	

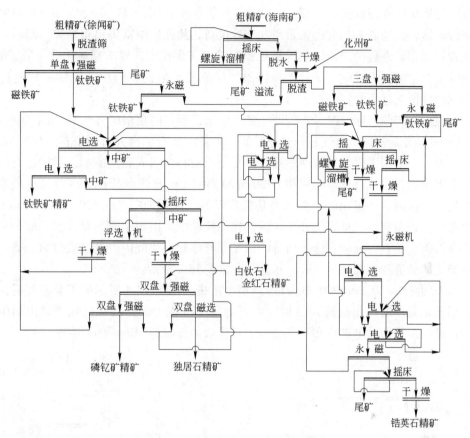

图 18-2 南方某精选厂选别流程图

国外澳大利亚的海滨钛砂矿的精选主要依靠电选得到高质量的钛精砂，主要采用美国的 Carpco 型高压电选机，并还配合了其他形式电选机进行精选。

美国佛罗里达州以产钛精矿著名，据称采用 Carpco 型高压电选机和图 18-3 的工艺流程后，效果很好。给矿为重选粗精矿或浮选粗精矿，含重矿物达 80%～95%，给矿粒度为 -1250+38 μm，采用 Carpco 型电选机分选，矿石预先加温到 93 ℃，每台设备处理能力 14 t/h，最大达 50 t/h。所得最终精矿以含钛矿物计算达 99%，回收率 98%。

18.2.2 钽铌矿的电选

含钽铌的矿物有很多种，其中以含钽高的钽铌铁矿最有意义。由于军事工业的发展，对金属钽的需求量日益增加，加上其他各种工业的需要，因此其产量也不断增加。需要指出的是，并不是所有的含钽铌的矿物都能采用电选分离，只有钽铁矿、重钽铁矿、钽铌铁矿、锰钽铁矿、钛铌钽矿、钛铌钙铈矿和铌铁矿等导电性较好的矿物，才能在电选中作为导体分离出来，而烧绿石、细晶石等则属不良导体，不能用电选分离。

在全世界范围内，非洲的尼日利亚和南非等国所产钽铌矿的原矿品位最高（比国内高一个数量级以上）。此外，马来西亚、菲律宾、印度和泰国等也从砂矿中回收一部分钽铌铁矿，但原矿中含量也不高。俄罗斯的产量也在增长，而且很重视这方面的研究和生产。

　　我国钽铌矿的资源较多，一部分为伟晶花岗岩原生矿床，另一部分为伟晶花岗岩风化矿床和砂矿床，其选矿工艺大都先采用摇床等设备，从原矿中富集出粗精矿，然后再采用磁、电选对粗精矿进行精选，以获得最终钽铌精矿。现在国内要求精矿中含（Ta,Nb)$_2$O$_5$大于 40%，且含钽（Ta$_2$O$_5$）高于 20% 以上。目前已开采的矿石中，铌铁矿所占比重较大，而铌的性能又远不如钽。

　　根据我国生产的实际情况，钽铌原生矿经重选后所得的粗精矿含（Ta,Nb)$_2$O$_5$约 2%～4%，此外还含有黄铁矿、电气石和泡铋矿等；大量的脉石矿物为石榴子石，其次为石英、长石和云母等。采用强磁分选效率不高，主要是石榴石也属弱磁性矿物，其磁性与钽铌矿相近，很难将它们有效分离。而采用 ϕ120 mm×1500 mm 高压电选机分选效果也较差甚至不能分选。但国内一些钽铌矿（如新疆某选矿厂等）应用 DXJ 型 ϕ320 mm×900 mm 高压鼓型电选机，普遍获得了良好的效果。因为在粗精矿中，钽铌矿属于导体矿，而大量的石榴子石、石英、长石、云母和锆英石等均属于非导体矿，故能用电选有效分离。高压电选机分选钽铌矿的流程如图18-4所示，分选结果如表 18-2 所示。

　　采用 DXJ 型 ϕ320 mm×900 mm 高压鼓型电选机并用图 18-4 所示的工艺流程后，钽铌总回收率比未采用前（用磁选）总回收率可提高 15% 以上。新疆地区几个矿山的生产情况，同样证明采用该种电选机和选别流程，可显著地提高钽铌选矿的回收率。

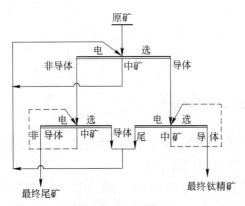

图 18-3　美国处理海滨砂矿电选原则流程图

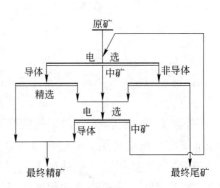

图 18-4　钽铌矿电选流程

表 18-2　钽铌矿电选指标

产品名称	产率/%	(Ta,Nb)$_2$O$_5$品位/%	回收率/%	备　注
精矿	6.51	43.21	83.01	原矿是重选后所得粗精矿
中矿	7.12	2.71	5.71	
尾矿	86.37	0.44	11.28	
合计	100.0	3.387	100.0	

　　图 18-5 是苏联钽铌铁矿的生产实际流程，钽铌矿与其他矿物如锡石、锆英石、钛铁矿、石榴石和独居石等共生在一起。原矿石为砂矿，经重选后得出重矿物粗精矿。粗精矿采用鼓筒式电选机与强磁选机配合精选，并用摇床等再选，以得出合格钽铌精矿。

　　流程中采用窄级别筛分以提高磁选效率。第一段磁选的目的在于分出磁性较强的钛铁

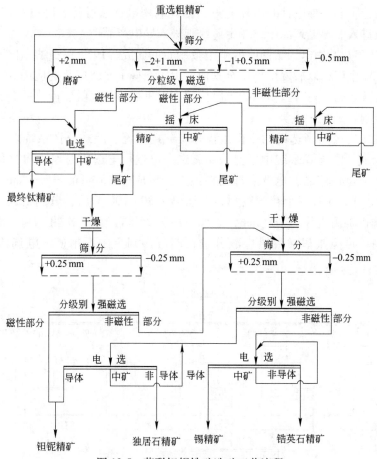

图 18-5　苏联钽铌铁矿选矿工艺流程

矿和锰铌铁矿，使非磁性矿物不与钛、钽铌矿混杂。然后用摇床进一步富集非磁性矿物锡石和锆英石，富集钽铌矿，从而排出大量尾矿，再按钽铌系统和锡石、锆英石系统、钛铁矿系统分别电选和磁选，最终得到钛铁矿、铌钽矿、独居石、锡石和锆英石共五种精矿产品，各种精矿品位和回收率如下：

钽铌精矿品位 Ta_2O_5　28%，　　　回收率 $\varepsilon = 65\% \sim 70\%$；

锡石品位 Sn　49%，　　　　　回收率 $\varepsilon = 85\% \sim 87\%$；

钛铁矿的含量（指矿物）96%，　　回收率 $\varepsilon_{矿} = 94\% \sim 96\%$。

采用的电选机为 СЭС-1000 鼓筒式电选机，电选时矿石加温温度为 80~120 ℃，分选粒度小于 1 mm。对电选作业来说，铌钽作业回收率 94.15%，锡石作业回收率 97.49%，锆英石作业回收率 93.89%（均指矿物）。

18.3　非金属矿的电选

18.3.1　金刚石的电选

电选是回收金刚石的有效方法之一。其入选的粒度一般不大于 4~6 mm。金刚石导电性差，而它的伴生矿物导电性一般比它好，因此利用电选法可使金刚石和伴生矿物分离。此时，金刚石进入非导电产品中，伴生矿物则进入导电产品中。

国外 1947 年开始用电选法回收砂矿中金刚石的研究，1952 年在纳米比亚的联合金刚石矿应用于工业生产，以后逐渐推广至其他矿山，获得了比较广泛的应用。利用电选进行金刚石选矿较著名的公司有扎伊尔的米巴公司、安哥拉的代厄曼、南非的金伯利以及纳米比亚的联合金刚石矿等。

扎伊尔的米巴公司精选厂的流程由重介质分选系统、湿式分选系统以及干式分选系统等三部分组成。在干式系统中主要采用磁选和电选。电选所处理的物料是经磁选得到的含金刚石的非磁性产品。电选入选物料预先分级成 -6+5 mm、-5+4 mm、-4+3 mm、-3+2 mm、-2+1 mm 等五个粒度级别，并加热至 80~100 ℃ 后，分别给入双辊电选机进行选别。电选机辊筒直径为 100 mm，工作电压为 25 kV。经一次粗选和一次精选得电选精矿。电选精矿再经氨基磺酸铅重液分选，即可得到金刚石精矿。电选流程如图 18-6 所示。

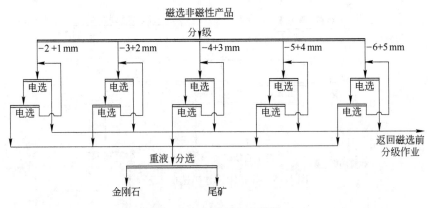

图 18-6　金刚石电选流程

18.3.2　钾盐矿的电选

钾盐是农业和化工所需的重要原料，且需要量极大。钾盐矿中常含有大量共生矿物和其他各种杂质，必须通过选矿才能提高氧化钾的含量。图 18-7 为美国一钾矿采用摩擦电选方法的工艺流程及设备简图。

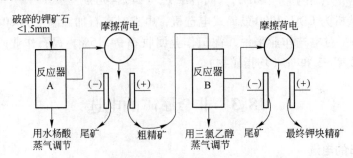

图 18-7　美国钾矿流程图

在容器中使矿石互相摩擦，钾盐获得电荷而带负电，脉石矿物带正电，然后将物料给入自由落下式的电选机，钾矿吸向正极，脉石矿物吸向负极，从而使钾盐与脉石矿物分开。工业生产的实际指标如下：原料中含氧化钾为 8%、二氧化硅为 74%，经电选所得的精矿，含氧化钾 10.4%～10.6%，中矿含氧化钾 6.1%；尾矿氧化钾降到了 2.9%～3.2%，SiO_2 含量为 84%；精矿产率达 72%～78%，回收率为 93%～95%。

18.4 其他物料的电选

18.4.1 黄金的精选

对砂金矿来说，用电选精选也是很有效的一种方法。砂金矿用重选（摇床、溜槽、螺旋选矿机等）先使重矿物富集，再用磁选与电选配合，提高黄金品位。我国对某矿进行了试验，获得了很好的效果。

原矿（粒度为-2 mm）用摇床选别，得到含黄金 120.36 g/t 的重矿物。重矿物含有：磁铁矿 30%、钛铁矿 10%、石英和长石 25%、锆英石 7%、角闪石 10%、独居石 3%、褐铁矿 8%、石榴石 2%、云母电气石等其他矿物 5% 左右。进入电选时，将物料分为 +0.2 mm 和-0.2 mm 两个级别。选别流程如图 18-8 所示。

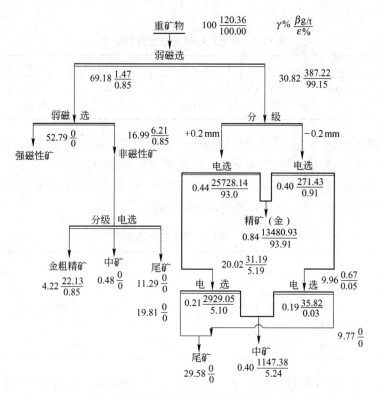

图 18-8　砂金矿精选流程图

电选流程比较简单，均采用一次粗选，一次扫选。试验表明，磁选含金尾矿采用高压电选，可使金回收率达 93.91%；进入电选的黄金为 387.22 g/t，电选后 +0.2 mm 和 -0.2 mm黄金精矿富集到 13480.93 g/t；中矿为 1147.38 g/t，如再将中矿进一步电选，黄金回收率可进一步提高。

磁性产物用弱磁选将磁铁矿分出后，采用与图 18-8 几乎相同的流程，所得黄金粗精矿为 24.13 g/t，而中矿和尾矿几乎不含黄金。

18.4.2 煤及粉煤灰的电选

粉煤电选的目的是除去无机硫和降低灰分，提高含碳量。电厂粉煤灰的电选则是从中回收未燃烧的煤（碳量常高达 20%以上）。特别是粉煤灰的电选不仅可从中回收相当一部分未燃烧的煤，将煤灰的含碳量降低到 4%以下，而且经电选后的煤灰含碳量低，又可成为优质的水泥掺和料。不仅如此，在煤灰中还含有相当一部分小球（铝硅酸盐，直径为 5~100 μm），此乃在高温燃烧时所形成的一种球，用电选分选出这种小球，可作为塑料或环氧树脂的填料，既绝缘又具有很高的抗压强度。

研究表明，粉煤灰中的尾渣和炭粒基本上呈单体状态存在，而且二者有明显的电性差异，前者为非导体，后者为良导体，因此可以利用电选将其分离。

我国某电厂粉煤灰的粒度分析结果如表 18-3 所示。该粉煤灰各粒级灰分比较均匀，细粒级灰分稍高，数量较大。

表 18-3　某电厂粉煤灰粒度分析结果　　　　　　　　　　　　　　%

粒级/mm	+0.2	-0.2+0.1	-0.1+0.074	-0.074+0.04	-0.04	合计
产率	2.03	15.74	19.29	29.44	33.50	100.00
灰分	83.56	78.37	73.89	72.42	85.69	78.31

采用单辊高压鼓筒式电选机对该粉煤灰进行电选试验。电压为 25 kV，进行了一次开路、中灰返回、中灰再选三种流程的试验，电选结果见表 18-4。

可见，粉煤灰经过电选，既可以得到含碳量小于 3%的适合用作建筑材料的优质灰渣，又可以得到灰分为 20%~30%的工业或民用的精粉煤。

表 18-4　某电厂粉煤灰电选结果　　　　　　　　　　　　　　%

电选流程	灰　渣		精　煤		可燃物回收率
	产率	灰分	产率	灰分	
一次开路流程	68.80	96.81	31.72	39.77	89.76
中灰返回流程	75.40	97.03	24.66	21.04	89.69
中灰再选流程	74.00	97.11	26.00	26.83	89.91

采用电选方法分选不同性质的粉煤灰（如高碳灰、细粉灰等）时，也能获得很好的效果。可以说，电选是处理火力发电厂粉煤灰的一种简单、经济、有效的方法。

电选也可以用来直接分选粉煤，电选精煤不仅能够大大降低粉煤中的灰分，还能降低粉煤中的含硫（黄铁矿）量。适用于选煤厂供水有困难的产煤区。

18.4.3 其他物料的电选

目前，电选的应用范围越来越广，除上述各种应用外，国内外还有将电选应用到分选茶叶、农业上的选种、粮食加工中大米与谷壳的分选以及其他杂质如啮齿动物粪便和细砂等的分选。二次资源采用电选方法分选碎散塑料中的非铁金属等，这些都是近年来电选应用领域的扩展。

附　　录

附表1　各种矿物的物质比磁化率

矿 物 名 称	粒度/mm	比磁化率 $\chi/\text{m}^3 \cdot \text{kg}^{-1}$	颜 色
磁铁矿：$w(\text{Fe}) = 68.6\%$	$0.2 \sim 0$	1156×10^{-6}	钢灰色[①]
含钒磁铁矿：$w(\text{Fe}) = 69.6\%$；$w(\text{V}_2\text{O}_5) = 0.59\%$	$0.15 \sim 0$	1181×10^{-6}	钢灰色[②]
含钒钛磁铁矿：$w(\text{Fe}) = 63.7\%$；$w(\text{TiO}_2) = 6.9\%$；$w(\text{V}_2\text{O}_5) = 0.9\%$	$0.4 \sim 0$	917×10^{-6}	钢灰色
含稀土元素磁铁矿：$w(\text{Fe}) = 67.3\%$	$0.15 \sim 0$	729×10^{-6}	钢灰色
磁黄铁矿		57×10^{-6}	
假象赤铁矿：$w(\text{Fe}) = 66.7\%$；$w(\text{FeO}) = 0.6\%$		6.0×10^{-6}	
假象赤铁矿：$w(\text{Fe}) = 67.15\%$；$w(\text{FeO}) = 0.7\%$		6.5×10^{-6}	
赤铁矿		$6\,(7.5,\ 12.7,\ 21.6) \times 10^{-7}$	红色
鲕状赤铁矿：$w(\text{Fe}) = 60.3\%$	$0.7 \sim 0.25$	4.9×10^{-7}	粉红色
镜铁矿	$1 \sim 0$	3.7×10^{-6}	闪光铁青色
菱铁矿	$1 \sim 0$	12.3×10^{-7}	
菱铁矿		$7\,(10 \sim 15) \times 10^{-7}$	
褐铁矿		$3.1 \sim 4\,(10) \times 10^{-7}$	黄褐色
水锰矿	$0.13 \sim 0$	10.2×10^{-7}	黑色
水锰矿	$0.83 \sim 0$	3.5×10^{-7}	褐色
软锰矿	$0.83 \sim 0$	3.4×10^{-7}	黑色
硬锰矿		$3\,(6.2) \times 10^{-7}$	
褐锰矿	$0.83 \sim 0$	15×10^{-7}	
菱锰矿		$13.1\,(16.9) \times 10^{-7}$	
锰 土		10.7×10^{-7}	
含锰方解石		$8.3\,(11.8) \times 10^{-7}$	
铬铁矿		$(6.3 \sim 8.8) \times 10^{-7}$	
钛铁矿		$3.4\,(14.2,\ 50) \times 10^{-7}$	

矿 物 名 称	粒度/mm	比磁化率χ/m³·kg⁻¹	颜 色
黑钨矿		$(4.9 \sim 23.7) \times 10^{-7}$	黑褐色
石榴石		$7.9(20) \times 10^{-7}$	淡红色
黑云母	$0.83 \sim 0$	$5(6.5) \times 10^{-7}$	
蛇纹石		$(62.8 \sim 125.7) \times 10^{-7}$	暗
角闪石		$3.8(28.9) \times 10^{-7}$	
辉 石		8.2×10^{-7}	
绿泥石		$(4.9 \sim 23.7) \times 10^{-7}$	绿色
千枚岩		$(6.3 \sim 12.6) \times 10^{-7}$	
白云岩		3.4×10^{-7}	
铁白云岩		4.3×10^{-7}	
滑 石		3.5×10^{-7}	
电气石	$0.15 \sim 0$	43.4×10^{-7}	深灰(带黄)
锆英石：$w(ZrO_2) = 63.7\%$	$0.15 \sim 0$	4.8×10^{-7}	白色
金红石：$w(TiO_2) = 90.7\%$	$0.15 \sim 0$	1.8×10^{-7}	红褐色
独居石		1.8×10^{-7}	
方解石		3.8×10^{-9}	
白云石		25×10^{-9}	
长 石		62.8×10^{-9}	
磷灰石		50×10^{-9}	
萤 石	$0.83 \sim 0$	60.3×10^{-9}	无色
石 膏	$0.83 \sim 0$	54×10^{-9}	黄白色
刚 玉	$0.13 \sim 0$	1.3×10^{-7}	浅蓝色
石 英		$(2.5 \sim 125.7) \times 10^{-9}$	
锡 石		$(25.1 \sim 100.5) \times 10^{-9}$	深褐色
黄铁矿		$0 \ (94.2) \times 10^{-9}$	
白铁矿		0	
砷黄铁矿		0	
斑铜矿		$62.8 \ (175.9) \times 10^{-9}$	
辉铜矿		$0 \ (107) \times 10^{-9}$	
孔雀石		1.9×10^{-7}	
蓝铜矿	$0.83 \sim 0$	2.4×10^{-7}	绿青色
方铅矿		0	
闪锌矿		1.1×10^{-7}	红褐色
菱锌矿	$0.83 \sim 0$	17.6×10^{-9}	灰色
菱镁矿	$0.13 \sim 0$	1.9×10^{-7}	白色
红砷镍矿	$0.83 \sim 0$	47.8×10^{-9}	粉红色

①、②是对许多样品测定的平均值。磁化磁场强度为 80 kA/m。

附表 2　强磁性铁石的物质比磁化率 χ

样 品 名 称	物质比磁化率 $\chi/\text{m}^3 \cdot \text{kg}^{-1}$							剩余比磁化强度 $/\text{A} \cdot \text{m}^2 \cdot \text{kg}^{-1}$	矫顽力 $/\text{kA} \cdot \text{m}^{-1}$
	40 kA/m	60 kA/m	80 kA/m	100 kA/m	120 kA/m	140 kA/m	160 kA/m		
眼前山 81 m 西部石英磁铁矿（精矿）： $d=0.2\sim0$ mm；$\Delta=2.77$；$w(\text{SFe})=67.99\%$；$w(\text{SFeO})=31\%$	1671×10^{-6}	1412×10^{-6}	1212×10^{-6}	1077×10^{-6}	945×10^{-6}	854×10^{-6}	779×10^{-6}	7.68	4.63
眼前山 93 m 中部阳起石、石榴石磁铁矿（精矿）：$d=0.074\sim0$ mm；$\Delta=2.56$；$w(\text{SFe})=67.99\%$；$w(\text{SFeO})\approx28.4\%$	1480×10^{-6}	1231×10^{-6}	1068×10^{-6}	961×10^{-6}	867×10^{-6}	764×10^{-6}	703×10^{-6}	6.40	1.55
眼前山 93 m 西部半氧化石英磁铁矿（精矿）：$d=0.2\sim0$ mm；$\Delta=2.42$；$w(\text{SFe})=67.75\%$；$w(\text{SFeO})=21.4\%$	969×10^{-6}	858×10^{-6}	785×10^{-6}	727×10^{-6}	654×10^{-6}	622×10^{-6}	565×10^{-6}	6.80	6.29
东鞍山焙烧磁铁矿（精矿）：$d=0.074\sim0$ mm；$\Delta=2.38$；$w(\text{SFe})=69.10\%$；$w(\text{SFeO})\approx38.2\%$	823×10^{-6}	783×10^{-6}	661×10^{-6}	649×10^{-6}	572×10^{-6}	543×10^{-6}	496×10^{-6}	11.60	10.93
齐大山焙烧磁铁矿（精矿）：$d=0.2\sim0$ mm；$\Delta=2.49$；$w(\text{SFe})=70.64\%$；$w(\text{SFeO})=29.8\%$	999×10^{-6}	961×10^{-6}	881×10^{-6}	796×10^{-6}	724×10^{-6}	663×10^{-6}	603×10^{-6}	17.60	12.91
北台子石英磁铁矿（精矿）：$d=0.2\sim0$ mm；$\Delta=2.83$；$w(\text{SFe})=71.2\%$；$w(\text{SFeO})\approx30.6\%$	1910×10^{-6}	1596×10^{-6}	1381×10^{-6}	1206×10^{-6}	1062×10^{-6}	955×10^{-6}	854×10^{-6}	8.00	3.60
弓长岭磁铁矿（富矿）：$d=0.2\sim0$ mm；$\Delta=2.85$；$w(\text{SFe})=70.92\%$	1802×10^{-6}		1387×10^{-6}		1035×10^{-6}		847×10^{-6}	3.60	1.69
弓长岭磁铁矿（精矿）：$d=0.15\sim0$ mm；$\Delta=2.90$；$w(\text{TFe})=68.15\%$；$w(\text{FeO})=27.19\%$	1314×10^{-6}		1004×10^{-6}		830×10^{-6}		672×10^{-6}	约 8.80	6.04
南芬磁铁矿（精矿）：$d=0.15\sim0$ mm；$\Delta=2.75$；$w(\text{TFe})=68.9\%$；$w(\text{FeO})=30.77\%$	1558×10^{-6}		1146×10^{-6}		918×10^{-6}		737×10^{-6}	约 8.80	4.40
南芬磁铁矿（富矿）：$d=0.15\sim0$ mm；$\Delta=2.75$；$w(\text{TFe})=68.9\%$；$w(\text{FeO})=31.49\%$	1755×10^{-6}		1318×10^{-6}		1026×10^{-6}		820×10^{-6}	约 6.40	2.30
歪头山磁铁矿（精矿）：$d=0.2\sim0$ mm；$\Delta=3.02$；$w(\text{TFe})=67.6\%$；$w(\text{SFeO})=26.1\%$	1236×10^{-6}		946×10^{-6}		787×10^{-6}		662×10^{-6}	约 12.00	7.45
北京铁矿磁铁矿（精矿）：$d=0.2\sim0$ mm；$\Delta=2.70$；$w(\text{SFe})=67.58\%$；$w(\text{SFeO})=23.71\%$	1143×10^{-6}		883×10^{-6}		716×10^{-6}		617×10^{-6}	约 7.60	6.58
邯郸磁铁矿（精矿）：$d=0.4\sim0$ mm；$\Delta=2.56$；$w(\text{TFe})=67.65\%$；$w(\text{FeO})=15.36\%$	515×10^{-6}		443×10^{-6}		377×10^{-6}		334×10^{-6}	约 6.00	7.16

续附表 2

样 品 名 称	物质比磁化率 χ/m^3·kg^{-1}							剩余比磁化强度 /A·m^2·kg^{-1}	矫顽力 /kA·m^{-1}
	40 kA/m	60 kA/m	80 kA/m	100 kA/m	120 kA/m	140 kA/m	160 kA/m		
双塔山磁铁矿（精矿）：$d = 0.4 \sim 0$ mm；$\Delta = 2.93$；$w(TiO_2) = 6.86\%$；$w(Fe) = 63.68\%$；$w(FeO) = 25.5\%$；$w(V_2O_5) = 0.90\%$	1244 $\times 10^{-6}$		922 $\times 10^{-6}$		732 $\times 10^{-6}$		603 $\times 10^{-6}$	约 12.00	7.00
某铁矿山磁铁矿（精矿）：$d = 0.074 \sim 0$ mm；$\Delta = 2.65$；$w(TiO_2) = 13.64\%$；$w(TFe) = 58.1\%$；$w(V_2O_5) = 0.54\%$	672 $\times 10^{-6}$		578 $\times 10^{-6}$		487 $\times 10^{-6}$		414 $\times 10^{-6}$	约 11.20	19.89
南山 87 m 磁铁矿（精矿）：$d = 0.15 \sim 0$ mm；$\Delta = 2.55$；$w(FeO) = 23.51\%$；$w(TFe) = 69.57\%$；$w(V_2O_5) = 0.64\%$	1382 $\times 10^{-6}$		1030 $\times 10^{-6}$		810 $\times 10^{-6}$		437 $\times 10^{-6}$	约 13.20	6.76
南山 J727 号 79.58 $\sim$ 82.86 m 磁铁矿（精矿）：$d = 0.15 \sim 0$ mm；$\Delta = 2.94$；$w(TFe) = 69.28\%$；$w(FeO) = 26.74\%$；$w(V_2O_5) = 0.61\%$	1734 $\times 10^{-6}$		1213 $\times 10^{-6}$		942 $\times 10^{-6}$		760 $\times 10^{-6}$	14.80	6.76
南山 J726 号 76.84 $\sim$ 79.58 m 磁铁矿（精矿）：$d = 0.15 \sim 0$ mm；$\Delta = 2.82$；$w(TFe) = 69.65\%$；$w(FeO) = 25.03\%$；$w(V_2O_5) = 0.49\%$	1784 $\times 10^{-6}$		1231 $\times 10^{-6}$		949 $\times 10^{-6}$		828 $\times 10^{-6}$	10.40	3.29
南山 25 号 74.37 $\sim$ 76.84 m 磁铁矿（精矿）：$d = 0.15 \sim 0$ mm；$\Delta = 2.98$；$w(TFe) = 69.87\%$；$w(FeO) = 27.02\%$；$w(V_2O_5) = 0.64\%$	1759 $\times 10^{-6}$		1249 $\times 10^{-6}$		955 $\times 10^{-6}$		792 $\times 10^{-6}$	12.00	3.18
包头磁铁矿（精矿）：$d = 0.15 \sim 0$ mm；$\Delta = 2.73$；$w(TFe) = 67.3\%$；$w(FeO) = 20.75\%$	955 $\times 10^{-6}$		729 $\times 10^{-6}$		594 $\times 10^{-6}$		503 $\times 10^{-6}$	约 14.00	7.56

附表 3　弱磁性铁石的物质比磁化率 χ　　　　　m^3/kg

样品名称	比磁化率	样品名称	比磁化率
假象赤铁矿	约 7.8×10^{-6}	水锰矿	0.62×10^{-6}
含大量赤铁矿的假象赤铁矿	4.4×10^{-6}	黑锰矿	0.72×10^{-6}
云母赤铁矿-镜铁矿	约 3.9×10^{-6}	土状变种的硬锰矿	0.65×10^{-6}
赤铁矿	$(0.88 \sim 2.2) \times 10^{-6}$	致密硬锰矿	$(0.80 \sim 0.85) \times 10^{-6}$
褐铁矿	$(0.4 \sim 2.2) \times 10^{-6}$	疏松硬锰矿	$(1.0 \sim 1.2) \times 10^{-6}$
针铁矿	0.3×10^{-6}	菱锰矿和锰方解石	1.72×10^{-6}
钛铁矿	$(2.3 \sim 10.7) \times 10^{-6}$	锆英石	0.48×10^{-6}
黑钨矿	$(0.49 \sim 1.65) \times 10^{-6}$	金红石	0.18×10^{-6}
软锰矿	0.38×10^{-6}	电气石	4.34×10^{-6}

附表 4　各种矿物的介电常数和电导率

矿物名称	化 学 成 分	w(主元素或氧化物含量)/%	密度/kg·m^{-3}	电导率/Ω^{-1}·cm^{-1}	介电常数 ε
金刚石	C	100C	$3.2 \times 10^3 \sim 3.5 \times 10^3$	$10^{-17} \sim 10^{-12}$	16.5
锐钛矿	TiO$_2$	60Ti	$3.8 \times 10^3 \sim 3.9 \times 10^3$	$10^{-10} \sim 10^{-9}$	48
辉锑矿	Sb$_2$As$_3$	71.4Sb	$4.5 \times 10^3 \sim 4.6 \times 10^3$	$10^{-2} \sim 10^2$	>12
硬石膏	CaSO$_4$	41.2CaO	$2.8 \times 10^3 \sim 3.0 \times 10^3$	$10^{-17} \sim 10^{-13}$	5.7~7.0
磷灰石	Ca$_5$(PO$_4$)$_3$F	42.3P$_2$O$_5$	$3.1 \times 10^3 \sim 3.2 \times 10^3$		7.4~10.5
毒 砂	FeAsS	46.0As	$5.9 \times 10^3 \sim 6.2 \times 10^3$	$10 \sim 10^2$	81
辉银矿	Ag$_2$S	86.1Ag	$7.2 \times 10^3 \sim 7.4 \times 10^3$	$10^{-5} \sim 10^{-1}$	>812
重晶石	BaSO$_4$	65.7BaO	$4.3 \times 10^3 \sim 4.6 \times 10^3$	$10^{-16} \sim 10^{-11}$	6.2~6.9
绿柱石	Be$_3$Al$_2$(Si$_6$O$_8$)	14.1BeO	$2.6 \times 10^3 \sim 2.9 \times 10^3$	$10^{-16} \sim 10^{-8}$	3.9~7.7
黑云母	K(Mg, Fe)$_3$(Si$_3$AlO)$_{10}$(OH, F)$_2$		$3.1 \times 10^3 \sim 3.3 \times 10^3$	$10^{-16} \sim 10^{-11}$	6.0~10
斑铜矿	Cu$_5$FeS$_4$	63.3Cu	$4.9 \times 10^3 \sim 5.2 \times 10^3$	$1 \sim 10^3$	>81
硅灰石	Ca$_3$(Si$_3$O$_9$)	48.3CaO	$2.8 \times 10^3 \sim 2.9 \times 10^3$	$10^{-15} \sim 10^{-11}$	6.17
黑钨矿	(Mn, Fe)WO$_4$	75.0WO$_3$	7.3×10^3	$10^{-8} \sim 10^{-7}$	15.0
辉铋矿	Bi$_2$S$_3$	81.2Bi	$6.4 \times 10^3 \sim 6.6 \times 10^3$	$10^{-6} \sim 10^{-2}$	>81
碳酸钡	BaCO$_3$	77.7BaO	$4.2 \times 10^3 \sim 4.3 \times 10^3$		7.5
闪锌矿	ZnS	67.1Zn	$4.0 \times 10^3 \sim 4.3 \times 10^3$	$10^{-14} \sim 10^{-11}$	8.3
方铅矿	PbS	86.6Pb	$7.4 \times 10^3 \sim 7.6 \times 10^3$	$10^{-2} \sim 10^3$	>81
岩 盐	NaCl	60.6Cl	$2.1 \times 10^3 \sim 2.2 \times 10^3$		5.6~7.3
赤铁矿、假象赤铁矿	Fe$_2$O$_3$	70.0Fe	$5.0 \times 10^3 \sim 5.3 \times 10^3$	$10^{-2} \sim 10^3$	25
黑锰矿	Mn$_3$O$_4$	72.0Mn	$47 \times 10^3 \sim 49 \times 10^3$		
石 膏	CaSO$_4$·2H$_2$O	32.5CaO	2.3×10^3	$10^{-17} \sim 10^{-13}$	8.0~11.6
石榴石	Mg$_3$Al$_2$(SiO$_4$)$_3$		$3.5 \times 10^3 \sim 4.2 \times 10^3$	$10^{-15} \sim 10^{-11}$	5.0
石 墨	C	100C	$2.09 \times 10^3 \sim 2.23 \times 10^3$	$10^{-3} \sim 10^2$	>81
蓝晶石	Al$_2$SiO$_5$	63.1Al$_2$O$_3$	$3.6 \times 10^3 \sim 3.7 \times 10^3$	$10^{-16} \sim 10^{-13}$	5.7~7.2
白云石	CaMg(CO$_3$)$_2$	30.4CaO	$1.8 \times 10^3 \sim 2.9 \times 10^3$	$10^{-14} \sim 10^{-12}$	6.8~7.8
金	Au	90.0Au	$15.6 \times 10^3 \sim 18.3 \times 10^3$	$10 \sim 10^6$	>81
钛铁矿	FeTiO$_3$	52.6TiO$_2$	4.7×10^3	$10 \sim 10^4$	33.7~81
方解石	CaCO$_3$	56.0CaO	$2.6 \times 10^3 \sim 2.7 \times 10^3$	$10^{-16} \sim 10^{-10}$	7.8~8.5
锡 石	SnO$_2$	78.8Sn	$6.8 \times 10^3 \sim 7.0 \times 10^3$	$10^{-2} \sim 10^4$	21.0
石 英	SiO$_2$	100.0SiO$_2$	$2.5 \times 10^3 \sim 2.8 \times 10^3$	$10^{-16} \sim 10^{-11}$	4.2~5.0
辰 砂	HgS	86.2Hg	$8.1 \times 10^3 \sim 8.2 \times 10^3$		33.7~81
辉钴矿	CoAsS	35.4Co, 45.3As	$6.0 \times 10^3 \sim 6.5 \times 10^3$		>33.7
铜 蓝	CuS	66.5Cu	$4.59 \times 10^3 \sim 4.67 \times 10^3$	$10 \sim 10^2$	33.7~81
刚 玉	Al$_2$O$_3$	53.2Al	$3.9 \times 10^3 \sim 4.1 \times 10^3$	$10^{-15} \sim 10^{-12}$	5.6~6.3

矿物名称	化学成分	w(主元素或氧化物含量)/%	密度/kg·m^{-3}	电导率/Ω^{-1}·cm^{-1}	介电常数 ε
赤铜矿	Cu_2O	88.8Cu	6.0×10^3		16.2
磁铁矿	Fe_3O_4	72.4Fe	$4.9\times10^3\sim5.2\times10^3$	$10^2\sim10^6$	33.7~81
白铁矿	FeS_2	46.6Fe	$4.6\times10^3\sim4.9\times10^3$	$10^{-5}\sim10^{-4}$	33.7~81
微斜长石	$KAlSi_3O_8$		2.5×10^3		5.6~6.9
细晶石	$(Na,Ca)_2Ta_2O_6[F,OH]$	68~77Ta$_2$O$_6$	$5.6\times10^3\sim6.4\times10^3$	$10^{-14}\sim10^{-12}$	4.5~4.7
辉钼矿	MoS_2	60Mo	$4.7\times10^3\sim5.0\times10^3$	$10^{-5}\sim10$	>81
独居石	$(Ce,La,Th)PO_4$	5~28ThO$_2$ 50~68Ce, La	$4.9\times10^3\sim5.5\times10^3$		8.0
白云母	$KAl_2[AlSi_3O_{10}](OH)_2$		$2.8\times10^3\sim3.1\times10^3$	$10^{-15}\sim10^{-11}$	6.5~8.0
砷镍矿	$NiAs$	43.9Ni, 56.1As	$7.6\times10^3\sim7.8\times10^3$		>33.7
橄榄石	$(Mg,Fe)_2SiO_4$	45~57.1MgO	$3.3\times10^3\sim3.5\times10^3$	$10^{-13}\sim10^{-11}$	6.8
正长石	$K(AlSi_3O_8)$	64.7SiO$_2$ 18.4Al$_2$O$_3$	2.6×10^3	$10^{-16}\sim10^{-11}$	5.0~6.2
黄铁矿	FeS_2	53.4S	$4.9\times10^3\sim5.2\times10^3$		33.7~81
软锰矿	MnO_2	63.2Mn	$4.7\times10^3\sim5.0\times10^3$		>81
磁黄铁矿	$Fe_{1-x}S$	36~40S	$4.6\times10^3\sim4.7\times10^3$	$10\sim10^3$	>81
黄绿石	$(Na,Ca\cdots)_2(Nb_3Ti)_2O_6(F,OH)$	56~73Nb$_2$O$_5$	$4.0\times10^3\sim4.4\times10^3$		4.1~4.5
斜长石	$Na[AlSi_3O_8]$		$2.5\times10^3\sim2.8\times10^3$		4.5~6.2
钼钙矿	$CaMoO_4$	72MoO$_3$	$4.3\times10^3\sim4.5\times10^3$		
硬锰矿	$mMnO\cdot MnO_2nH_2O$	60~80MnO$_2$	$4.2\times10^3\sim4.7\times10^3$	$10^2\sim10^5$	49~58
雄黄	AsS	70.1As	$3.4\times10^3\sim3.6\times10^3$	$10^{-15}\sim10^{-11}$	17.4
金红石	TiO_2	60Ti	$4.2\times10^3\sim5.2\times10^3$	$10^{-2}\sim10^4$	87~173
菱铁矿	$FeCO_3$	48.3Fe	3.9×10^3	$10^{-13}\sim10^{-11}$	7.4
硅线石	$Al(AlSiO_5)$	63.1Al$_2$O$_3$	$3.2\times10^3\sim3.3\times10^3$		9.3
蛇纹石	$Mg_6[Si_4O_{10}](OH)_8$	43MgO	$2.5\times10^3\sim2.7\times10^3$	$10^{-14}\sim10^{-11}$	10
菱锌矿	$ZnCO_3$	52.0Zn	$4.1\times10^3\sim4.5\times10^3$		8.0
锂辉石	$LiAl[Si_2O_6]$	8.1Li$_2$O	$3.1\times10^3\sim3.2\times10^3$		8.4
十字石	$FeAl_4[SiO_4]_2O_2(OH)_2$	55.9Al$_2$O$_3$	$3.6\times10^3\sim3.8\times10^3$	$10^{-16}\sim10^{-11}$	6.8
黄锡矿	Cu_2FeSnS_4	29.5Cu,27.5Sn	$4.3\times10^3\sim4.5\times10^3$		>27
闪锌矿	ZnS	67.1Zn	$3.5\times10^3\sim4.0\times10^3$		7.8
榍石	$CaTiSiO_5$	40.8TiO$_2$	$3.3\times10^3\sim3.6\times10^3$		4.0~6.6
钽铁矿	$(Fe,Mn)Ta_2O_6$	77.6Ta$_2$O$_5$	$5.2\times10^3\sim8.2\times10^3$	$10\sim10^3$	>27
墨铜矿	CuO	77.9Cu	$5.8\times10^3\sim6.4\times10^3$	10^{-3}	>27

续附表4

矿物名称	化学成分	w(主元素或氧化物含量)/%	密度/kg·m⁻³	电导率/$\Omega^{-1} \cdot cm^{-1}$	介电常数ε
黝铜矿	$Cu_{12}Sb_4S_{13}$	$22 \sim 53Cu$	$4.4 \times 10^3 \sim 5.4 \times 10^3$	$10^{-3}, 10^3$	>27
钛磁铁矿	$TiFe_2O_4$	$50.0Fe$	$4.9 \times 10^3 \sim 5.2 \times 10^3$	10^2	>81
黄玉	$Al_2[SiO_4][F,OH]_2$	$48.2 \sim 62Al_2O_3$	$3.5 \times 10^3 \sim 3.6 \times 10^3$		6.6
电气石	$(Na,Ca)(Mg,Al) \cdot$ $[B_3Al_3Si_6(O,OH)_{30}]$	$40SiO_2$ $10B_2O_3$	$2.9 \times 10^3 \sim 3.3 \times 10^3$		6.9
金云母	$KMg_3[AlSi_3O_{10}](F,OH)_2$		$2.7 \times 10^3 \sim 2.9 \times 10^3$	$10^{-17} \sim 10^{-11}$	$5.9 \sim 9.3$
萤石	CaF_2	$51.2Ca, 48.8F$	$3.0 \times 10^3 \sim 3.2 \times 10^3$	10^{-10}	$6.7 \sim 7.0$
辉铜矿	Cu_2S	$79.8Cu$	$5.5 \times 10^3 \sim 5.8 \times 10^3$	$10^{-2} \sim 10^2$	>81
黄铜矿	$CuFeS_2$	$34.57Cu, 34.9S$ $30.54Fe$	$4.1 \times 10^3 \sim 4.3 \times 10^3$	$10^{-2} \sim 10^3$	>81
绿泥石	成分不固定		$2.6 \times 10^3 \sim 3.4 \times 10^3$	$10^{-13} \sim 10^{-11}$	$6.6 \sim 8.6$
锆石	$ZrSiO_4$	$67.1ZrO_2$	$4.6 \times 10^3 \sim 4.7 \times 10^3$	$10^{-15} \sim 10^{-10}$	$8 \sim 12$
白铅矿	$PbCO_3$	$77.5Pb$	$6.4 \times 10^3 \sim 6.6 \times 10^3$	$10^{-7} \sim 10^{-4}$	23.1
白钨矿	$CaWO_4$	$80.6WO_3$	$5.8 \times 10^3 \sim 6.2 \times 10^3$	$10^{-16} \sim 10^{-12}$	$8 \sim 12$
尖晶石	$MgAl_2O_4$	$78.1Al_2O_3$	$3.5 \times 10^3 \sim 3.7 \times 10^3$	$10^{-16} \sim 10^{-10}$	6.8
孔雀石	$CuCO_3Cu(OH)_2$		$3.9 \times 10^3 \sim 4.1 \times 10^3$	$10^{-13} \sim 10^{-10}$	$4.4 \sim 7.2$
铬铁矿	$FeCr_2O_4$		$4.3 \times 10^3 \sim 4.8 \times 10^3$	$10 \sim 10^3$	$42 \sim 81$
氟碳铈矿	$(Cc,La,Nd)CO_3F$		$4.5 \times 10^3 \sim 5.2 \times 10^3$	$10^{-16} \sim 10^{-12}$	$5.6 \sim 6.9$

附表5　矿物的比导电度和整流性

矿物名称	化学成分	比导电度	电位/V	整流性
鳞片石墨	C	1.0	2800	全整流
石墨	C	1.28	3588	全整流
硫	S	3.90	10920	正整流
砷	As	2.34	6552	全整流
锑	Sb	2.78	7800	全整流
铋	Bi	1.67	4680	全整流
银(矿物)	Ag	2.34	6552	全整流
铁(玄武岩中的铁)	Fe	2.78	7800	全整流
辉锑矿	Sb_2S_3	2.45	6860	全整流
辉钼矿	MoS_2	2.51	7028	全整流
方铅矿	PbS	2.45	6360	全整流
辉铜矿	Cu_2S	2.34	6552	负整流
闪锌矿	ZnS	3.06	8580	全整流

续附表5

矿物名称	化学成分	比导电度	电位/V	整流性
红砷镍矿	NiAs	2.78	7800	负整流
磁黄铁矿	Fe_5S_6 至 $Fe_{16}S_{17}$	2.34	6552	全整流
斑铜矿	Cu_5FeS_4	1.67	4680	全整流
黄铁矿	FeS_2	1.95	5460	全整流
砷钴矿	$CoAs_2$	2.28	6396	全整流
白铁矿	FeS_2	1.95	5460	全整流
石英	SiO_2	3.17	8876	负整流
石英(烟水晶)	SiO_2	3.45~5.3	9672~14820	负整流
刚玉	Al_2O_3	4.90	13728	全整流
赤铁矿	Fe_2O_3	2.23	6240	全整流
钛铁矿	$FeTiO_3$	2.51	7020	全整流
磁铁矿(矿砂)	Fe_3O_4	2.78	7800	全整流
锌铁矿	$(Fe,Zn,Mn)O$	2.90	8112	全整流
(尖晶石)	$(Fe,Mn)_2O_3$			全整流
铬铁矿	$FeCr_2O_4$	2.01	5616	全整流
金红石	TiO_2	2.62	7336	全整流
软锰矿	MnO_2	1.67	4080	全整流
水锰矿	$MnO(OH)$	2.01	5616	全整流
褐铁矿	$2Fe_2O_3 \cdot 3H_2O$	3.06	8568	全整流
铝土矿	成分不固定	3.06	8568	负整流
方解石	$CaCO_3$	3.90	10920	正整流
白云石	$CaMg(CO_3)_2$	2.95	8268	正整流
钼铅矿	$PbMoO_4$	4.18	11700	全整流
金红石(砂矿)	TiO_2	2.67	7488	全整流
锆英石(砂矿)	$ZrSiO_4$	3.96	11076	正整流
沥青		1.45	4056	正整流
无烟煤	C	1.28	3688	全整流
菱铁矿	$FeCO_3$	2.56	7176	全整流
菱锰矿	$MnCO_3$	3.06	8568	全整流
菱苦土矿	$MgCO_3$	3.06	8568	正整流
菱锌矿	$ZnCO_3$	4.45	12480	负整流
霞石(文石)	$CaCO_3$	5.29	14800	正整流
微斜长石	$KAlSi_3O_8$	2.67	7488	全整流
曹灰长石		2.23	6240	负整流
顽火辉石	$MgSiO_3$	2.78	7800	负整流

矿物名称	化学成分	比导电度	电位/V	整流性
角闪石	成分不固定	2.51	7020	负整流
霞 石	$Na_3K[AlSiO_4]_4$	2.23	6240	全整流
石榴石	$Mg_3Al_2[SiO_4]_3$	6.48	18000	全整流
铁镁石榴石	$Mg_3Fe_2[SiO_4]_3$	5.85	16800	正整流
铁铝石榴石	$Fe_3Al_2[SiO_4]_3$	4.45	12480	全整流
贵橄榄石	成分不固定	3.28	9024	正整流
锆英石	$ZrSiO_4$	4.18	1170	负整流
黄 玉	$Al_2[SiO_4](F,OH)_2$	4.45	12480	正整流
蓝晶石	Al_2SiO_5	3.28	9204	全整流
斧 石	$(Ca,Fe,Mn,Mg)_3Al_2B$ $Si_4O_{15}(OH)$	3.68	10296	负整流
异极石	H_2ZnSiO_5	3.23	9048	全整流
电气石		2.56	7176	负整流
白云母	$KAl_3Si_3O_{10}(OH)_2$	1.06	2964	正整流
锂云母	$K(Li,Al)_3(Si,Al)_4O_{10}(F,OH)_2$	1.78	4992	全整流
黑云母		1.73	4836	全整流
蛇纹石	$Mg_3[Si_2O_5](OH)_4$	2.17	6084	正整流
滑 石	$Mg_3[Si_4O_{10}](OH)_2$	2.34	6552	全整流
高岭土	$H_4Al_2Si_2O_9$	2.39	6708	负整流
膨润土(斑脱岩)		1.28	3588	全整流
独居石(砂矿)	$(La,Ce,Th)PO_4$	2.34	6552	全整流
磷灰石	$Ca_5F(PO_4)_3$	4.18	11700	正整流
重晶石	$BaSO_4$	2.06	5772	全整流
硬石膏	$CaSO_4$	2.78	7800	正整流
石 膏	$CaSO_4 \cdot 2H_2O$	2.73	7644	正整流
萤 石	CaF_2	1.84	5148	全整流
冰晶石	Na_3AlF_6	1.95	5460	正整流
岩 盐	$NaCl$	1.45	4056	全整流
黑钨矿	$(Fe,Mn)WO_4$	2.62	7332	全整流
白钨矿	$CaWO_4$	3.06	8568	全整流

参 考 文 献

［1］王常任. 磁电选矿［M］. 北京：冶金工业出版社，2008.

［2］［苏］卡尔马金 B И 著. 黑色金属矿石的现代磁选法［M］. 于广泉等译. 北京：中国工业出版社，1965.

［3］北京大学物理系，《铁磁学》编写组. 铁磁学［M］. 北京：科学出版社，1976.

［4］中华人民共和国地质部、冶金部. 铁矿地质勘探规范（试行）［S］. 北京：地质出版社，1981.

［5］郑龙熙，中塚胜人，王常任. 天然赤铁矿的磁性［J］. 国外金属矿选矿，1983（9）：22-26.

［6］王秀文. 东湘桥结核状氧化锰矿磁性研究［J］. 北京钢铁学院科技资料室，1984（8）：15-16.

［7］刘承宪，李前懋. 碳酸锰矿的磁性及合理选矿途径［J］. 中国锰业，1984（4）：28-33.

［8］［苏］多甫加列夫斯基 Я M. 永久磁铁用合金［M］. 夏承逵等译. 北京：冶金工业出版社，1958.

［9］林毅. 磁铁工作点的确定与磁路计算［J］. 有色金属，1982（3）：44-51.

［10］［美］克劳斯（J. D. Kraus）. 电磁学［M］. 安绍萱译. 北京：人民邮电出版社，1979.

［11］高明炜，王常任，杨秀媛. 齿板型磁介质的磁场特性及其工艺参数的研究［J］. 金属矿山，1985（1）：32-37.

［12］王常任，王智. 丝状感应磁介质的磁场特性及其工艺参数研究［J］. 有色金属，1982（1）：43-50.

［13］王常任，张纪谦. 网状磁介质的形状及参数研究［J］. 有色金属（选矿部分），1983（2）：25-32.

［14］张冠生. 电器学理论基础［M］. 北京：机械工业出版社，1980.

［15］冯慈璋. 电磁场（电工原理Ⅱ）［M］. 北京：人民教育出版社，1979.

［16］孙仲元. 矩形和鞍形线圈场强的计算［J］. 有色金属（选矿部分），1981（1）：32-36.

［17］袁楚雄，等. 特殊选矿［M］. 北京：中国建筑工业出版社，1981.

［18］米克秒. 超导电性及其应用［M］. 北京：科学出版社，1980.

［19］中国科学院物理研究所《超导电材料》编写组. 超导电材料［M］. 北京：科学出版社，1973.

［20］焦正宽，等. 超导电技术及其应用［M］. 北京：国防工业出版社，1974.

［21］章立源. 超导体［M］. 北京：科学出版社，1982.

［22］李毓康. 国外超导磁分离技术发展及其在矿石选矿上的应用［J］. 国外金属矿选矿，1983（1）：1-8.

［23］马君耀. 立式超导磁选机研制及在稀土尾矿预富集应用试验研究［D］. 马鞍山：安徽工业大学，2019.

［24］Yuan Zhitao, Zhao Xuan, Lu Jiwei, et al. Innovative pre-concentration technology for recovering ultrafine ilmenite using superconducting high gradient magnetic separator［J］. International Journal of Mining Science and Technology, 2021,（31）6：1043-1052.

［25］Shen Shuaiping, Yuan Zhitao, Liu Jiongtian, et al. Preconcentration of ultrafine ilmenite ore using a superconducting magnetic separator［J］. Powder Technology, 2020（360）：1-9.

［26］Somasundaran P. Fine Particles Processing［M］. Sponsored by Society of Mining, Metallurgy & Exploration, Incorporated, 1980.

［27］Oliver C. Ralston. Electrostatic Separation of Mixed Granular Solids［M］. Elsevier Publishing Company, USA, 1961.

［28］Errol G. Kelly, David J. Spottiswood. Introduction to Mineral Processing［M］. Wiley, USA, 1982.

［29］王常任，郑龙熙. 磁选设备的磁系设计原理［M］. 沈阳：东北工学院出版社，1984.

［30］卢继美，许孙曲，王琮. 水解分散法制备铁磁流体［J］. 金属矿山，1984（5）：46-50.

［31］卢冀伟. 硫化铜镍矿磁罩盖法降镁基础研究［D］. 沈阳：东北大学，2016.

［32］James W, Lemaire R, Bertant F, et al. Rare earth-transition metal alloy permanent magnet materials［J］.

Journal of Materials Science，1962（225）：896.

［33］ Martin D，Benz M. Magnetization changes for cobalt-rare earth permanent magnet alloys when heated up to 250 ℃［J］. IEEE Transactions on Magnetics，1971（7）：435.

［34］ Thomas G，Raja K. Mishra，Fukuno A，et al. Microstructure and properties of step aged rare earth alloy magnets［J］. Journal of Applied Physics，1981（52）：2517-2519.

［35］ 徐光宪. 稀土［M］. 2 版，下册. 北京：冶金工业出版社，1995：26-40.

［36］ 周寿增. 稀土永磁材料及其应用［M］. 北京：冶金工业出版社，1995.

［37］ 董生智. 稀土-铁-氮间隙化合物的结构与磁性能研究［D］. 北京：北京大学，1994.

［38］ 周寿增，董清飞. 超强永磁体［M］. 北京：冶金工业出版社，1999.

［39］ 陈喜阳，樊旗根，林光明，等. 高性能烧结钕铁硼的 HD 技术及设备［C］//第二届全国高性能永磁材料生产技术及应用与市场研讨会论文集，2004：24-25.

［40］ 黄刚. 日本磁性材料生产科研走势新材料产业［J］. 新材料产业，2001（7）：33-34.

［41］ 孙广飞，强文江. 磁功能材料［M］. 北京：化学工业出版社，2006.

［42］ 吴其胜. 材料物理性能［M］. 上海：华东理工大学出版社，2009.

［43］ 王常任，孙仲元，郑龙熙. 磁选设备磁系设计基础［M］. 北京：冶金工业出版社，1990.

［44］ 魏德洲. 固体物料分选学［M］. 2 版. 北京：冶金工业出版社，2009.

［45］ 现代铁矿石选矿编委会. 现代铁矿石选矿［M］. 合肥：中国科学技术大学出版社，2009.

［46］ 孙仲元. 磁选理论［M］. 长沙：中南大学出版社，2007.

［47］ 周岳远，张泾生. 现代选矿技术手册（第 3 册 磁电选与重选)［M］. 北京：冶金工业出版社，2022.

［48］ 孙传尧. 选矿工程师手册（第 1 册 上卷：选矿通论)［M］. 北京：冶金工业出版社，2015.

［49］ Barry A. Wills，James A. Finch. Wills'Mineral Processing Technology［M］. Netherlands：Elsevier Science，2015.